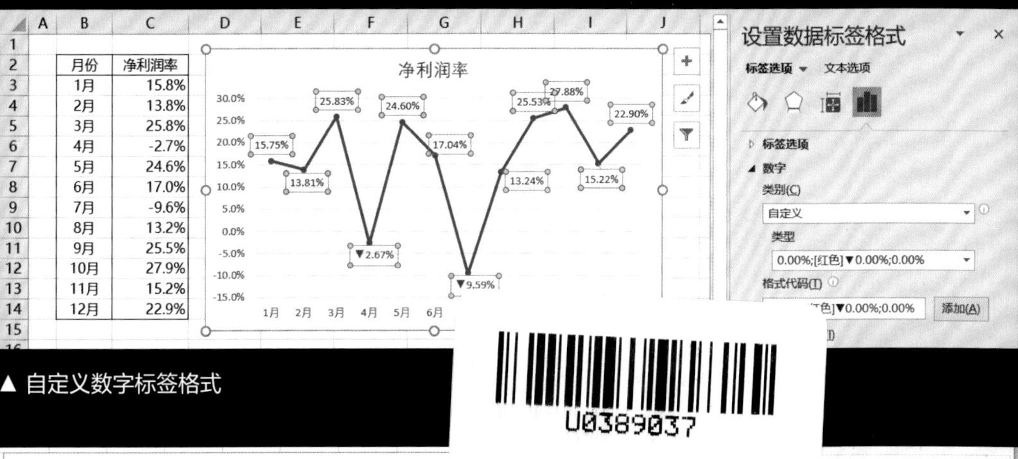

▲ 自定义数字标签格式

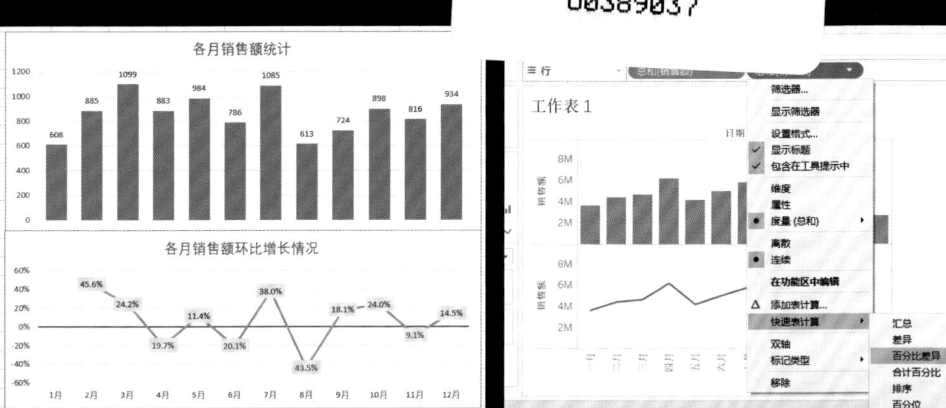

▲各月销售及环比增长分析图表

▲添加表计算“百分比异”

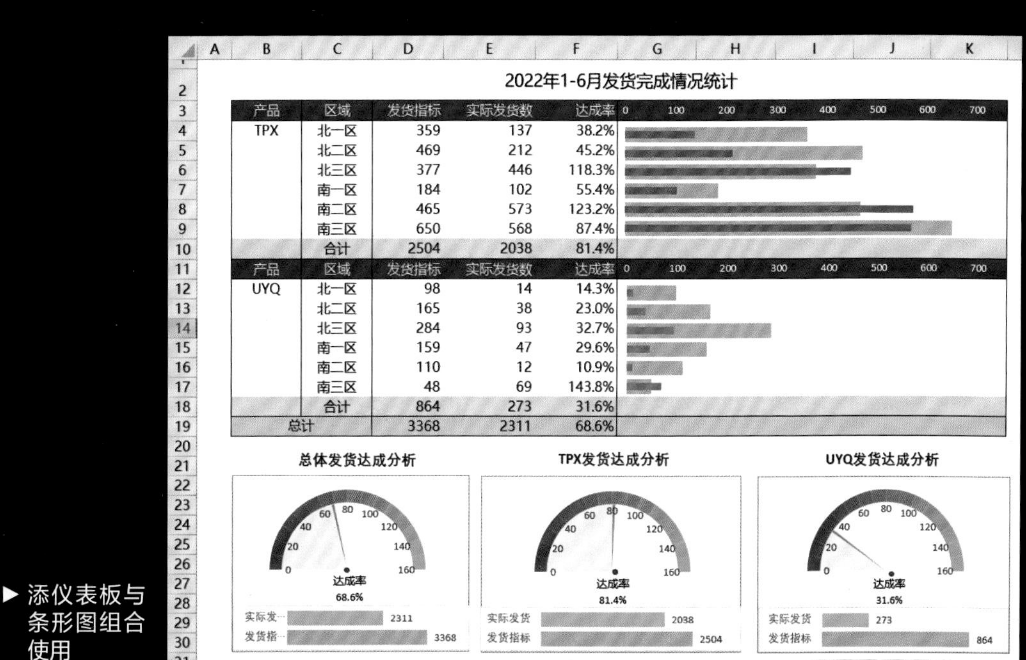

▶ 添仪表板与条形图组合使用

本书精彩案例欣赏

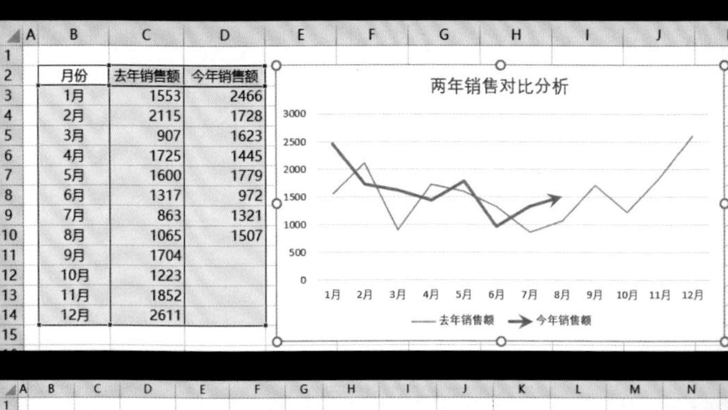

◀ 不同系列格式的折线图

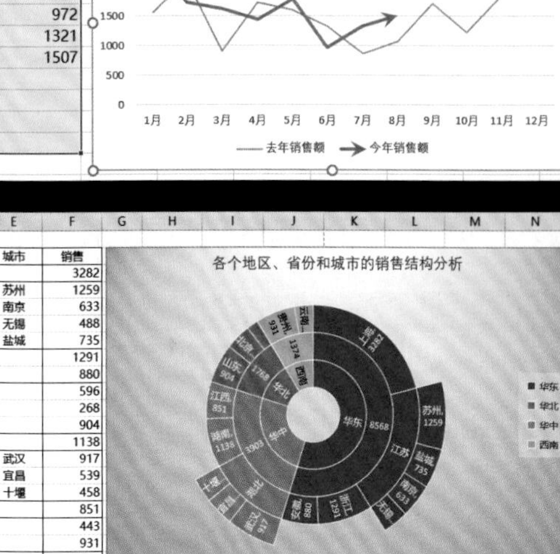

◀ 旭日图分析多层数据结构

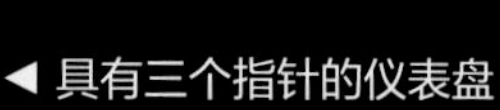

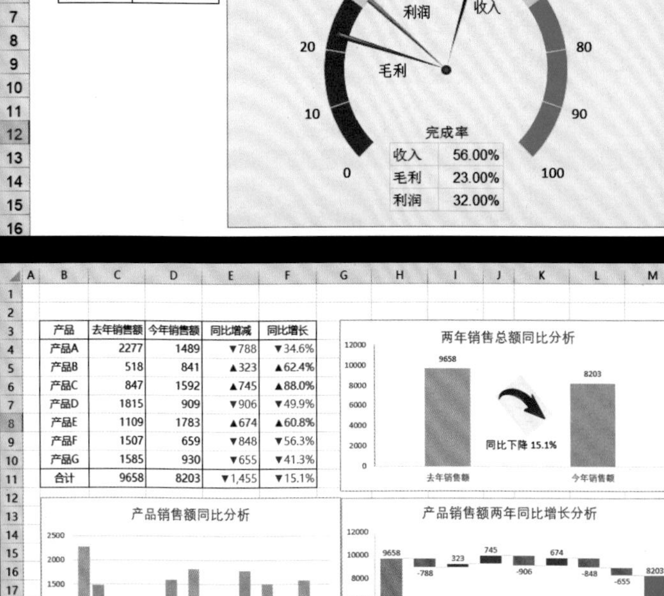

◀ 具有三个指针的仪表盘

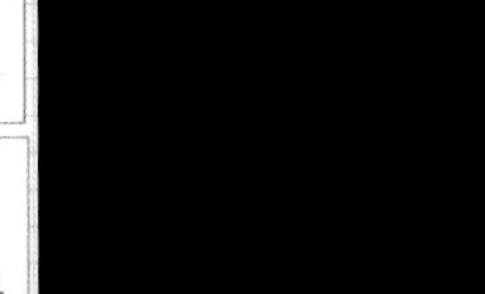

◀ 两年销售额同比分析

Excel

数据分析可视化必备技能

案例视频精讲

韩小良◎著

清華大学出版社
北京

内容简介

数据分析的目的是快速发现问题，进而分析问题并解决问题。因此，通过制作可视化分析图表，将数据分析结果以最清晰的形式展现出来，对数据进行可视化处理，就是一个非常好的选择。本书重点以Excel为工具，以Tableau为辅助工具，结合大量来自企业数据分析一线的实际案例，介绍如何设计数据分析及可视化模板，包括排名与对比分析、波动与趋势分析、结构与占比分析、分布分析、预警分析、预算与目标达成分析、因素分析、数据动态分析等，这些模板可方便地套用到企业实际数据分析工作中，让分析报告更有说服力。

本书适合企事业单位的各类管理者和数据分析人士，也可作为大专院校经济类本科生、研究生和MBA学员的教材或参考书。

图书在版编目（CIP）数据

Excel数据分析可视化必备技能案例视频精讲 / 韩小良著. —北京：清华大学出版社，2023.3

ISBN 978-7-302-62867-5

Ⅰ. ①E… Ⅱ. ①韩… Ⅲ. ①表处理软件 Ⅳ. ① TP391.13

中国国家版本馆CIP数据核字(2023)第036433号

责任编辑： 袁金敏
封面设计： 杨纳纳
责任校对： 胡伟民
责任印制： 曹婉颖
出版发行： 清华大学出版社

网　　址：http://www.tup.com.cn，http://www.wqbook.com
地　　址：北京清华大学学研大厦A座　　邮　　编：100084
社 总 机：010-83470000　　邮　　购：010-62786544
投稿与读者服务：010-62776969，c-service@tup.tsinghua.edu.cn
质 量 反 馈：010-62772015，zhiliang@tup.tsinghua.edu.cn

印 装 者： 小森印刷霸州有限公司
经　　销： 全国新华书店
开　　本： 170mm×240mm　　**印　　张：** 19.25　　**彩　　插：** 1　　**字　　数：** 472千字
版　　次： 2023年4月第1版　　**印　　次：** 2023年4月第1次印刷
定　　价： 89.00元

产品编号：099985-01

前言

数据分析的目的是快速发现问题，进而分析问题并解决问题。因此，通过制作可视化分析图表，将数据分析结果以最清晰的形式展现出来，并且对数据进行可视化处理，就是一个非常好的选择。

人们常说，文不如表，表不如图。但是，数据分析可视化，并不是使一堆花花绿绿的图表充满屏幕，而是如何用一个最简单的图形，让人一目了然地看出问题所在，这才是数据可视化的最终目的。

很多人认为，数据可视化就是绘制柱形图、折线图、饼图等。那么，为什么要制作柱形图？出发点是什么？是想给人看什么？一般来说，柱形图是为了比较各项目的大小，如果制作的柱形图，不能让人快速了解各项目的大小分布，而是一排参差不齐的柱子，这样的报告阅读性就较差。例如，要分析项目的结构，马上就想到制作饼图，但是密密麻麻的标签以及长短不一的名称，导致饼图根本没法看。

数据可视化的重点应该放在分析结果可视化上，其中有两个核心点需要认真思考：一是分析结果是什么？二是如何可视化？也许，人们可以用一张二维甚至多维表格，进行各种计算，得出各种差异，得到常规的计算分析报表，但是这样的报表看起来并不直观，甚至看起来非常费劲，因此还需要从这样的报表中进一步提炼信息，把那些关键的问题表达出来。数据可视化已经不是表面意义上的各种图表，而是关键信息分析结果及其展示。

本书以 Excel 为重点工具，以 Tableau 为辅助工具，并结合大量来自企业管理一线的实际案例，分 9 章介绍如何设计数据分析及可视化模板，包括排名与对比分析、波动与趋势分析、结构与占比分析、分布分析、预警分析、预算与目标达成分析、因素分析、数据动态分析。这些模板可方便地套用到实际数据分析工作中，让分析报告更具说服力！

本书适合企事业单位的各类管理者及数据分析人士，也可作为高等院校经济类本科生、研究生和 MBA 学员的教材或参考书。

本书的编写得到了朋友和家人的支持和帮助，在此表示衷心的感谢！

由于作者认识有限，虽尽心尽力，以期本书能够满足更多人的需求，但书中难免有疏漏之处，敬请读者批评指正，以便适时进行修订和补充。

韩小良
2023 年 1 月

读书笔记

目录

第1章

在实际案例中认识数据可视化

人们常说，文不如表，表不如图。数据可视化，能够快速从一堆数字中发现需要了解的信息，而不是耗费诸多时间从一堆文字和数字中查找数据。

1.1 用实际案例剖析数据可视化

如何分析数据？如何制作可视化分析报告？如何发现数据背后的秘密？如何发现问题、分析问题、解决问题？

1.1.1 每天的疫情报道数据，您看着轻松吗

疫情当下，相信大家对每天疫情发布会的官方报道并不陌生，下面引用一段某市的官方数据报道：

“我市上午召开第 *** 场新冠肺炎疫情防控工作新闻发布会。发布会上通报，6 月 11 日 0 时至 24 时，新增本土新冠肺炎病毒感染者 64 例，A 区 35 例，B 区、C 区各 5 例，D 区 4 例，E 区、F 区各 3 例，G 区、H 区、I 区、J 区各 2 例，K 区 1 例；普通型 3 例，轻型 30 例，无症状感染者 31 例，隔离观察人员 62 例，社会面筛查人员 2 例”。

上面的大段文字，读起来都很费劲，更何况想要快速了解其中的信息了。

下面来分析一下这段话的几个重点。

（1）各区新增感染者人数分布。

（2）病型人数分布。

（3）筛查类型人数分布。

这大段文字，如果使用表格把这三个重点表达出来，是不是就非常清楚了？如图 1-1 所示。

数据分类管理，数据分类汇总很重要。

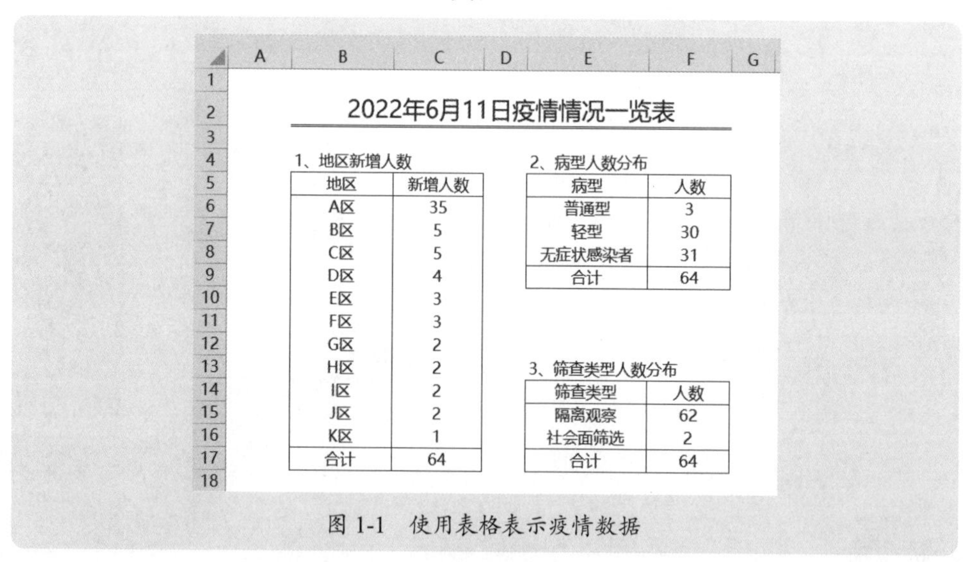

2022年6月11日疫情情况一览表

1、地区新增人数

地区	新增人数
A区	35
B区	5
C区	5
D区	4
E区	3
F区	3
G区	2
H区	2
I区	2
J区	2
K区	1
合计	64

2、病型人数分布

病型	人数
普通型	3
轻型	30
无症状感染者	31
合计	64

3、筛查类型人数分布

筛查类型	人数
隔离观察	62
社会面筛选	2
合计	64

图 1-1　使用表格表示疫情数据

如果觉得图 1-1 的表格看起来不那么清晰明了，那么可以绘制可视化分析图表，通过图表把需要关注的三个信息一目了然地表达出来，如图 1-2 所示。

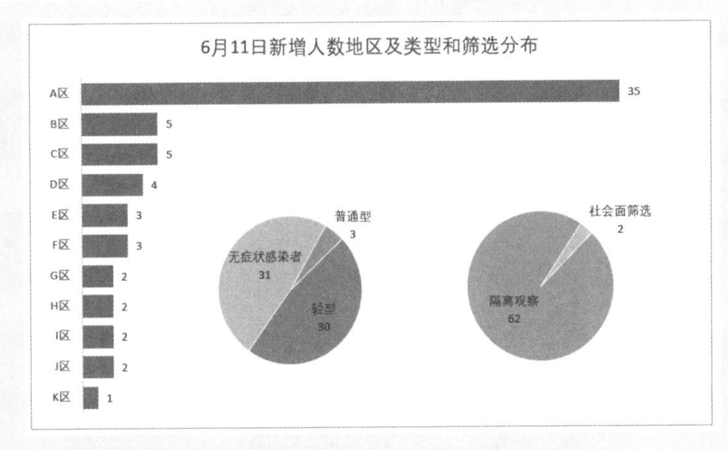

图 1-2　新增人数地区及类型和筛选分布图

本案例素材是“案例 1-1.xlsx”。

1.1.2 机台用电量与机台产量有什么关系

给客户做产品报价模型，在做用电量计算时，针对同一个产品、同一个机台的几年耗电量数据进行归纳，想要看看机台用电量与机台产量有什么关系。

一般机台产量越高，用电量越大。但是，如果换算成每小时产量与每小时用电呢？是不是也是这种常规认识？

图 1-3 是某个机台在生产某个产品的工时、班产量和用电量的数据。

	A	B	C	D	E	F
1	机台	产品名称	工艺	机器工时	班产量	用电量
2	AAA	BP-103	工艺C	36.9	349,430	143.4
3	AAA	BP-103	工艺C	26.6	203,366	61.7
4	AAA	BP-103	工艺C	32.8	319,365	143.3
5	AAA	BP-103	工艺C	45.1	351,560	143.4
6	AAA	BP-103	工艺C	8.2	114,934	41.0
7	AAA	BP-103	工艺C	38.9	288,563	102.1
8	AAA	BP-103	工艺C	36.9	404,726	184.3
9	AAA	BP-103	工艺C	36.9	316,416	102.6
10	AAA	BP-103	工艺C	45.1	347,955	184.3
11	AAA	BP-103	工艺C	45.1	376,422	163.8
12	AAA	BP-103	工艺C	16.4	117,350	61.4
13	AAA	BP-103	工艺C	45.1	349,880	163.8
14	AAA	BP-103	工艺C	24.6	201,687	102.4
15	AAA	BP-103	工艺C	41.0	313,344	123.1
16	AAA	BP-103	工艺C	28.7	289,260	122.9
17	AAA	BP-103	工艺C	45.1	345,620	124.8
18	AAA	BP-103	工艺C	16.4	172,442	102.4
19	AAA	BP-103	工艺C	32.8	403,907	163.8
20	AAA	BP-103	工艺C	41.0	405,504	143.4
21	AAA	BP-103	工艺C	45.1	345,498	184.3
22	AAA	BP-103	工艺C	34.8	289,382	122.9
23	AAA	BP-103	工艺C	45.1	404,972	122.9
24	AAA	BP-103	工艺C	34.8	348,447	122.9
25	AAA	BP-103	工艺C	45.1	345,498	122.9
26	AAA	BP-103	工艺C	8.2	57,057	41.0
27	AAA	BP-103	工艺C	45.1	286,925	184.3

Sheet1　Sheet2

图 1-3　机器工时、班产量和用电量的数据

这么多的数据堆积起来，很难看出机台用电量与机台产量有什么关系。先计算小时产量和小时用电量数据，如图 1-4 所示。

	A	B	C	D	E	F	G	H
1	机台	产品名称	工艺	机器工时	班产量	用电量	小时产量	小时用电
2	AAA	BP-103	工艺C	36.9	349,430	143.4	9,469.65	3.89
3	AAA	BP-103	工艺C	26.6	203,366	61.7	7,645.34	2.32
4	AAA	BP-103	工艺C	32.8	319,365	143.3	9,736.74	4.37
5	AAA	BP-103	工艺C	45.1	351,560	143.4	7,795.12	3.18
6	AAA	BP-103	工艺C	8.2	114,934	41.0	14,016.34	5.00
7	AAA	BP-103	工艺C	38.9	288,563	102.1	7,418.07	2.62
8	AAA	BP-103	工艺C	36.9	404,726	184.3	10,968.18	4.99
9	AAA	BP-103	工艺C	36.9	316,416	102.6	8,574.96	2.78
10	AAA	BP-103	工艺C	45.1	347,955	184.3	7,715.19	4.09
11	AAA	BP-103	工艺C	45.1	376,422	163.8	8,346.39	3.63
12	AAA	BP-103	工艺C	16.4	117,350	61.4	7,155.49	3.74
13	AAA	BP-103	工艺C	45.1	349,880	163.8	7,757.87	3.63
14	AAA	BP-103	工艺C	24.6	201,687	102.4	8,198.66	4.16
15	AAA	BP-103	工艺C	41.0	313,344	123.1	7,642.54	3.00
16	AAA	BP-103	工艺C	28.7	289,260	122.9	10,078.75	4.28
17	AAA	BP-103	工艺C	45.1	345,620	124.8	7,663.41	2.77
18	AAA	BP-103	工艺C	16.4	172,442	102.4	10,514.76	6.24
19	AAA	BP-103	工艺C	32.8	403,907	163.8	12,314.24	4.99
20	AAA	BP-103	工艺C	41.0	405,504	143.4	9,890.34	3.50
21	AAA	BP-103	工艺C	45.1	345,498	184.3	7,660.71	4.09
22	AAA	BP-103	工艺C	34.8	289,382	122.9	8,315.57	3.53
23	AAA	BP-103	工艺C	45.1	404,972	122.9	8,979.42	2.73
24	AAA	BP-103	工艺C	34.8	348,447	122.9	10,012.84	3.53
25	AAA	BP-103	工艺C	45.1	345,498	122.9	7,660.71	2.73
26	AAA	BP-103	工艺C	8.2	57,057	41.0	6,958.17	5.00
27	AAA	BP-103	工艺C	45.1	286,925	184.3	6,361.97	4.09

Sheet1 Sheet2

图 1-4　计算小时产量和小时用电量数据

可以用小时产量作为 X 轴，用小时用电量作为 Y 轴，绘制 XY 散点图，如图 1-5 所示。

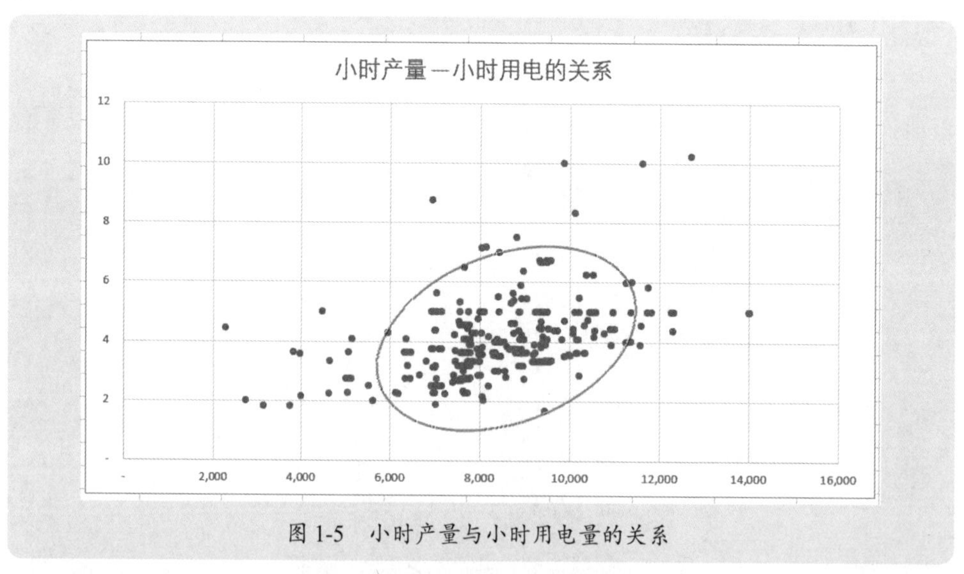

图 1-5　小时产量与小时用电量的关系

从图表中可以看出，机台小时产量主要集中在 6000 ～ 10000，小时用电量集中在 2 ～ 6。在这个范围内，呈现出一种杂乱无规律的现象，甚至有些数据像是人为刻意做出来的，如图 1-6 所示。这些数据点的小时用电量是一样的，但是小时产量却相差很大。

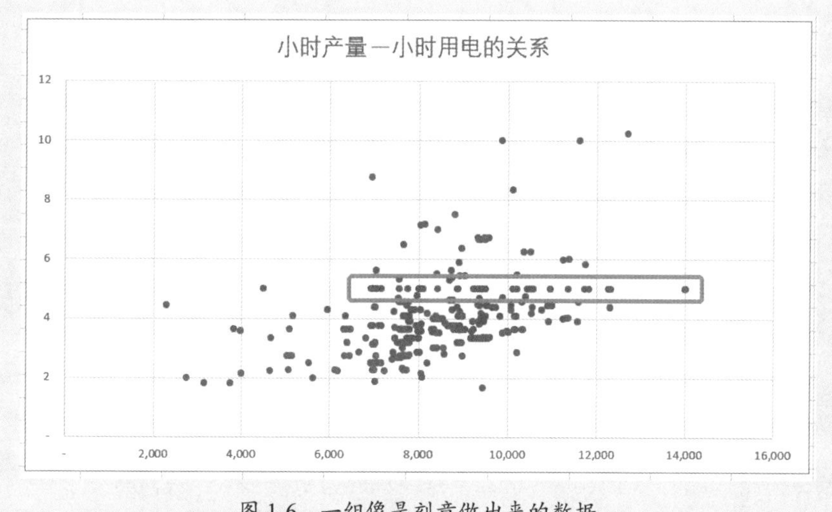

图 1-6　一组像是刻意做出来的数据

抛开这些嫌疑数据，分析小时产量和小时用电量到底有没有一定的关系。添加一个线性模型趋势线，如图 1-7 所示，可以看出，小时用电量与小时产量有一定的正向关系，即小时产量越大，小时用电量越大。

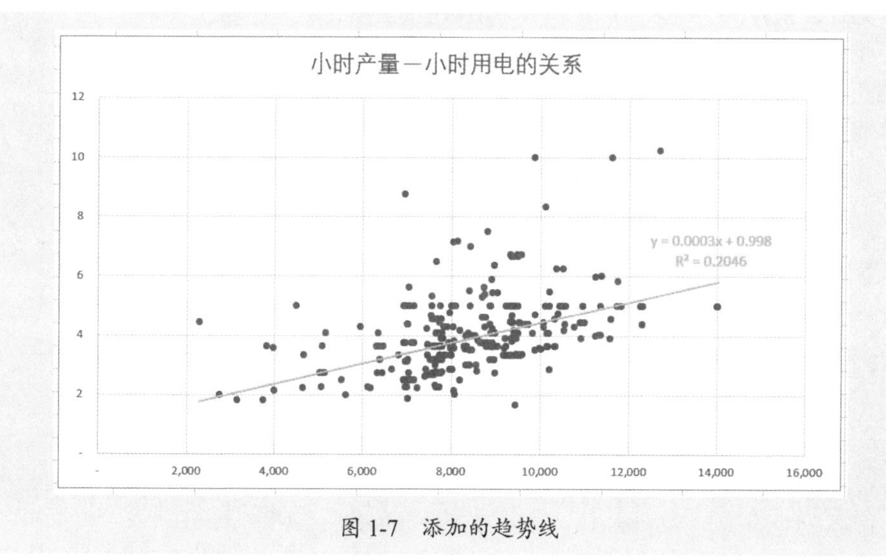

图 1-7　添加的趋势线

从这个小时产量和小时用电量分布图（图 1-7）中，还可以看出有几个异常数据点远离正常的数据区域，如图 1-8 所示。如果要使用这个历史数据作为今后计算耗电量的参考，那么这几个异常数据点应该被剔除，以免对计算结果造成较大干扰。

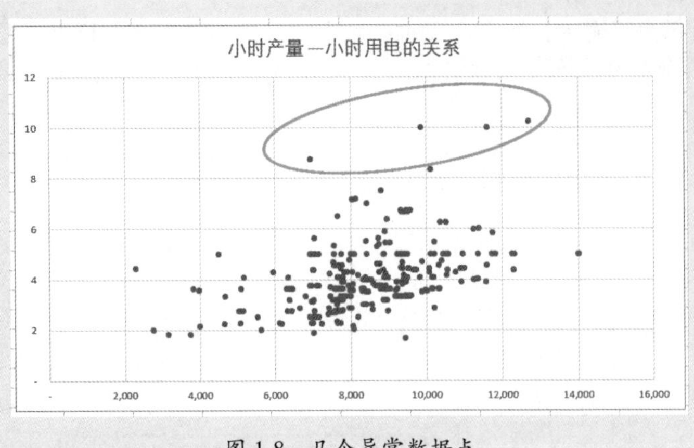

图 1-8　几个异常数据点

本案例素材是“案例 1-2.xlsx”。

1.1.3 预算分析的背后是什么

预算分析，或者目标达成分析，不是算算差异数是多少，完成率是多少，而是要找出造成这个差异背后的原因。基于这点，将差异原因可视化，就是一个必须做的功课。

图 1-9 是 2022 年 1–5 月累计损益项目预算执行情况统计表，之所以把此表称为统计表，是因为这个表并没有从深层次上解释净利润预算执行率 63.7% 的原因。

为什么预算执行率这么低？是哪个项目引起的？

也许有人会说，每个项目的执行情况不是已经算出来了吗，看看数字就知道了。但是，这个表格的数字看起来很不直观，使人眼花缭乱。

2022年1-5月累计

项目	累计预算	累计实际	差异	执行率
一、营业收入	13,019	14,766	1,748	113.4%
减：营业成本	8,842	9,980	1,138	112.9%
税金及附加	569	992	423	174.3%
销售费用	664	938	274	141.2%
管理费用	620	1,005	386	162.2%
研发费用	426	334	-92	78.3%
财务费用	88	356	268	403.2%
加：其他收益	377	506	129	134.1%
投资收益	203	190	-13	93.7%
二、营业利润	2,389	1,857	-532	77.7%
加：营业外收入	670	670	-0	100.0%
减：营业外支出	285	345	60	121.0%
三、利润总额	2,774	2,182	-592	78.6%
减：所得税费用	648	828	180	127.8%
四、净利润	2,126	1,353	-773	63.7%

图 1-9　损益项目预算执行情况统计表

这是一个典型的因素分析问题，也就是在影响净利润预算执行的各项目（因素）中，究竟是哪些项目影响最大，这样才能为下一步改进管理、提高效益提供数字支持。

因此，可以绘制如图 1-10 所示的因素分析图，从而一目了然地得出结论：尽管营业收入超额完成目标，但营业成本、税金、销售费用、管理费用等均出现较大幅度的超预算。通过这个图表，可以很快获得重要信息。

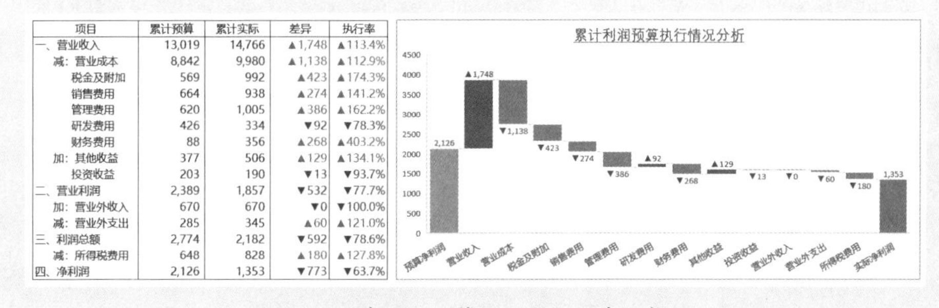

项目	累计预算	累计实际	差异	执行率
一、营业收入	13,019	14,766	▲1,748	▲113.4%
减：营业成本	8,842	9,980	▲1,138	▲112.9%
税金及附加	569	992	▲423	▲174.3%
销售费用	664	938	▲274	▲141.2%
管理费用	620	1,005	▲386	▲162.2%
研发费用	426	334	▼92	▼78.3%
财务费用	88	356	▲268	▲403.2%
加：其他收益	377	506	▲129	▲134.1%
投资收益	203	190	▼13	▼93.7%
二、营业利润	2,389	1,857	▼532	▼77.7%
加：营业外收入	670	670	▼0	▼100.0%
减：营业外支出	285	345	▲60	▲121.0%
三、利润总额	2,774	2,182	▼592	▼78.6%
减：所得税费用	648	828	▲180	▲127.8%
四、净利润	2,126	1,353	▼773	▼63.7%

图 1-10　净利润预算执行影响因素分析图

本案例素材是“案例 1-3.xlsx”。

1.1.4 门店经营的盈亏情况如何

图 1-11 是各门店的销售额和净利润数据。从这个表格中很难看出门店的盈亏分布情况：盈利多少家？亏损多少家？销售额和净利润主要分布在什么区间？这些门店的整体盈利水平如何？等等。本案例素材是“案例 1-4.xlsx”。

	A	B	C	D
1	门店名称	净销售额	净利润	
2	门店01	94,017	-821	
3	门店02	136,752	12,619	
4	门店03	153,846	16,467	
5	门店04	85,470	-5,877	
6	门店05	97,214	1,169	
7	门店06	97,214	1,169	
8	门店07	170,940	6,758	
9	门店08	102,564	5,581	
10	门店09	136,752	4,088	
11	门店10	170,940	20,943	
12	门店11	153,846	19,479	
13	门店12	358,974	-20,567	
14	门店13	102,667	4,333	
15	门店14	94,017	87	
16	门店15	159,829	9,070	
17	门店16	145,299	23,333	
18	门店17	85,470	-4,614	
19	门店18	273,504	5,883	

门店销售

图 1-11　门店销售数据

可以以销售额为 X 轴，净利润为 Y 轴，绘制 XY 散点图，如图 1-12 所示。从这个图表中可以很清楚地看出这些门店的整体盈利水平。

此外，门店 12 和门店 30 的销售额相差并不是非常大，但一个是所有门店中净利润最高的，一个却是亏损的，这背后的原因是什么？

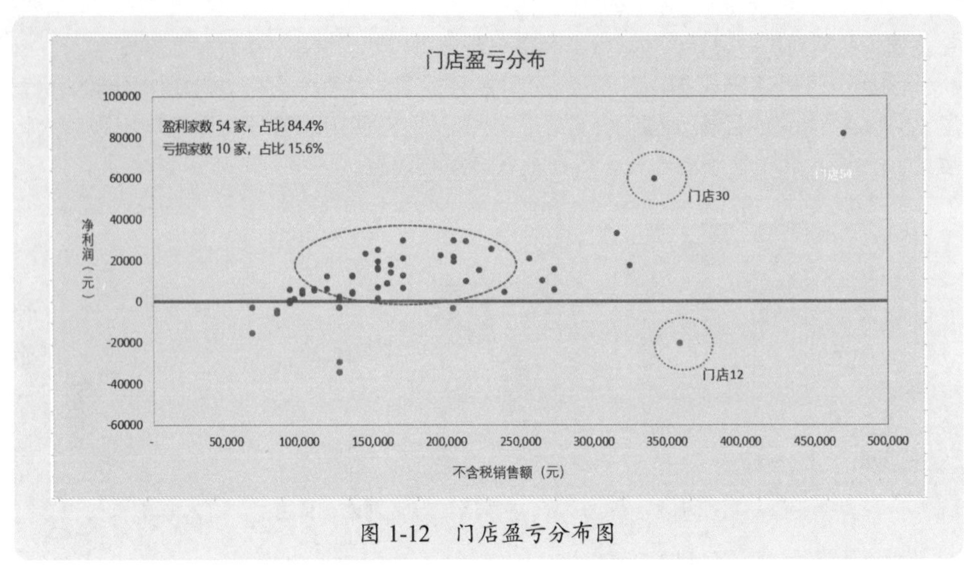

图 1-12　门店盈亏分布图

找出这两个门店的利润表，对影响净利润的各因素进行分析，绘制瀑布图，如图 1-13 所示，显然门店 12 亏损的原因是商场租金太高。

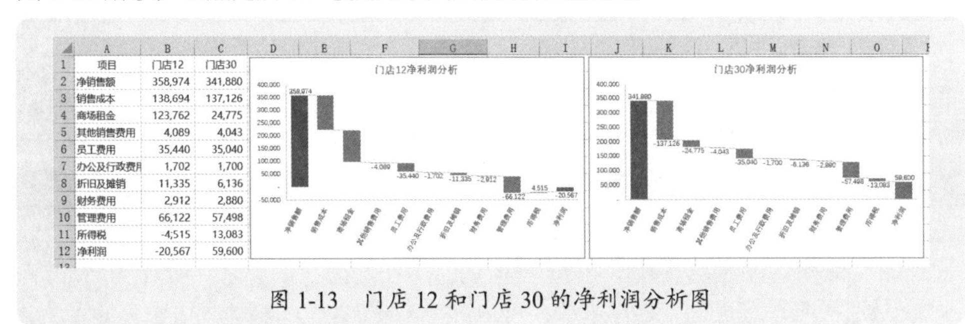

项目	门店12	门店30
净销售额	358,974	341,880
销售成本	138,694	137,126
商场租金	123,762	24,775
其他销售费用	4,089	4,043
员工费用	35,440	35,040
办公及行政费用	1,702	1,700
折旧及摊销	11,335	6,136
财务费用	2,912	2,880
管理费用	66,122	57,498
所得税	-4,515	13,083
净利润	-20,567	59,600

图 1-13　门店 12 和门店 30 的净利润分析图

1.1.5 各分公司的历年经营业绩如何

图 1-14 是一个很简单的汇总表，是各分公司近几年的销售业绩，就是每年的合计数而已。但是，这样一个简单的汇总表却隐藏着重要信息。

分公司	15年	16年	17年	18年	19年	20年	21年
分公司A	691	714	907	837	933	982	1039
分公司B	698	763	974	1093	825	1055	947
分公司C	901	955	879	953	706	645	713
分公司D	844	1044	948	912	1033	1018	1205

图 1-14　各分公司的历年经营业绩

本案例素材是“案例 1-5.xlsx”。

至少要从这个表格来挖掘下面几个信息。

（1）各分公司历年业绩发展趋势如何？

（2）各分公司之间的历年业绩对比如何？

（3）各分公司的复合增长率如何？

前两个信息可以使用图 1-15 所示的图表来展示。从这个图表中可以一眼看出，分公司 A 业绩在稳步增长，分公司 B 近 4 年出现了大幅波动，分公司 C 则出现业绩持续下降（尽管 2021 年有所反弹，但仍是较低水平），分公司 D 在经历了几年的略微下降后，2021 年出现快速增长。这些信息有助于针对各分公司的状况，做出不同的经营管理决策。

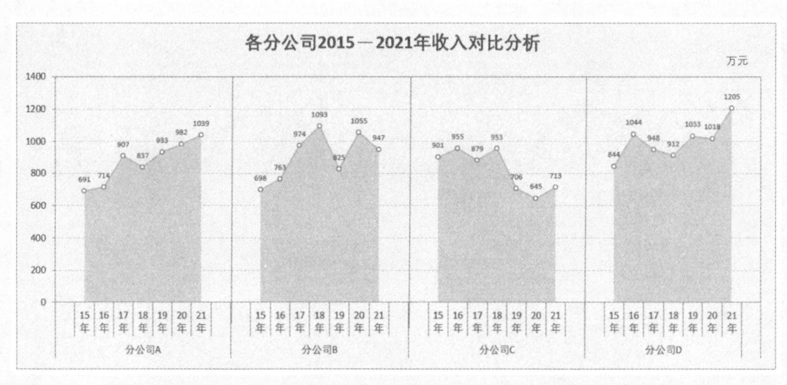

图 1-15　各个分公司历年经营业绩趋势及对比

最近一年各分公司的业绩排名就很简单，但是，仅排名是不够的，这些分公司在这些年的复合增长率如何？这个指标也是需要考虑的。

制作各分公司历年的复合增长率图表，如图 1-16 所示。可以看出，各分公司的发展速度是不同的：分公司 A 尽管业绩稳步发展，但在近 4 年，其复合增长率稳定在 7% 左右，其他分公司则出现了较大波动。这些信息隐藏在如图 1-14 所示的简单汇总表中。

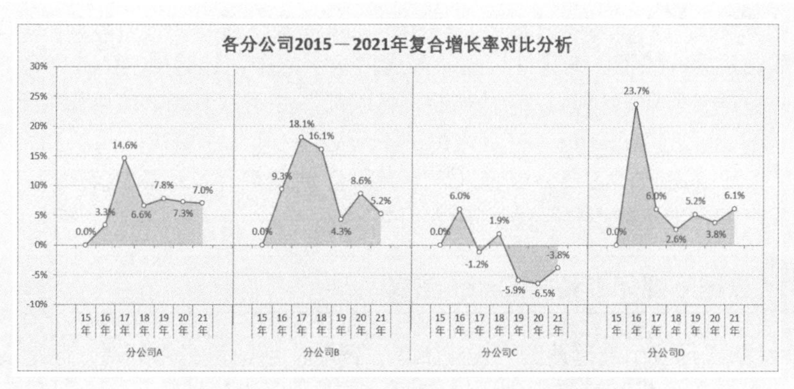

图 1-16　各分公司历年的复合增长率图表

1.1.6　数据层层挖掘分析，才能找到变化的原因

数据分析可视化，目的是快速找出数据差异背后的原因，这往往需要多个图表

来层层展示，单一的一张图表是无法达到目的的。

在需要绘制多个图表来分析数据时，需要创建仪表板（DashBoard)，需要先对整个仪表板的布局做好设计，先展示什么，再展示什么，最后得到什么，必要时要以少量的文字做注释。

例如，图 1-17 是一个简单的人工成本分析仪表板，用几个图表的组合来展示人工成本累计执行情况和全年进度情况。从 1 ～ 5 月累计执行情况来看，超预算 41.8%，主要原因是 5 月份大大超出预算，其他月份是正常的。

本案例素材是“案例 1-6.xlsx”。

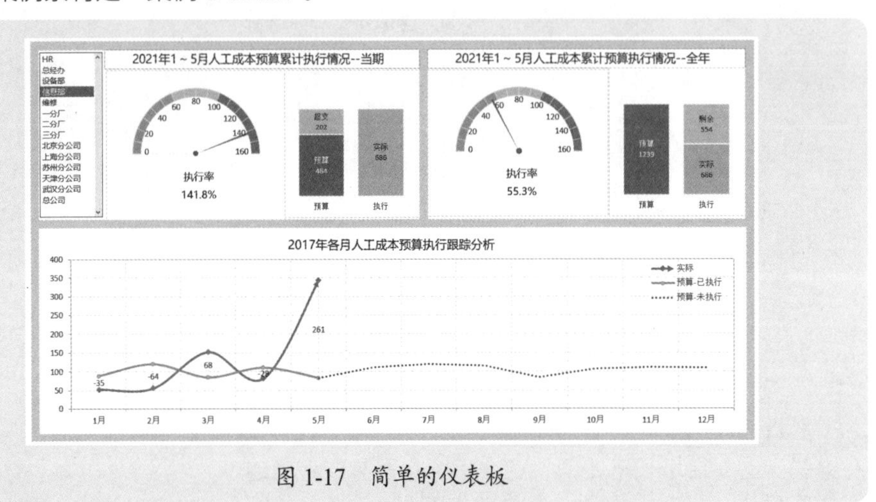

图 1-17　简单的仪表板

1.2 数据可视化，数据分析的必备技能

对于数据分析，需要将分析结果进行可视化处理，包括可视化报表和可视化图表，都是职场数据分析人士必须具备的思维和技能，需要认真去研究、去应用、去实践、去发现数据背后的秘密，为企业经营决策提供科学依据，让数据为企业创造价值。

在对数据分析可视化时，有很多工具可以选择使用，例如，应用最普遍的 Excel 图表，容易上手的 Tableau，有点难度的 Power BI 等。根据实际情况和个人喜好，可以选择一个最高效的工具，或者几个工具联合起来使用，而不仅仅限于一种工具，因为数据可视化工具仅仅是手段，不是目的。

1.2.1 数据可视化工具之 Excel 图表

Excel 图表是应用最普遍的可视化工具，简单易学，又变化多端，但是最大的弊端是一些复杂的分析图表的绘制比较麻烦，往往需要设计辅助区域，对数据进行重新组织和计算，才能绘制出需要的图表来。

例如，要绘制如图 1-15 所示的图表，则需要先设计如图 1-18 所示的辅助区域，其中的逻辑是：分类轴（横轴）用两行文字（分公司名称和年份）做分类标签，并且每个分公司之间用空数据点隔开。

这个辅助区域，可以使用函数公式来查找引用数据，例如，单元格 D35 的参考公式为：

```
=VLOOKUP(B33,$B$3:$H$6,MATCH(C34,$B$2:$H$2,0),0)
```

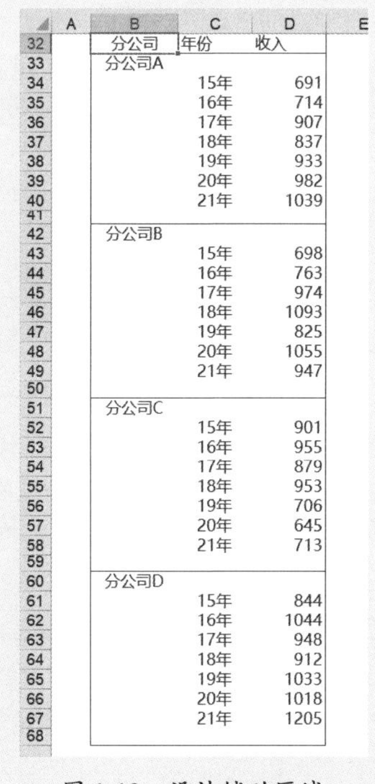

	A	B	C	D	E
32		分公司	年份	收入	
33		分公司A			
34			15年	691	
35			16年	714	
36			17年	907	
37			18年	837	
38			19年	933	
39			20年	982	
40			21年	1039	
41					
42		分公司B			
43			15年	698	
44			16年	763	
45			17年	974	
46			18年	1093	
47			19年	825	
48			20年	1055	
49			21年	947	
50					
51		分公司C			
52			15年	901	
53			16年	955	
54			17年	879	
55			18年	953	
56			19年	706	
57			20年	645	
58			21年	713	
59					
60		分公司D			
61			15年	844	
62			16年	1044	
63			17年	948	
64			18年	912	
65			19年	1033	
66			20年	1018	
67			21年	1205	
68					

图 1-18 设计辅助区域

设计完成辅助区域并引用数据后，再利用这个辅助区域绘制折线图，如图 1-19 所示。

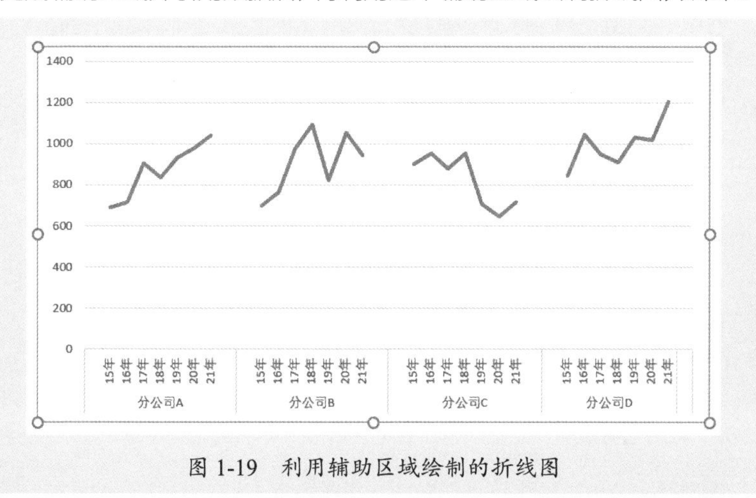

图 1-19 利用辅助区域绘制的折线图

还可以在图表上再添加一个相同的“收入”数据系列，如图 1-20 所示，然后再将其图表类型设置为面积图，并对图表进行美化，就得到了需要的图表。

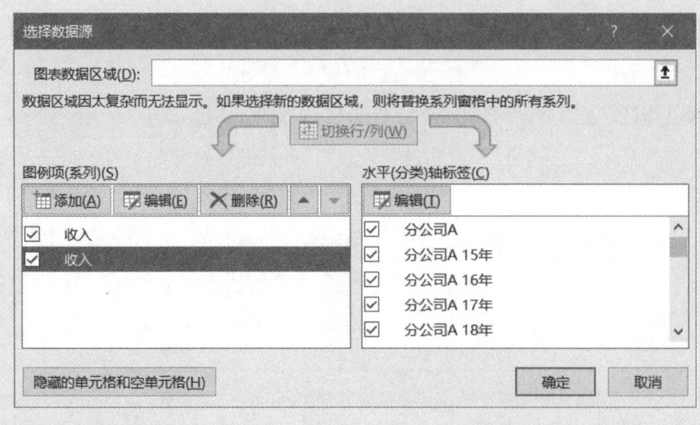

图 1-20　再添加一个“收入”数据系列

Excel 图表简单易学，也是 Excel 的核心工具之一，只要用户每天使用 Excel 来处理数据，就能随时绘制一些基本的分析图表。尽管在数据分析可视化尤其是在制作仪表板方面，比较烦琐和累人，但 Excel 图表仍是数据分析可视化的首选工具之一。

因此，本书仍以 Excel 图表为主，介绍在 Excel 中绘制各种分析图表的主要方法和技能，以及常用经典分析图表模板。

1.2.2 数据可视化工具之 Tableau

就目前而言，了解和使用 Tableau 的人不是很多，甚至没听说过。不过，如果要讲操作方便、使用灵活，Tableau 无疑是一款非常容易上手和应用的数据分析可视化工具。人们平时工作都很忙，不可能花半天时间去画一个图表，也没有精力和时间绞尽脑汁去编写函数公式，且大部分人也不是专业的数据分析人士，只需要会拖曳就行，这些 Tableau 都会给人们带来惊喜。

例如，要绘制如图 1-15 所示的图表，利用 Tableau 是非常简单的。首先建立数据连接，如图 1-21 所示。

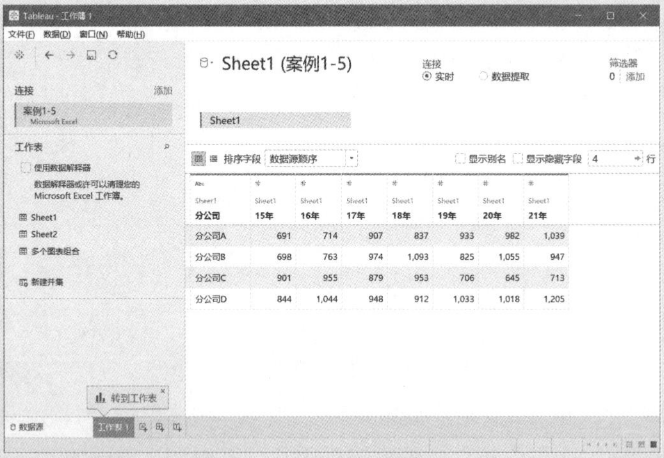

分公司	15年	16年	17年	18年	19年	20年	21年
分公司A	691	714	907	837	933	982	1,039
分公司B	698	763	974	1,093	825	1,055	947
分公司C	901	955	879	953	706	645	713
分公司D	844	1,044	948	912	1,033	1,018	1,205

图 1-21　建立数据连接

选择各年数据列，进行转置处理，并修改字段名称，如图 1-22 所示。

Tableau - 工作簿 1

文件(F) 数据(D) 窗口(N) 帮助(H)

Sheet1 (案例1-5)

连接 ◉ 实时 ○ 数据提取 筛选器 0 添加

连接 添加

案例1-5
Microsoft Excel

工作表

使用数据解释器

数据解释器或许可以清理您的 Microsoft Excel 工作簿。

Sheet1

Sheet2

多个图表组合

新建并集

Sheet1

排序字段 数据源顺序 显示别名 显示隐藏字段 28 行

Abc Sheet1 分公司	Abc 转置 年份	# 转置 销售
分公司A	15年	691
分公司B	15年	698
分公司C	15年	901
分公司D	15年	844
分公司A	16年	714
分公司B	16年	763
分公司C	16年	955
分公司D	16年	1,044
分公司A	17年	907

转到工作表

数据源 工作表 1

图 1-22 转置各年数据

转到 Tableau 工作表，拖放布局字段（维度和度量），得到如图 1-23 所示的图表，是不是很简单？

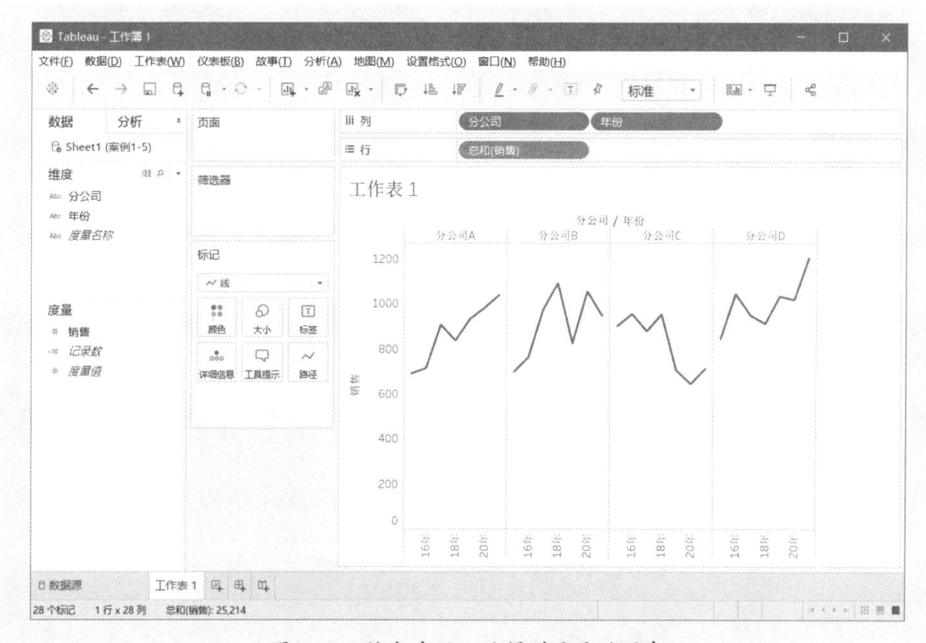

图 1-23 拖曳字段，就得到需要的图表

1.2.3 数据可视化工具之 Power BI

Power BI 风风火火，大家都趋之若鹜，然而真正能在实际工作中应用起来的并不多，也许是其太深奥，复杂的 DAX 函数，烧脑的数据建模，让很多人望而却步。对于海量数据分析来说，Power BI 也是一个不错的选择，不过需要花时间搭建数据模型，也是很费时费力的事情。

1.2.4 数据可视化工具是手段，不是目的

在实际工作中，对于数据分析可视化，不应该仅限于一种工具，而是哪个简单、哪个高效，就使用哪个，甚至几个工具联合起来使用。例如，对于大量数据的合并，甚至是不同文件夹数据的合并，以及来自不同数据源（Excel 文件、数据库、文本文件、PDF 文件等）数据，首选 Tableau；对于大量不规范表格数据的合并汇总与建模，首选 Power Query；对于没有很多时间来研究建模的职场人士，只需要快速制作各种分析图表，首选 Tableau；如果要建立一套复杂的数据模型和可视化仪表板，不妨尝试花时间去研究一下 Power BI。

本书的目的是介绍企业实际工作中，常用的数据分析图表的逻辑思维和制作方法，会将几种工具做一个比较，或者直接使用最高效的工具来制作。

本书分以下几个内容，介绍常见数据分析可视化图表的制作方法和实用经典案例，并配备相应的操作视频，让用户快速学习和掌握，并应用到实际工作中。

- 排名与对比分析
- 波动与趋势分析
- 结构与占比分析
- 分布分析
- 预警分析
- 预算与目标达成分析
- 因素分析
- 数据动态分析

第2章

排名与对比分析

如果老板问，公司的前 10 大客户是哪几家？业绩最好的前 3 个业务员是谁？各分公司的销量谁高谁低？公司的前 5 大产品是哪几个？库存成本最高的是哪些材料？等等，这些都是排名与对比分析的问题。

2.1 Excel 排名与对比分析常用图表及注意事项

在排名与对比分析中，常用的图表有柱形图和条形图，用来比较各项目的大小。使用柱形图还是条形图，要看项目多少，以及项目名称长短，如果数据对象较多，或者项目名称较长，使用条形图；如果项目较少并且项目名称较短，则使用柱形图。

下面以 Excel 图表为例，了解排名与对比分析图表类型及注意事项。

2.1.1 单数据系列的普通柱形图及注意事项

柱形图是最简单的一种图表，用于表示各项目的大小，在 Excel 上绘制也很简单。选择数据区域，插入柱形图，图 2-1 是制作的基本柱形图。

本案例素材是“案例 2-1.xlsx”。

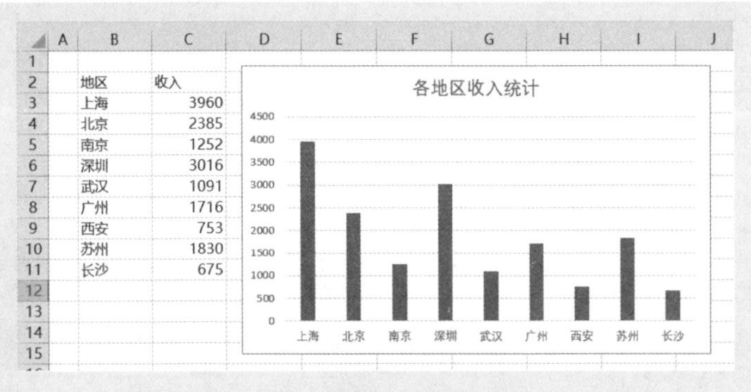

图 2-1　制作的基本柱形图

柱形图逐步制作完毕后，需要对图表进行格式化处理，包括设置系列间距、设置柱形填充颜色、设置标签、设置网格线、设置图表标题等。

1. 设置系列间距

刚刚制作的柱形图，每根柱形的间距是比较宽的，每根柱形都显得形单影薄、骨瘦如柴，此时，需要设置间隙宽度，如图 2-2 所示。

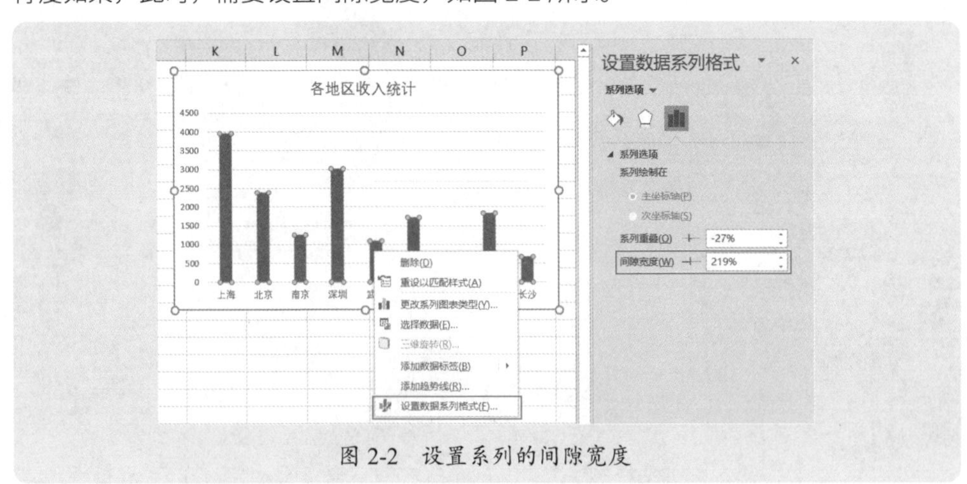

图 2-2　设置系列的间隙宽度

间隙宽度要根据类别项目的多少来设置一个适当的比例，一般设置为50%～80%比较合适，如图2-3所示。

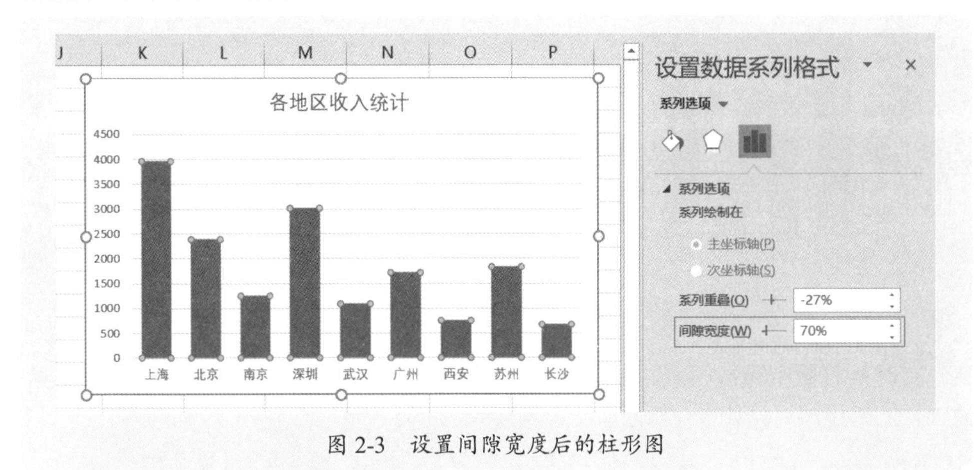

图2-3　设置间隙宽度后的柱形图

2. 设置柱形填充颜色

柱形填充颜色也是必须仔细设置的一个格式项目，因为默认的柱形颜色很难看，并且在实际应用中会把柱形图与其他图表布局在一起，因此柱形填充颜色的设置非常重要。

一般使用RGB颜色模式来设置颜色，这样设置的效果要好得多，也灵活得多，如图2-4所示。

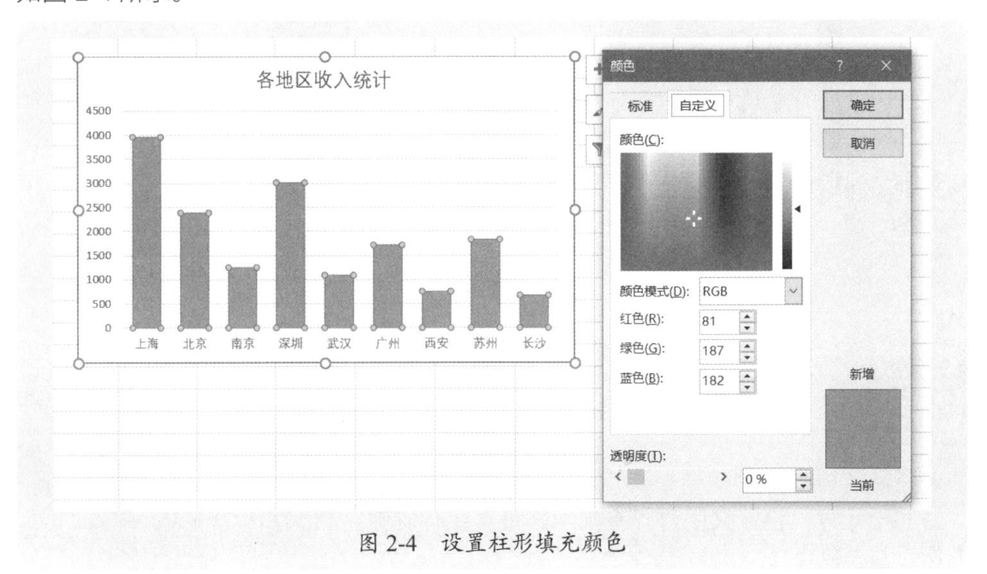

图2-4　设置柱形填充颜色

3. 设置标签

大多数情况下，需要在柱形上显示标签，标签的位置可以显示在柱形外边、中间、底部，设置也很方便，如图2-5所示。

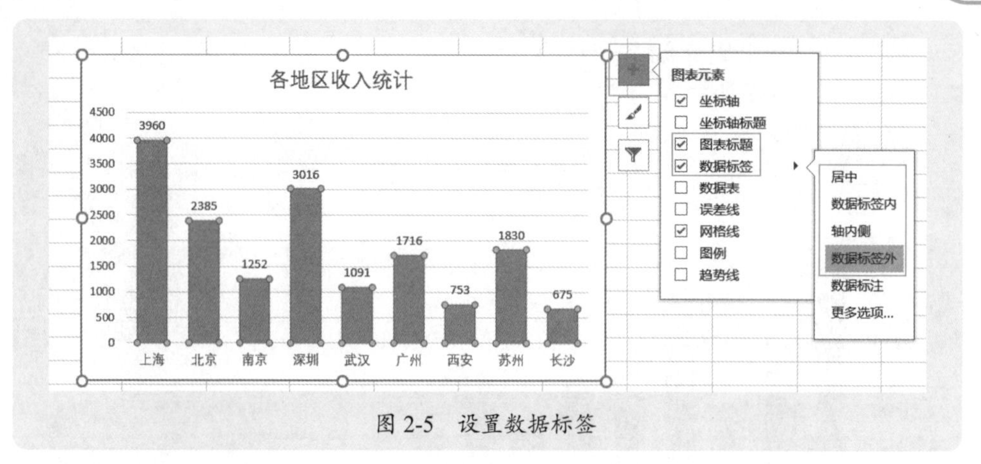

图 2-5 设置数据标签

有时标签数字可能很大，此时需要设置自定义数字格式，直接设置坐标轴（数值轴）的单位即可，如图 2-6 所示。

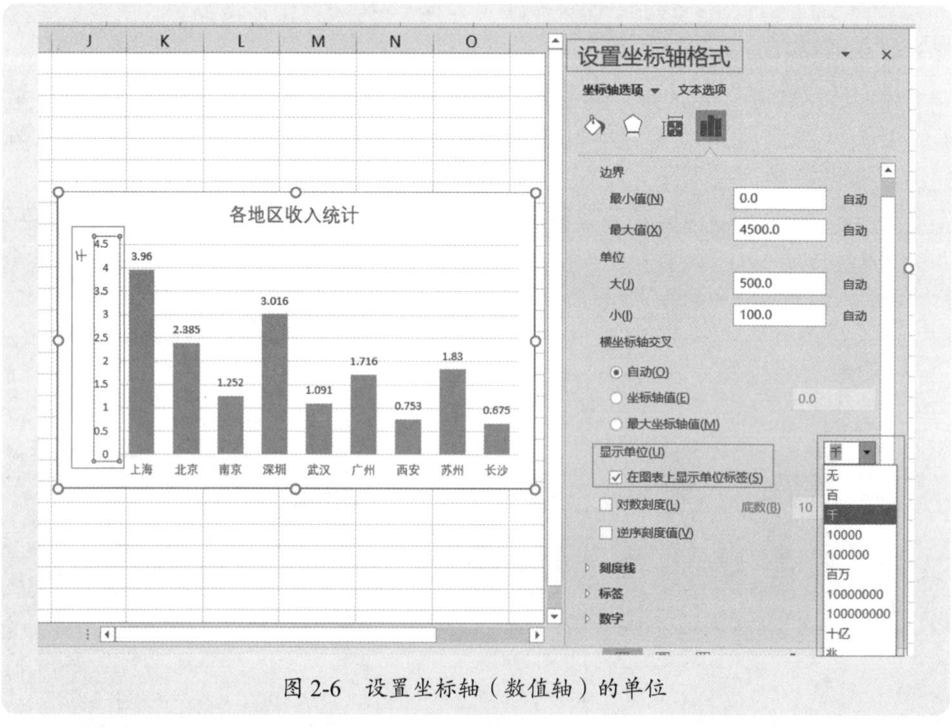

图 2-6 设置坐标轴（数值轴）的单位

还需要对坐标轴标题格式进行重新设置，修改为确切的名称（例如，把“千”改为“千元”），设置文字对齐方向，并设置坐标轴数字格式和标签的数字格式（主要是设置小数点）。

4. 设置网格线（水平网格线和垂直网格线）

默认情况下，柱形图上有水平网格线，以标识坐标轴刻度，如果不再需要这样的网格线，可以将其选中并删除；如果需要网格线，可以再次添加，如图 2-7 所示。

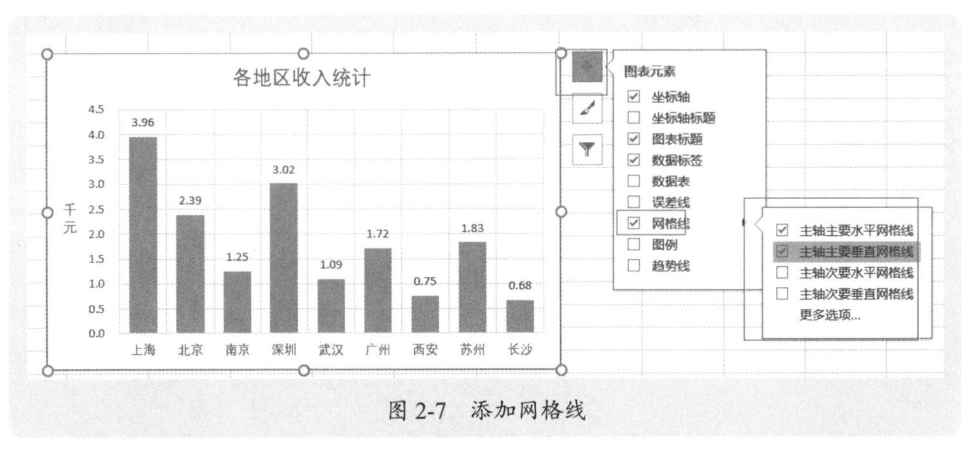

图 2-7　添加网格线

网格线的线型和颜色，需要进行合适的设置，以免喧宾夺主，影响柱形的显示和观察，默认的浅灰色就是一个比较好的默认设置。用户也可以设置需要的线形和颜色。

5. 设置图表标题

图表标题是图表的重要信息，能让人一眼就了解这个图的核心信息是什么。

图表标题可以修改为固定的具体说明文字，也可以与单元格链接，显示单元格的内容，这样就可以设置动态标题，只要单元格数据发生变化，图表标题就发生变化，如图 2-8 所示。这种动态标题，对任何图表都适用。

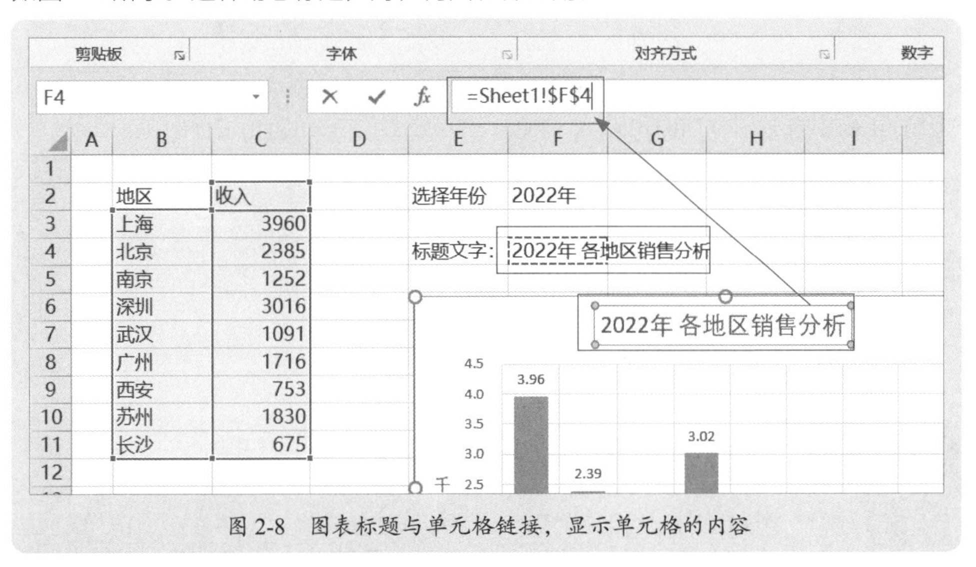

图 2-8　图表标题与单元格链接，显示单元格的内容

2.1.2 多数据系列的普通柱形图及注意事项

所谓多数据系列柱形图，就是每个项目绘制两个或多个系列的柱形，例如，在每个地区上，同时显示去年和今年的数据，如图 2-9 所示。本案例素材是“案例 2-1.xlsx”。

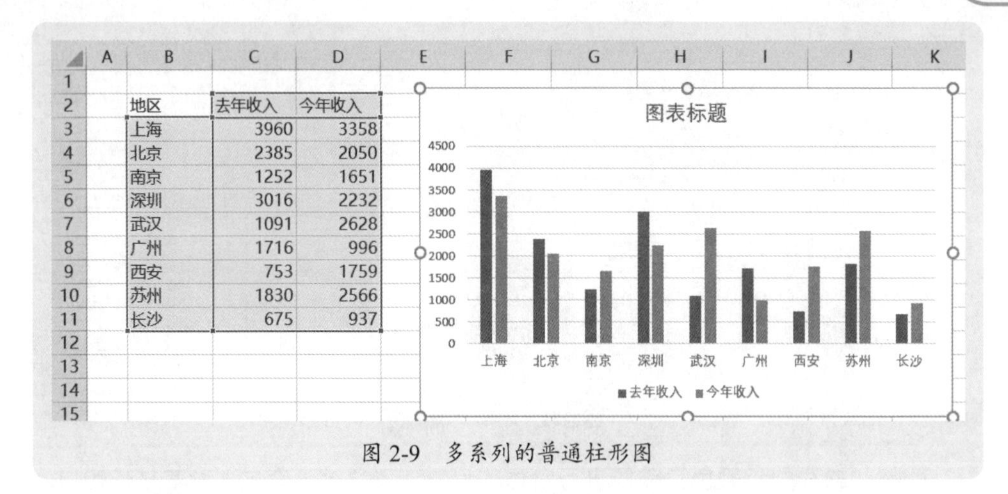

地区	去年收入	今年收入
上海	3960	3358
北京	2385	2050
南京	1252	1651
深圳	3016	2232
武汉	1091	2628
广州	1716	996
西安	753	1759
苏州	1830	2566
长沙	675	937

图 2-9　多系列的普通柱形图

在这种情况下，图表标题是默认的文字“图表标题”，并且是默认的柱形颜色、间距、重叠等。如果数据标签的显示效果不能满足用户的实际要求，则需要进行合理设置。

图 2-10 是设置有关项目后的效果，这里，对两个系列的柱形颜色、间隙宽度和重叠比例进行了适当设置，并添加了数据标签，修改了图表标题。

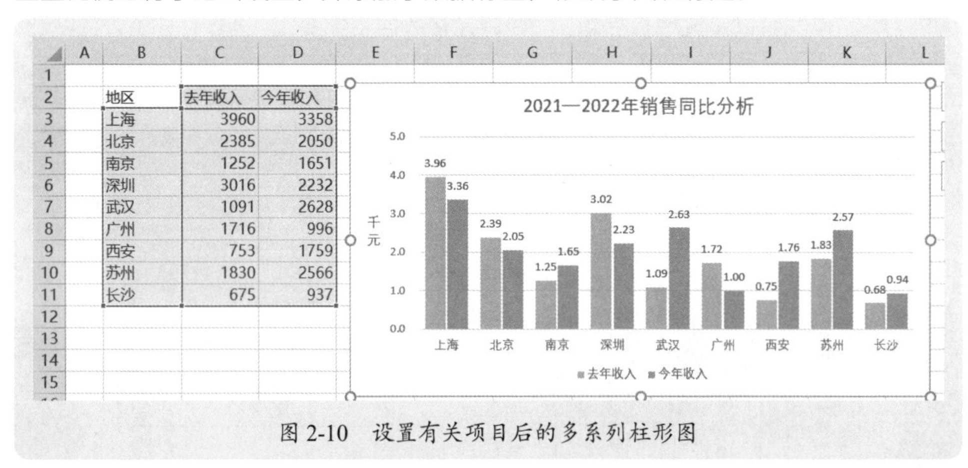

地区	去年收入	今年收入
上海	3960	3358
北京	2385	2050
南京	1252	1651
深圳	3016	2232
武汉	1091	2628
广州	1716	996
西安	753	1759
苏州	1830	2566
长沙	675	937

图 2-10　设置有关项目后的多系列柱形图

2.1.3 堆积柱形图及注意事项

如果是几个类别，并且这些类别在一起又能够计算总和，例如，各产品的销售额、自营店和加盟店的销售额、每个地区的销售额，当需要将其一起展示并比较大小时，可以绘制堆积柱形图。这样的堆积柱形图，不仅可以看出全部项目的合计数大小，还可以看出每个项目的大小。

图 2-11 是绘制的基本的堆积柱形图。本案例素材是“案例 2-1.xlsx”。

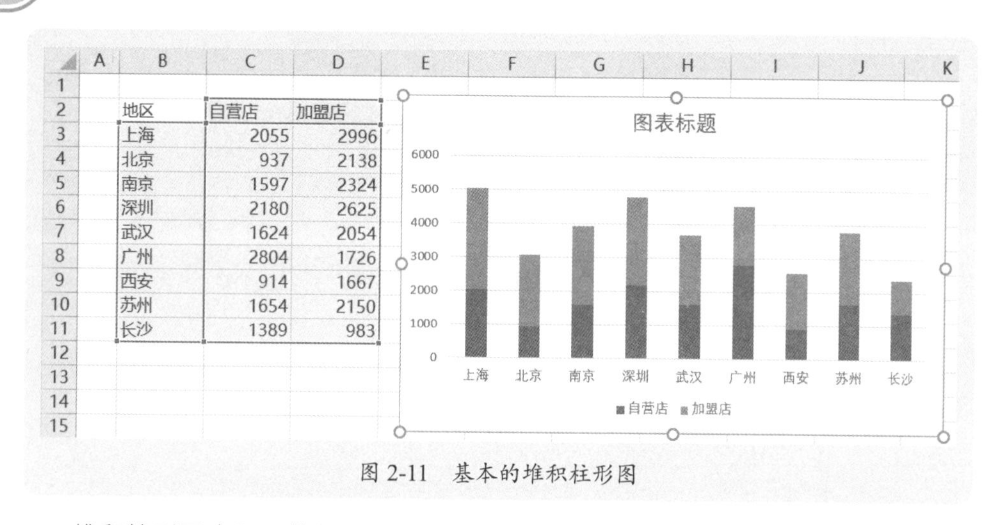

图 2-11　基本的堆积柱形图

堆积柱形图也需要做必要的格式化以及设置相关项目。例如，柱形的颜色、边框线的颜色、系列的间隙宽度、数据标签、图表标题等，还可以设置系列线，这样能更清晰地观察每部分的对比效果，如图 2-12 所示。

在堆积柱形图中，系列线是一个很有用的设置项目，添加系列线的方法如图 2-13 所示。

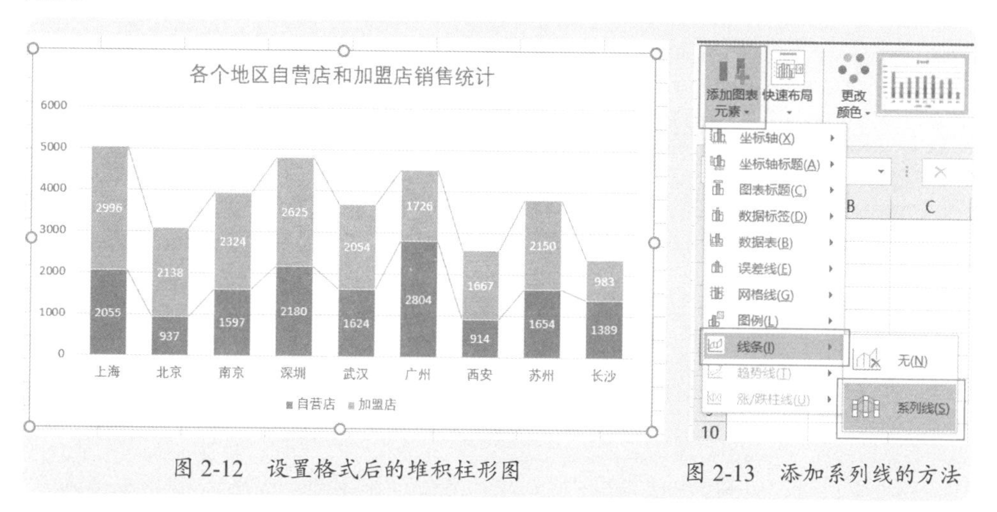

图 2-12　设置格式后的堆积柱形图　　图 2-13　添加系列线的方法

2.1.4 堆积百分比柱形图及注意事项

当需要了解各系列在某个项目中的占比时，可以使用堆积百分比柱形图，如图 2-14 所示。此时，根据实际情况，将系列的间隙宽度设置为 0，并设置柱形边框颜色，这样看起来更清楚。

本案例素材是“案例 2-1.xlsx”。

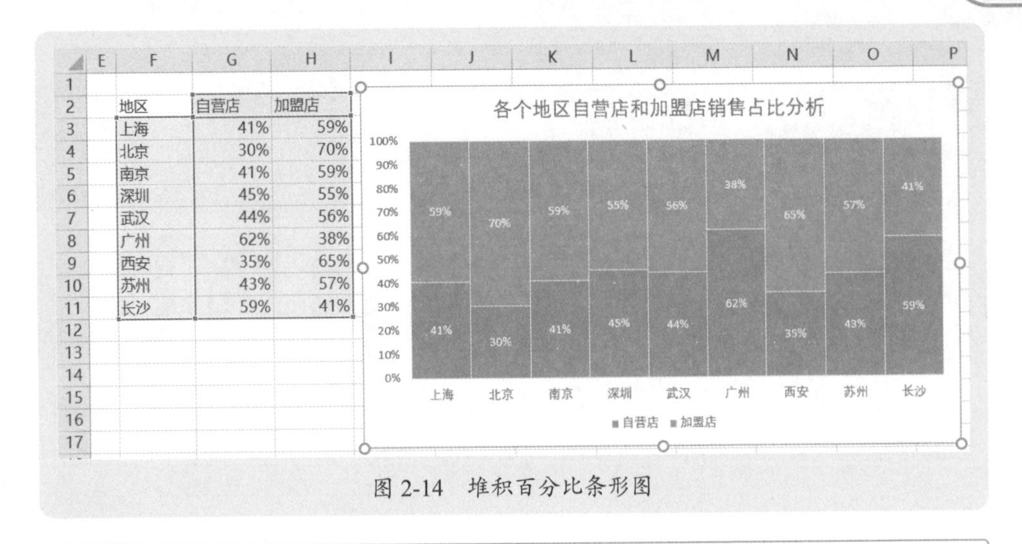

地区	自营店	加盟店
上海	41%	59%
北京	30%	70%
南京	41%	59%
深圳	45%	55%
武汉	44%	56%
广州	62%	38%
西安	35%	65%
苏州	43%	57%
长沙	59%	41%

图 2-14　堆积百分比条形图

2.1.5　条形图及注意事项

条形图是柱形图的转置，即垂直柱形变为水平条形。条形图特别适合项目较多、项目名称较长、要强化各项目数据大小的比较效果的场合。

图 2-15 是制作的基本条形图。本案例素材是“案例 2-1.xlsx”。

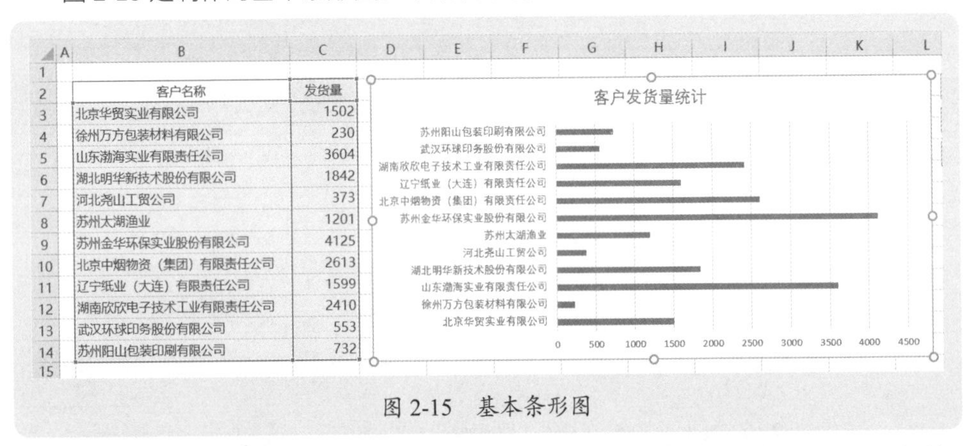

客户名称	发货量
北京华贸实业有限公司	1502
徐州万方包装材料有限公司	230
山东渤海实业有限责任公司	3604
湖北明华新技术股份有限公司	1842
河北尧山工贸公司	373
苏州太湖渔业	1201
苏州金华环保实业股份有限公司	4125
北京中烟物资（集团）有限责任公司	2613
辽宁纸业（大连）有限责任公司	1599
湖南欣欣电子技术工业有限责任公司	2410
武汉环球印务股份有限公司	553
苏州阳山包装印刷有限公司	732

图 2-15　基本条形图

条形图有几个重要的项目需要仔细设置，包括逆序类别、间隙宽度、颜色、标签、排序等，其中设置间隙宽度、颜色、标签与柱形图的设置方法一样。

1. 逆序类别

在图 2-15 中可以看出，图表中客户的上下顺序与工作表中客户的上下顺序正好相反，这是因为条形图的坐标原点在左上角，从上到下排列。因此，需要将类别次序进行调整，即勾选“逆序类别”复选框，如图 2-16 所示。

所谓逆序类别，就是把类别反过来显示。

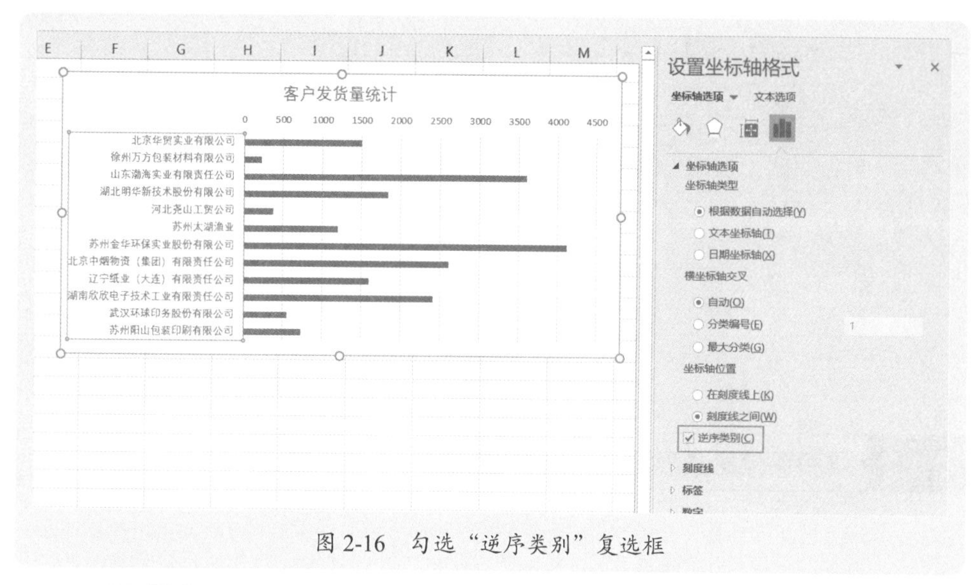

图 2-16　勾选“逆序类别”复选框

2. 项目排序

既然是比较各项目的大小，那么对项目进行排序，可以使得条形图更加清晰，信息更加突出，如图 2-17 所示。

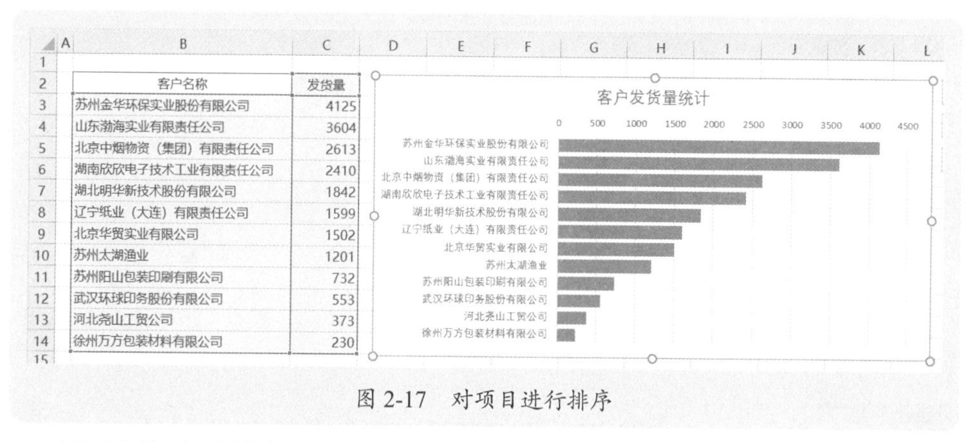

客户名称	发货量
苏州金华环保实业股份有限公司	4125
山东渤海实业有限责任公司	3604
北京中烟物资（集团）有限责任公司	2613
湖南欣欣电子技术工业有限责任公司	2410
湖北明华新技术股份有限公司	1842
辽宁纸业（大连）有限责任公司	1599
北京华贸实业有限公司	1502
苏州太湖渔业	1201
苏州阳山包装印刷有限公司	732
武汉环球印务股份有限公司	553
河北尧山工贸公司	373
徐州万方包装材料有限公司	230

图 2-17　对项目进行排序

可以直接对原始数据进行排序，也可以设计辅助区域进行排序，在 Tableau 中，可以在不改变原始数据的情况下，直接在图表上进行排序。

2.1.6 堆积条形图及注意事项

与柱形图一样，也可以制作堆积条形图，以便同时展示几个类别的大小和总计数的大小，如图 2-18 所示。

堆积条形图的格式设置包括条形颜色、间隙宽度、逆序类别，但一般情况下不显示数据标签，因为数据标签会让图表变得很乱。

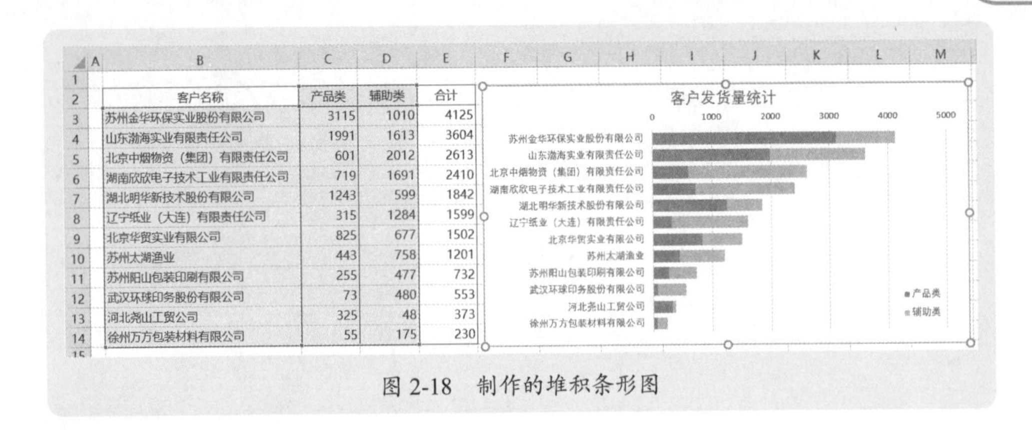

	客户名称	产品类	辅助类	合计
3	苏州金华环保实业股份有限公司	3115	1010	4125
4	山东渤海实业有限责任公司	1991	1613	3604
5	北京中烟物资（集团）有限责任公司	601	2012	2613
6	湖南欣欣电子技术工业有限责任公司	719	1691	2410
7	湖北明华新技术股份有限公司	1243	599	1842
8	辽宁纸业（大连）有限责任公司	315	1284	1599
9	北京华贸实业有限公司	825	677	1502
10	苏州太湖渔业	443	758	1201
11	苏州阳山包装印刷有限公司	255	477	732
12	武汉环球印务股份有限公司	73	480	553
13	河北尧山工贸公司	325	48	373
14	徐州万方包装材料有限公司	55	175	230

图 2-18　制作的堆积条形图

2.1.7 堆积百分比条形图及注意事项

堆积百分比条形图，更多是用在多维度的占比分析，因为通常情况下，这种多维度占比分析是无法使用饼图来表示的。

图 2-19 是一个堆积百分比条形图，用来分析各客户的不同类别产品的发货量占比。

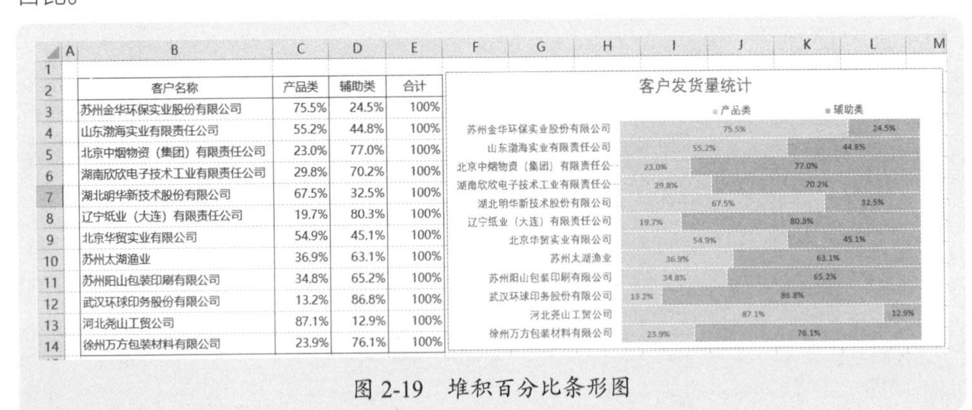

	客户名称	产品类	辅助类	合计
3	苏州金华环保实业股份有限公司	75.5%	24.5%	100%
4	山东渤海实业有限责任公司	55.2%	44.8%	100%
5	北京中烟物资（集团）有限责任公司	23.0%	77.0%	100%
6	湖南欣欣电子技术工业有限责任公司	29.8%	70.2%	100%
7	湖北明华新技术股份有限公司	67.5%	32.5%	100%
8	辽宁纸业（大连）有限责任公司	19.7%	80.3%	100%
9	北京华贸实业有限公司	54.9%	45.1%	100%
10	苏州太湖渔业	36.9%	63.1%	100%
11	苏州阳山包装印刷有限公司	34.8%	65.2%	100%
12	武汉环球印务股份有限公司	13.2%	86.8%	100%
13	河北尧山工贸公司	87.1%	12.9%	100%
14	徐州万方包装材料有限公司	23.9%	76.1%	100%

图 2-19　堆积百分比条形图

2.2 Tableau 中条形图（柱形图）基本方法和技能技巧

前面介绍的是在 Excel 中制作排名与对比分析图表（柱形图和条形图）的基本方法和注意事项，在实际数据分析中，可视化工具不仅限于 Excel 图表，Tableau 也是一个很好用的可视化工具。

下面介绍在 Tableau 中制作条形图（柱形图）的基本方法和技能技巧。

2.2.1 制作条形图（柱形图）的基本方法

以“案例 2-1.xlsx”的第 1 个表格数据（图 2-1）为例，建立数据连接，切换到“工作表 1”，将字段“地区”拖至“行”区域，将字段“收入”拖至“列”区域，得到一个基本的条形图，如图 2-20 所示。

之所以得到的是一个条形图，是因为字段“地区”拖到了“行”区域，即地区从上到下按行显示，因此默认情况下就是条形图。

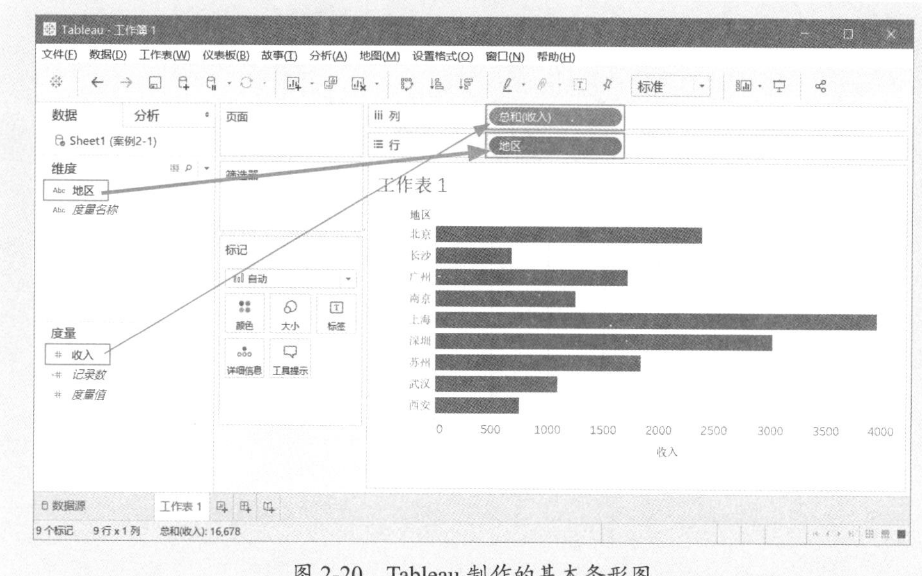

图 2-20　Tableau 制作的基本条形图

如果将字段“地区”拖至“列”区域，将字段“收入”拖至“行”区域，就得到一个基本的柱形图，如图 2-21 所示，即地区从左往右按列显示。

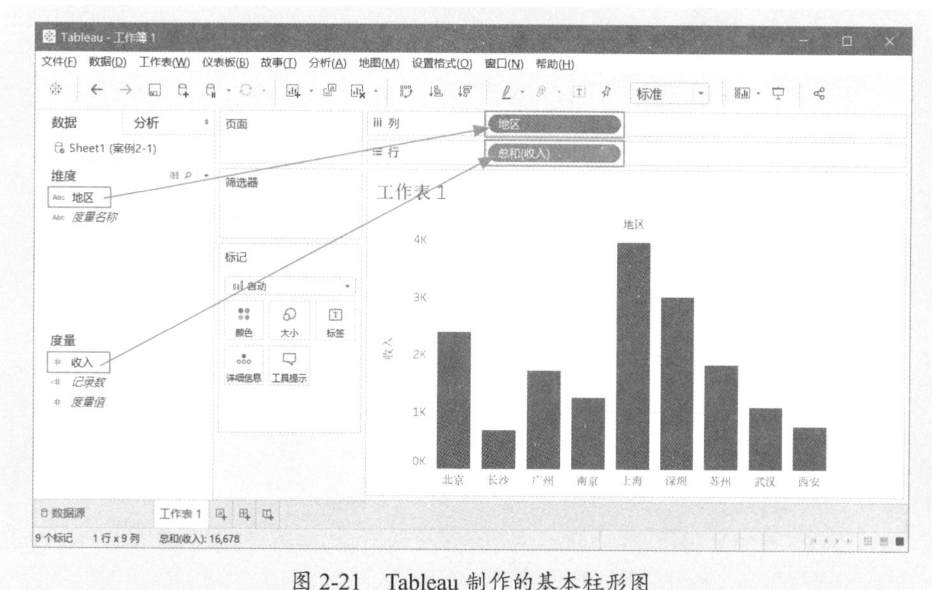

图 2-21　Tableau 制作的基本柱形图

以“案例 2-1.xlsx”的第 2 个表格数据为例（图 2-9），如果是多个系列，分别拖放每个度量字段，在默认情况下，会得到两个系列的条形图（柱形图），如图 2-22 所示。

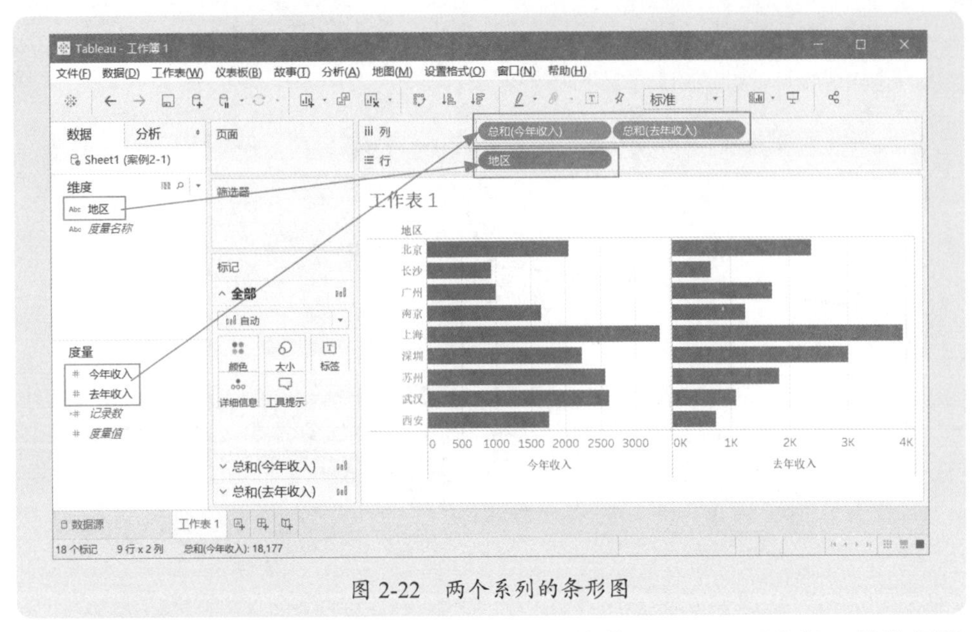

图 2-22　两个系列的条形图

如果要将这两个系列绘制在一起，而不是彼此分开，需要先把原始数据进行转置，即把去年收入和今年收入合并为一个字段，如图 2-23 所示。

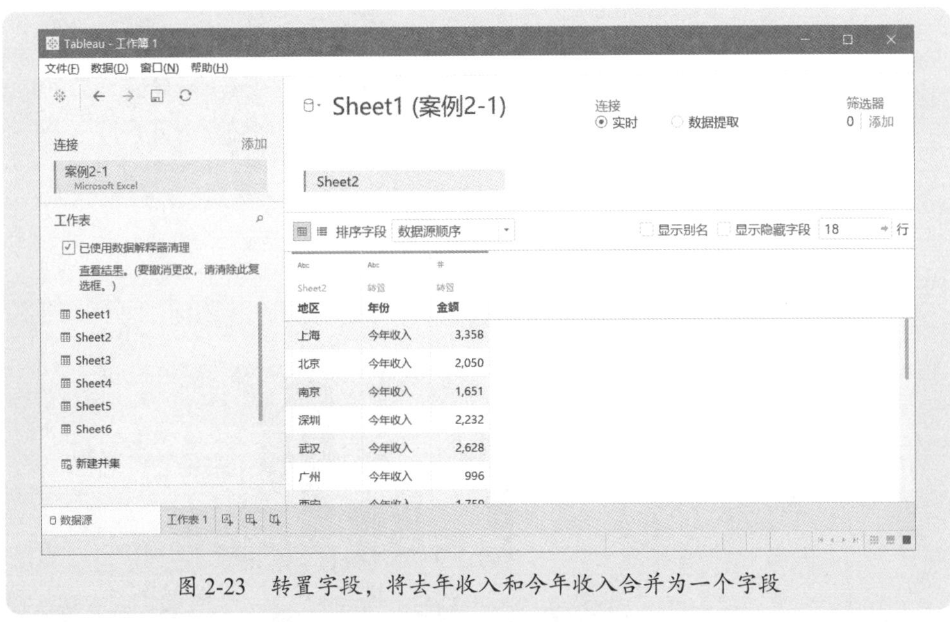

图 2-23　转置字段，将去年收入和今年收入合并为一个字段

然后再将字段“地区”和“年份”拖至“行”区域，将字段“金额”拖至“列”区域，得到在一个图表上显示两年数据的条形图，如图 2-24 所示。

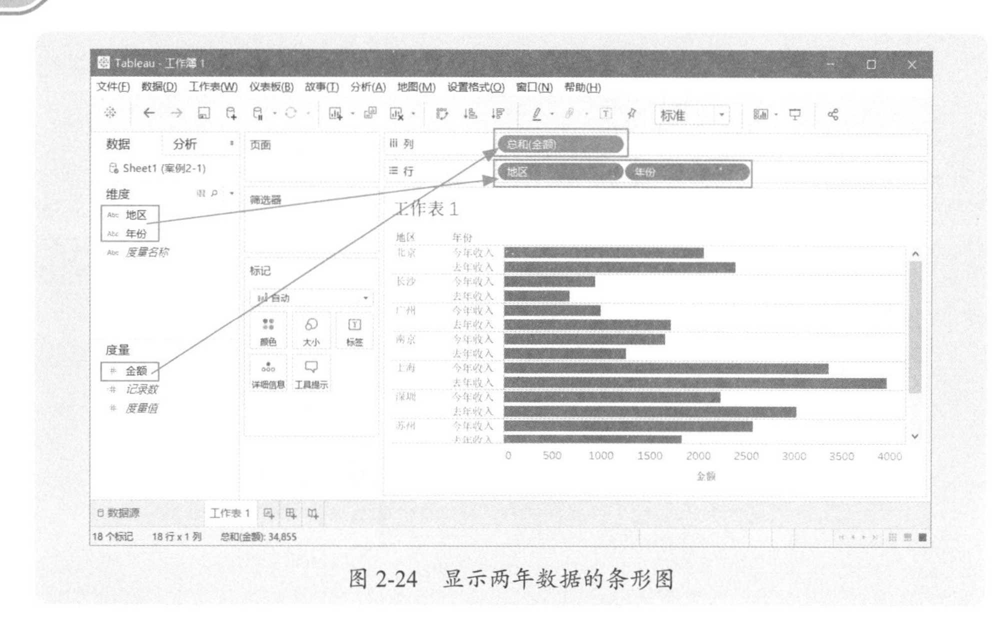

图 2-24　显示两年数据的条形图

2.2.2 制作堆积条形图（柱形图）的基本方法

在 Tableau 中，如果要绘制堆积条形图或者柱形图，必须是同一个字段下的各数据项的堆积，因此，在“案例 2-1.xlsx”的第 5 个表中，必须先将两个类别产品进行转置，生成一个新类别字段，这两个类别产品作为该新字段下的数据项，如图 2-25 所示。

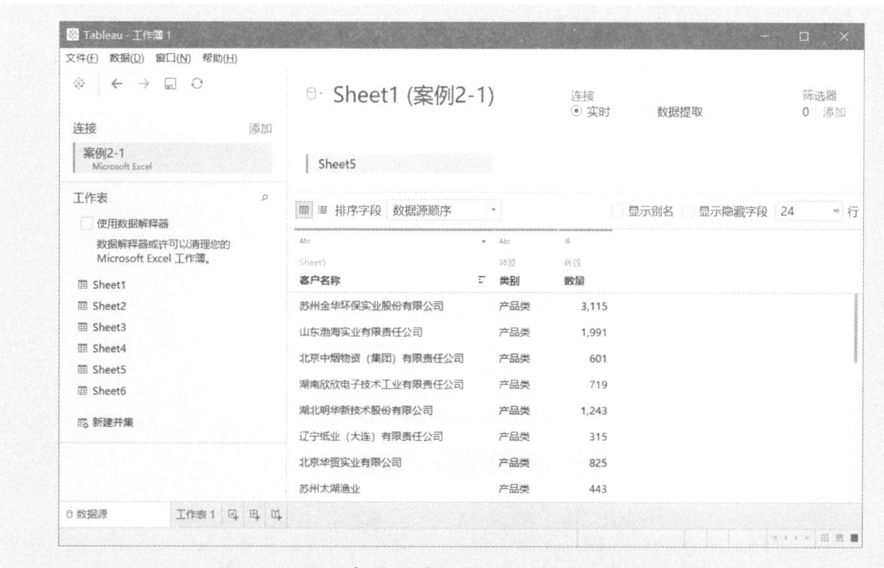

图 2-25　转置字段，将两个类别产品生成一个字段

然后拖放字段，进行布局，重点是将字段“类别”拖至“颜色”卡，得到堆积条形图，如图 2-26 所示。

如果不将字段拖到“颜色”卡，那么整个条形是一个颜色，实际上是两个类别商品的合计数。将类别拖到“颜色”卡后，就把代表两个类别商品的金额用不同的颜色标识出来了，也就生成了堆积条形图效果。

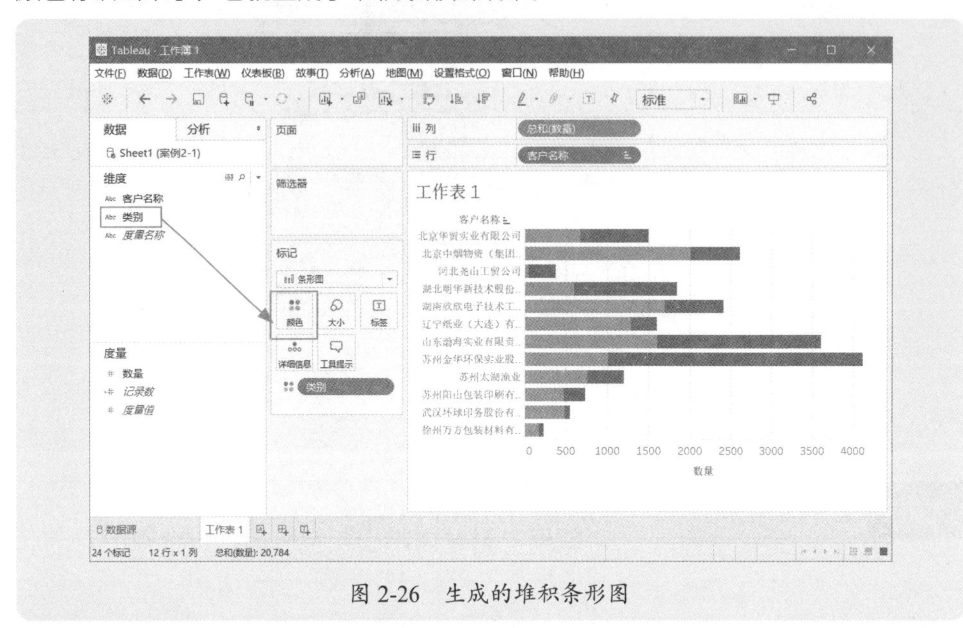

图 2-26　生成的堆积条形图

2.2.3 制作堆积百分比条形图（柱形图）的基本方法

在 Tableau 中，如果要制作堆积百分比条形图（柱形图），可以使用表计算的方法。例如，将图 2-26 中已经制作好的堆积条形图转换为堆积百分比条形图，可以右击“列”区域中的“总和 (数量)”绿色胶囊，在弹出的快捷菜单中执行“添加表计算”命令，如图 2-27 所示，打开“表计算”对话框，计算类型选择“合计百分比”选项，计算依据选择“表（横穿）”选项，如图 2-28 所示。

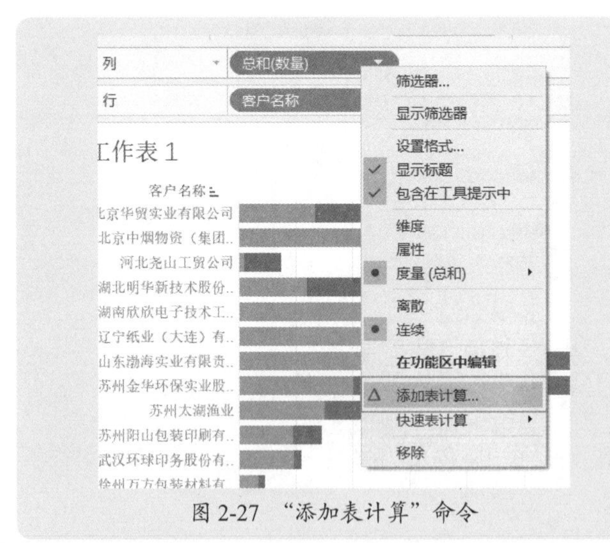

图 2-27　“添加表计算”命令

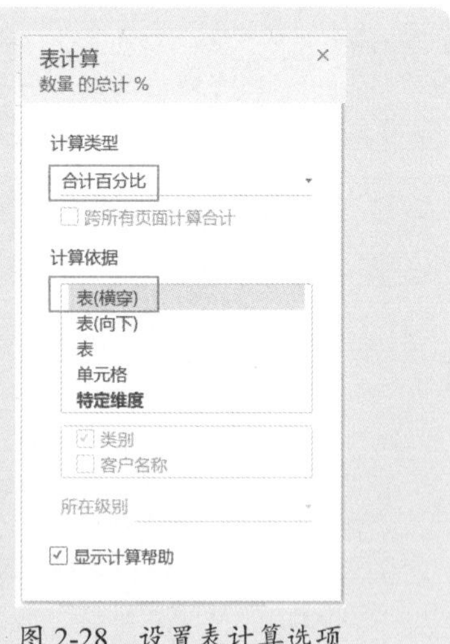

图 2-28　设置表计算选项

得到的堆积百分比条形图如图 2-29 所示。

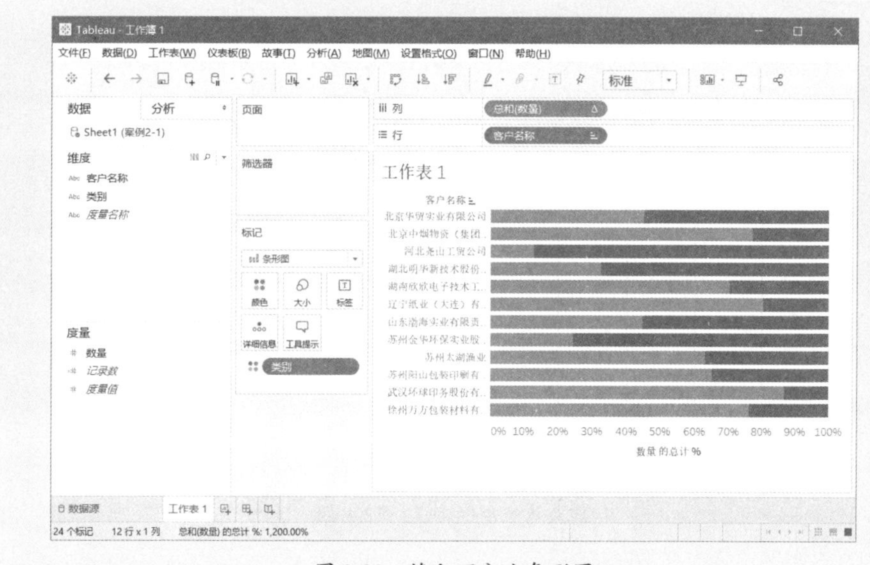

图 2-29 堆积百分比条形图

最后再对颜色进行设置，必要时显示数据标签。但要注意的是，如果显示的数据标签仍然是实际数据，需要对标签也添加合计百分比的表计算。

2.2.4 条形图（柱形图）格式化的基本方法和技巧

在 Tableau 中，对条形图进行格式化很简单，利用“颜色”卡即可设置条形颜色，利用“大小”卡可以设置条形大小（宽度），利用“标签”卡可以显示数据标签等，如图 2-30 所示。

图 2-30 在“标记”卡中设置颜色、大小、标签等

1. 设置条形颜色

如果是一个系列，直接单击“颜色”卡，展开“颜色”面板，选择一个合适的

颜色即可，如图 2-31 所示。

在“颜色”面板中，还可以一并设置“不透明度”和“边界”颜色。

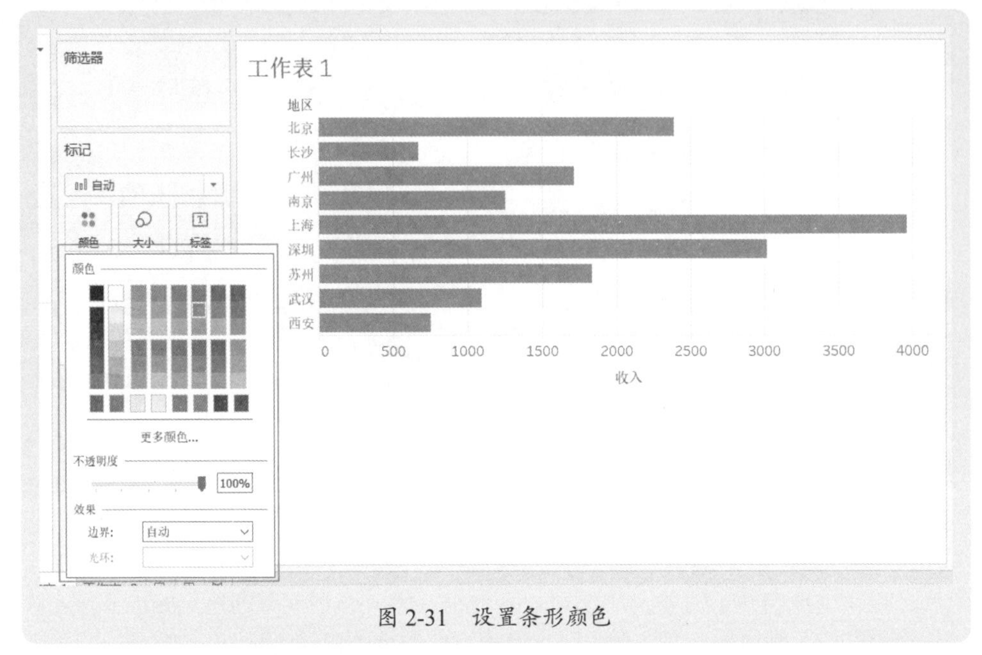

图 2-31 设置条形颜色

如果是不同数据的条形图，如图 2-24 所示的两年数据，则需要将字段“年份”拖至“颜色”卡，两年柱形就显示出不同的颜色，如图 2-32 所示。

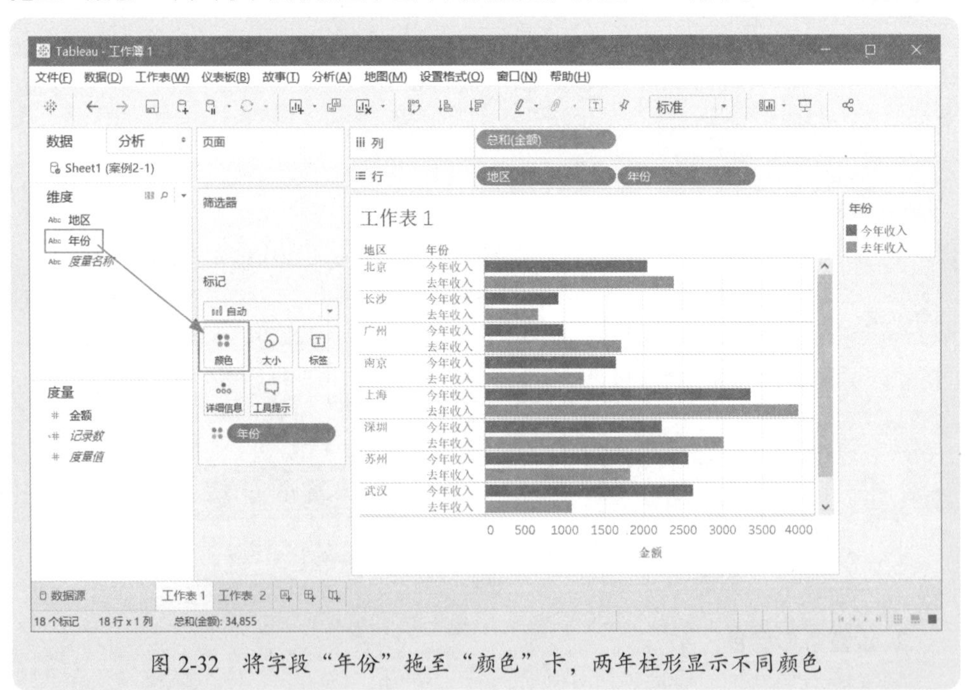

图 2-32 将字段“年份”拖至“颜色”卡，两年柱形显示不同颜色

然后单击“颜色”卡，再单击“编辑颜色”按钮，打开“编辑颜色”对话框，分别选择数据项，设置各自的颜色，如图 2-33 所示。

图 2-33　编辑各数据项的颜色

图 2-34 是编辑数据项颜色后的效果。

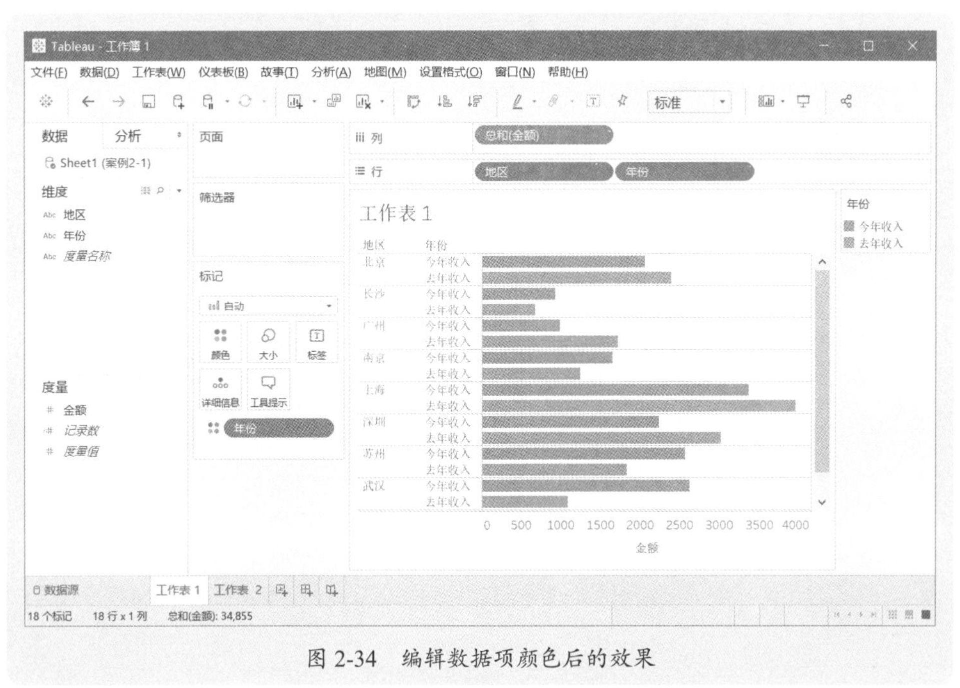

图 2-34　编辑数据项颜色后的效果

2. 设置条形大小（宽度）

如果要设置条形大小，即条形宽度，可以单击“大小”卡，然后拖动滑块来改变条形大小，如图 2-35 所示。

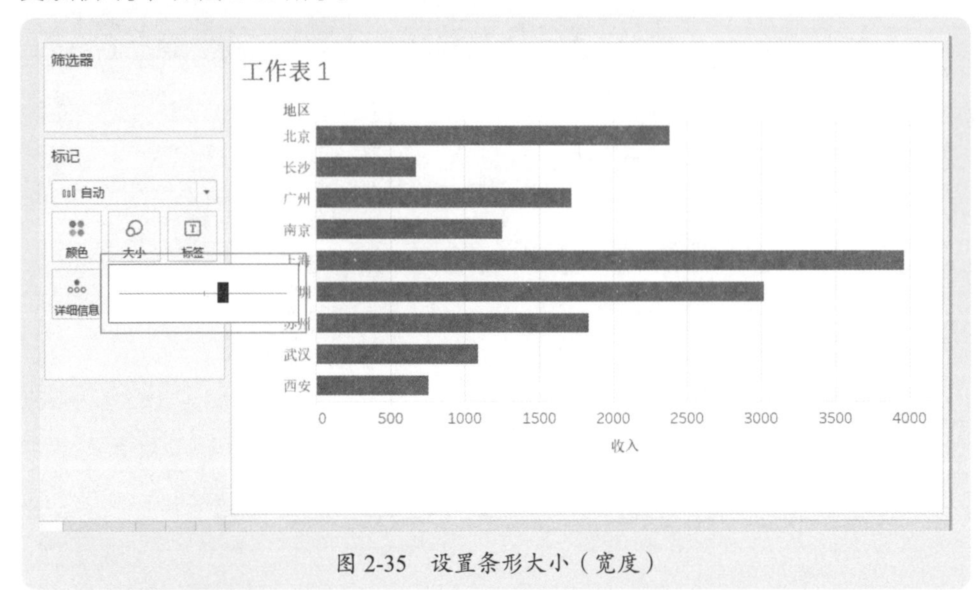

图 2-35　设置条形大小（宽度）

3. 添加数据标签

添加数据标签很简单，先选择要添加标签的度量，将该度量拖至“标签”卡即可，如图 2-36 所示。添加标签后，还可以对标签格式（字体、数字格式等）进行设置。

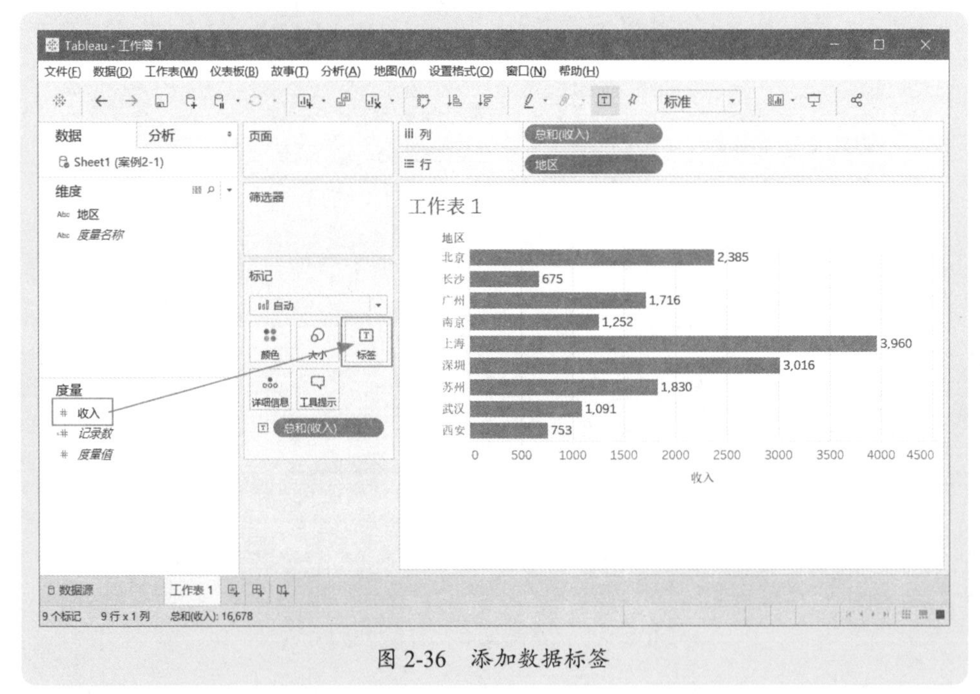

图 2-36　添加数据标签

4. 条形图和柱形图的转换

如果先绘制的是条形图，现在想变为柱形图，可以将字段重新拖放位置，最简单的方法是单击工具栏上的“交换行和列”按钮，如图 2-37 所示。

图 2-37 “交换行和列”按钮

2.3 排名与对比分析常用图表模板：自动排名分析

排名分析的本质就是排名，因此一般需要将各项目进行排序（升序或降序），这样，可以一目了然地看出谁在前谁在后、谁高谁低、谁大谁小。

2.3.1 使用 Excel 函数和控件创建自动排名模型

在 Excel 中，需要对原始数据进行排序才能得到排序后的柱形图或条形图，如果不允许对原始数据进行排序改动，则需要利用 LARGE 函数或者 SMALL 函数设计辅助区域来排序。

使用如图 2-38 所示的数据制作一个自动化排名分析图表，可以任选要排序的产品，对各地区的销售进行降序排序。本案例素材是“案例 2-2.xlsx”。

地区	电脑	彩电	冰箱	空调	手机
上海	1510	837	1402	837	377
北京	888	175	864	1568	1128
南京	328	1785	149	1840	496
深圳	2849	381	660	563	966
武汉	175	1104	630	975	1334
广州	888	1392	352	1779	425
西安	130	843	1332	651	1159
苏州	835	175	835	810	1039
长沙	274	375	594	1048	818

图 2-38 各地区、各商品的销售数据

要特别注意的是，某个商品各地区的销售数据可能相同，因此在设计排序辅助区域时，必须要处理这样的重复数据，一般使用 RAND 函数产生一个比较小的随机数，将这个随机数加到原始数据上，这样就不会有重复数据。

首先设计控件辅助区域，使用组合框来选择要排序的商品，因此要插入一个组合框，并设置组合框的控制格式，如图 2-39 所示。这里要注意，组合框的项目必须是工作表上的列数据，因此需要先将商品名称垂直保存到一列。

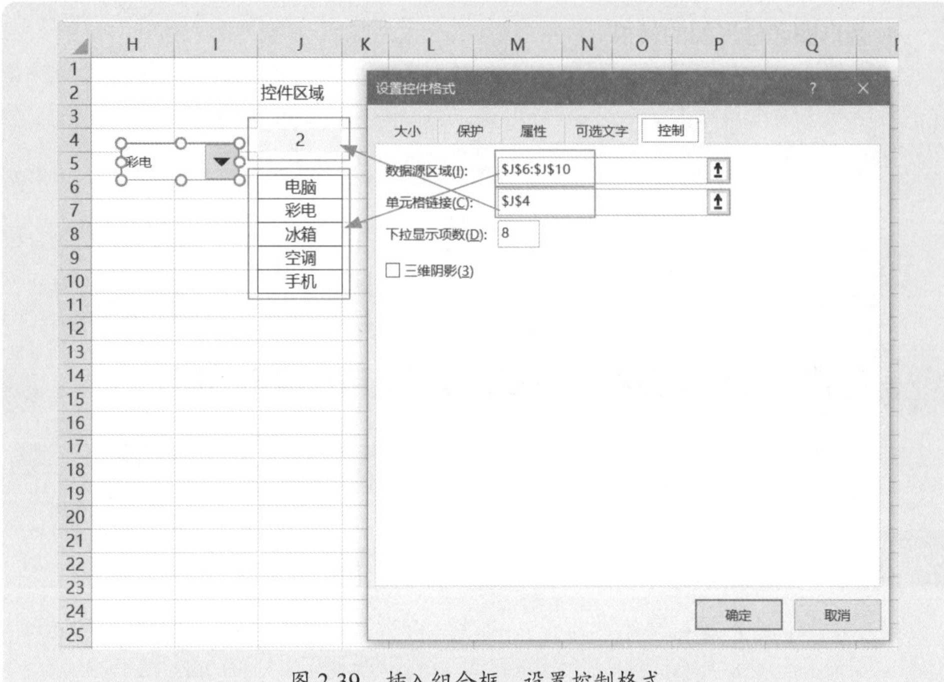

图 2-39　插入组合框，设置控制格式

再设计排序辅助区域，如图 2-40 所示。

	H	I	J	K	L	M	N	O	P	Q
1										
2			控件区域		排序区域					
3					（1）提取原始数据			（2）排序		
4	彩电		2		地区	取数并处理		排名	排序后地区	排序后数据
5					上海	837		1	南京	1785
6			电脑		北京	175		2	广州	1392
7			彩电		南京	1785		3	武汉	1104
8			冰箱		深圳	381		4	西安	843
9			空调		武汉	1104		5	上海	837
10			手机		广州	1392		6	深圳	381
11					西安	843		7	长沙	375
12					苏州	175		8	北京	175
13					长沙	375		9	苏州	175
14										

图 2-40　设计辅助区域

首先根据组合框的项目选择返回值（单元格 J4 的值），从原始数据中把选定商品的数据查找出来，单元格 M5 公式如下，在这个公式中，使用 RAND 函数来处理相同数据：

```
=INDEX(C4:G4,$J$4)+RAND()/1000000
```

再进行排序处理，单元格 P5 公式为：

```
=INDEX($L$5:$L$13,MATCH(Q5,$M$5:$M$13,0))
```

单元格 Q5 公式为：

```
=LARGE($M$5:$M$13,O5)
```

最后根据排序后的数据绘制柱形图或者条形图，进行格式化和布局，得到可以对任选商品在各地区销售的排名图表，如图 2-41 所示。

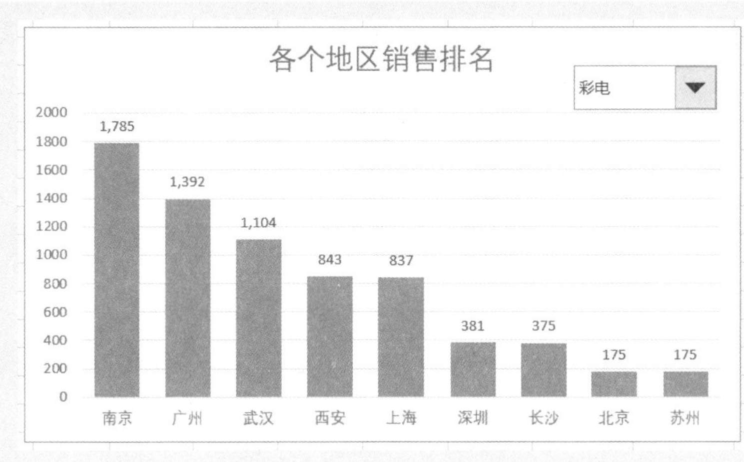

图 2-41　自动化排名分析图表

还可以在上述图表中添加“降序”和“升序”两个选项按钮,用于指定排序方式,如图 2-42 所示，这样既可以从大到小排序，也可以从小到大排序。

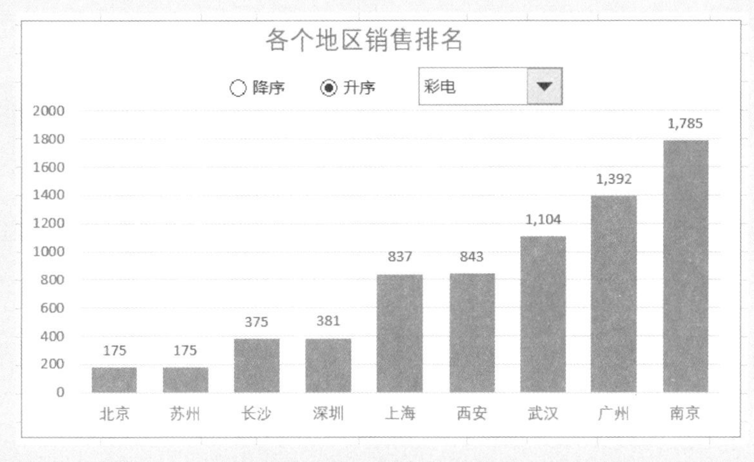

图 2-42　任选排序方式

此时，单元格 Q5 的排序公式变为如下形式，其他单元格公式不变：

```
=IF($J$13=1,LARGE($M$5:$M$13,O5),SMALL($M$5:$M$13,O5))
```

当选择降序排序时，使用 LARGE 函数；当选择升序排序时，使用 SMALL 函数。

选项按钮的设置如图 2-43 所示。对于几个选项按钮，注意其插入的先后顺序，第一个插入的选项按钮顺序号是 1，第二个插入的选项按钮顺序号是 2，以此类推。因此，插入选项按钮后，要注意正确修改选项按钮的标题。

图 2-43　设置选项按钮的控制项目

关于使用控件动态分析数据制作动态图表，将在本书的第 9 章进行详细介绍。

2.3.2 使用 Tableau 自动排序

在 Tableau 中，这种从大到小或从小到大的排序，可以直接在图表上排序，非常方便，不需要操作源数据，只需单击工具栏上的“排序”按钮即可，如图 2-44 所示。

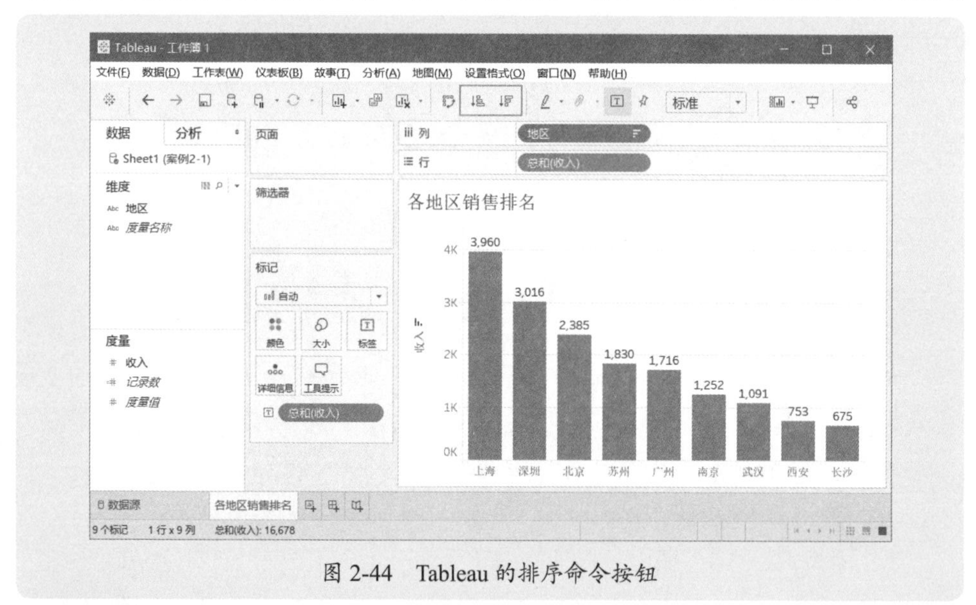

图 2-44　Tableau 的排序命令按钮

2.4 查看前 N 名和后 N 名的排名图表

如果想要了解销售额最大的前 N 个客户或最小的后 N 个客户，业绩最好的前 N

大业务员，某个地区下销售额最大的前 N 大产品等，就要制作查看前 N 名和后 N 名的排名图表。

2.4.1 Excel 动态图表

如果排序的项目很多，将所有项目都显示在图表上，使用柱形图或条形图就显得很拥挤，此时，可以使用数值调节按钮或者滚动条来控制图表上显示的数据个数，灵活查看前 N 名和后 N 名的排名情况。

图 2-45 是一个供应商发货汇总表。现在制作可以查看发货量最大或最小的前 N 名供应商的排名图表，其效果如图 2-46 和图 2-47 所示。本案例素材是“案例 2-3.xlsx”。

	A	B	C
1			
2		客户名称	发货量
3		苏州金华环保实业股份有限公司	968
4		山东渤海实业有限责任公司	1392
5		北京中烟物资（集团）有限责任公司	2175
6		湖南欣欣电子技术工业有限责任公司	495
7		湖北明华新技术股份有限公司	2949
8		辽宁纸业（大连）有限责任公司	10405
9		北京华贸实业有限公司	4236
10		苏州太湖渔业	3299
11		苏州阳山包装印刷有限公司	5684
12		武汉环球印务股份有限公司	15861
13		河北尧山工贸公司	395
14		徐州万方包装材料有限公司	1565
15		苏州环湖净化水有限责任公司	788
16		法克新材料（苏州）股份有限公司	4886
17		上海闵星包装材料有限责任公司	2859
18		普晨控制技术（上海）有限责任公司	14069
19		ERGQ（中国）有限公司	2999
20		燕山化工新材料股份有限公司	4191
21		烟台渤海实业有限责任公司	16893
22		明恒电子（苏州）有限公司	2370
23		湖南纸业有限责任公司	1616
24		郴州工程机械有限公司	396
25			

图 2-45　供应商发货汇总表

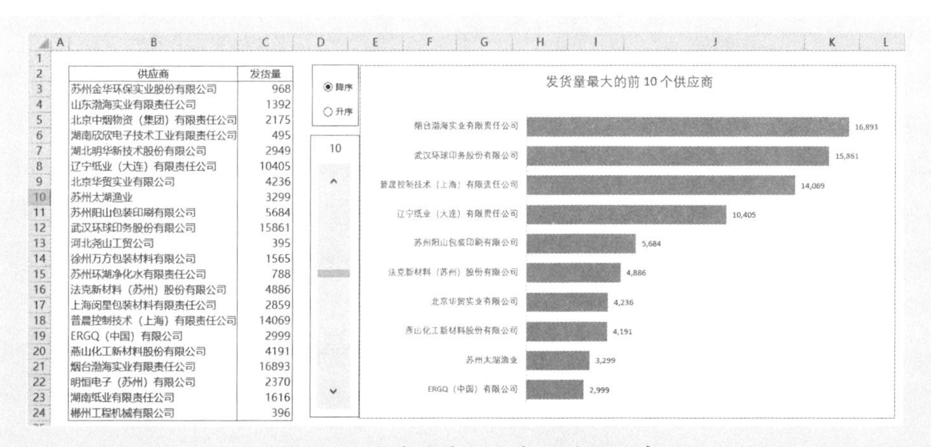

	供应商	发货量
3	苏州金华环保实业股份有限公司	968
4	山东渤海实业有限责任公司	1392
5	北京中烟物资（集团）有限责任公司	2175
6	湖南欣欣电子技术工业有限责任公司	495
7	湖北明华新技术股份有限公司	2949
8	辽宁纸业（大连）有限责任公司	10405
9	北京华贸实业有限公司	4236
10	苏州太湖渔业	3299
11	苏州阳山包装印刷有限公司	5684
12	武汉环球印务股份有限公司	15861
13	河北尧山工贸公司	395
14	徐州万方包装材料有限公司	1565
15	苏州环湖净化水有限责任公司	788
16	法克新材料（苏州）股份有限公司	4886
17	上海闵星包装材料有限责任公司	2859
18	普晨控制技术（上海）有限责任公司	14069
19	ERGQ（中国）有限公司	2999
20	燕山化工新材料股份有限公司	4191
21	烟台渤海实业有限责任公司	16893
22	明恒电子（苏州）有限公司	2370
23	湖南纸业有限责任公司	1616
24	郴州工程机械有限公司	396

图 2-46　发货量最大的前 10 个供应商

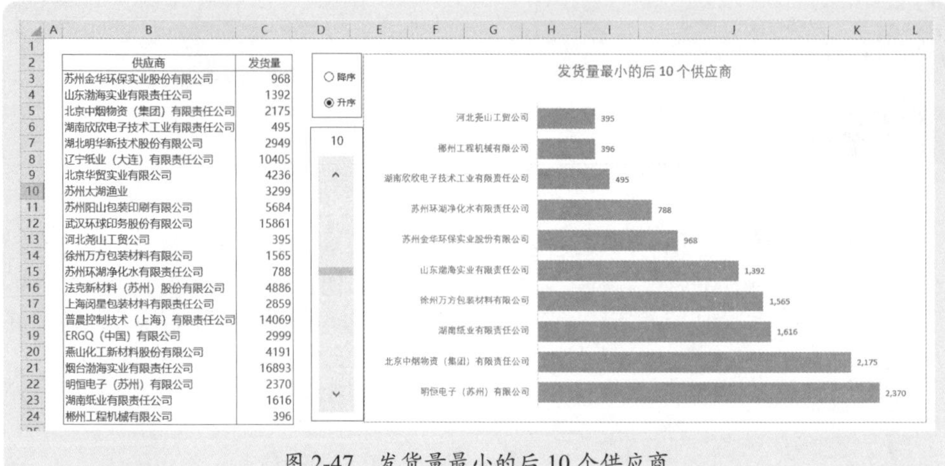

图 2-47　发货量最小的后 10 个供应商

这个动态分析图表，同样需要设计辅助区域，并使用动态名称绘制，如图 2-48 所示。

	N	O	P	R	S	U	V	W
1								
2	选项按钮：	排序方式	2	供应商	取数并处理	序号	供应商	排序后
3	滚动条：	前/后N个	10	苏州金华环保实业股份有限公司	968	1	河北尧山工贸公司	395
4				山东渤海实业有限责任公司	1392	2	郴州工程机械有限公司	396
5	动态标题：	发货量最小的后 10 个供应商		北京中烟物资（集团）有限责任公司	2175	3	湖南欣欣电子技术工业有限责任公司	495
6				湖南欣欣电子技术工业有限责任公司	495	4	苏州环湖净化水有限责任公司	788
7				湖北明华新技术股份有限公司	2949	5	苏州金华环保实业股份有限公司	968
8				辽宁纸业（大连）有限责任公司	10405	6	山东渤海实业有限责任公司	1392
9				北京华贸实业有限公司	4236	7	徐州万方包装材料有限公司	1565
10				苏州太湖渔业	3299	8	湖南纸业有限责任公司	1616
11				苏州阳山包装印刷有限公司	5684	9	北京中烟物资（集团）有限责任公司	2175
12				武汉环球印务股份有限公司	15861	10	明恒电子（苏州）有限公司	2370
13				河北尧山工贸公司	395	11	上海闵星包装材料有限责任公司	2859
14				徐州万方包装材料有限公司	1565	12	湖北明华新技术股份有限公司	2949
15				苏州环湖净化水有限责任公司	788	13	ERGQ（中国）有限公司	2999
16				法克新材料（苏州）股份有限公司	4886	14	苏州太湖渔业	3299
17				上海闵星包装材料有限责任公司	2859	15	燕山化工新材料股份有限公司	4191
18				普晨控制技术（上海）有限责任公司	14069	16	北京华贸实业有限公司	4236
19				ERGQ（中国）有限公司	2999	17	法克新材料（苏州）股份有限公司	4886
20				燕山化工新材料股份有限公司	4191	18	苏州阳山包装印刷有限公司	5684
21				烟台渤海实业有限责任公司	16893	19	辽宁纸业（大连）有限责任公司	10405
22				明恒电子（苏州）有限公司	2370	20	普晨控制技术（上海）有限责任公司	14069
23				湖南纸业有限责任公司	1616	21	武汉环球印务股份有限公司	15861
24				郴州工程机械有限公司	396	22	烟台渤海实业有限责任公司	16893

图 2-48　设计辅助区域

两个选项按钮的链接单元格是 P2，一个滚动条的链接单元格是 P3，这样，W 列的排序公式为：

```
=IF($P$2=1,LARGE($S$3:$S$24,U3),SMALL($S$3:$S$24,U3))
```

排序后供应商名称匹配公式为（单元格 V2）：

```
=INDEX($R$3:$R$24,MATCH(W3,$S$3:$S$24,0))
```

S 列直接引用原始数据，并进行可能存在的重复数据处理，单元格 S2 公式为：

```
=C3+RAND()/1000000
```

单元格 O5 显示动态标题文字，公式为：

```
=IF(P2=1," 发货量最大的前 "," 发货量最小的后 ")&P3&" 个供应商 "
```

滚动条用来显示供应商个数，因此需要使用 OFFSET 函数引用动态区域，定义“供应商”和“发货量”两个动态名称，引用区域分别如下。

名称“供应商”：

```
=OFFSET(Sheet1!$V$3,,,Sheet1!$P$3,1)
```

名称“发货量”：

```
=OFFSET(Sheet1!$W$3,,,Sheet1!$P$3,1)
```

还可以对这个排名图表进行继续完善，例如，选择显示前 N 个供应商时，用饼图展示前 N 个供应商的发货量占全部发货量的比例，此时，需要再设计辅助区域，如图 2-49 所示，其中，单元格 Z2 计算前 / 后个供应商发货量合计计算公式为：

```
=SUM(发货量)
```

单元格 Z3 是其他供应商发货量的合计，计算公式为：

```
=SUM(W3:W24)–Z2
```

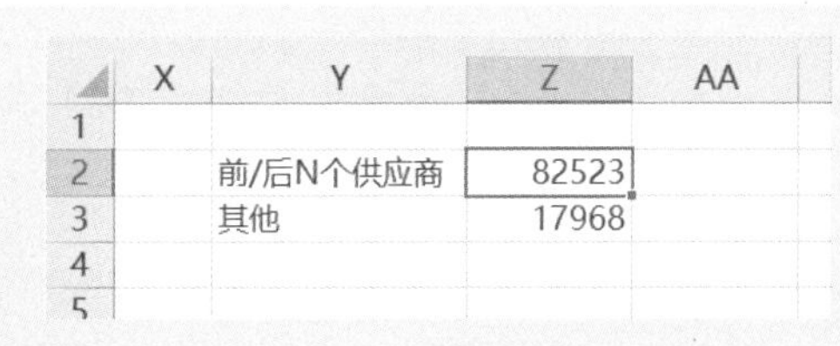

	X	Y	Z	AA
1				
2		前/后N个供应商	82523	
3		其他	17968	
4				

图 2-49　辅助区域，计算当前图表显示的供应商发货量合计

利用辅助区域绘制饼图，进行格式化，然后放置到条形图上的适当位置，如图 2-50 所示。

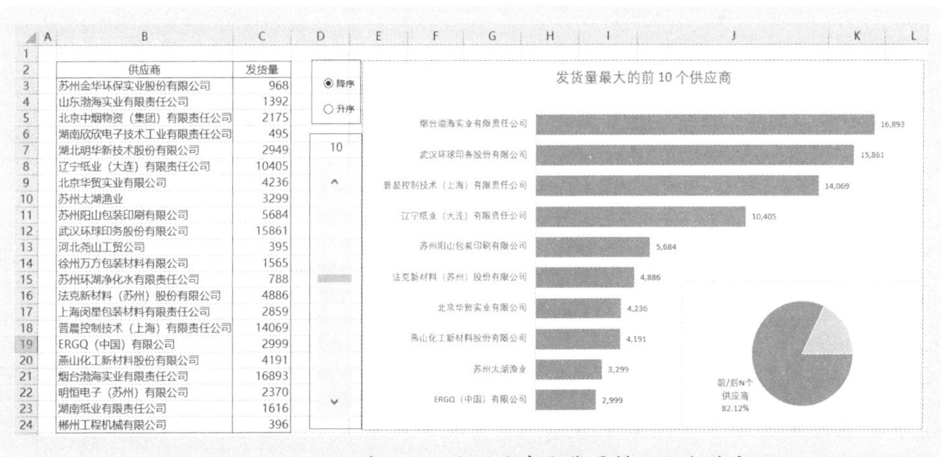

	供应商	发货量
3	苏州金华环保实业股份有限公司	968
4	山东渤海实业有限责任公司	1392
5	北京中烟物资（集团）有限责任公司	2175
6	湖南欣欣电子技术工业有限责任公司	495
7	湖北明华新技术股份有限公司	2949
8	辽宁纸业（大连）有限责任公司	10405
9	北京华贸实业有限公司	4236
10	苏州太湖渔业	3299
11	苏州阳山包装印刷有限公司	5684
12	武汉环球印务股份有限公司	15861
13	河北尧山工贸公司	395
14	徐州万方包装材料有限公司	1565
15	苏州环湖净化水有限责任公司	788
16	法克新材料（苏州）股份有限公司	4886
17	上海闵星包装材料有限责任公司	2859
18	普晨控制技术（上海）有限责任公司	14069
19	ERGQ（中国）有限公司	2999
20	燕山化工新材料股份有限公司	4191
21	烟台渤海实业有限责任公司	16893
22	明恒电子（苏州）有限公司	2370
23	湖南纸业有限责任公司	1616
24	郴州工程机械有限公司	396

图 2-50　同时显示前 / 后 N 个供应商发货量排名和合计占比

2.4.2 Tableau 动态筛选图表

在 Excel 上制作排名的动态图表很麻烦，不过，做好图表后，使用起来就非

常方便了。

这样查看前 N 个或者后 N 个的动态排名分析图表，在 Tableau 中制作非常简单。创建一个筛选器，并联合使用排序按钮，即可完成动态分析。

建立数据连接，制作基本的条形图，先按降序排序，如图 2-51 所示。

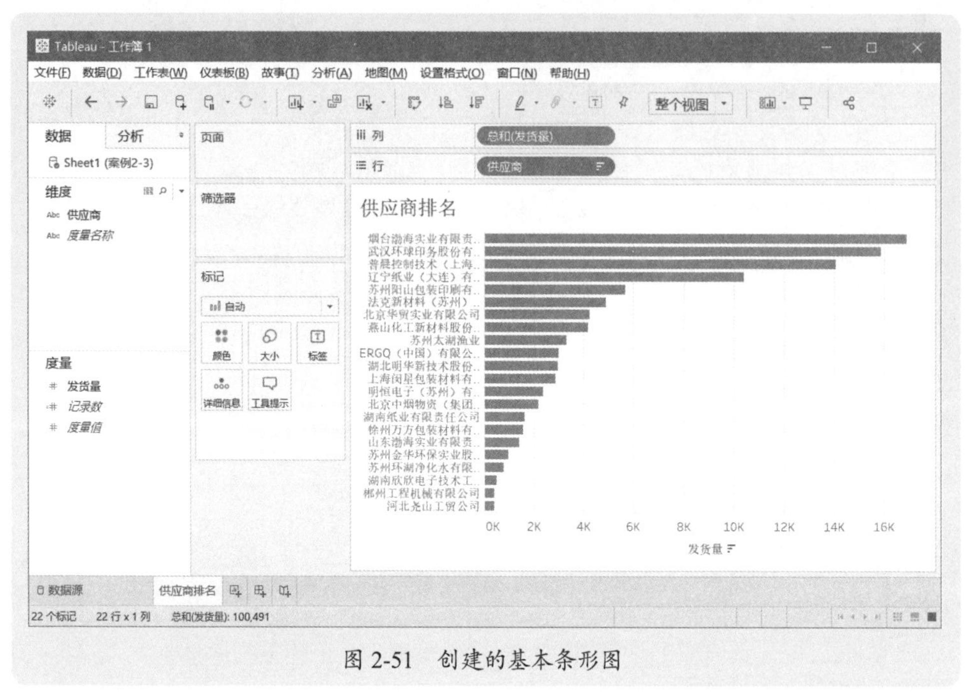

图 2-51 创建的基本条形图

插入一个计算字段“筛选 N 个”，公式为“INDEX()”，如图 2-52 所示。

然后将这个计算字段拖至筛选器，弹出“筛选器”对话框，如图 2-53 所示，选择“至多”选项，并将值设置为最大值。

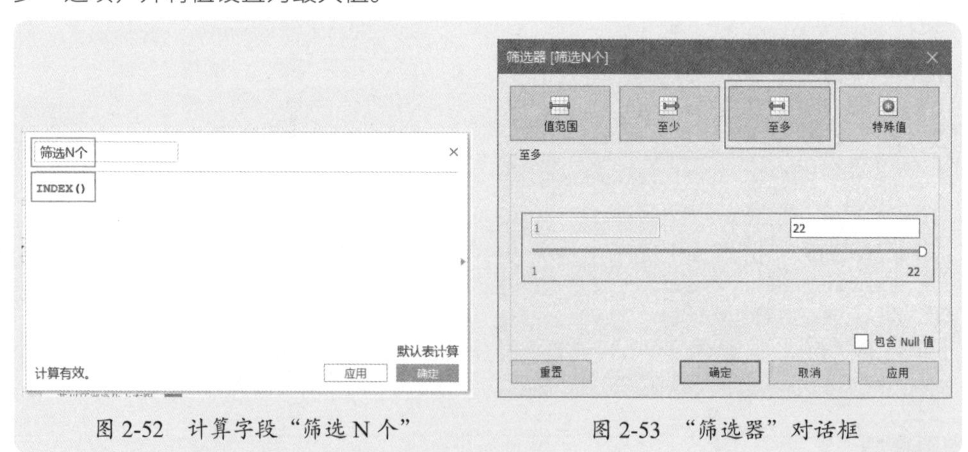

图 2-52 计算字段“筛选 N 个”

图 2-53 “筛选器”对话框

再将筛选器显示在图表右侧，如图 2-54 所示。

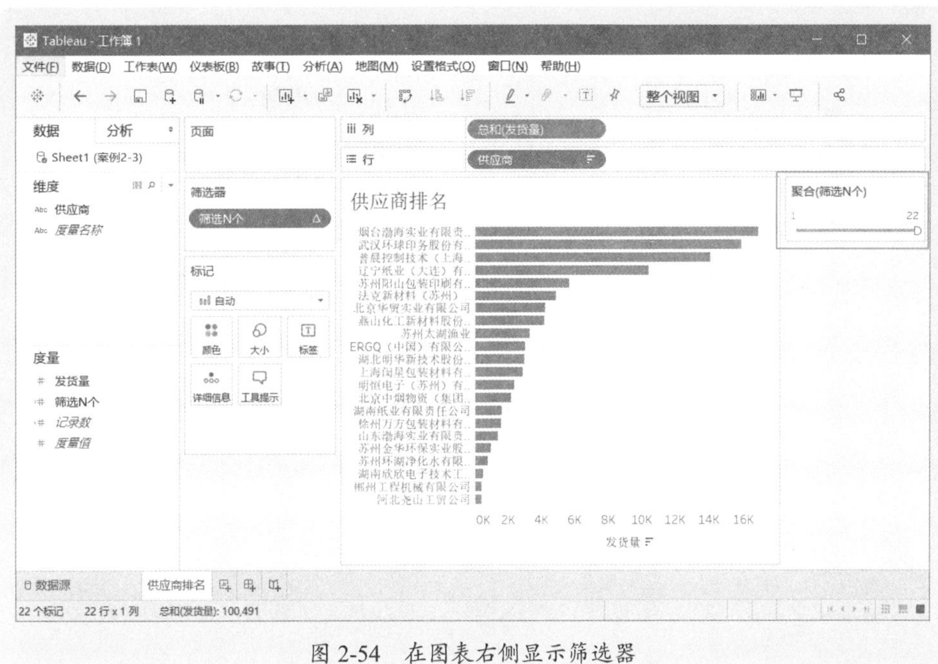

图 2-54　在图表右侧显示筛选器

可以通过图表右侧的筛选器滑块控制图表上显示数据的个数，如图 2-55 所示。

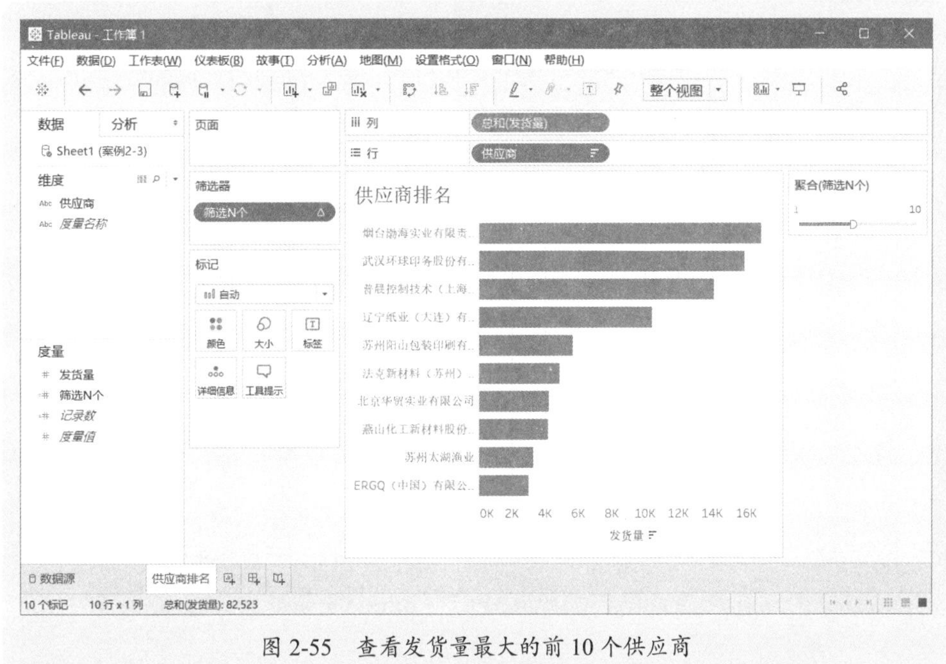

图 2-55　查看发货量最大的前 10 个供应商

单击工具栏上的“升序”按钮，再调整筛选器滑块，得到发货量最小的后 N 个供应商，如图 2-56 所示。

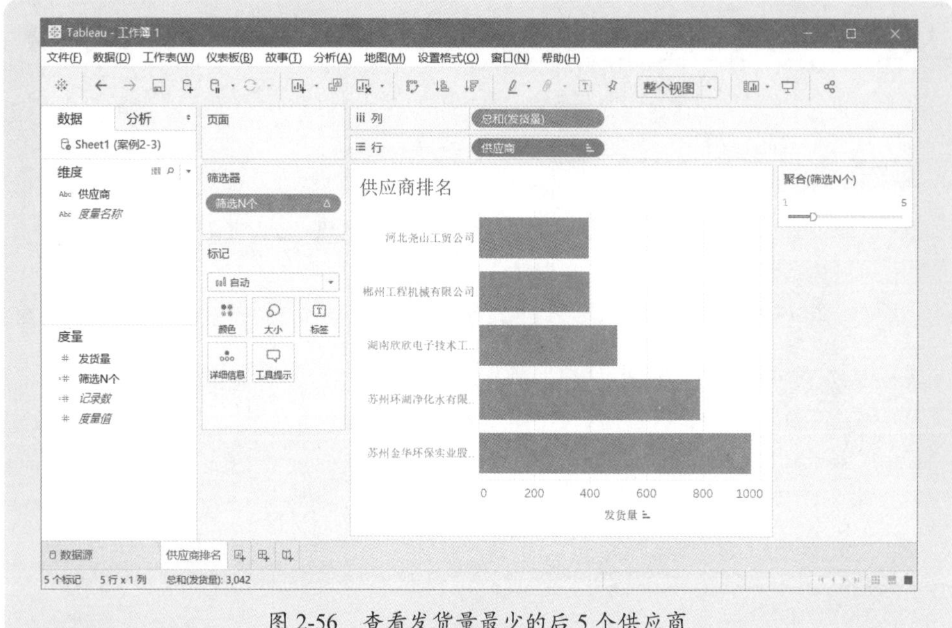

图 2-56　查看发货量最少的后 5 个供应商

2.5 指定时间段内的商品销售排名对比

如果源数据是每天各商品的销售流水，现在要分析指定时间段内各个商品累计销售排名，可以联合使用 SUMIFS 函数和控件制作动态分析模板；也可以使用数据透视图来动态分析，或者使用 Tableau 制作动态筛选器来控制图表。

图 2-57 是示例数据，记录每天的每个产品的销售额。本案例素材是“案例 2-4.xlsx”。

	A	B	C	D	E
1	日期	产品	销售额		
2	2022-1-1	产品2	2707		
3	2022-1-1	产品6	2288		
4	2022-1-2	产品1	407		
5	2022-1-2	产品3	2651		
6	2022-1-2	产品5	2286		
7	2022-1-3	产品1	809		
8	2022-1-3	产品8	2472		
9	2022-1-3	产品4	1109		
10	2022-1-3	产品5	286		
11	2022-1-3	产品2	474		
12	2022-1-4	产品8	1543		
13	2022-1-4	产品1	1490		
14	2022-1-4	产品6	999		
15	2022-1-4	产品2	1286		
16	2022-1-5	产品3	1345		
17	2022-1-6	产品6	2936		
18	2022-1-6	产品1	2178		
19	2022-1-7	产品3	1632		

销售记录

图 2-57　示例数据

2.5.1 使用 Excel 数据透视图和日程表

一个最简单的方法，是使用 Excel 数据透视图和日程表来建立各商品销售额的排名模型，操作简便，使用灵活。

首先创建数据透视表和数据透视图，并对各产品销售额降序排序，如图 2-58 所示。

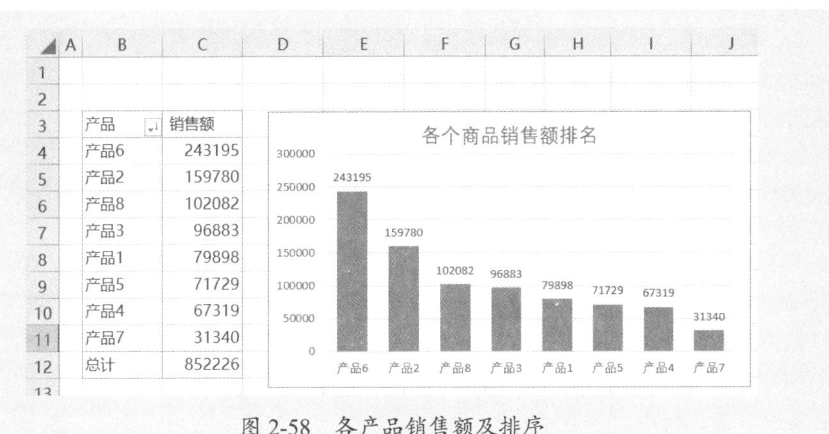

产品	销售额
产品6	243195
产品2	159780
产品8	102082
产品3	96883
产品1	79898
产品5	71729
产品4	67319
产品7	31340
总计	852226

图 2-58 各产品销售额及排序

插入一个日程表，以日显示，将日程表放到透视表和透视图的顶部，如图 2-59 所示。

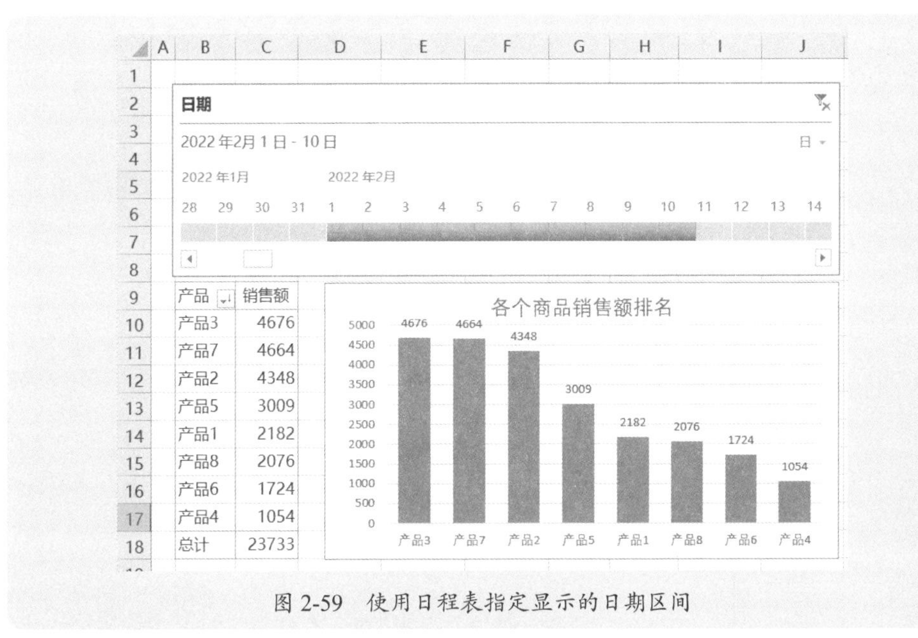

产品	销售额
产品3	4676
产品7	4664
产品2	4348
产品5	3009
产品1	2182
产品8	2076
产品6	1724
产品4	1054
总计	23733

图 2-59 使用日程表指定显示的日期区间

在日程表上拖动滑块，指定要显示的日期区间，图表可以显示为指定日期区间内各产品销售额的排名。

2.5.2 创建 Excel 动态图表

在 Excel 中，利用函数和控件制作任意指定日期区间内的排名，有些烦琐，因为既要汇总计算，又要用函数进行排名，不过，这样的制作过程，也是一个逻辑思维的训练过程，对数据分析很有帮助。

动态图表的效果如图 2-60 所示。下面是制作方法和主要步骤。

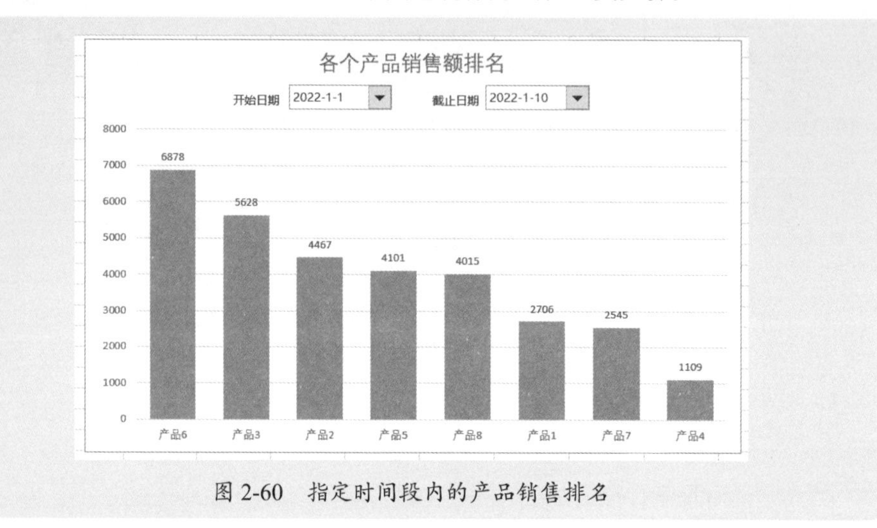

图 2-60　指定时间段内的产品销售排名

首先设计一个全年的日期列表，然后插入两个组合框，分别用于选择开始日期和截止日期，数据源区域是日期列表区域，单元格链接分别是单元格 P4 和 P5，如图 2-61 所示。

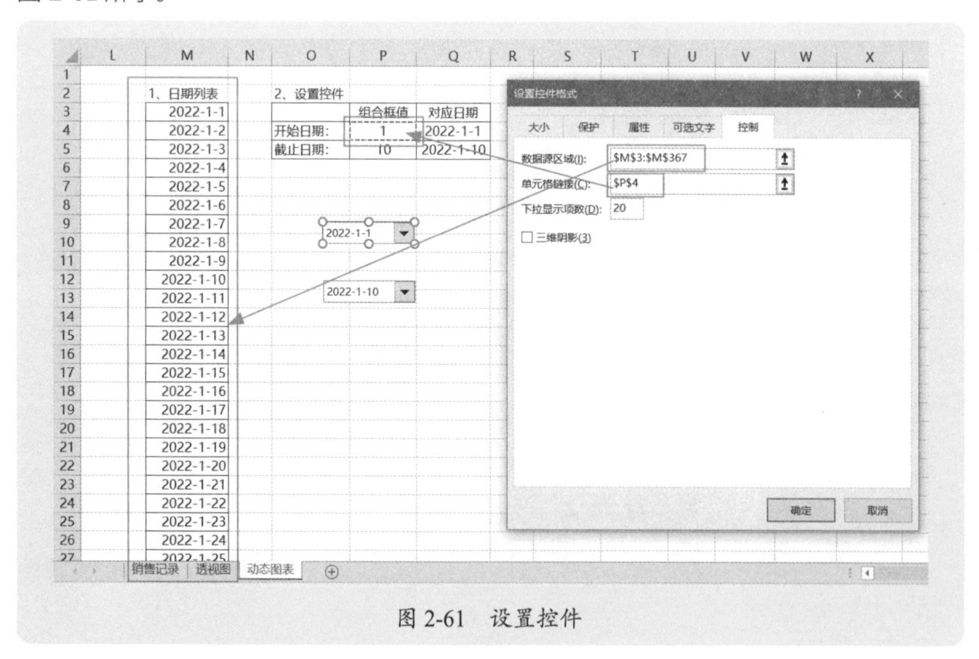

图 2-61　设置控件

根据组合框返回值再取出对应的日期，保存在单元格Q4和Q5中，公式分别如下。

单元格G4：

```
=INDEX(M3:M367,P4)
```

单元格G5：

```
=INDEX(M3:M367,P5)
```

设计汇总表格，计算每个产品在指定时间段内的销售额合计，如图2-62所示，单元格T4的计算公式如下：

```
=SUMIFS(销售记录!C:C,销售记录!A:A,">="&$Q$4,销售记录!A:A,"<="&$Q$5,销售记录!B:B,S4)
```

2、设置控件

	组合框值	对应日期
开始日期:	1	2022-1-1
截止日期:	10	2022-1-10

2022-1-1

2022-1-10

3、汇总计算

产品	销售额
产品1	2706
产品2	4467
产品3	5628
产品4	1109
产品5	4101
产品6	6878
产品7	2545
产品8	4015

图2-62　汇总各产品的销售额

设计排序辅助表，对汇总表进行降序排序处理，如图2-63所示，公式如下。

单元格W4，匹配产品名称公式为：

```
=INDEX($S$4:$S$11,MATCH(X4,$T$4:$T$11,0))
```

单元格X4，降序排序公式为：

```
=LARGE($T$4:$T$11,V4)
```

3、汇总计算

产品	销售额
产品1	2706
产品2	4467
产品3	5628
产品4	1109
产品5	4101
产品6	6878
产品7	2545
产品8	4015

4、排序

序号	产品	销售额
1	产品6	6878
2	产品3	5628
3	产品2	4467
4	产品5	4101
5	产品8	4015
6	产品1	2706
7	产品7	2545
8	产品4	1109

图2-63　对销售额进行降序排序

最后，用排序数据区域绘制柱形图，并进行布局和格式化，得到用户需要的动态

图表。这样可以查看任意指定时间段的各产品销售额排名，如图 2-64 所示。

图 2-64　任意指定时间段的排名图表

2.5.3 利用 Tableau 创建仪表板

在 Tableau 中，需要创建参数和计算字段，然后创建仪表板，可以非常方便地指定开始日期和截止日期，观察指定时间段内的各商品销售排名，效果如图 2-65 所示。

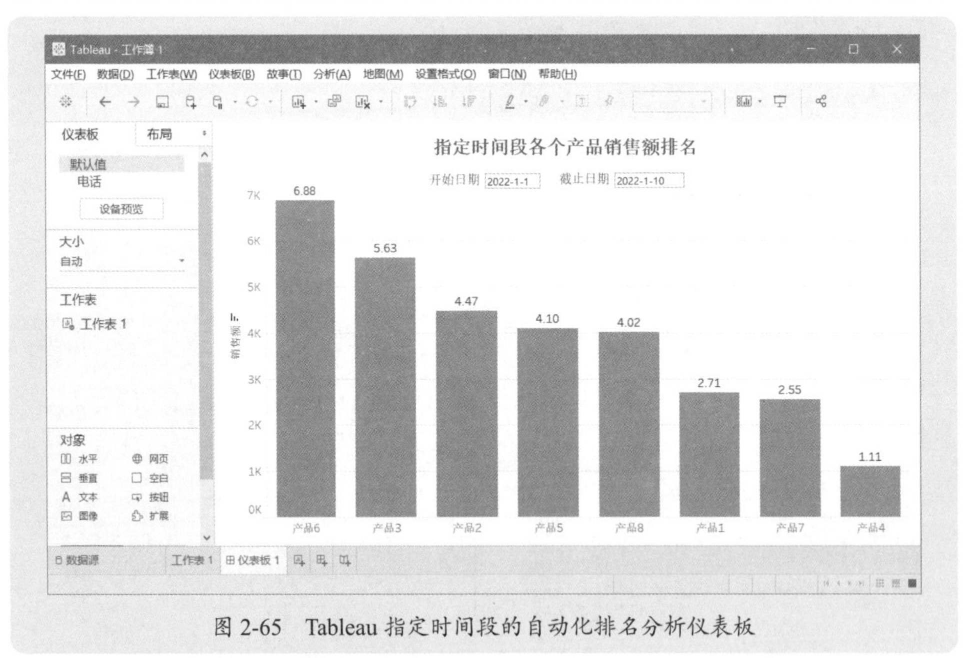

图 2-65　Tableau 指定时间段的自动化排名分析仪表板

下面是仪表板的主要制作方法和步骤。

建立数据连接，并绘制基本柱形图，如图 2-66 所示。

图 2-66　基本的排名柱形图

创建“开始日期”和“截止日期”两个参数。方法是单击字段“日期”下拉按钮，在下拉列表中执行“创建”→“参数”命令，如图 2-67 所示。

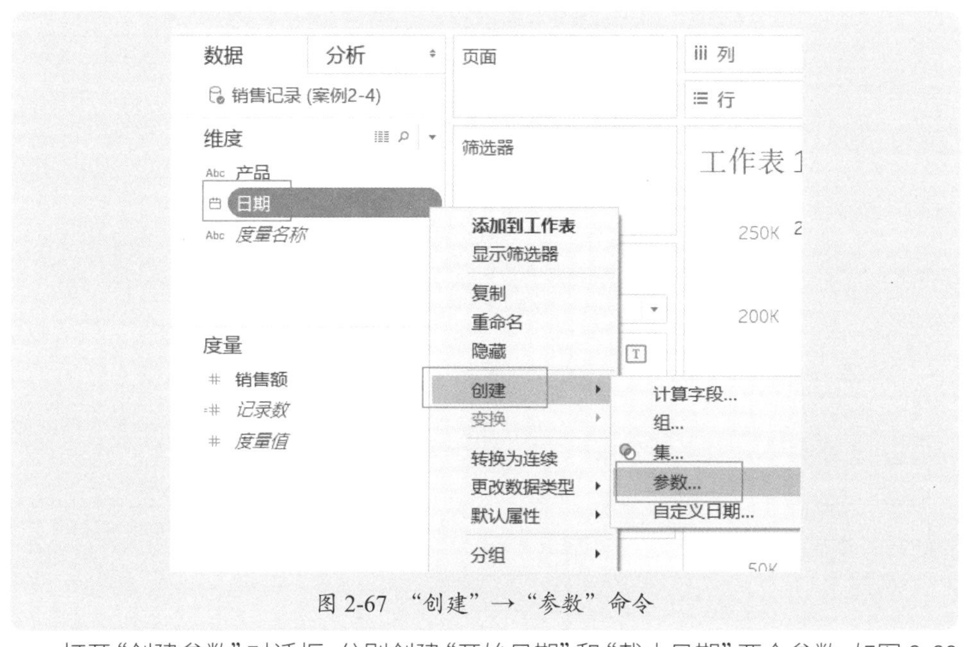

图 2-67　“创建”→“参数”命令

打开“创建参数”对话框，分别创建“开始日期”和“截止日期”两个参数，如图 2-68 和图 2-69 所示，其中“开始日期”参数的当前值设置为“2022-1-1”，允许的值选中“全部”单选按钮；“截止日期”参数的当前值设置为“2022-12-31”，允许的值选中“全部”单选按钮。

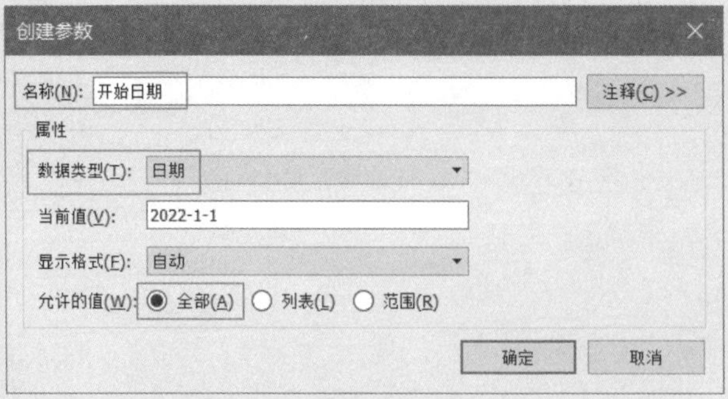

图 2-68　参数“开始日期”

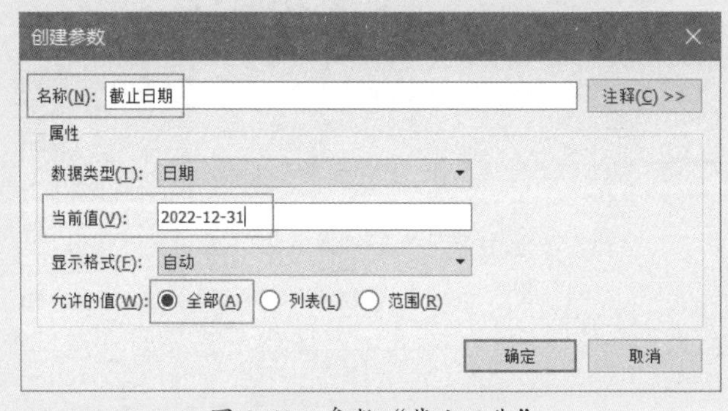

图 2-69　参数“截止日期”

然后再创建一个计算字段“日期筛选”，如图 2-70 所示，公式为：

[日期]>=[开始日期] AND [日期]<=[截止日期]

将创建的字段“日期筛选”拖至筛选器，在弹出的“筛选器”对话框中勾选“真”复选框，如图 2-71 所示。

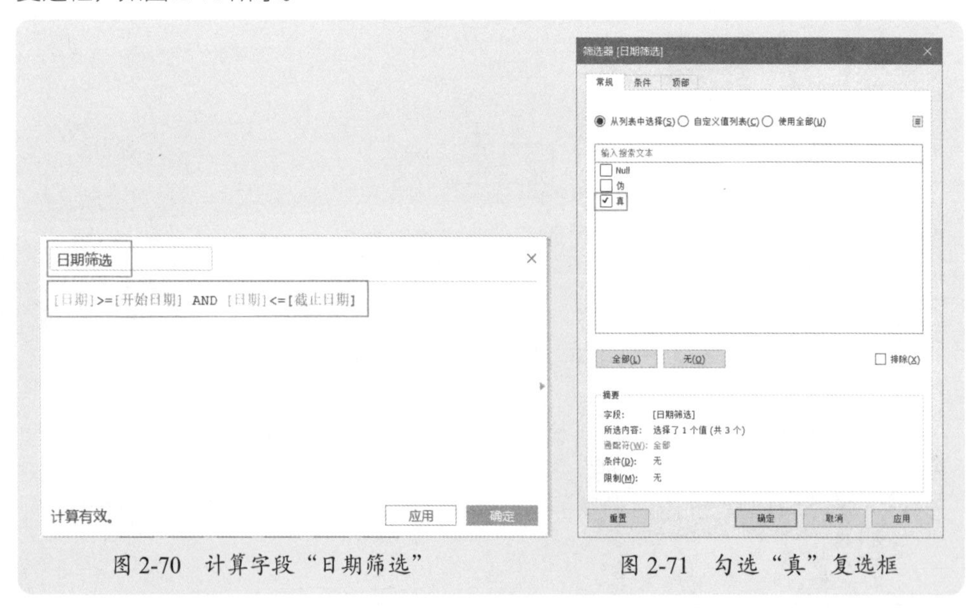

图 2-70　计算字段“日期筛选”　　　图 2-71　勾选“真”复选框

这样，就得到了能够对日期进行指定开始日期和截止日期的筛选分析，如图 2-72 所示。

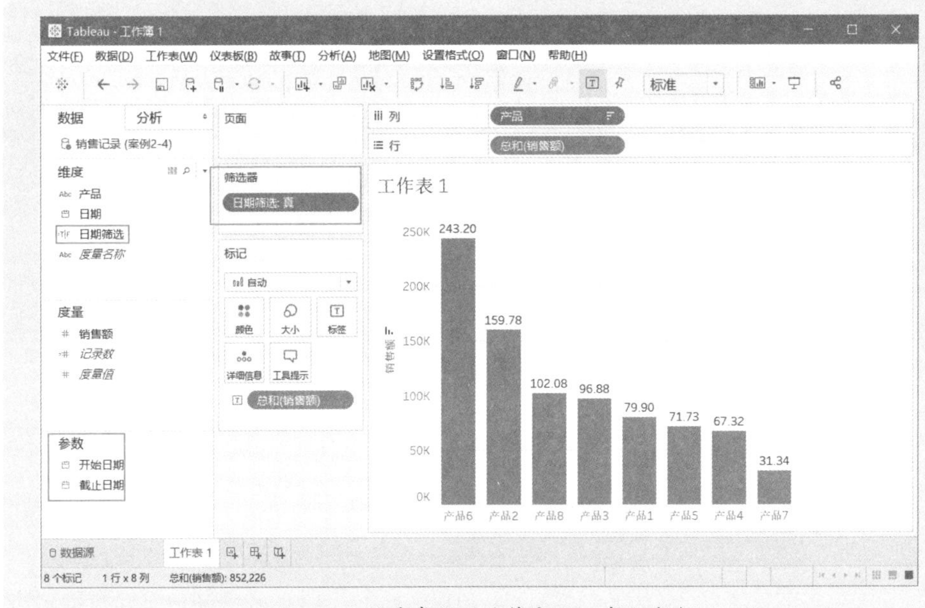

图 2-72　创建参数、计算字段，建立筛选

插入一个仪表板，将这个工作表拖至仪表板，然后单击仪表板右侧的下拉按钮，在下拉列表中执行“参数”命令，然后分别选择“开始日期”和“截止日期”选项，如图 2-73 所示。

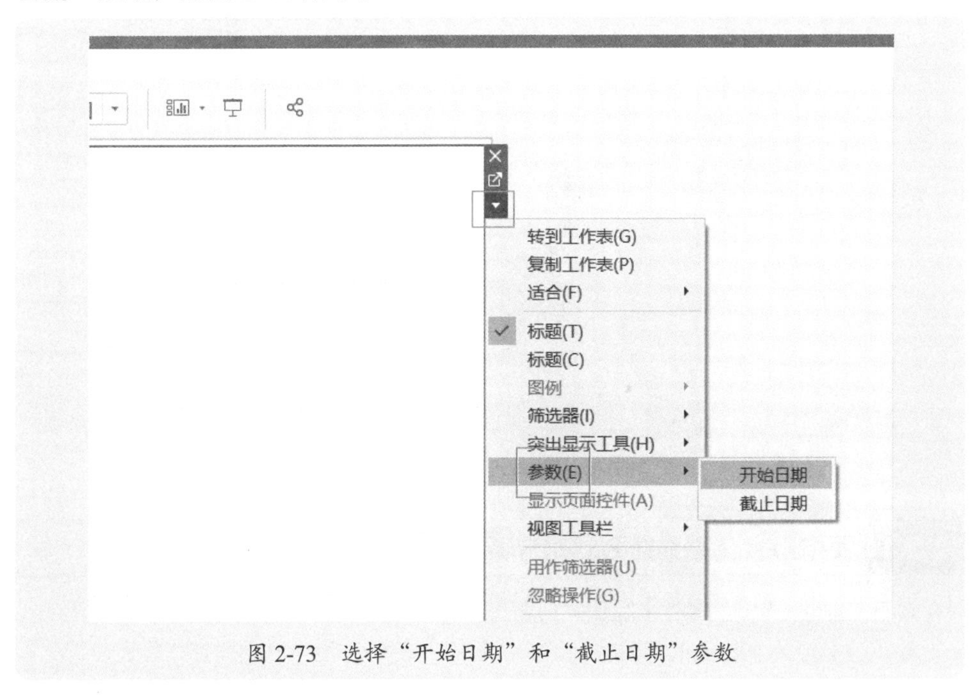

图 2-73　选择“开始日期”和“截止日期”参数

这时在仪表板右上角会出现两个参数卡，如图 2-74 所示。

单击某个参数卡左侧的下拉按钮，在下拉列表中选择“浮动”选项，如图 2-75 所示。

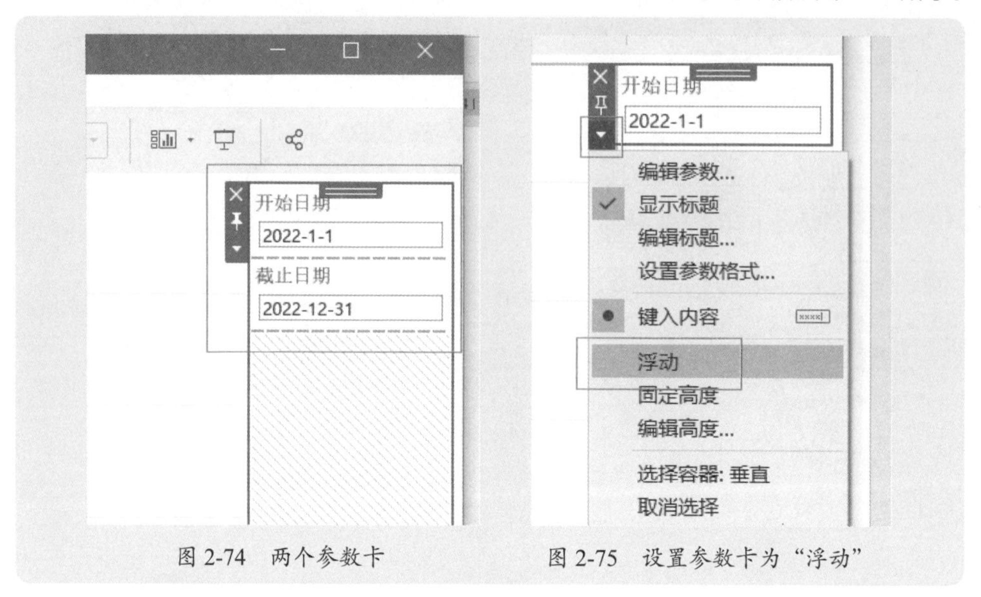

图 2-74　两个参数卡　　　　图 2-75　设置参数卡为“浮动”

可以将这两个参数拖放到仪表板的适当位置，然后布局，得到可以查看任意指定时间区间的产品销售排名图表，如图 2-76 所示。

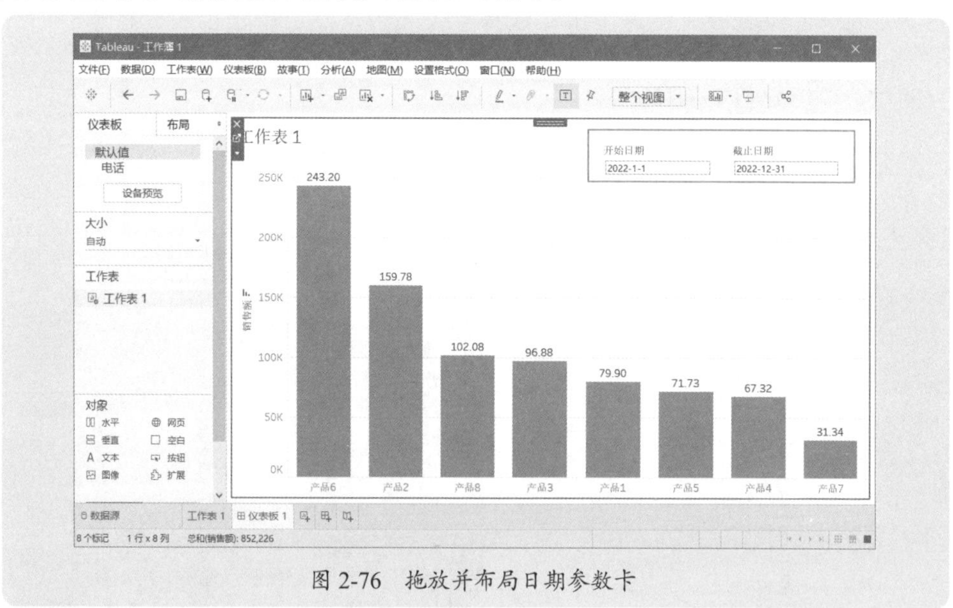

图 2-76　拖放并布局日期参数卡

2.5.4 反映综合信息的排名对比分析

前面介绍的是单纯排名与对比分析图表。这种对比分析图表反映的信息比较单一，只能看出其高低大小，无法同时去观察其他信息，例如，每个产品的销售额占比如何？

每个产品在这个时间段的销售分布如何？等等，因此，可以将柱形图、条形图、面积图、折线图、饼图、圆环图等组合起来，生成信息更丰富的图表。

当需要制作多个类型图表组合在一起的分析报告时，使用 Tableau 就比 Excel 方便得多。下面介绍如何在 Tableau 中制作一个能够反映任意时间段内各产品的排名、各产品的每天销售数据趋势、各产品销售的占比结构，以及该时间段内的销售总额的图表。

前面已经制作了指定时间段的筛选器，这个筛选器需要对所有的工作表和仪表板有效，因此需要对日期筛选器设置“使用此数据源的所有项”，如图 2-77 所示。

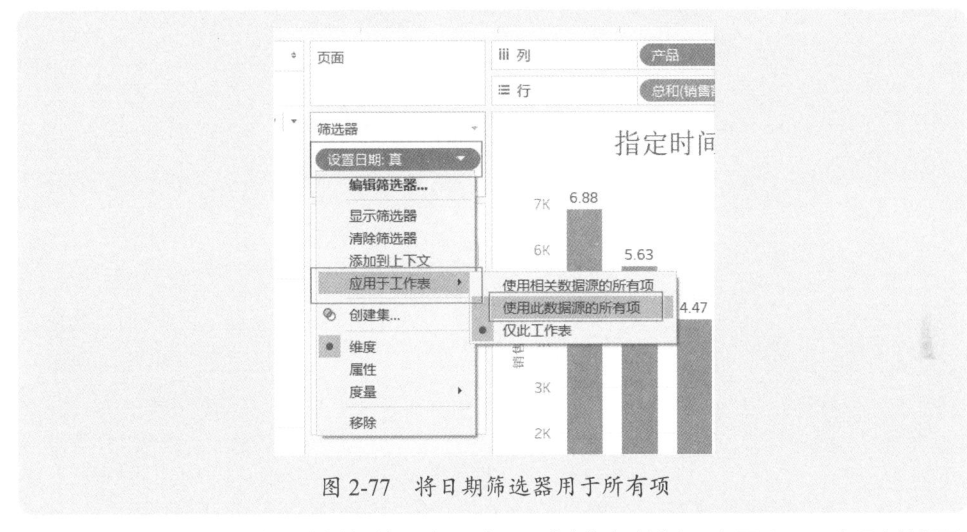

图 2-77　将日期筛选器用于所有项

插入一个新工作表，绘制折线图和圆点图（销售额绘制两个图表，一个是折线图，一个是圆图，并设置为双轴），再进行适当美化，得到如图 2-78 所示的图表。

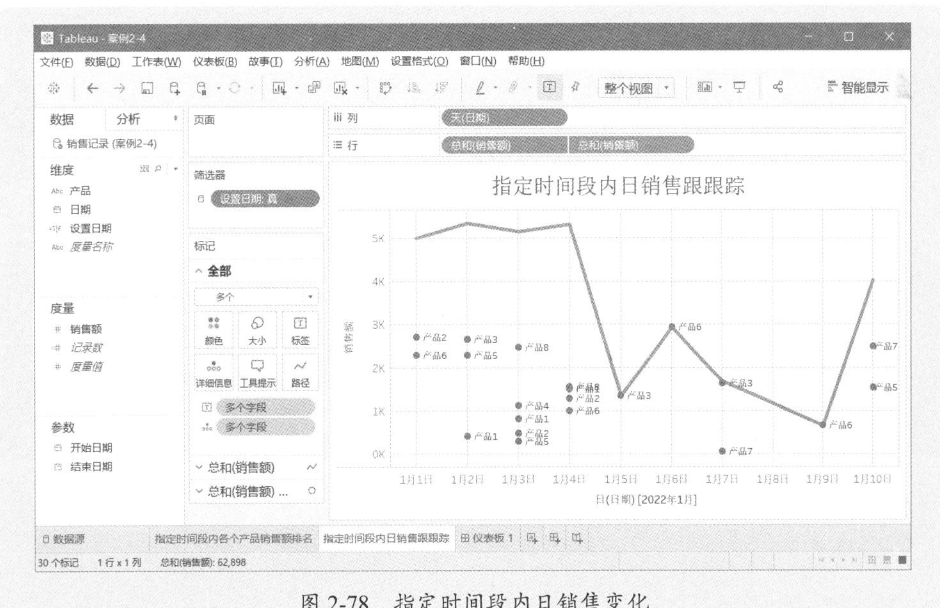

图 2-78　指定时间段内日销售变化

再插入一个工作表，绘制饼图，观察指定时间段内各产品销售额的占比，设置格式及显示标签等，如图 2-79 所示。

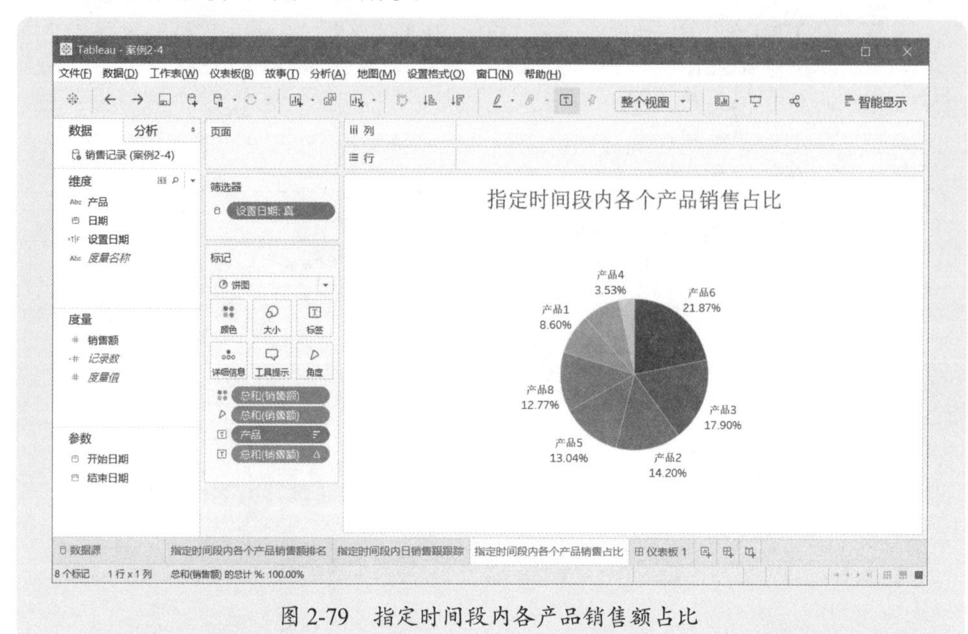

图 2-79 指定时间段内各产品销售额占比

最后，将新制作的两个工作表拖至仪表板，做好布局，得到能够同时观察指定时间段内，各产品销售额排名、占比，以及每天的销售情况，如图 2-80 所示。

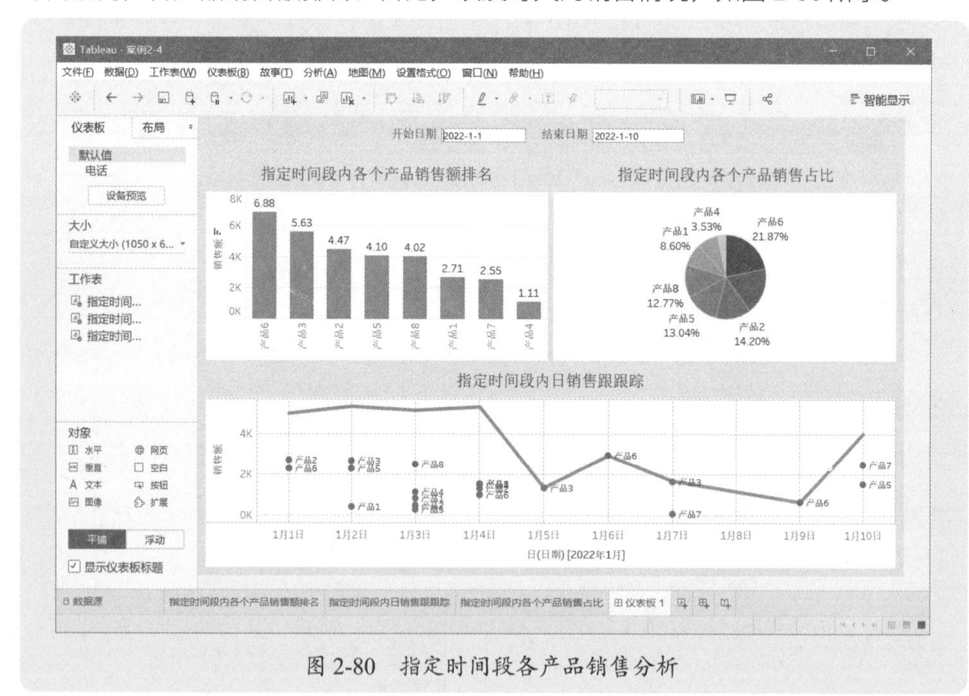

图 2-80 指定时间段各产品销售分析

选择不同的开始日期和截止日期，得到该时间段内各产品的排名分析、结构分析和趋势分析，如图 2-81 所示。

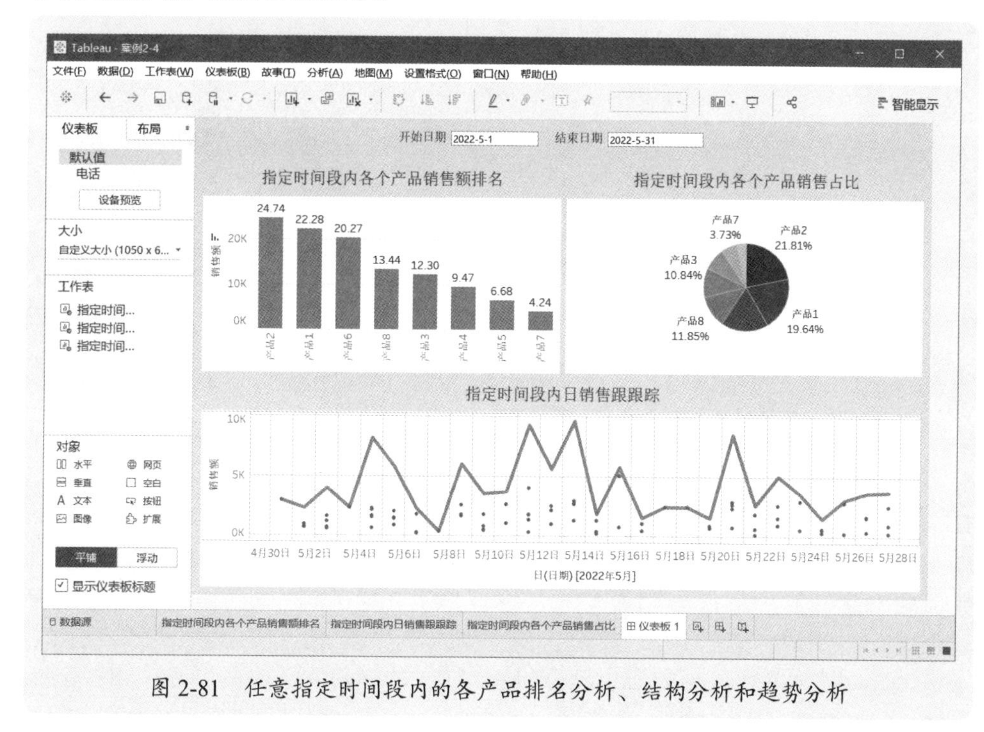

图 2-81　任意指定时间段内的各产品排名分析、结构分析和趋势分析

不过，由于此时日期跨度延长，圆点较多，标签显得很凌乱，这里取消了显示圆点的标签。

2.6 同比分析经典图表

本质上同比分析和环比分析都是对比分析内容，因为要把今年的数据与去年同期相比，把这个月数据和上个月相比，归根到底，就是一个比较分析。

2.6.1 单一的同比分析

如果老板问，今年销售收入与去年同期相比，增长情况如何？也许马上就会想到用 Excel 绘制一个柱形图，如图 2-82 所示。本案例素材是“案例 2-5.xlsx”。

这个图表并不完美，缺少了一些重要信息，例如，增长率是多少？具体增长了多少？如果再添加一个上升或下降的箭头，是不是更有对比效果？

首先，两根柱形并不是同一类数据，一个是去年的，一个是今年的，因此需要用两种不同的颜色来表示，这样对比才明显。

其次，根据实际情况是同比增加还是同比下降，添加一个上升箭头或下降箭头，醒目标识同比增长或同比下降，这样的对比分析效果就更加强烈。

最后，在图表上插入一个文本框，显示同比增长率情况说明。

这样就得到一个内容丰富的同比分析图表，如图 2-83 所示。

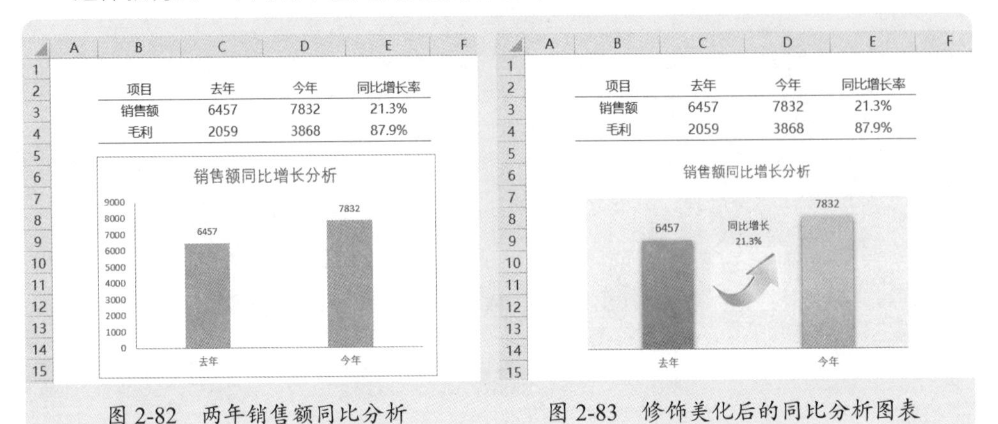

图 2-82　两年销售额同比分析　　　图 2-83　修饰美化后的同比分析图表

还要注意一个问题是，在绘制单一两根柱形时，有时数值轴并不是从 0 开始的，而是被自动设置了，这样会造成错误的理解，如图 2-84 所示。从图表上看，今年似乎比去年下降很多，实际上并非如此，出现这种情况的原因是，数值轴刻度的最小值是自动设置的，设置为了 2080，这样显得两个柱形相差很大。

此时，需要将数值轴的最小刻度设置为 0，才能得到正确的图表，如图 2-85 所示。

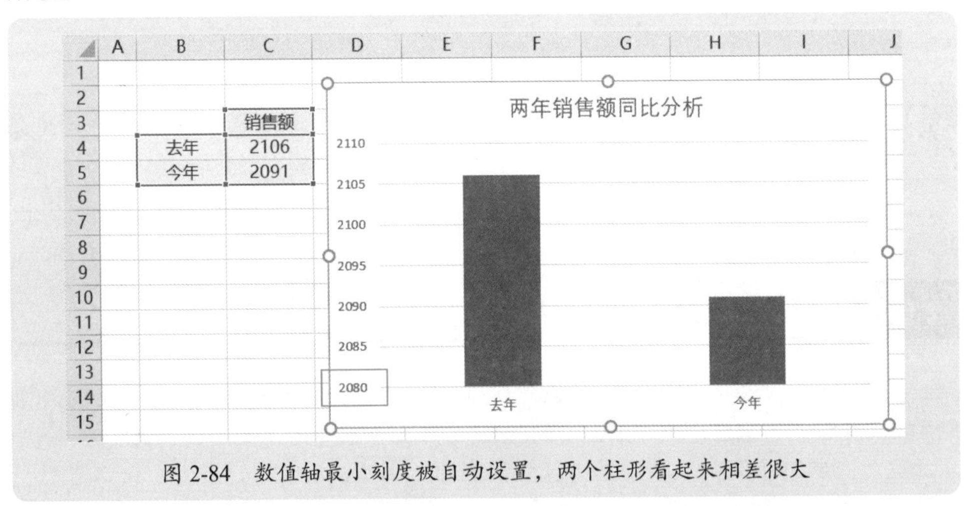

图 2-84　数值轴最小刻度被自动设置，两个柱形看起来相差很大

当然，有时需要强化其之间的差异，这时，可以将数值轴的最小刻度设置为一个合适的值。

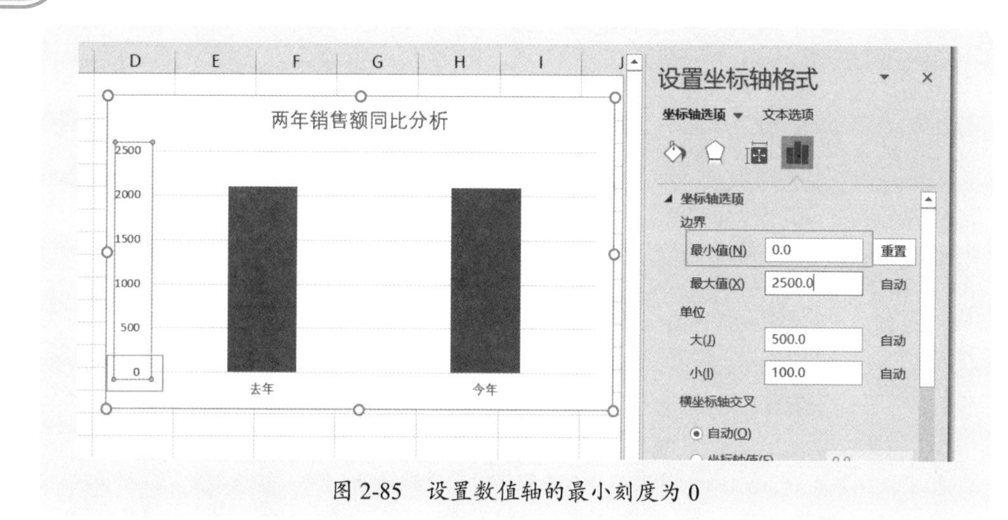

图 2-85 设置数值轴的最小刻度为 0

2.6.2 彼此独立的多项目同比分析

如果要分析的各项目之间各自独立，没有关联性，例如各产品销售的同比分析，此时，需要合理设置去年柱形和今年柱形的颜色和重叠比例，以便使图形看起来更加美观，信息更加清晰。

图 2-86 是各产品两年销售的同比分析报表，那么，应该如何绘制可视化同比分析图表来清晰展示出每个产品的同比增长情况？本案例素材是“案例 2-5.xlsx”。

这个表格反映了两个重要信息：一个信息是总销售的增长情况，另一个信息是每个产品的销售增长情况。

产品	去年	今年	同比增长率
产品1	398	640	60.8%
产品2	1217	1294	6.3%
产品3	336	764	127.4%
产品4	924	427	-53.8%
产品5	1184	832	-29.7%
产品6	723	1569	117.0%
产品7	559	377	-32.6%
合计	5341	5903	10.5%

图 2-86 各产品两年销售同比分析报表

总销售增长情况可以采用 2.6.1 节制作单一的同比分析的方法制作图表；每个产品的同比增长情况，则需要使用两个图表来表达：一个是柱形图，一个是折线图（不显示线条，仅显示标记点）。

将 3 个图表进行组合，在左上角添加一个形状，填写文字说明，最后的可视化分析报告如图 2-87 所示。

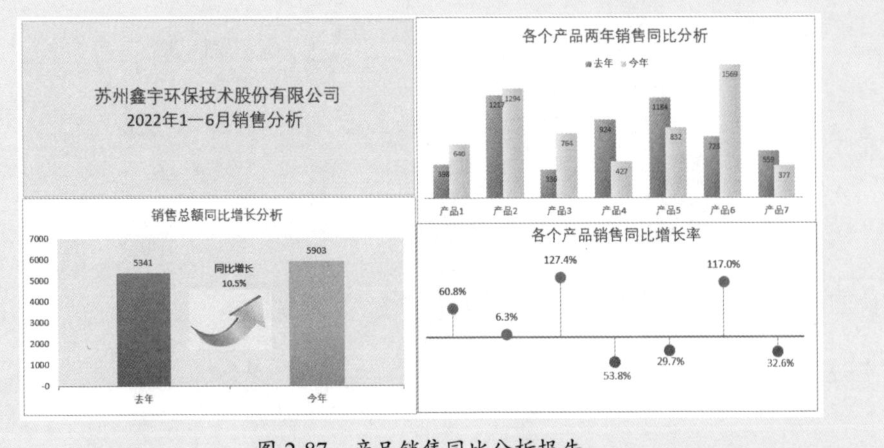

图 2-87　产品销售同比分析报告

各产品销售同比分析图表是普通柱形图，重点是设置系列的间隙宽度和重叠比例，以及去年柱形和今年柱形的填充颜色。这个设置比较烦琐，需要一点一点来仔细设置。

各产品增长率就是一个简单的折线图，不显示线条，设置数据点标记格式，然后再设置同比增加和同比下降百分比数字的自定义格式，自动根据正负数显示不同颜色，再显示每个数据点的垂直线。

2.6.3 有逻辑关联的多项目同比分析

有些情况下要做的同比分析的数据系列属于两种不同类型的数据，但其之间有逻辑上的关联，例如销售额和毛利，毛利是销售额的一部分，两者比例就是毛利率，毛利占销售额比例越大，毛利率则越大。对于这样的问题，可以绘制嵌套柱形图来比较二者的大小，外部柱形是销售额，内部柱形是毛利。

图 2-88 是同时考虑销售额和毛利的同比分析图表，毛利嵌在销售额中，在坐标轴标签上同时显示年份名称和毛利率。

在 Excel 中，这个图表绘制并不复杂，主要是设置次坐标轴和辅助坐标轴。下面是主要制作步骤。

首先绘制普通柱形图，如图 2-89 所示。

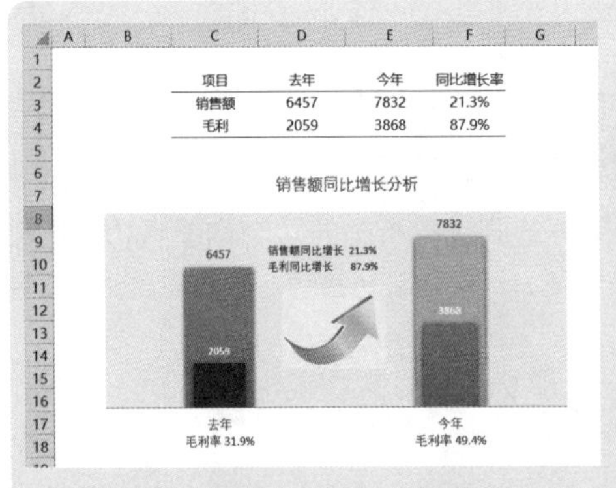

图 2-88　销售额和毛利同比增长分析

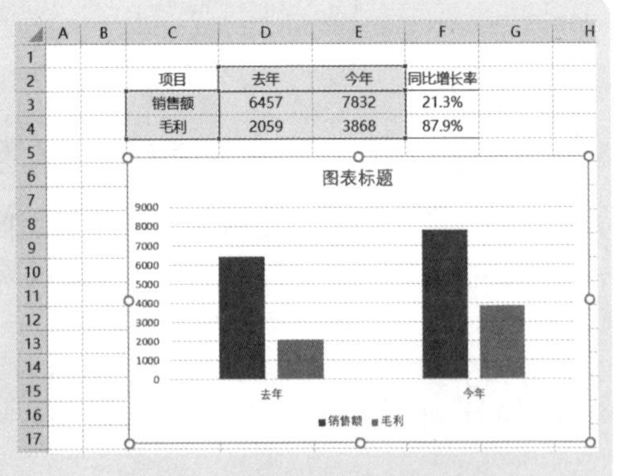

图 2-89　绘制的普通柱形图

将系列“毛利”绘制在次坐标轴上，如图 2-90 所示。

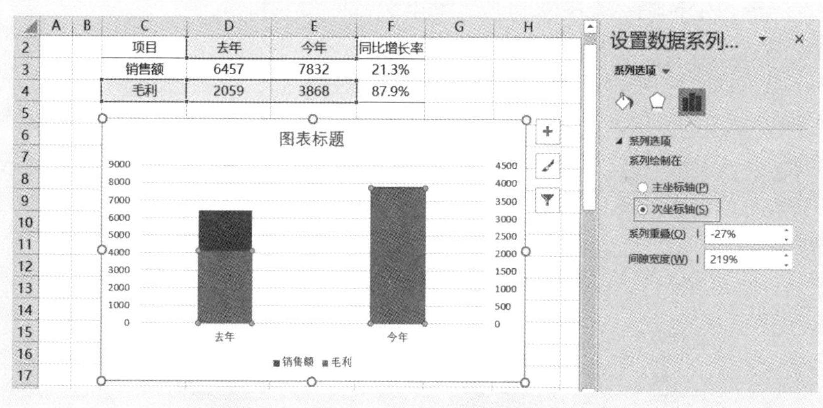

图 2-90　将系列“毛利”绘制在次坐标轴

删除右侧的次数值轴，然后分别选择销售额和毛利，分别设置其间隙宽度，将销售额和毛利分别显示出来，如图 2-91 所示。

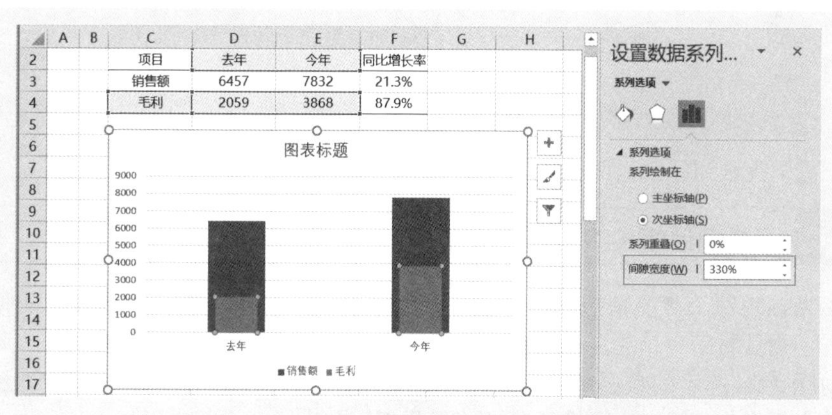

图 2-91　分别设置销售额和毛利的间隙宽度

在单元格设计辅助坐标轴标签，使用公式将年度名称和毛利率组合成新字符串，如图 2-92 所示，单元格 D7 公式为：

=D2&CHAR(10)&" 毛利率 "& TEXT(D4/D3,"0.0%")

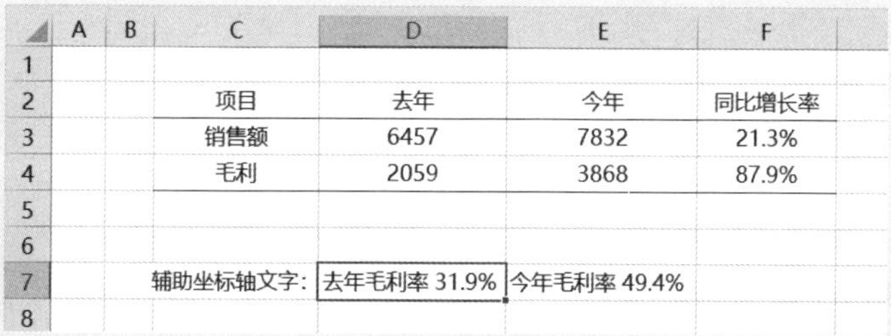

	A	B	C	D	E	F
1						
2			项目	去年	今年	同比增长率
3			销售额	6457	7832	21.3%
4			毛利	2059	3868	87.9%
5						
6						
7			辅助坐标轴文字:	去年毛利率 31.9%	今年毛利率 49.4%	
8						

图 2-92　设计辅助坐标轴标签

然后将图表的分类轴引用区域修改为这个辅助坐标轴区域，得到如图 2-93 所示的图表。这样，坐标轴标签中就同时显示年份名称和毛利率。

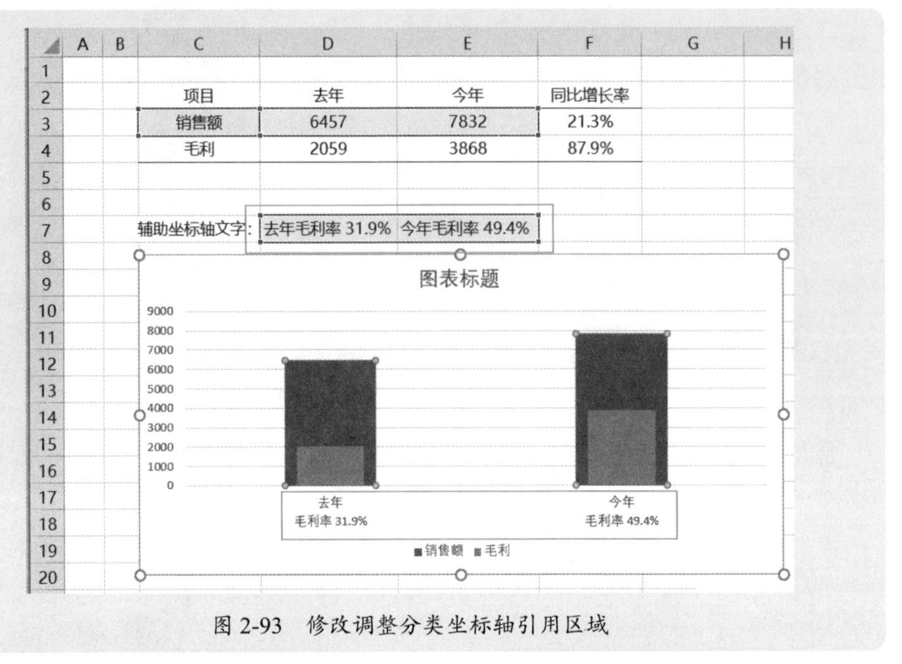

图 2-93　修改调整分类坐标轴引用区域

最后对图表进行适当的格式化和美化，完成最终图表的制作。

2.6.4 考虑内部结构的同比分析

如果要将每个产品销售放在一起做同比分析，不仅要观察每个产品的同比增长情况，还需要看所有产品合计数的增长情况，此时，可以绘制堆积柱形图。

对图 2-94 所示的数据，如何对比分析各产品各年的销售，并观察所有产品销售合计的各年变化趋势？本案例素材是“案例 2-5.xlsx”。

产品	2018年	2019年	2020年	2021年
产品1	235	845	1097	1204
产品2	687	931	688	643
产品3	991	790	694	726
产品4	872	1100	801	367
产品5	755	601	1528	911
产品6	1305	1096	975	2313
产品7	720	834	1496	876
合计	5565	6197	7279	7040

图 2-94　2018—2021 年各产品销售统计

图 2-94 所示的表格可以绘制如图 2-95 所示的堆积柱形图，并显示系列线，将图例显示在右侧，调整各项目的先后顺序使其与工作表顺序相同，这样的图表是比较清晰的。

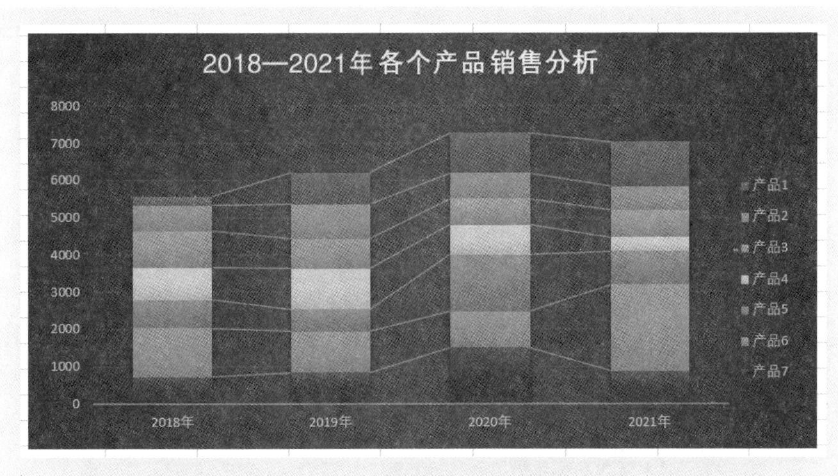

图 2-95 分析各产品历年销售

一般堆积柱形图中，调整各项目的先后次序是一个必需的操作，因为需要保持图表上各项目的上下顺序与工作表上各项目的上下顺序相同。

这种顺序调整是在“选择数据源”对话框中进行。选择某个项目，单击“上移”或“下移”按钮即可，如图 2-96 所示。

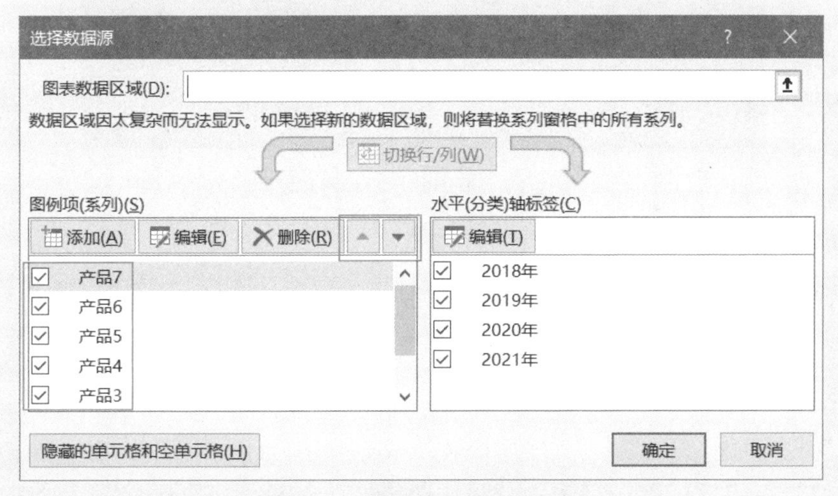

图 2-96 调整各项目的先后次序

2.6.5 分两个方向布局的同比分析：两年财务指标分析

某些具有特殊意义的数据使用普通柱形图或者条形图，都无法把数据的含义准确无误地表达出来。例如，资金的流入和流出对比，今年的财务指标与去年的财务指标对比，此时，可以绘制两个方向的条形图。

图 2-97 是两年的主要财务指标，现在要求绘制如图 2-98 所示的分左右条形的图表（有人称之为旋风图）。

财务指标	去年	今年
毛利率	23.50%	28.43%
营业利润率	18.34%	16.39%
净利润率	11.26%	13.55%
资产负债率	56.88%	67.93%
总资产收益率	8.29%	10.53%
营业利润增长率	16.78%	8.29%

图 2-97　两年财务指标

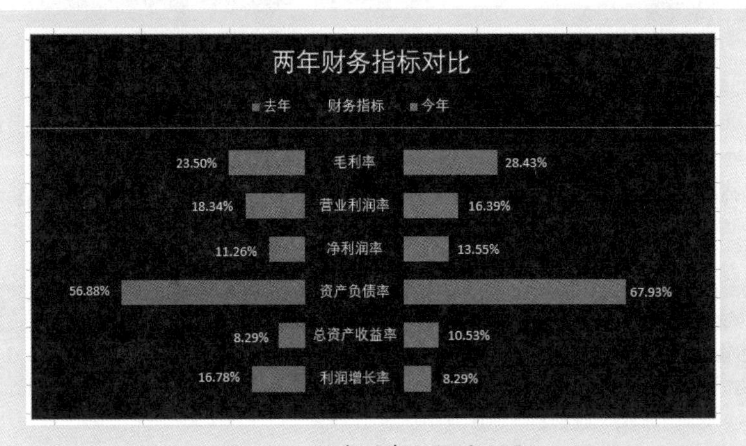

图 2-98　两年财务指标对比图

图 2-98 是堆积条形图，需要先设计 G ～ J 列的辅助区域，如图 2-99 所示。H 列中去年数据引用原始数据中去年的负数，J 列今年的数据引用原始数据中今年的正数，中间 I 列输入一个固定的百分比数字，用于显示财务指标名称。

公式设计完成后，再对 H 列设置自定义数字格式，将负数显示为正数，自定义数字格式代码为：

```
0.00%;0.00%;0.00%
```

财务指标	去年	今年
毛利率	23.50%	28.43%
营业利润率	18.34%	16.39%
净利润率	11.26%	13.55%
资产负债率	56.88%	67.93%
总资产收益率	8.29%	10.53%
利润增长率	16.78%	8.29%

财务指标	去年	财务指标	今年
毛利率	-23.50%	30%	28.43%
营业利润率	-18.34%	30%	16.39%
净利润率	-11.26%	30%	13.55%
资产负债率	-56.88%	30%	67.93%
总资产收益率	-8.29%	30%	10.53%
利润增长率	-16.78%	30%	8.29%

图 2-99　设计辅助区域

用辅助区域 G ～ J 列绘制基本堆积条形图，如图 2-100 所示。

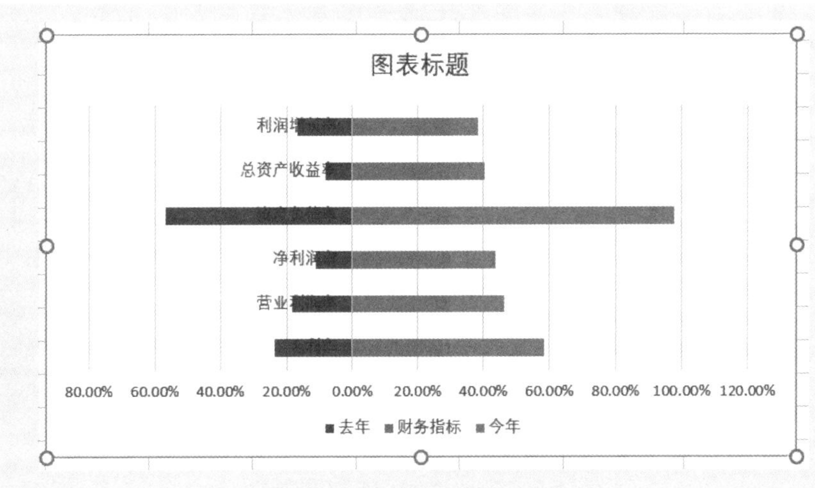

图 2-100　绘制的基本堆积条形图

然后设置图表格式，包括设置坐标轴逆序类别，将中间的条形设置为无填充、无线条，添加数据标签为“类别名称”，两侧的条形添加数据标签为“值”，调整间隙宽度，设置条形颜色，调整数字标签位置，等等。

2.6.6 分两个方向布局的同比分析：两年各部门员工流动性分析

图 2-101 是公司各部门两年的入职人数和离职人数统计报表。现在要制作一个分析各部门两年流动性的分析报告。

本案例素材是“案例 2-6.xlsx”。

部门	去年		今年	
	入职人数	离职人数	入职人数	离职人数
综合部	4	8	5	9
技术部	7	3	4	2
生产部	43	68	78	95
财务部	3	2	5	4
采购部	13	18	9	14
设备部	3	5	4	2
品管部	8	3	4	13
合计	81	107	109	139

图 2-101　各部门两年入职人数和离职人数统计报表

1. 总公司的两年入职和离职总人数对比分析

首先绘制总公司两年入职和离职人数的对比分析图表，如图 2-102 所示。这个图表的特点如下。

（1）横向上，分别比较两年的入职人数和两年的离职人数，例如，入职人数

去年是 81 人，今年是 109 人；离职人数去年是 107 人，今年是 139 人。

（2）纵向上，分别比较每年的入职人数和离职人数。例如，去年入职人数是 83 人，离职人数是 107 人；今年入职人数是 109 人，离职人数是 139 人。

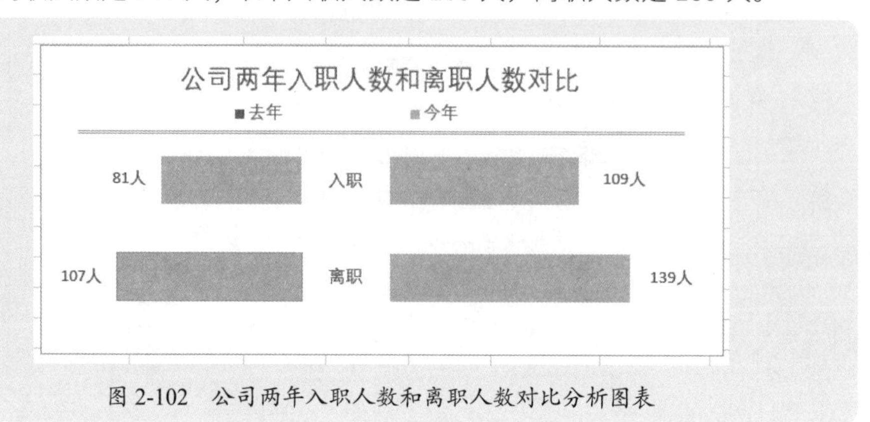

图 2-102　公司两年入职人数和离职人数对比分析图表

这个图表的绘制数据区域是图 2-103 所示的辅助区域，图表是堆积条形图，设置起来比较烦琐，与 2.6.5 节介绍的两年财务指标对比分析图一样，这里不再赘述。

部门	去年		今年	
	入职人数	离职人数	入职人数	离职人数
综合部	4	8	5	9
技术部	7	3	4	2
生产部	43	68	78	95
财务部	3	2	5	4
采购部	13	18	9	14
设备部	3	5	4	2
品管部	8	3	4	13
合计	81	107	109	139

辅助区域1

	去年	项目	今年
入职	-81	50	109
离职	-107	50	139

图 2-103　设计辅助区域

2. 各部门的两年入职和离职人数对比分析

当分析每个部门的两年流动性时，至少需要从两个角度来分析。

（1）去年和今年的入职人数对比，发生了什么变化。

（2）去年和今年的离职人数对比，发生了什么变化。

因此，可以绘制如图 2-104 所示的左右布局的对比分析图，其制作步骤如下。

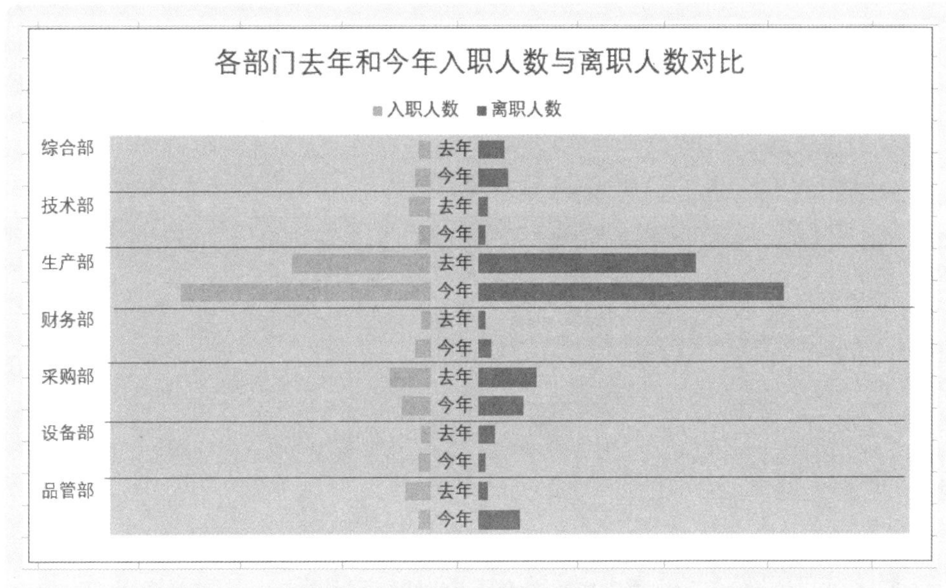

图 2-104　各部门去年和今年入职人数和离职人数对比分析图

首先设计辅助区域，如图 2-105 所示。可以使用 VLOOKUP 函数快速从原始数据区域查找数据，没必要一个一个单元格进行链接。

例如，单元格 R3 公式为：

=-VLOOKUP(O3,$B$4:$F$10,2,0)

单元格 R3 公式为：

=-VLOOKUP(O3,$B$4:$F$10,4,0)

其他单元格公式以此类推。

	N	O	P	Q	R	S	T
1							
2				辅助轴	入职人数	年份	离职人数
3		综合部	去年	0	-4	15	8
4			今年	0	-5	15	9
5		技术部	去年	0	-7	15	3
6			今年	0	-4	15	2
7		生产部	去年	0	-43	15	68
8			今年	0	-78	15	95
9		财务部	去年	0	-3	15	2
10			今年	0	-5	15	4
11		采购部	去年	0	-13	15	18
12			今年	0	-9	15	14
13		设备部	去年	0	-3	15	5
14			今年	0	-4	15	2
15		品管部	去年	0	-8	15	3
16			今年	0	-4	15	13
17							

图 2-105　设计辅助区域

以辅助区域绘制堆积条形图，如图 2-106 所示。

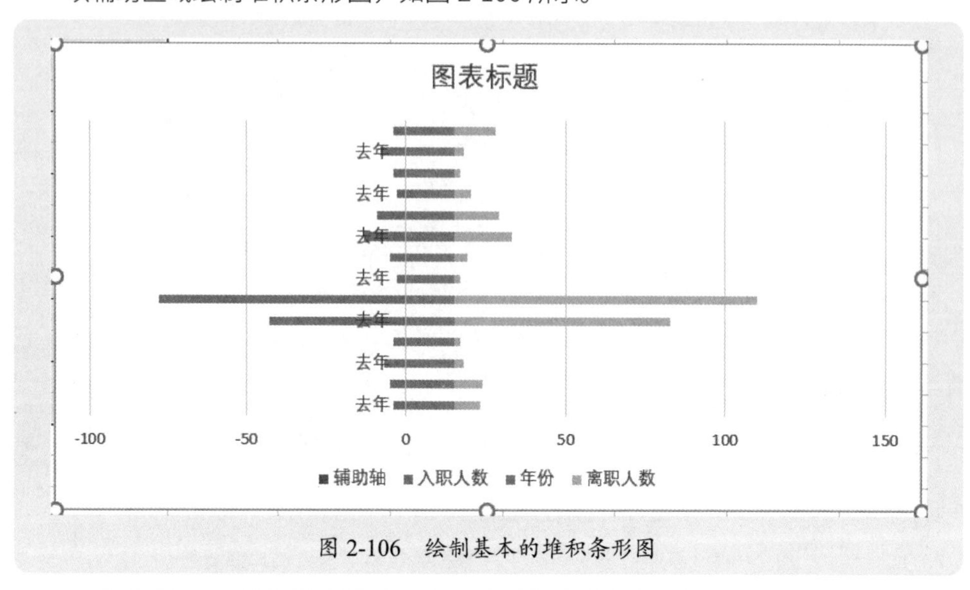

图 2-106　绘制基本的堆积条形图

将系列“入职人数”“年份”和“离职人数”绘制在次坐标轴上，如图 2-107 所示。然后将主坐标轴的分类轴区域设置为 O 列的部门区域，将次坐标轴的分类轴区域设置为 P 列的年份区域。

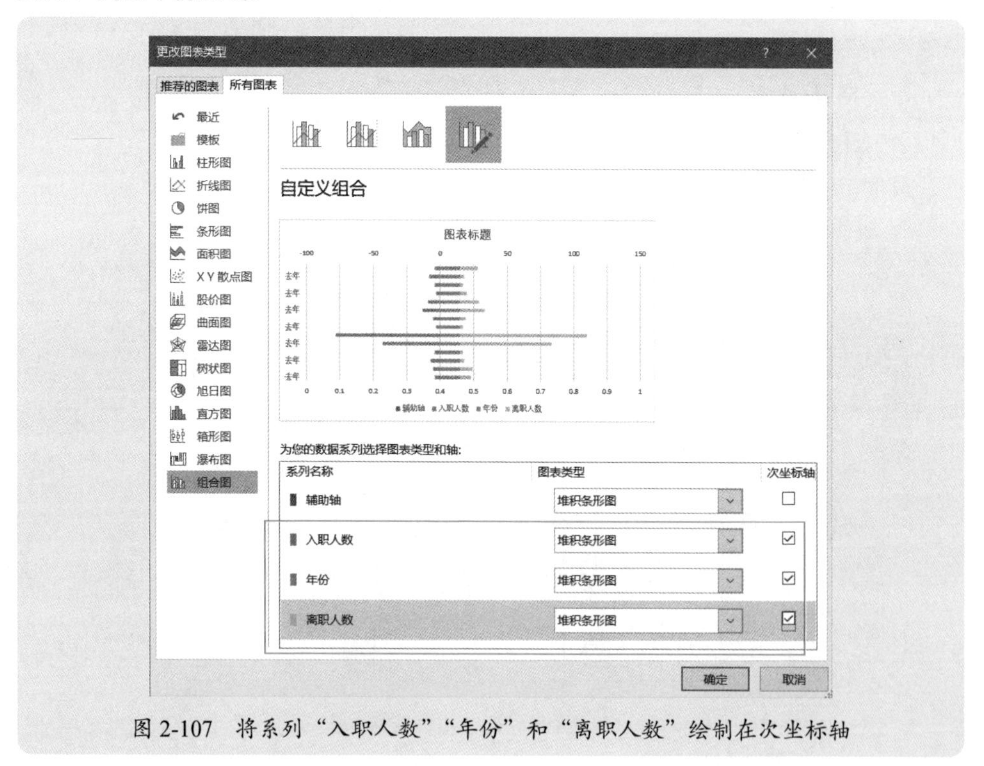

图 2-107　将系列“入职人数”“年份”和“离职人数”绘制在次坐标轴

添加次要纵坐标轴，将主分类轴和次分类轴均设置“逆序类别”，并设置系列的重叠比例为 100%，间隙宽度为 50%，得到如图 2-108 所示的图表。

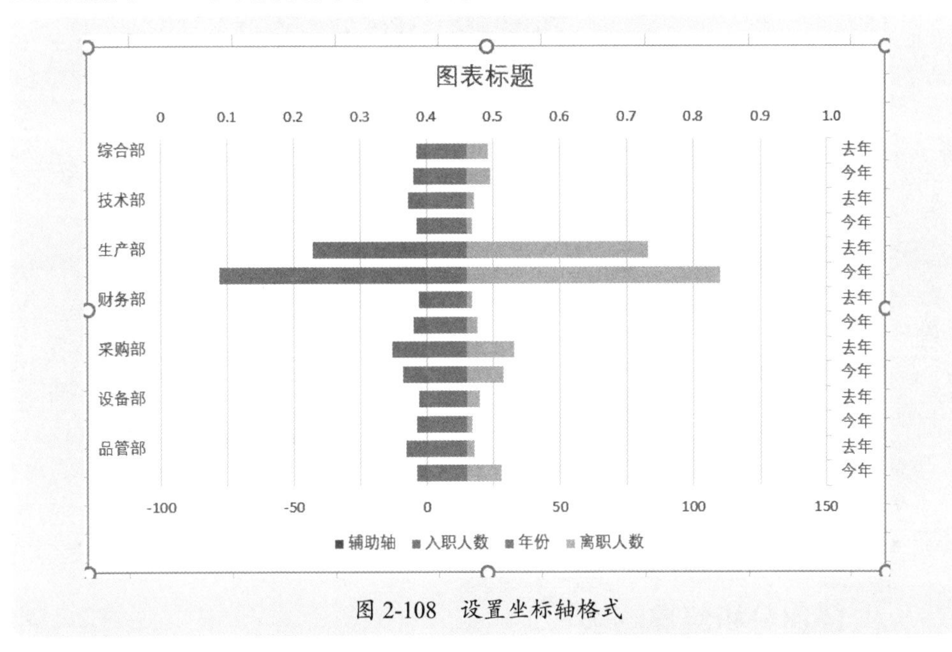

图 2-108　设置坐标轴格式

删除图表左侧的次要纵坐标轴、图表顶部水平轴，并设置不显示底部水平轴的标签，得到如图 2-109 所示的图表。

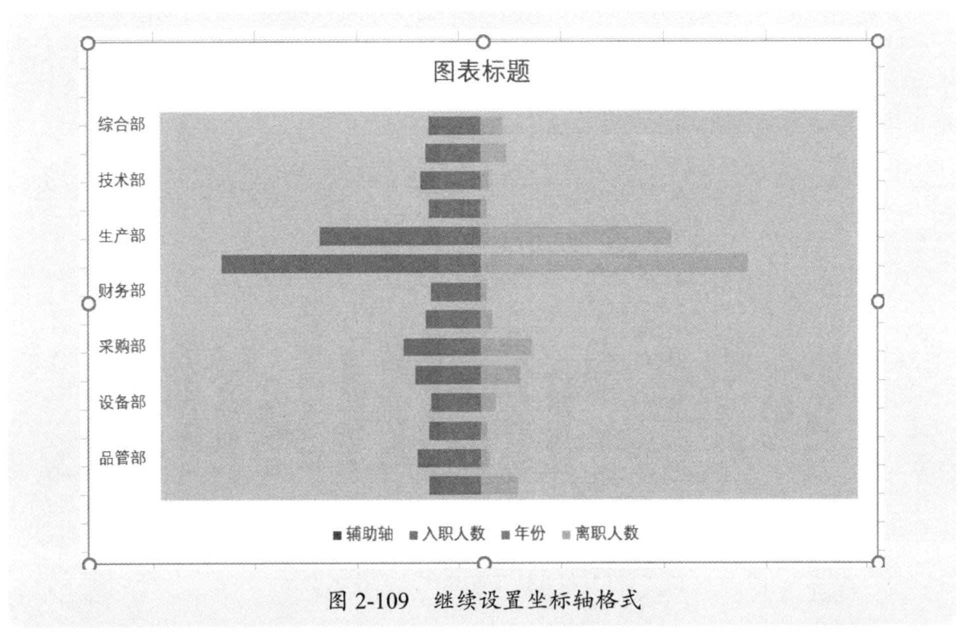

图 2-109　继续设置坐标轴格式

选择系列“年份”，设置为无填充、无轮廓，添加数据标签（标签显示类别名称），得到如图 2-110 所示的图表。

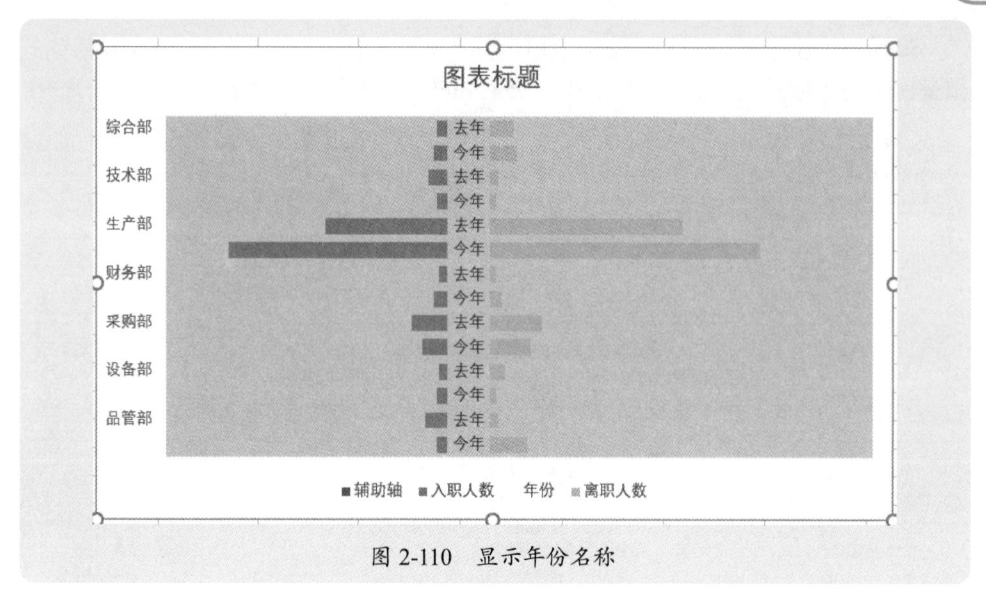

图 2-110 显示年份名称

最后将图例移到图表顶部，并删除图例中的不需要项，修改图表标题，设置条形颜色，手动插入水平线条，将各部门数据上下隔开，就得到了用户需要的图表。

2.7 环比分析经典图表

环比分析是指某个月与上个月相比增长情况如何，一般用环比增长率表示，有时也会以各月的实际数据进行比较。环比分析图表，可以使用柱形图或折线图。

进行环比分析时，有人喜欢制作如图 2-111 所示的环比分析图，这种图看起来很乱，尤其是表示环比增长率的折线与表示各月实际销售的柱形叠加，看不清环比增长率数字。本案例素材是“案例 2-7.xlsx”。

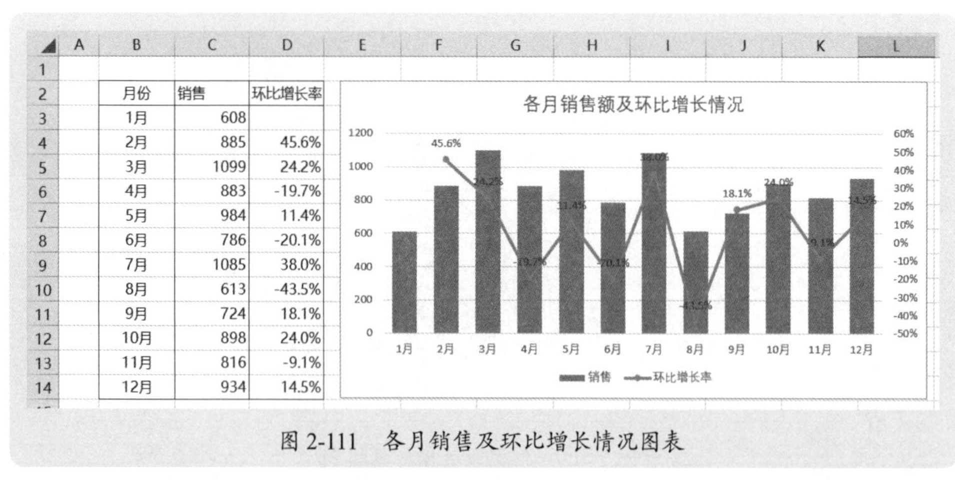

月份	销售	环比增长率
1月	608	
2月	885	45.6%
3月	1099	24.2%
4月	883	-19.7%
5月	984	11.4%
6月	786	-20.1%
7月	1085	38.0%
8月	613	-43.5%
9月	724	18.1%
10月	898	24.0%
11月	816	-9.1%
12月	934	14.5%

图 2-111 各月销售及环比增长情况图表

因此，一般情况下，分别绘制各月实际销售的柱形图和各月环比增长率的折线图，再将两者组合起来，如图 2-112 所示。

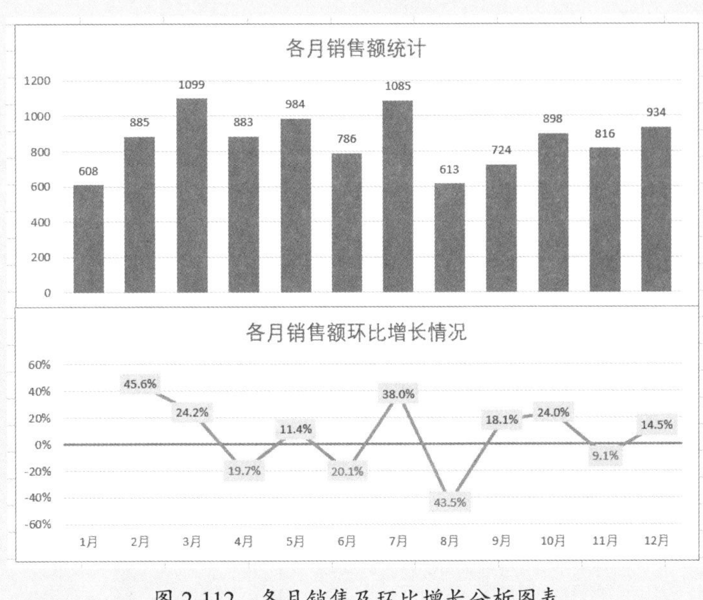

图 2-112 各月销售及环比增长分析图表

大多数情况下，并不是简单地从一个已经有了各月的销售汇总表数据中来分析各月环比增长情况，而是拿到一个销售流水数据，这就需要先对销售数据按各月汇总，然后再分析。此时有 3 个最实用的方法：一个是利用函数 + 普通图表方法，一个是利用数据透视表 + 数据透视图方法，一个是使用 Tableau 工具。

本案例素材是“案例 2-8.xlsx”，示例数据如图 2-113 所示。下面介绍对各月销售额进行环比分析的常用方法。

	A	B	C	D	E	F	G	H	I	J
1	日期	客户简称	业务员	业务部	产品编码	产品名称	销量	销售额	销售成本	毛利
2	2022-1-1	客户11	业务员10	国内业务一部	CP002	产品02	19843	85,581.80	60,573.35	25,008.45
3	2022-1-1	客户23	业务员28	国际市场二部	CP002	产品02	21749	146,409.65	49,802.58	96,607.07
4	2022-1-1	客户41	业务员35	国内业务二部	CP001	产品01	1830	217,073.14	33,861.70	183,211.44
5	2022-1-1	客户11	业务员35	国内业务二部	CP001	产品01	152	14,479.03	2,632.11	11,846.92
6	2022-1-2	客户12	业务员11	国内业务三部	CP004	产品04	4581	97,029.47	54,277.52	42,751.95
7	2022-1-2	客户20	业务员30	国内业务三部	CP003	产品03	2834	80,730.30	34,501.90	46,228.40
8	2022-1-3	客户11	业务员16	国内业务三部	CP001	产品01	1633	95,772.86	19,495.78	76,277.08
9	2022-1-4	客户26	业务员17	国际市场二部	CP003	产品03	767	52,340.63	13,748.13	38,592.50
10	2022-1-4	客户02	业务员12	国内业务三部	CP004	产品04	5849	63,019.97	43,468.95	19,551.02
11	2022-1-4	客户08	业务员04	国内业务二部	CP004	产品04	599	6,977.83	4,190.13	2,787.70
12	2022-1-6	客户10	业务员09	国际市场二部	CP004	产品04	860	11,550.86	6,648.07	4,902.79
13	2022-1-7	客户19	业务员02	国际市场一部	CP005	产品05	809	265,198.17	12,431.67	252,766.50
14	2022-1-7	客户69	业务员35	国内业务二部	CP002	产品02	22462	95,237.98	65,373.77	29,864.21
15	2022-1-8	客户12	业务员21	国内业务三部	CP004	产品04	3008	63,856.25	24,130.57	39,725.67
16	2022-1-8	客户06	业务员25	国内业务三部	CP003	产品03	226	8,463.94	2,862.70	5,601.23
17	2022-1-9	客户23	业务员19	国内业务一部	CP004	产品04	14713	209,866.18	142,531.10	67,335.07
18	2022-1-10	客户03	业务员01	国际市场一部	CP002	产品02	33323	189,285.80	94,022.57	95,263.23
19	2022-1-12	客户09	业务员24	国际市场一部	CP005	产品05	67	30,823.08	1,209.64	29,613.45
20	2022-1-12	客户11	业务员16	国内业务三部	CP002	产品02	28848	82,358.73	71,214.51	11,144.22
21	2022-1-13	客户06	业务员06	国际市场二部	CP001	产品01	987	69,982.55	16,287.54	53,695.02

今年

100%

图 2-113 销售数据

2.7.1 Excel 函数 + 普通图表进行环比分析

如果用户喜欢使用 Excel 函数做环比分析，可以先使用 SUMPRODUCT 函数和 TEXT 函数制作各月汇总表，然后再绘制同比分析图表，效果如图 2-114 所示。

单元格 C3 的汇总公式为：

```
=SUMPRODUCT((TEXT( 今年 !$A$2:$A$362,"m 月 ")=B3)*1,$H$2:$H$362)/ 今年 !10000
```

环比增长率公式很简单，是某个月销售额与上个月销售额的计算，公式为：

```
环比增长率 = 本月销售额 / 上月销售额 –1
```

月份	销售额(万元)	环比增长率
1月	359.7	
2月	437.8	21.7%
3月	461.2	5.4%
4月	615.6	33.5%
5月	414.8	32.6%
6月	497.6	19.9%
7月	574.4	15.4%
8月	929.9	61.9%
9月	361.9	61.1%
10月	488.4	34.9%
11月	361.5	26.0%
12月	264.2	26.9%

图 2-114　使用函数制作环比分析报告

图 2-114 的报告中使用了自定义格式，将 D 列的环比增长率为负数的显示变为红色，自定义数字格式为：

```
0.0%;[ 红色 ]0.0%;0.0%
```

柱形图和折线图绘制很简单，这里不再介绍具体制作过程。

如果要分析指定产品在各月的环比增长情况，可以先设置一个数据验证下拉菜单，用于快速选择产品，如图 2-115 所示，然后将单元格 C5 的各月汇总公式修改为：

```
=SUMPRODUCT((TEXT( 今年 !$A$2:$A$362,"m 月 ")=B5)*1,
        ( 今年 !$F$2:$F$362=$D$2)*1,
        今年 !$H$2:$H$362
        )/10000
```

这个公式是两个条件的求和：判断月份和判断产品。

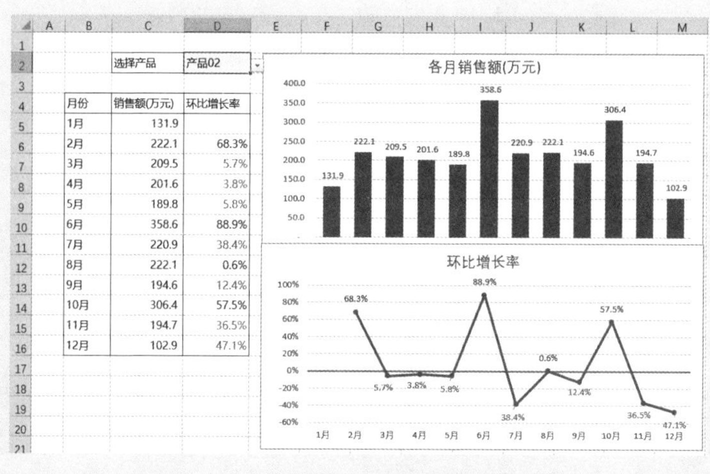

图 2-115　指定产品的各月销售环比分析

2.7.2 Excel 数据透视表和透视图进行环比分析

利用 Excel 数据透视表进行环比分析很简单，不需要设计复杂的汇总计算公式，设置一下字段的显示方式就可以得到环比增长率。

首先制作基本数据透视表，拖两个销售额到透视表，修改字段名称，然后将第二个销售额设置值显示方式为“差异百分比”，如图 2-116 所示，设置基本项为“上一个”，如图 2-117 所示。

图 2-116　选择“差异百分比”选项

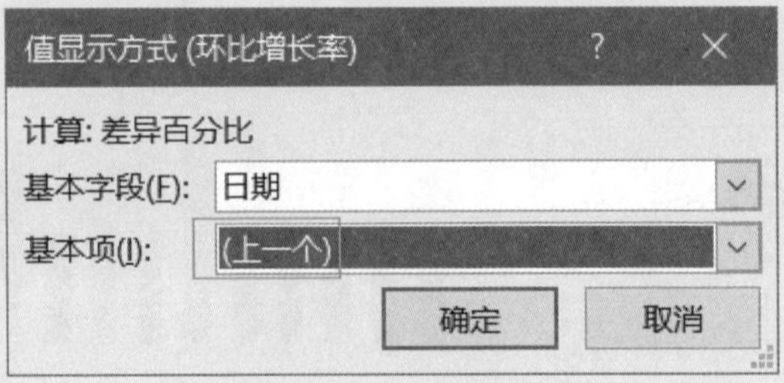

值显示方式 (环比增长率)

计算: 差异百分比

基本字段(F): 日期

基本项(I): (上一个)

确定 取消

图 2-117 选择基本项“上一个”

得到各月环比增长率的报表，如图 2-118 所示。

为了增强报表的阅读性，可以对 C 列的销售额和 D 列环比增长率设置自定义数字格式，如图 2-119 所示，其中 C 列销售额以万元显示，自定义格式代码为：

```
0!.0,
```

D 列增长率的自定义格式代码与 C 列相同。

	A	B	C	D
1				
2				
3		日期	销售额	环比增长率
4		1月	3596784.86	
5		2月	4377763.81	21.71%
6		3月	4612458.2	5.36%
7		4月	6155649.75	33.46%
8		5月	4148305.52	-32.61%
9		6月	4975848.68	19.95%
10		7月	5743614.96	15.43%
11		8月	9298664.61	61.90%
12		9月	3619157.73	-61.08%
13		10月	4883547.97	34.94%
14		11月	3614734.68	-25.98%
15		12月	2642294.55	-26.90%
16		总计	57668825.32	
17				

图 2-118 月度环比增长的数据透视表

	A	B	C	D
1				
2				
3		日期	销售额（万元）	环比增长率
4		1月	359.7	
5		2月	437.8	21.7%
6		3月	461.2	5.4%
7		4月	615.6	33.5%
8		5月	414.8	32.6%
9		6月	497.6	19.9%
10		7月	574.4	15.4%
11		8月	929.9	61.9%
12		9月	361.9	61.1%
13		10月	488.4	34.9%
14		11月	361.5	26.0%
15		12月	264.2	26.9%
16		总计	5766.9	
17				

图 2-119 设置自定义数字格式

再复制一个透视表，根据这两个数据透视表，分别制作两个月度分析图表，一个是各月销售的柱形图，一个是各月环比增长率的折线图，并插入一个切片器，控制这两个透视表（透视图），用于选择查看某个产品，得到月度跟踪分析报告，如图 2-120 所示。

关于如何使用切片器来控制多个数据透视表（透视图），将在第 9 章进行详细介绍。

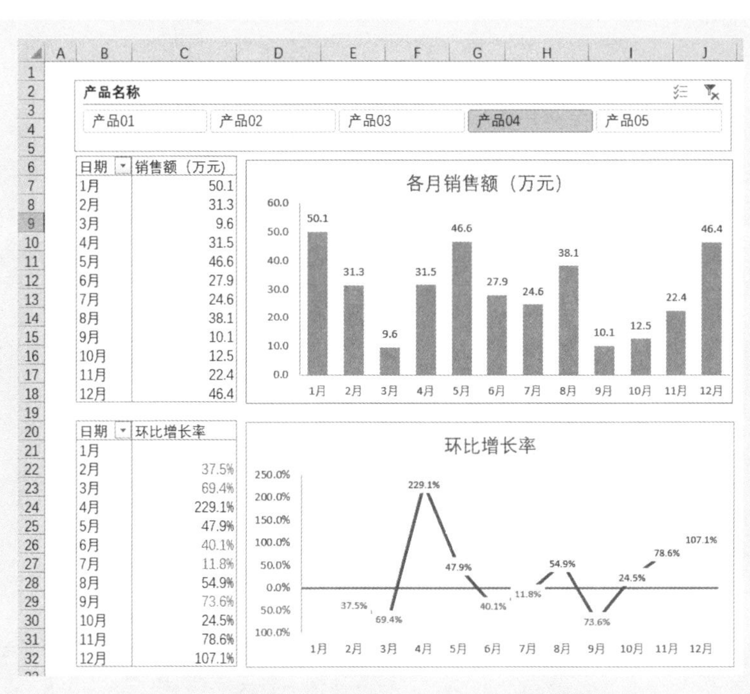

图 2-120　透视图 + 切片器，各产品月度销售环分析

2.7.3 利用 Tableau 进行环比分析

利用 Tableau 进行环比分析非常简单，只需几步简单的操作即可完成。

建立数据连接，创建两个销售额图表，一个是柱形图，一个是折线图，如图 2-121 所示。

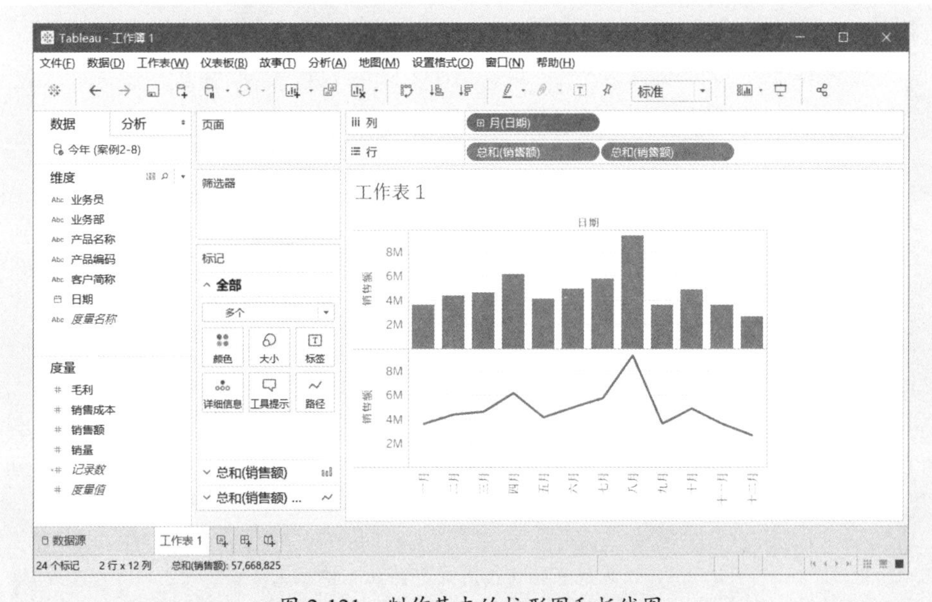

图 2-121　制作基本的柱形图和折线图

对第二个折线图销售额添加表计算“百分比差异”，如图 2-122 所示，这样就将第二个图变为环比增长率的折线图。

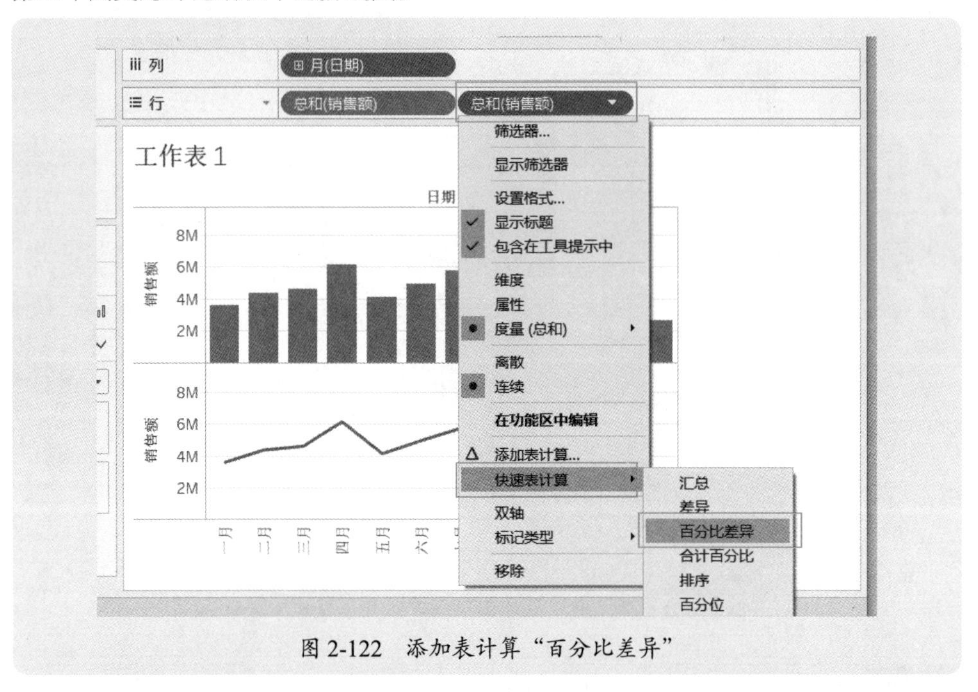

图 2-122　添加表计算“百分比差异”

对折线图添加标签，此时标签显示的数据不是百分比数字，而是实际销售额数字，因此还需要对标签添加表计算“百分比差异”，如图 2-123 所示。

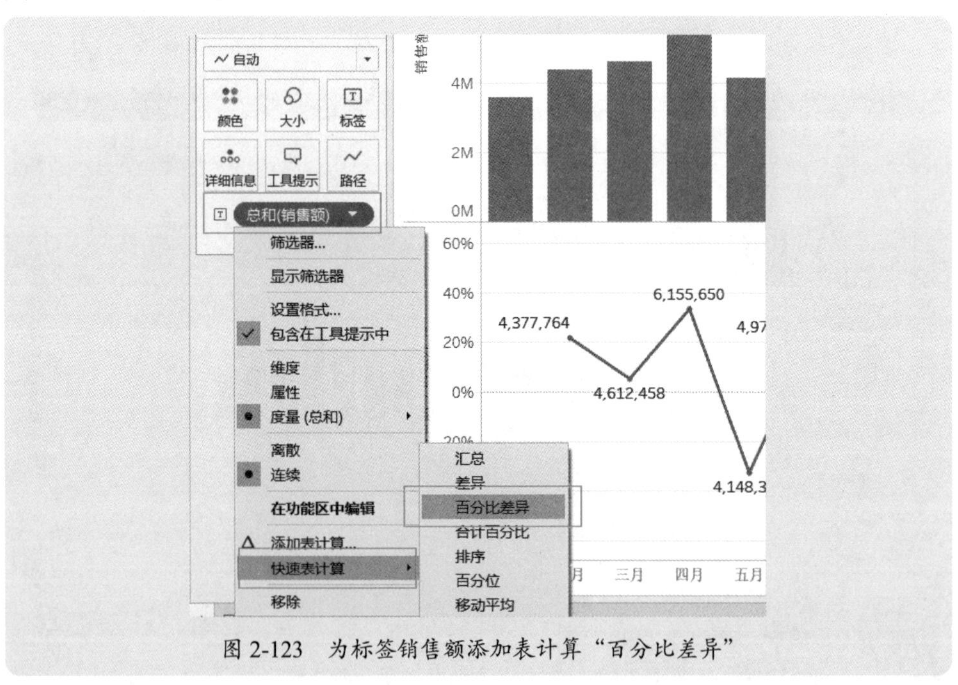

图 2-123　为标签销售额添加表计算“百分比差异”

这样就得到一个各月销售额的柱形图和一个各月环比增长率的折线图，如图 2-124 所示。

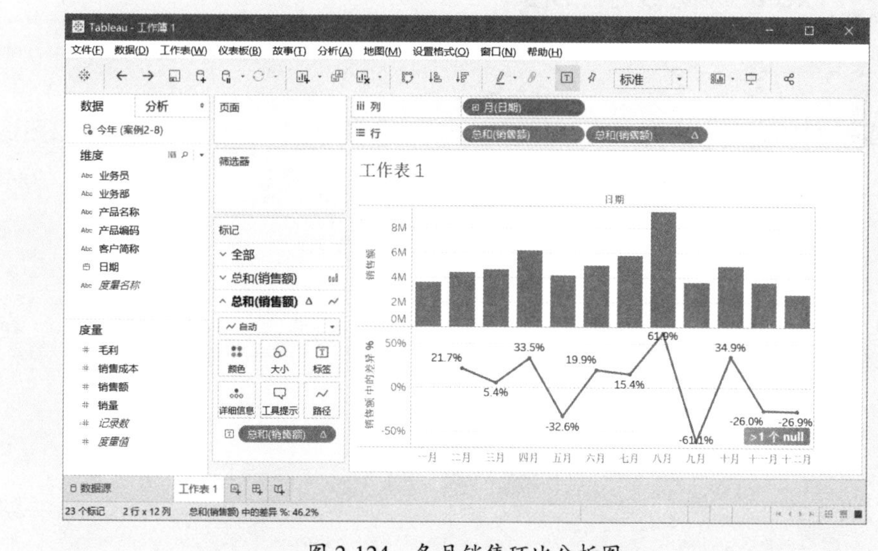

图 2-124 各月销售环比分析图

将产品作为筛选器，可以查看任意产品的各月销售环比增长情况，如图 2-125 所示。

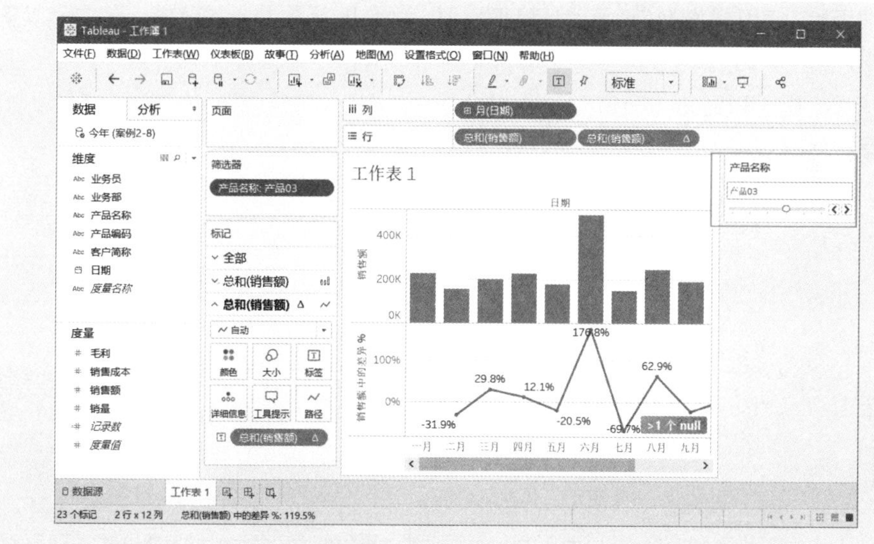

图 2-125 添加产品筛选器，查看任意产品的各月销售环比增长情况

2.8 带参考线的对比分析图

如果要观察哪些项目在指定的参考线（例如平均值）以下，哪些项目在参考线以上，

并且用两种不同的颜色表示，此时可以绘制带参考线的柱形图或条形图。

2.8.1 Excel 带参考线的柱形图

例如，要绘制柱形图，平均值以下的显示为橘黄色，平均值以上的显示为绿色，平均值显示为一条水平的直线，效果如图 2-126 所示。

本案例素材是“案例 2-9.xlsx”。

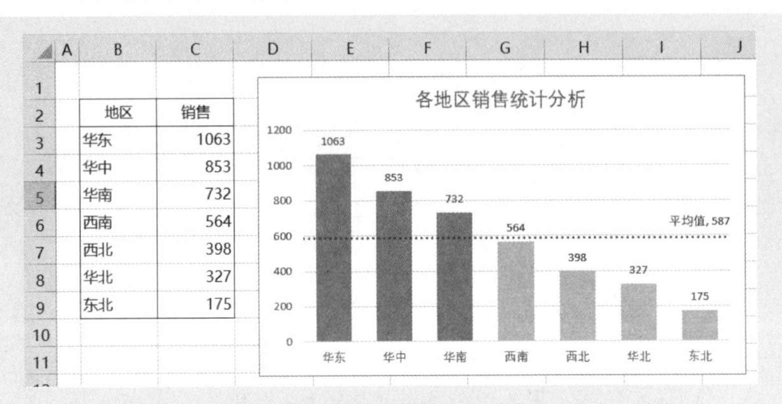

图 2-126　有平均值参考线、分两种颜色对比的排名分析图

这个图表制作并不难，就是比较烦琐，步骤如下。

首先设计辅助区域，计算平均值、均值以下和均值以上，如图 2-127 所示。公式也很简单，使用 AVERAGE 函数计算平均值，利用 IF 函数判断均值以上和均值以下。

单元格 G3：

```
=AVERAGE($C$3:$C$9)
```

单元格 H3：

```
=IF(C3>=G3,C3,"")
```

单元格 I3：

```
=IF(C3<G3,C3,"")
```

地区	销售
华东	1063
华中	853
华南	732
西南	564
西北	398
华北	327
东北	175

	平均值	均值以上	均值以下
华东	587	1063	
华中	587	853	
华南	587	732	
西南	587		564
西北	587		398
华北	587		327
东北	587		175

图 2-127　设计辅助区域

利用辅助区域绘制柱形图，如图 2-128 所示。

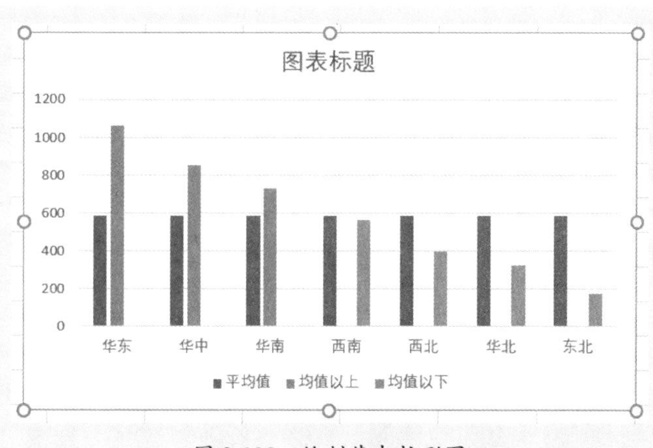

图 2-128　绘制基本柱形图

设置系列的间隙宽度为合适的值，并将重叠比例设置为 100%，如图 2-129 所示。

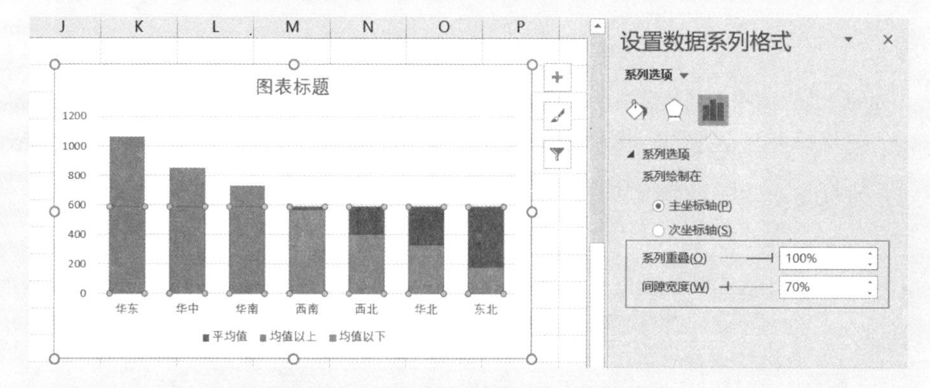

图 2-129　设置系列重叠比例和间隙宽度

选择系列“平均值”，将柱形设置为无线条、无填充，然后添加趋势线（线性），设置趋势线线条颜色和粗细，向前推 0.5 周期，向后推 0.5 周期，如图 2-30 所示。

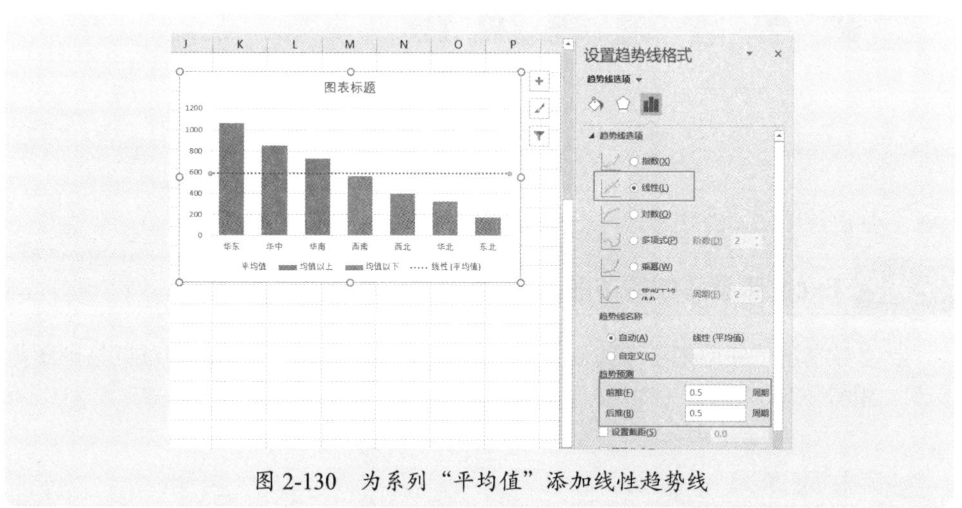

图 2-130　为系列“平均值”添加线性趋势线

为均值以上和均值以下添加数据标签，同时为均值系列的最右侧一个柱形添加数据标签，如图 2-131 所示。

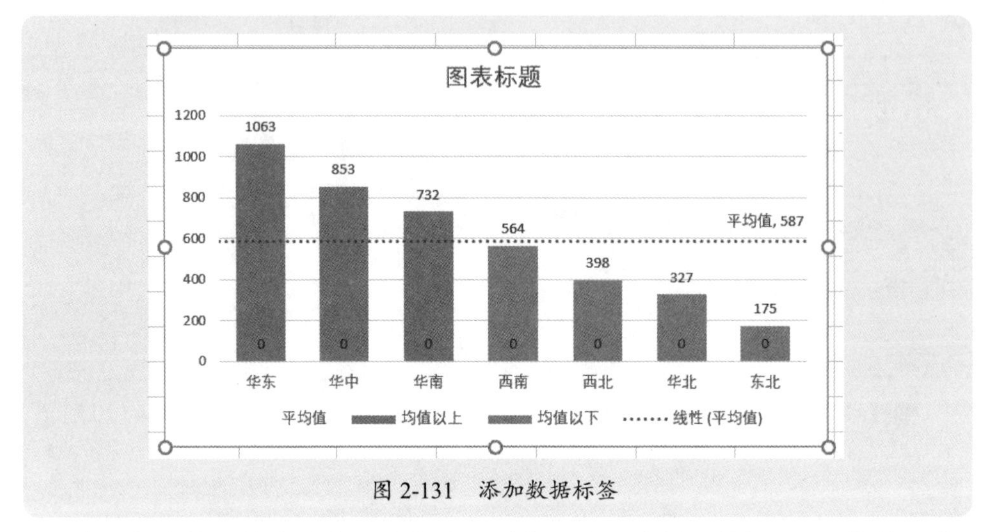

图 2-131　添加数据标签

注意每个柱形的底端有一个数字 0（实际上是空单元格），需要将其隐藏。方法：在标签格式设置中，将标签数字设置为自定义格式“0;;;”，如图 2-132 所示。

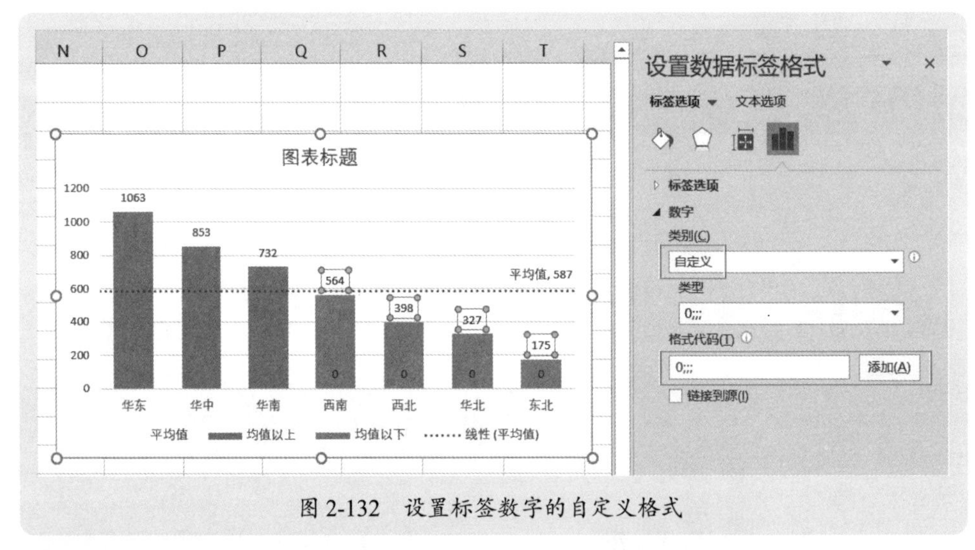

图 2-132　设置标签数字的自定义格式

最后删除图例，对图表做进一步格式化处理，得到需要的图表。

2.8.2 Excel 带参考线的条形图

大多数情况下使用带参考线的条形图，要比 2.8.1 节介绍的带参考线的柱形图更直观，如图 2-133 所示。

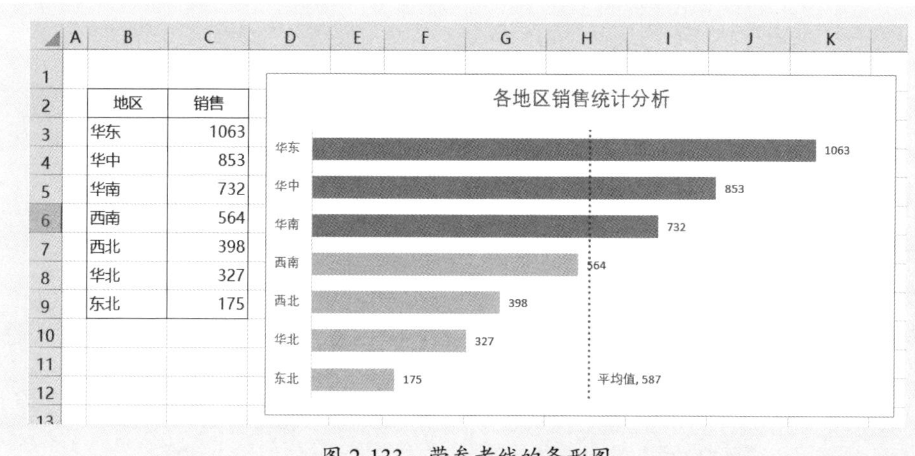

图 2-133　带参考线的条形图

这个图表的绘制方法，与绘制带参考线的柱形图方法完全一样，只不过这里是绘制条形图，具体制作步骤不再介绍。

2.8.3 Tableau 带参考线的柱形图和条形图

带参考线的柱形图和条形图，利用 Tableau 是最简单的。下面介绍在 Tableau 上制作的步骤和技巧。

首先建立数据连接，做基本图表布局，如图 2-134 所示。

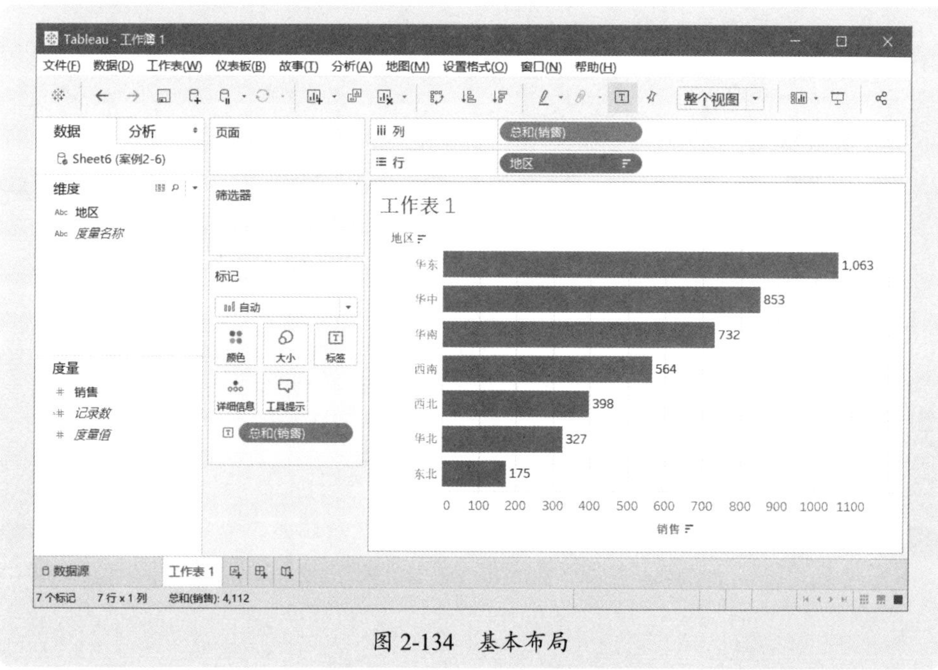

图 2-134　基本布局

右击数值轴，在弹出的快捷菜单中执行“添加参考线”命令，如图 2-135 所示。

打开“编辑参考线参考区间或框”对话框，做如图 2-136 所示的设置。

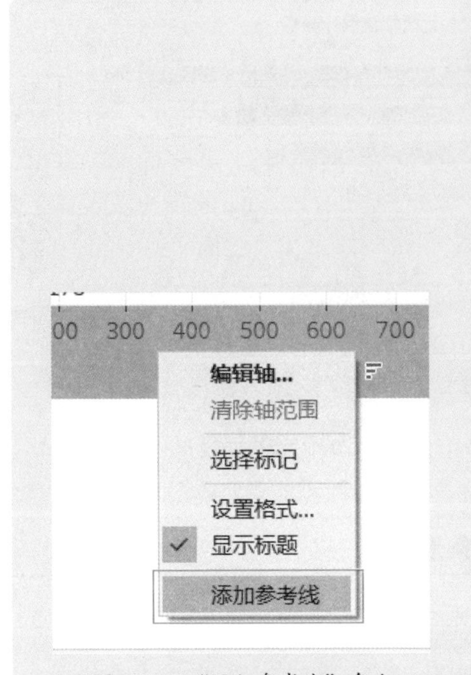

图 2-135 “添加参考线”命令

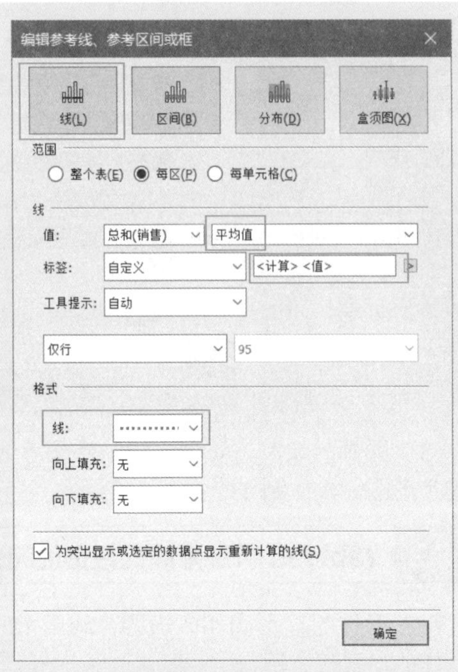

图 2-136 编辑参考线

得到一条平均值参考线，如图 2-137 所示。

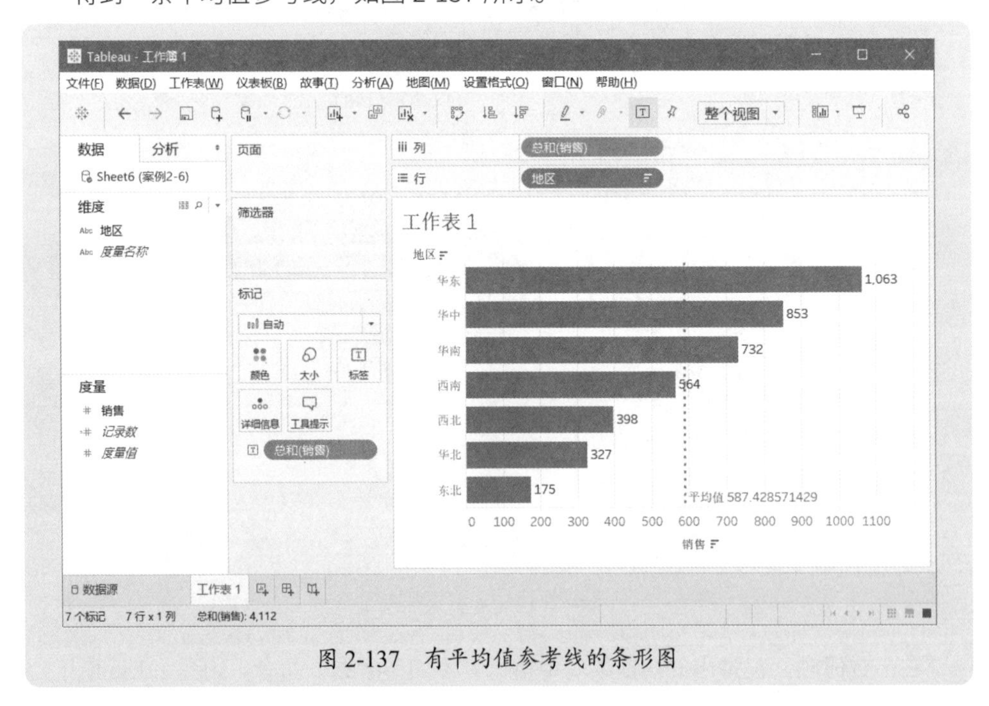

图 2-137 有平均值参考线的条形图

将销售拖至“颜色”卡，打开“编辑颜色”对话框，在色板下拉框中选择“自定义发散”选项，将“渐变颜色”设置为2阶，然后分别选择两种颜色，如图2-138所示。

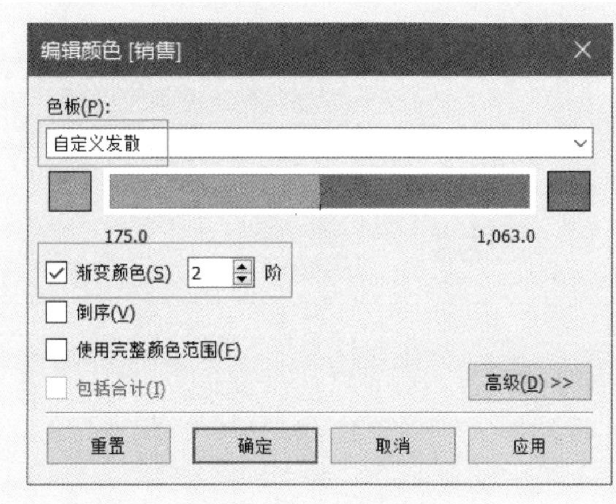

图 2-138 编辑颜色

单击“确定”按钮后，得到如图2-139所示的图表。

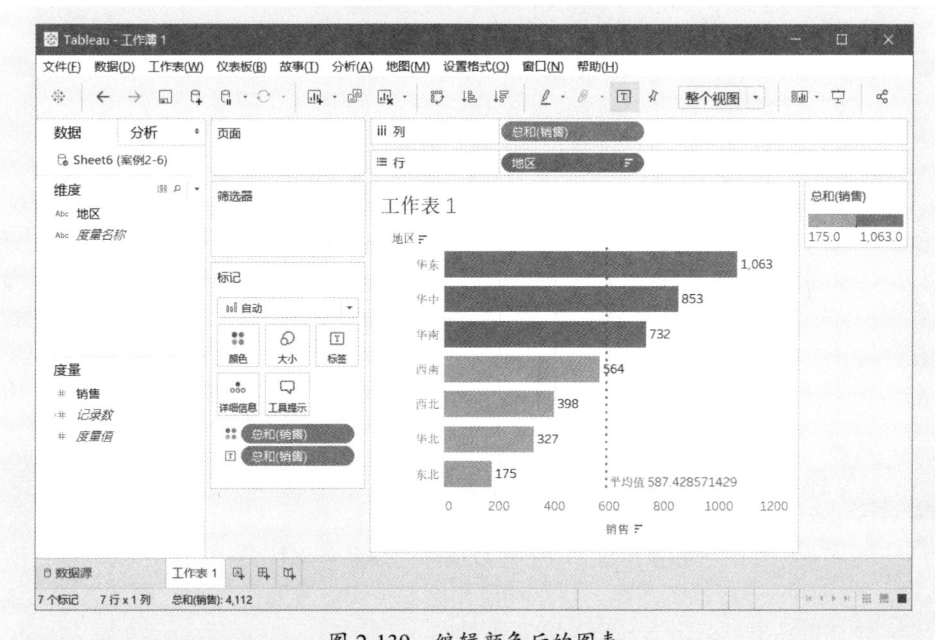

图 2-139 编辑颜色后的图表

最后设置平均线的标签数字格式，隐藏右上角的颜色图例卡，得到一个直观的带平均值参考线的排名与对比分析图，如图2-140所示。

如果要得到带参考线的柱形图，单击工具栏的“交换行和列”按钮，即可得到如图2-141所示的柱形图。

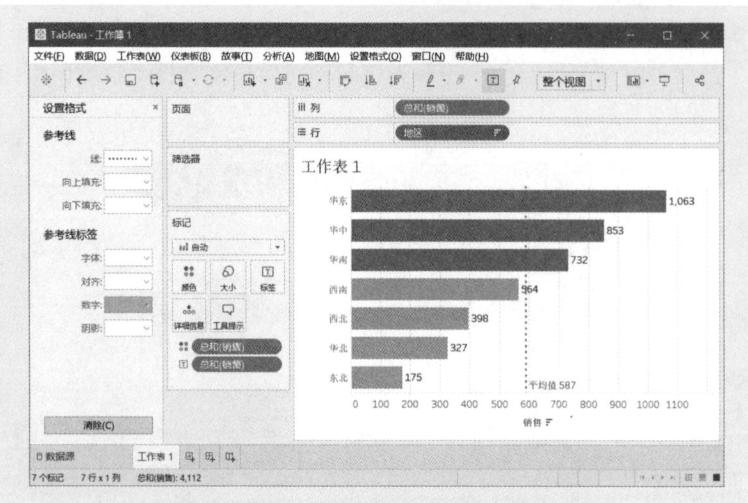

图 2-140　带平均值参考线的排名与对比分析图

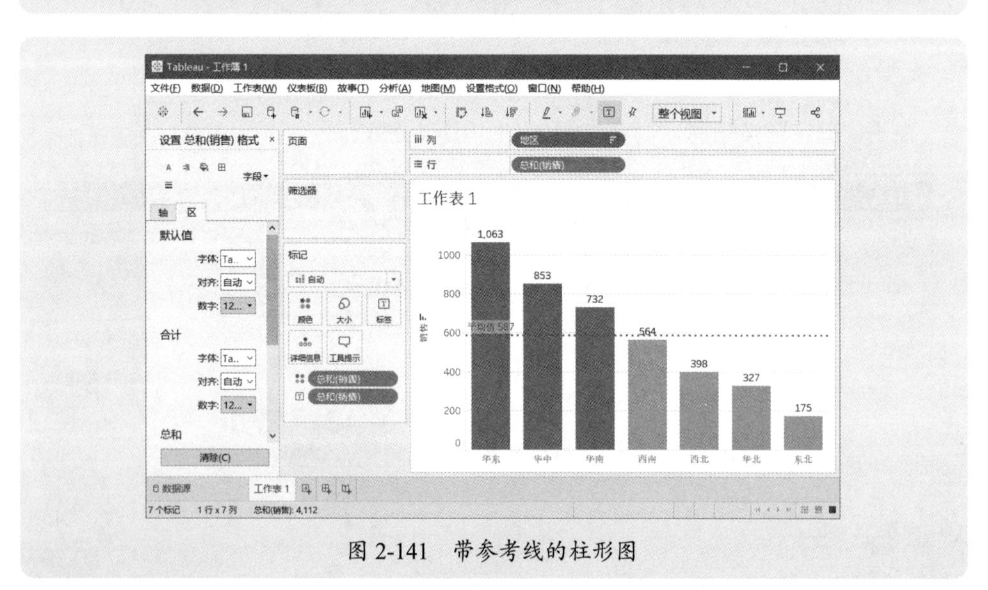

图 2-141　带参考线的柱形图

2.9 趣味盎然的排名与对比分析图

中规中矩的柱形图和条形图，用于对数据进行排名与对比分析，看上去过于端正，不过，可以用一些轻松的图案，让这种分析图变得更有趣味，例如，使用气球，或者使用上下箭头分别表示上升和下降等。

2.9.1 生动的气球图

图 2-142 是一个很有趣的气球图，五颜六色的气球用一根根线拴着，非常好看，这种气球图，制作起来并不难，实际上是折线图和形状的组合。

本案例素材是“案例 2-10.xlsx”。

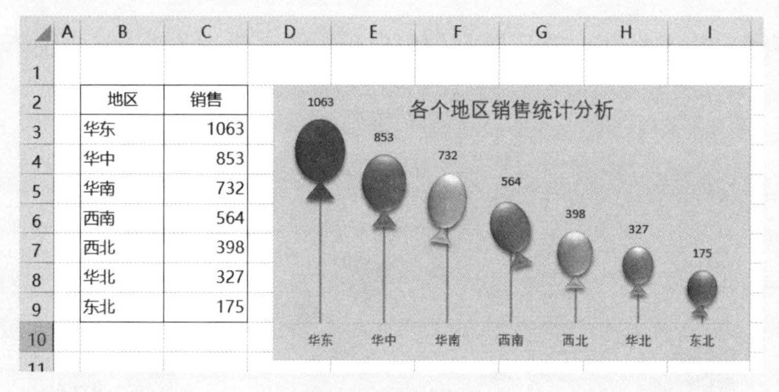

图 2-142 气球图

绘制带数据点的折线图，如图 2-143 所示。

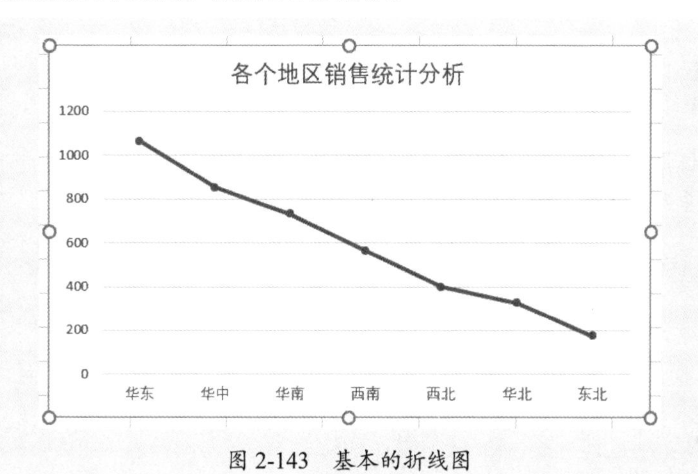

图 2-143 基本的折线图

设置不显示线条，并设置标记为内部的圆点，设置其大小，如图 2-144 所示。

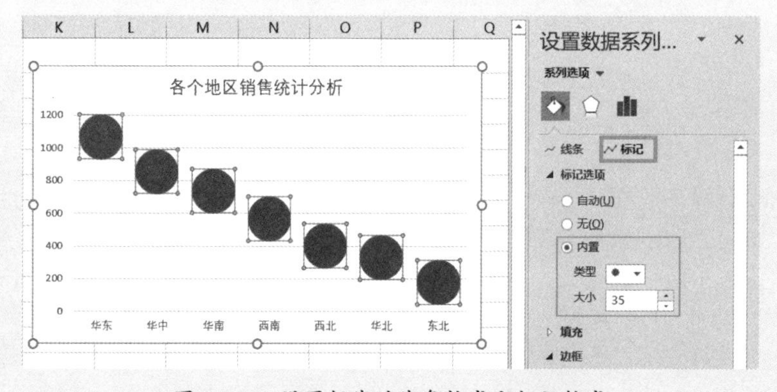

图 2-144 设置折线的线条格式和标记格式

在工作表中插入一个形状椭圆和三角，将其组合起来，然后设置填充颜色和效果，就成了气球形状，如图 2-145 所示。

选择这个组合形状，按快捷键 Ctrl+C 在图表上选择某个标记点，按快捷键 Ctrl+V 将该标记点显示为这个气球，如图 2-146 所示。

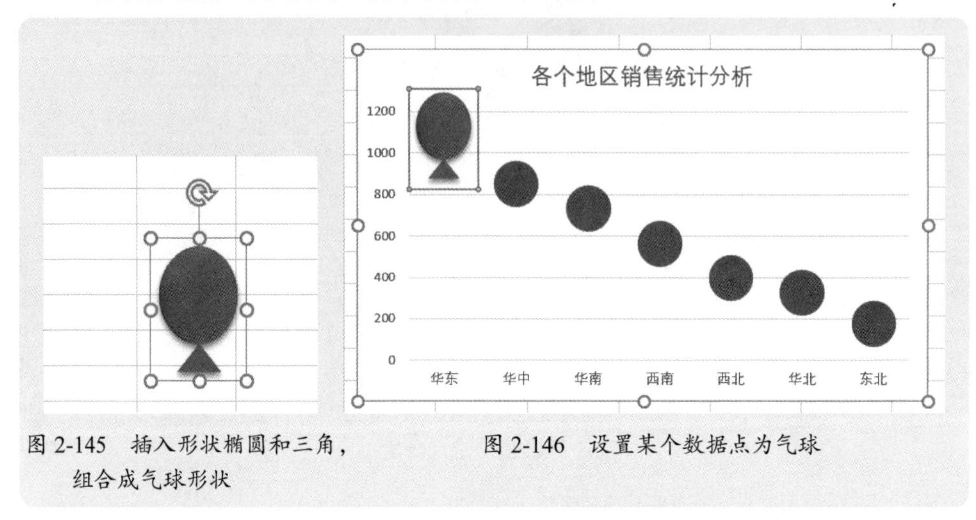

图 2-145　插入形状椭圆和三角，组合成气球形状

图 2-146　设置某个数据点为气球

再将气球形状设置为另外的颜色，调整其大小和旋转角度，复制到另外的数据点，最后就是一个各种形态的气球图，如图 2-147 所示。

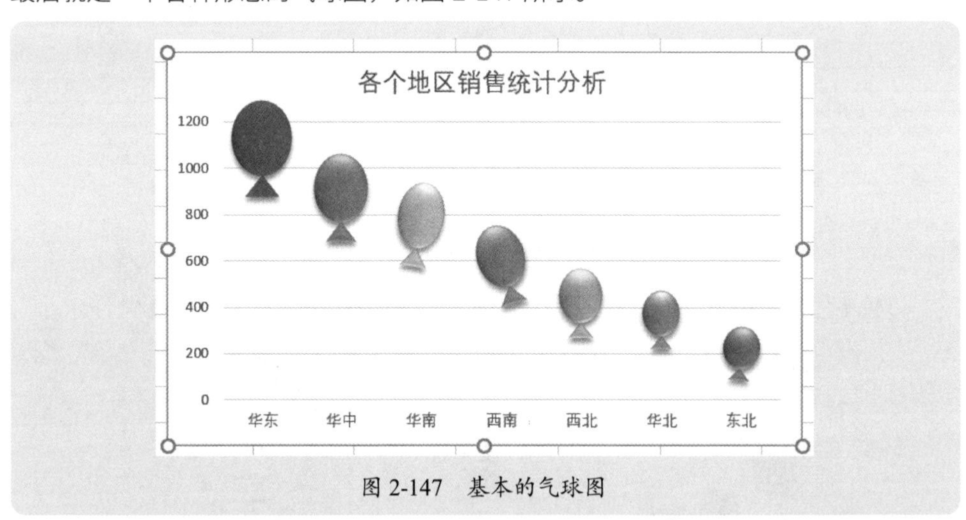

图 2-147　基本的气球图

气球没有绳子是要飞走的，因此再给每个气球拴一根绳，可以通过添加垂直线来实现，如图 2-148 所示，每个气球就有了一根绳子。

最后设置垂直线的格式，以及图表背景颜色，显示数据标签，就是用户需要的气球图。

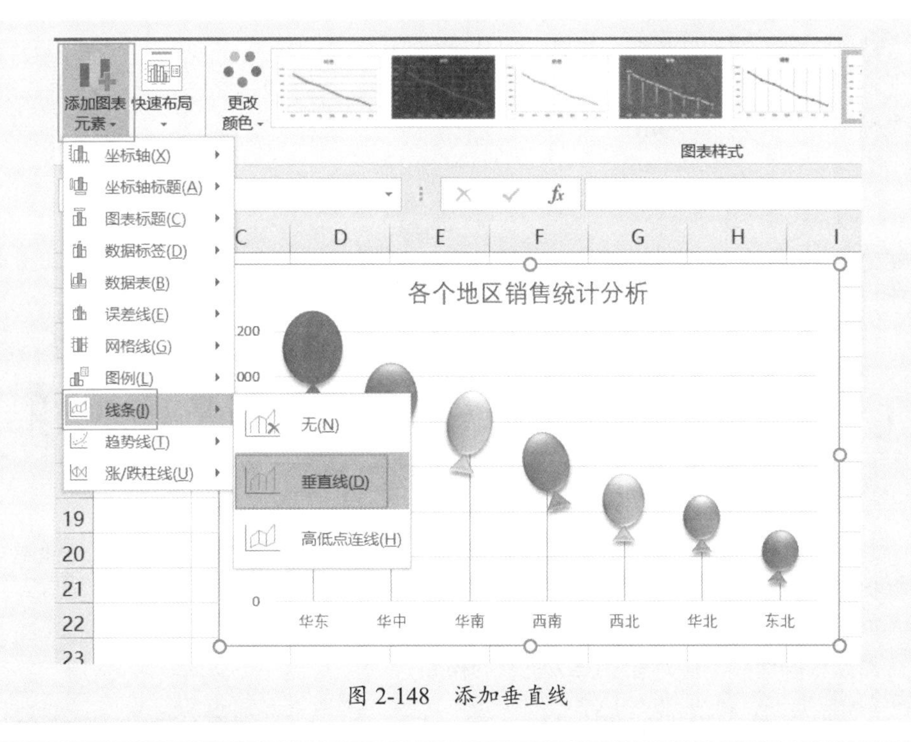

图 2-148　添加垂直线

2.9.2 形象的棒棒糖图

棒棒糖图的效果如图 2-149 所示。这种棒棒糖图，可以使用柱形图来制作，也可以使用条形图来制作。在 Excel 中，这个棒棒糖图是由两个相同的数据系列组合起来的，一个绘制为柱形图（棒棒糖的杆），一个绘制为带数据点的折线（棒棒糖的头）。

本案例素材是“案例 2-11.xlsx”。

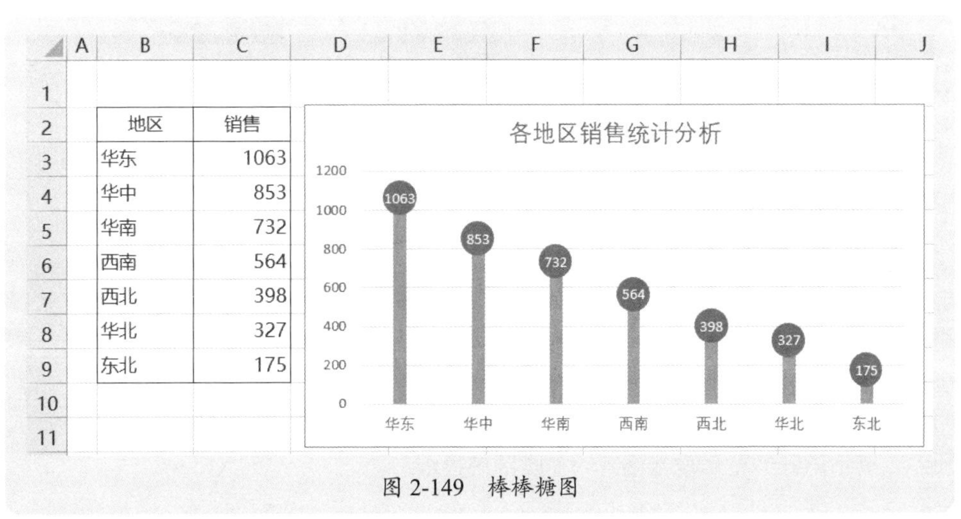

图 2-149　棒棒糖图

首先绘制基本的柱形图，如图 2-150 所示。

将其中一个柱形系列的图表类型设置为带标记的折线，然后设置不显示线条，设置标记形状和大小，如图 2-151 所示。

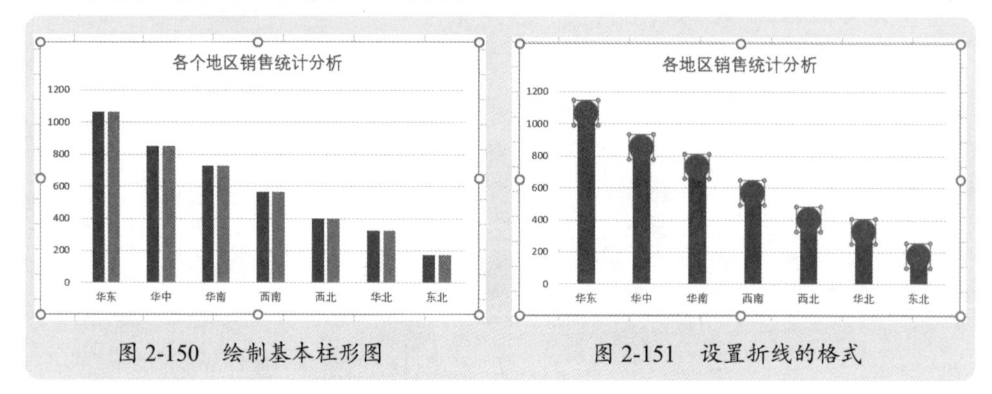

图 2-150　绘制基本柱形图　　图 2-151　设置折线的格式

最后设置柱形的间隙宽度为最大的 500%，并设置柱形颜色，再居中显示折线的数据标签，就是用户需要的棒棒糖图。

这种棒棒糖图，如果使用 Tableau 制作更加简单。主要步骤如下。

建立数据连接，做如图 2-152 所示的布局。

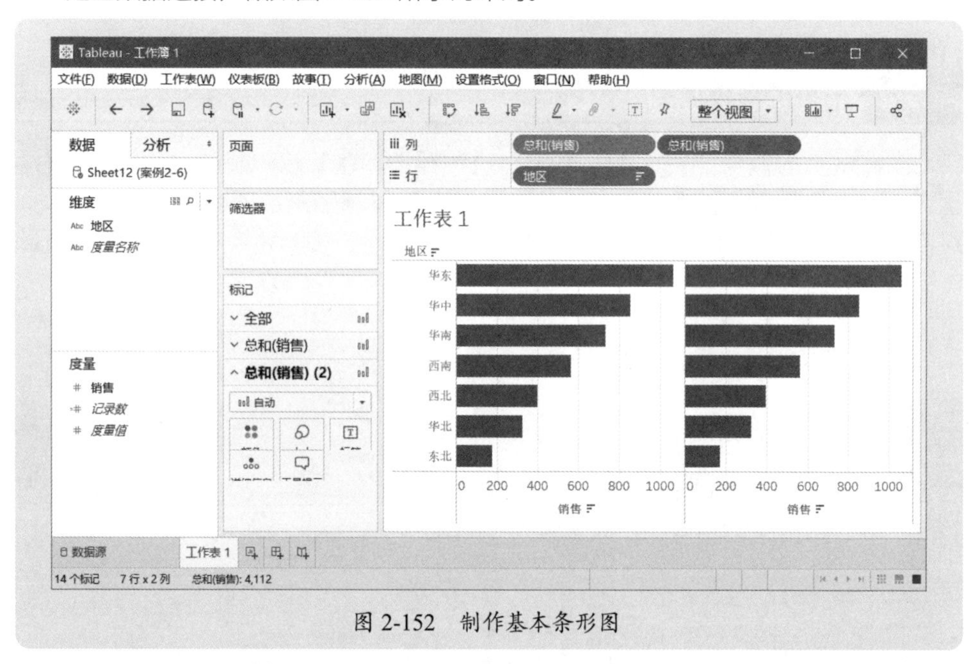

图 2-152　制作基本条形图

将第二个条形图的标记类型设置为圆，并设置为双轴、同步轴，不显示第二个轴标题，得到如图 2-153 所示的图表。

分别调整两个图表（条形图和圆图）的大小，得到基本的棒棒糖图，如图 2-154 所示，剩下的任务就是设置格式，令图表更美观。

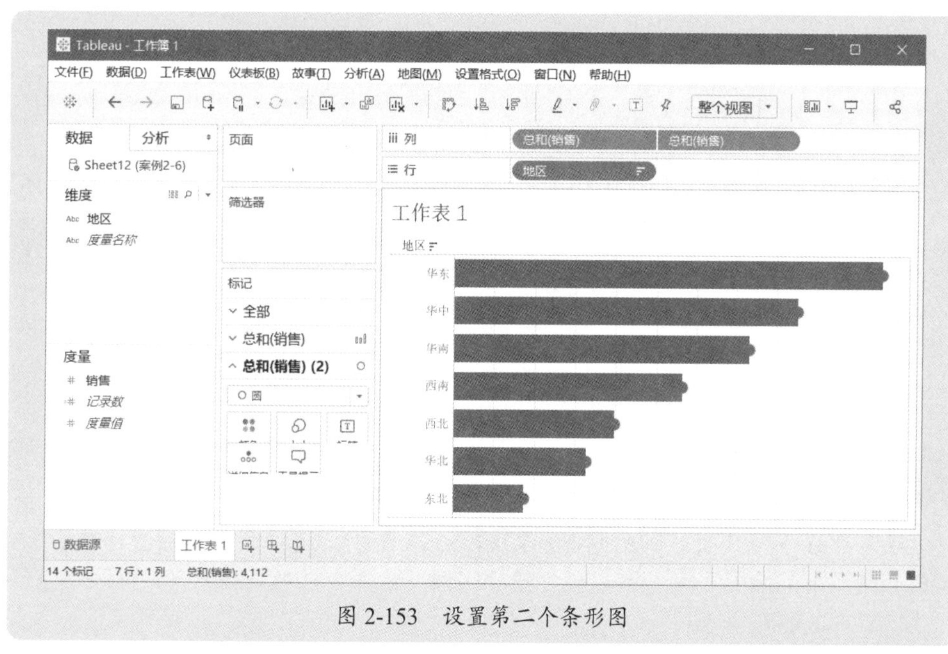

图 2-153　设置第二个条形图

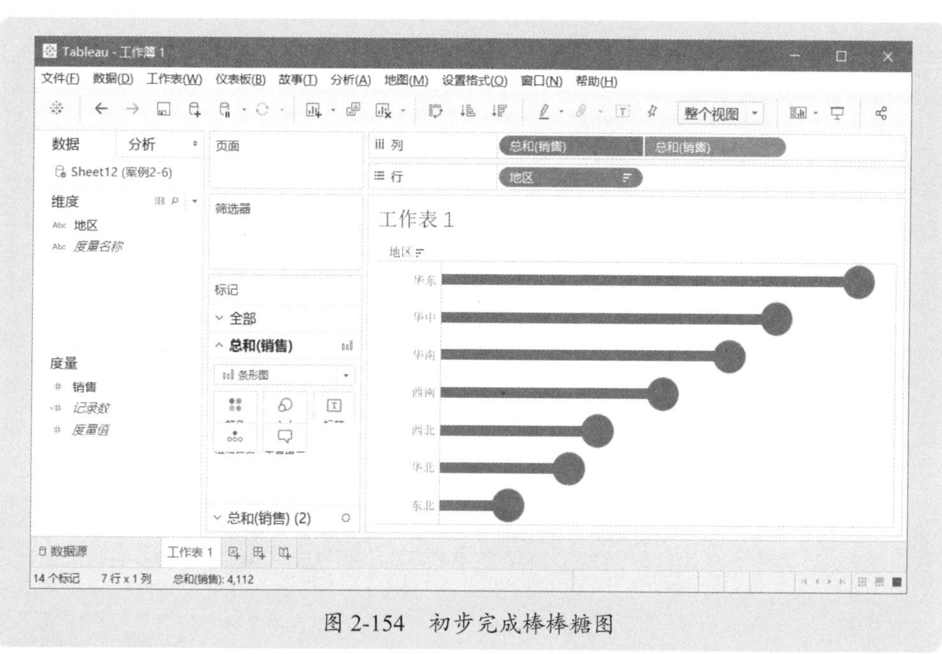

图 2-154　初步完成棒棒糖图

2.9.3 栩栩如生的火柴图

火柴图的效果如图 2-155 所示，实际上是棒棒图的变形，其核心点是使用火柴点燃的图片填充折线的标记点，其他设置与棒棒图完全一样。

本案例素材是“案例 2-12.xlsx”。

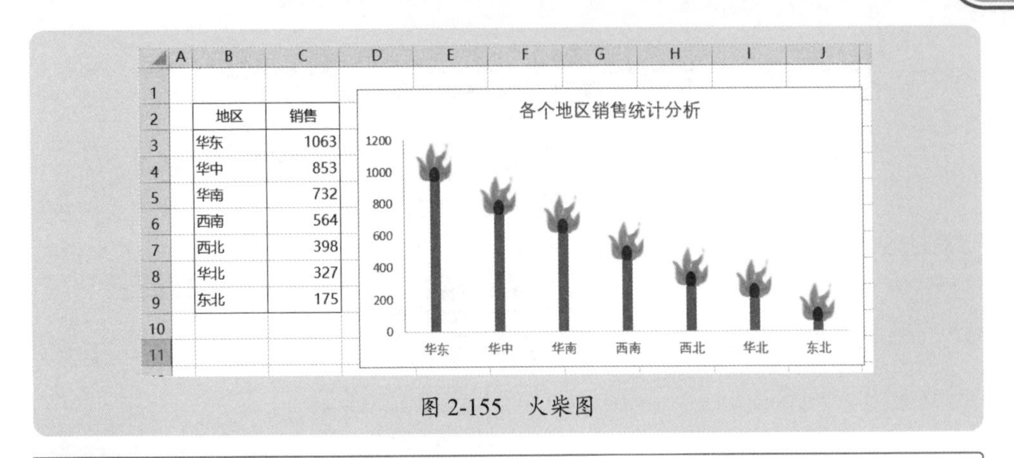

地区	销售
华东	1063
华中	853
华南	732
西南	564
西北	398
华北	327
东北	175

图 2-155　火柴图

2.9.4 逐级下降或上升的台阶图

绘制逐级下降或上升的台阶图，如图 2-156 所示，这个图表实际上是柱形图，其核心是系列的间隙宽度设置为一个较小的值，让每个柱形稍微分开，然后将柱形颜色设置为合适的颜色。

本案例素材是“案例 2-13.xlsx”。

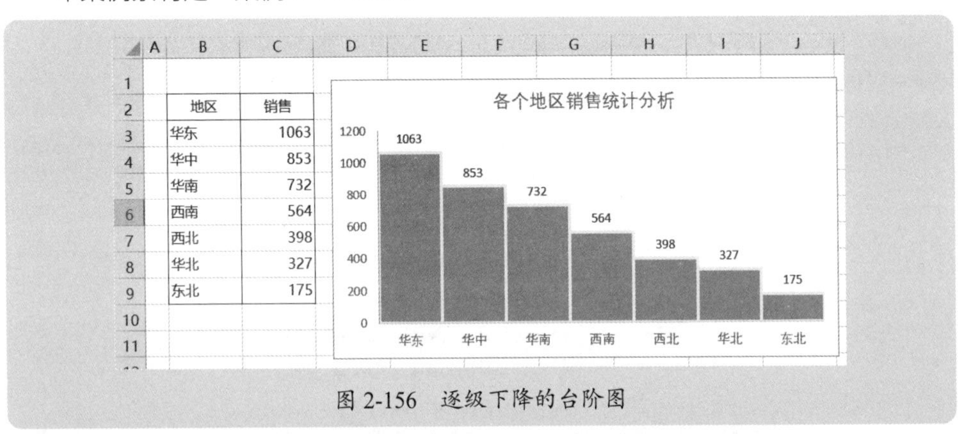

地区	销售
华东	1063
华中	853
华南	732
西南	564
西北	398
华北	327
东北	175

图 2-156　逐级下降的台阶图

如果将数据做升序排序，就是逐级上升的台阶图，如图 2-157 所示。

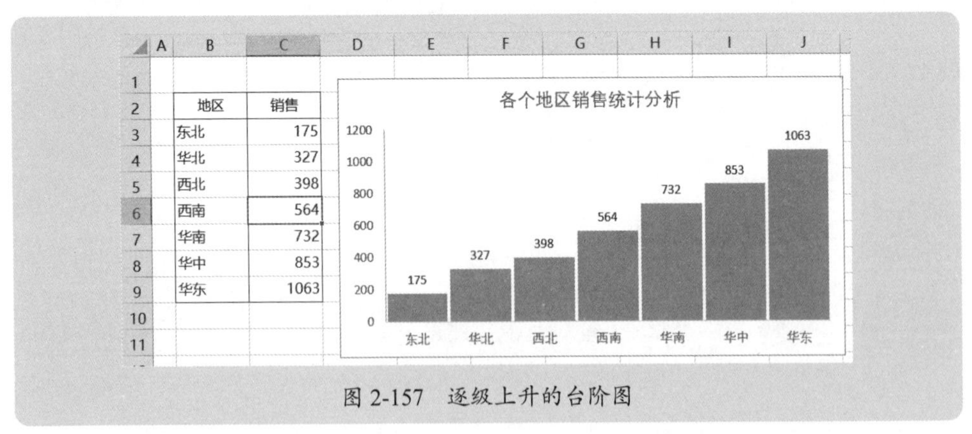

地区	销售
东北	175
华北	327
西北	398
西南	564
华南	732
华中	853
华东	1063

图 2-157　逐级上升的台阶图

2.9.5 以上升箭头和下降箭头表示的对比分析图

为了醒目对比各项目的数据大小与彼此之间的差异，某些情况下可以使用上升箭头和下降箭头来显示，如图 2-158 所示。这个图表实际上是柱形图采用箭头形状的填充方法来制作的，基本方法是：在工作表中插入一个上箭头，设置好格式，按快捷键 Ctrl+C，然后选择数据系列，按快捷键 Ctrl+V 即可。

本案例素材是“案例 2-14.xlsx”。

唯一需要注意的是，要将系列的间隙宽度设置为一个很小的值，箭头才好看。另外，这样的图表，需要将项目进行排序，才能看出明显的效果，如果不排序，箭头就显得非常凌乱。

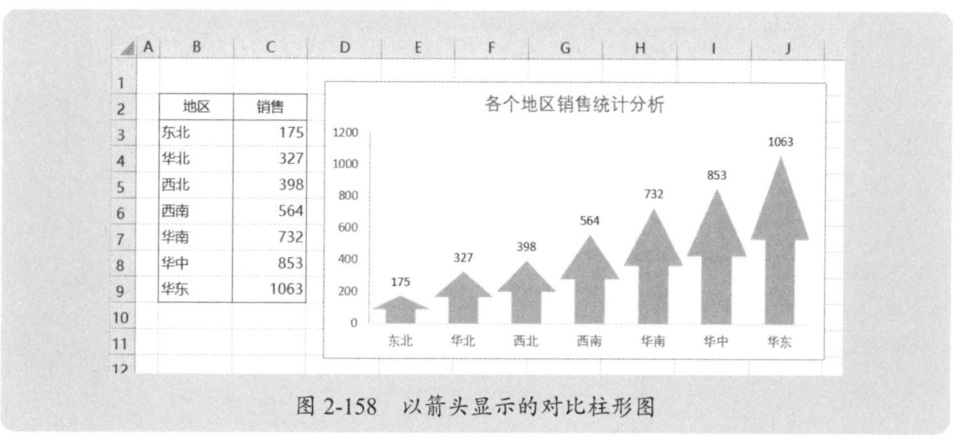

地区	销售
东北	175
华北	327
西北	398
西南	564
华南	732
华中	853
华东	1063

图 2-158　以箭头显示的对比柱形图

这个例子还是比较简单的，因为这里只有一个类型的数据：销售额都是正数。如果要分析各门店的净利润，而净利润有正有负，此时，可以分别使用上箭头表示正利润（盈利），下箭头表示负利润（亏损），如图 2-159 所示。

本案例素材是“案例 2-15.xlsx”。

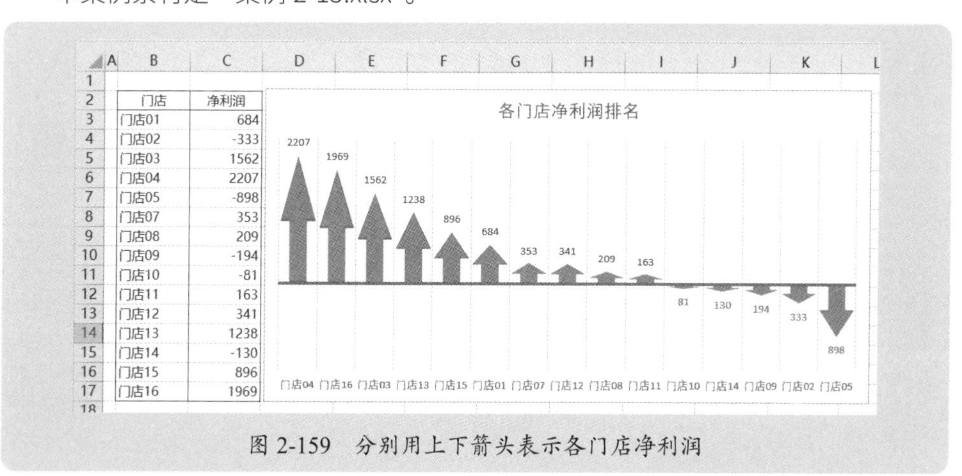

门店	净利润
门店01	684
门店02	-333
门店03	1562
门店04	2207
门店05	-898
门店07	353
门店08	209
门店09	-194
门店10	-81
门店11	163
门店12	341
门店13	1238
门店14	-130
门店15	896
门店16	1969

图 2-159　分别用上下箭头表示各门店净利润

这个图表的关键点是用两种颜色的上箭头和下箭头分别表示正数（正利润）和

负数（负利润），并对净利润进行降序排序，因此需要对正数和负数分别作为系列绘制柱形图，设计辅助区域如图 2-160 所示。各单元格公式如下。

单元格 G3，降序排序：

```
=LARGE($C$3:$C$17,ROW(A1))
```

单元格 F3，匹配门店名称：

```
=INDEX($B$3:$B$17,MATCH(G3,$C$3:$C$17,0))
```

单元格 H3，提取正数（正利润）：

```
=IF(G3>=0,G3,"")
```

单元格 I3，提取负数（负利润）：

```
=IF(G3<0,G3,"")
```

	A	B	C	D	E	F	G	H	I	J
1										
2		门店	净利润				净利润	盈利	亏损	
3		门店01	684			门店04	2207	2207		
4		门店02	-333			门店16	1969	1969		
5		门店03	1562			门店03	1562	1562		
6		门店04	2207			门店13	1238	1238		
7		门店05	-898			门店15	896	896		
8		门店07	353			门店01	684	684		
9		门店08	209			门店07	353	353		
10		门店09	-194			门店12	341	341		
11		门店10	-81			门店08	209	209		
12		门店11	163			门店11	163	163		
13		门店12	341			门店10	-81		-81	
14		门店13	1238			门店14	-130		-130	
15		门店14	-130			门店09	-194		-194	
16		门店15	896			门店02	-333		-333	
17		门店16	1969			门店05	-898		-898	
18										

图 2-160　设计辅助区域

以辅助区域的 F 列、H 列和 I 列数据绘制柱形图，如图 2-161 所示。

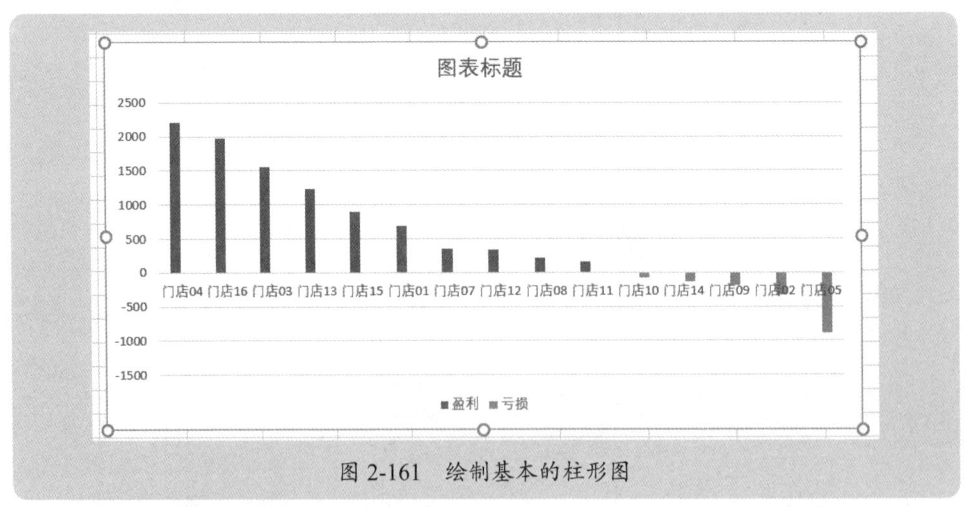

图 2-161　绘制基本的柱形图

对于这个柱形图，需要做以下几个格式设置。

(1) 设置系列分类间隙宽度为一个较小的数值（例如 10%）。

(2) 设置系列重叠比例为 100%（明白为什么要设置为 100% 吗？）。

(3) 分类轴标签的位置设置为“低”，并设置分类轴线条格式（宽度和颜色）。

(4) 删除图例。

(5) 修改图表标题。

(6) 删除垂直数值轴。

(7) 删除水平网格线。

(8) 添加垂直网格线。

这样就得到如图 2-162 所示的图表。

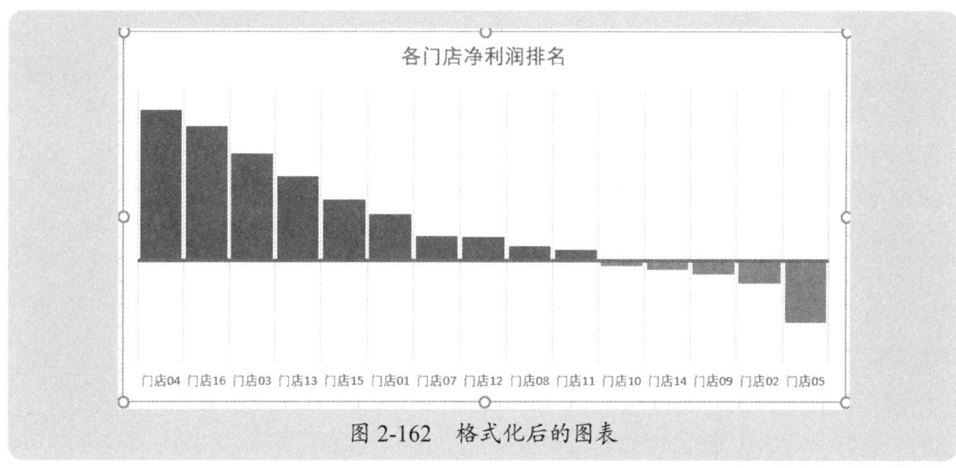

图 2-162　格式化后的图表

在工作表中插入一个上箭头，设置好颜色和轮廓，按快捷键 Ctrl+C，然后选择数据系列“盈利”，按快捷键 Ctrl+V，将正利润柱形显示为上箭头。

在工作表中插入一个下箭头，设置好颜色和轮廓，按快捷键 Ctrl+C，然后选择数据系列“亏损”，按快捷键 Ctrl+V，将负利润柱形显示为下箭头。

柱形显示为上下箭头后的图表如图 2-163 所示。

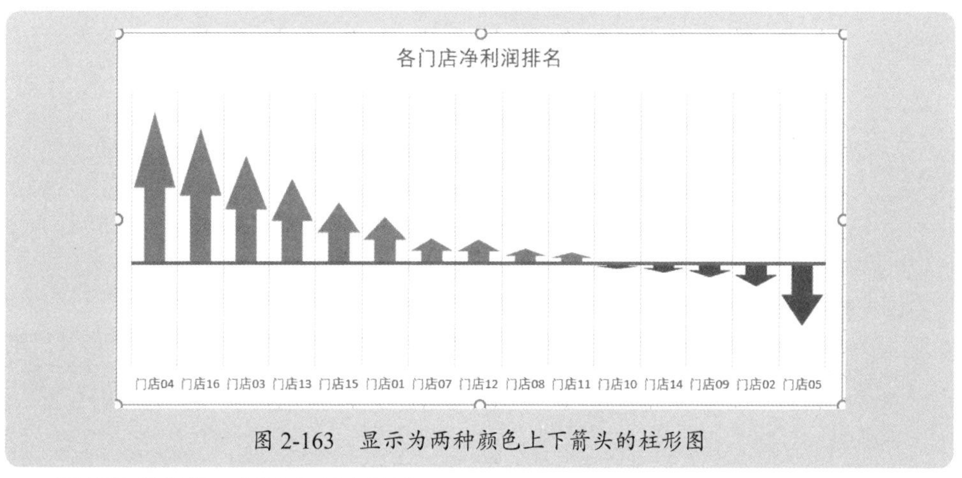

图 2-163　显示为两种颜色上下箭头的柱形图

添加数据标签，如图 2-164 所示。

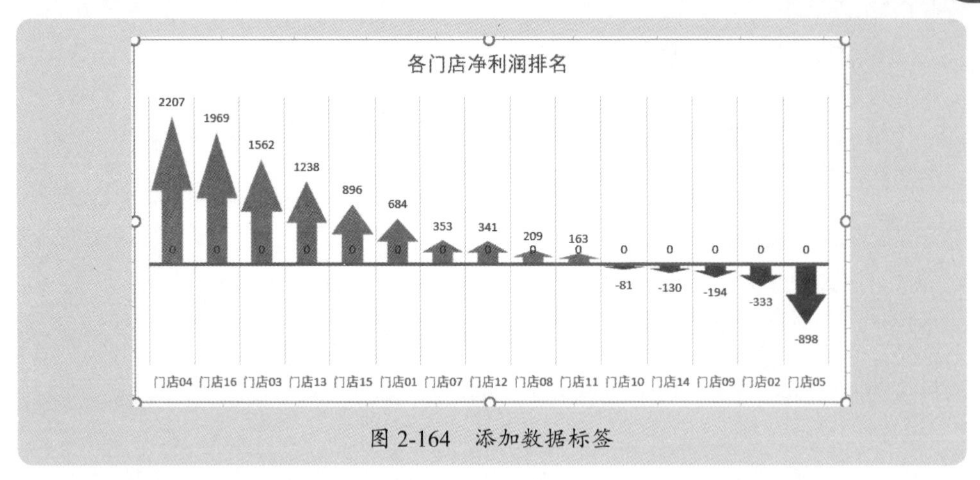

图 2-164　添加数据标签

由于有空单元格，所以空单元格的标签就显示成数字 0，可以对两个数据系列标签的数字格式进行自定义，隐藏 0 值，并将负数显示为红色字体，不显示负号，自定义数字格式代码为：

```
0;[ 红色 ]0;;
```

最后再对图表进行其他项目的格式化处理，得到一个清晰显示各门店盈利和亏损的排名分析图表。

这个图表还可以进一步修饰美化，例如，将盈利区和亏损区用两种不同的背景颜色来表示，如图 2-165 所示。

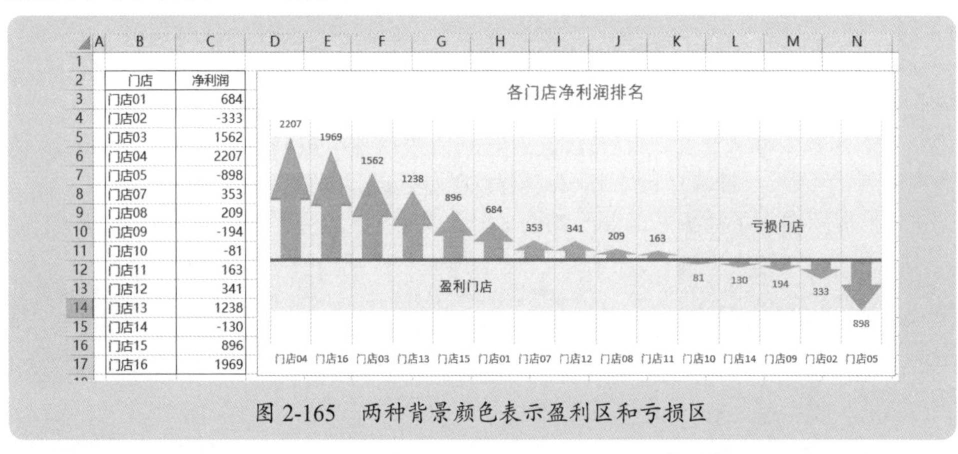

	A	B	C
1			
2		门店	净利润
3		门店01	684
4		门店02	-333
5		门店03	1562
6		门店04	2207
7		门店05	-898
8		门店07	353
9		门店08	209
10		门店09	-194
11		门店10	-81
12		门店11	163
13		门店12	341
14		门店13	1238
15		门店14	-130
16		门店15	896
17		门店16	1969

图 2-165　两种背景颜色表示盈利区和亏损区

这个图表制作并不难，两种颜色的背景，实际上是辅助柱形图设置出来的，设计辅助柱形图的计算区域如图 2-166 所示，各单元格公式如下。

单元格 J3：

```
=IF(G3>=0,MAX($G$3:$G$17),"")
```

单元格 K3：

```
=IF(G3<0,MAX($G$3:$G$17),"")
```

单元格 L3：

```
=IF(G3>=0,MIN($G$3:$G$17),"")
```

单元格 M3：

```
=IF(G3<0,MIN($G$3:$G$17),"")
```

行	门店	净利润		净利润	盈利	亏损	A1	A2	A3	A4
3	门店01	684	门店04	2207	2207		2207		-898	
4	门店02	-333	门店16	1969	1969		2207		-898	
5	门店03	1562	门店03	1562	1562		2207		-898	
6	门店04	2207	门店13	1238	1238		2207		-898	
7	门店05	-898	门店15	896	896		2207		-898	
8	门店07	353	门店01	684	684		2207		-898	
9	门店08	209	门店07	353	353		2207		-898	
10	门店09	-194	门店12	341	341		2207		-898	
11	门店10	-81	门店08	209	209		2207		-898	
12	门店11	163	门店11	163	163		2207		-898	
13	门店12	341	门店10	-81		-81		2207		-898
14	门店13	1238	门店14	-130		-130		2207		-898
15	门店14	-130	门店09	-194		-194		2207		-898
16	门店15	896	门店02	-333		-333		2207		-898
17	门店16	1969	门店05	-898		-898		2207		-898

图 2-166　背景的辅助区域

然后将 4 列数据添加到图表中，设置为次坐标轴，调整间隙宽度为 0，重叠比例为 100%，设置填充颜色和不透明度，就生成了两种不同的背景颜色。

2.9.6 利用形状补充显示图表重要信息

绘制多类别柱形图进行对比分析时，可能需要了解总数及各自的占比，此时，可以使用形状（如线条、文本框等）对图表进行修饰，图 2-167 就是一个示例，这里不仅显示了每个大类下每个子类大小的比较，也使用形状标识出每个大类的合计数及占比，以及总销售额。

这个图表制作并不难，主要是插入线条、文本框、建立单元格链接等操作，有些烦琐，感兴趣的读者自行练习。

本案例素材是“案例 2-16.xlsx”。

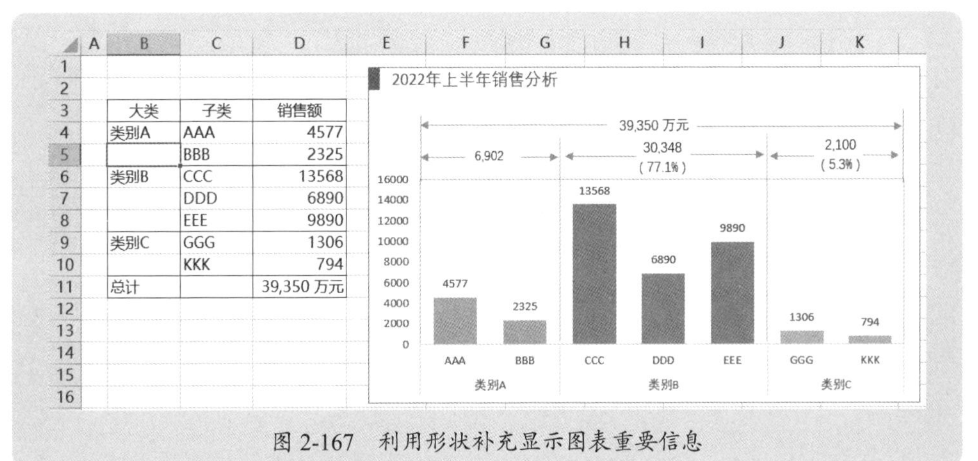

大类	子类	销售额
类别A	AAA	4577
	BBB	2325
类别B	CCC	13568
	DDD	6890
	EEE	9890
类别C	GGG	1306
	KKK	794
总计		39,350 万元

图 2-167　利用形状补充显示图表重要信息

第 3 章

波动与趋势分析

对于时间序列数据，需要重点考察数据的波动及变化趋势，此时，在 Excel 中，可以使用折线图、XY 散点图或者面积图；在 Tableau 中，可以使用线图、区域图、圆图、密度图。本章介绍在实际工作中常见的数据波动与趋势分析图表，以及实用模板。

3.1 单系列折线图的绘制方法及注意事项

折线图绘制很简单，直接插入折线图即可。图 3-1 是一个插入的原生态折线图。本节案例素材是“案例 3-1.xlsx”。

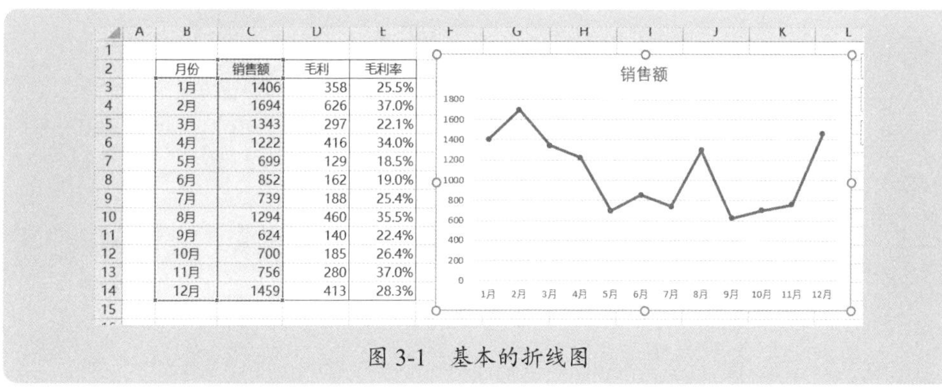

月份	销售额	毛利	毛利率
1月	1406	358	25.5%
2月	1694	626	37.0%
3月	1343	297	22.1%
4月	1222	416	34.0%
5月	699	129	18.5%
6月	852	162	19.0%
7月	739	188	25.4%
8月	1294	460	35.5%
9月	624	140	22.4%
10月	700	185	26.4%
11月	756	280	37.0%
12月	1459	413	28.3%

图 3-1　基本的折线图

折线图主要用来观察数据的变化区域及波动大小，因此可以从几个不太为人注意的小细节入手来强化折线图的功能。

3.1.1 设置数据点标记

一般，设置数据点标记是必要的，这样可以突出各数据点，看出各数据的变化及大小。

设置数据点标记，包括标记类型、填充颜色及线条格式，如图 3-2 所示。

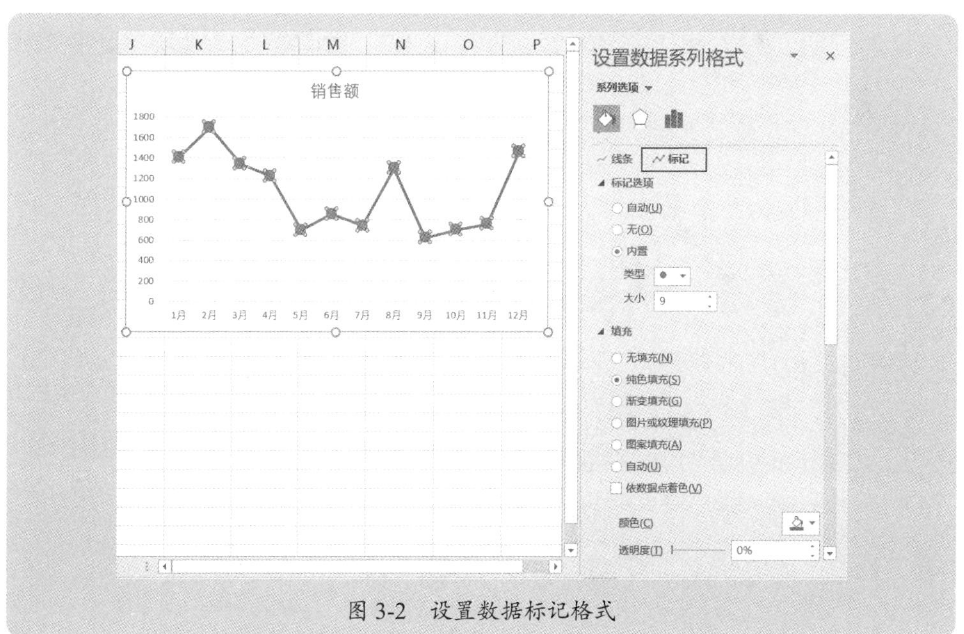

图 3-2　设置数据标记格式

设置数据标记时，标记的颜色要与折线协调，否则显得突兀。

3.1.2 设置数据标签

一般情况下，需要在折线上显示数据标签，但是数据标签又不能依据数据上下波动显示在合适的位置，只能设置居中、靠左、靠右、靠上、靠下，如图 3-3 所示。

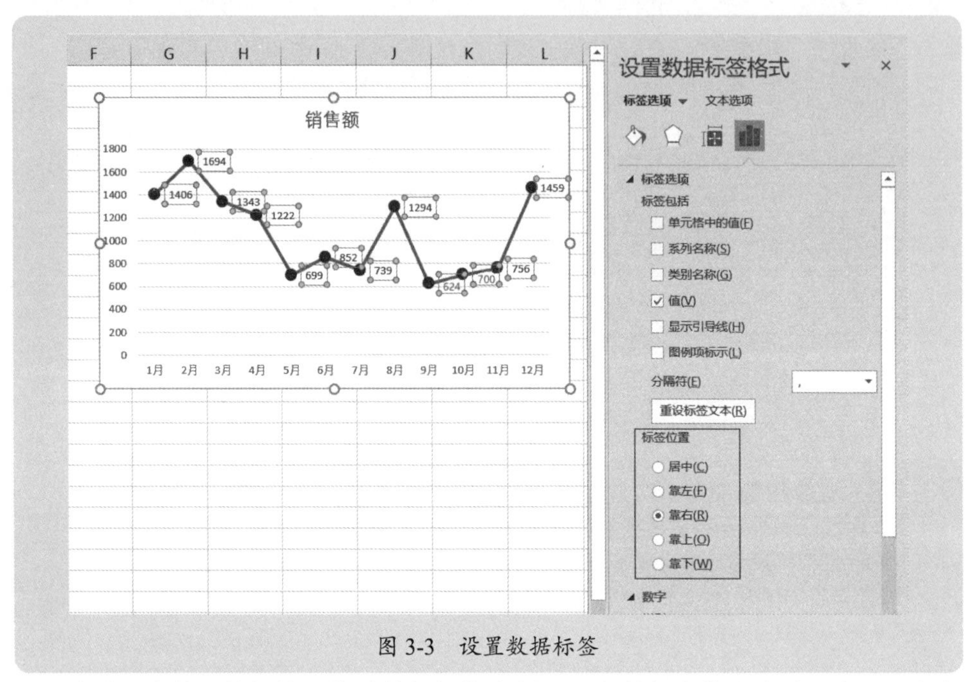

图 3-3　设置数据标签

这种固定位置的标签不能随着数据的高低显示在数据点的上方或下方，显得很凌乱，以至于某些点的标签数字被折线遮挡，如图 3-4 所示。

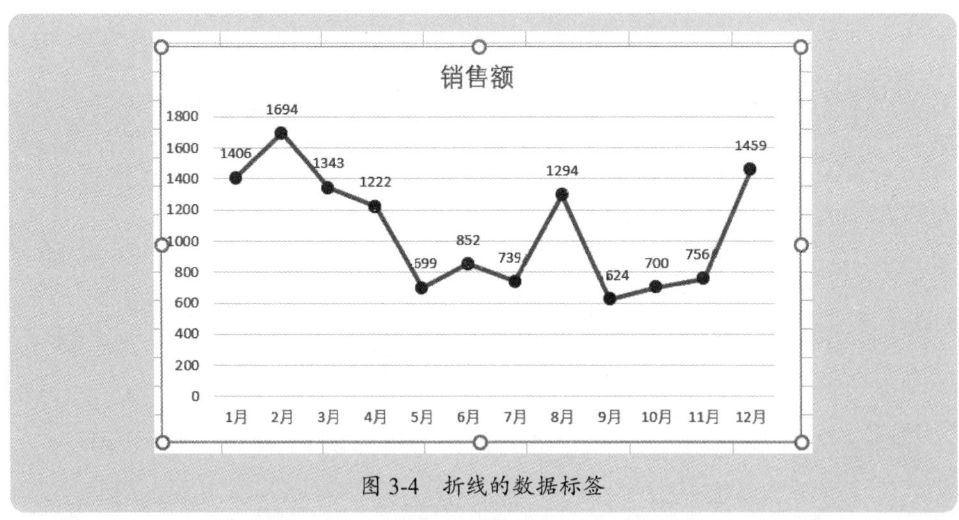

图 3-4　折线的数据标签

如果希望数据向下变化时，标签显示在数据点的下方；数据向上变化时，标签显示在数据点的上方，则需要手动去拖拉每个数据点标签的位置，如图 3-5 所示。尽管可以达到用户要求的效果，但是在制作动态图表时，就无法在正确位置显示标签。

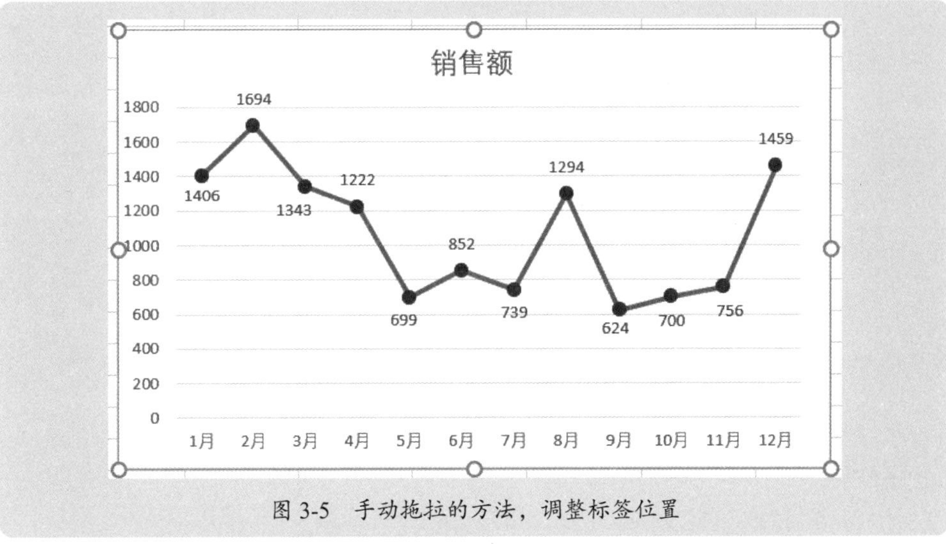

图 3-5　手动拖拉的方法，调整标签位置

设置数据标签的数字格式也是非常重要的，如果原始数据非常大，那么在图上显示数据标签，则显得更凌乱，图表制作者明显没用心去好好布置标签数字，如图 3-6 所示。

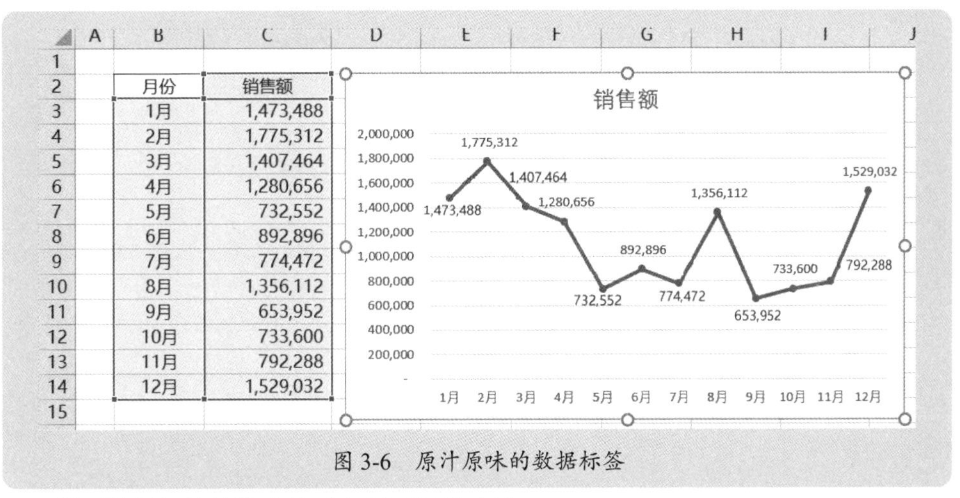

月份	销售额
1月	1,473,488
2月	1,775,312
3月	1,407,464
4月	1,280,656
5月	732,552
6月	892,896
7月	774,472
8月	1,356,112
9月	653,952
10月	733,600
11月	792,288
12月	1,529,032

图 3-6　原汁原味的数据标签

设置数据标签的数字格式有以下几种方法。

方法 1：在工作表上设置自定义数字格式。

方法 2：通过设置数值轴的刻度单位。

方法 3：单独设置数据标签的数字格式。

1. 在工作表上设置单元格的自定义数字格式

对如图 3-6 所示的数据，设置单元格的自定义数字格式，以万元为单位显示，得到如图 3-7 所示的单元格数字显示效果以及图表标签的显示效果。

这里，以万元为单位显示的自定义数字格式代码为“0!.0,”。

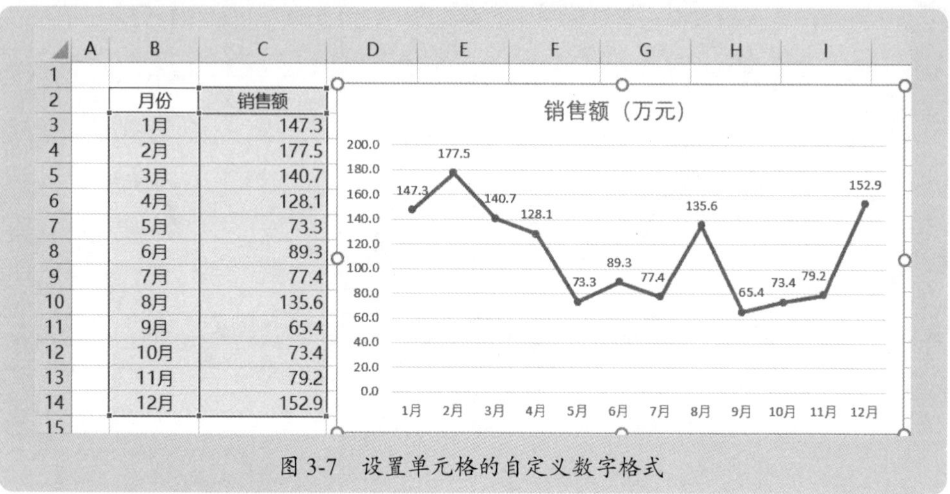

图 3-7　设置单元格的自定义数字格式

2. 设置数值轴的刻度单位

如果不想在工作表单元格里进行设置，就想在图表上将数字缩小位数显示，那么可以去设置数值轴的单位，如图 3-8 所示。

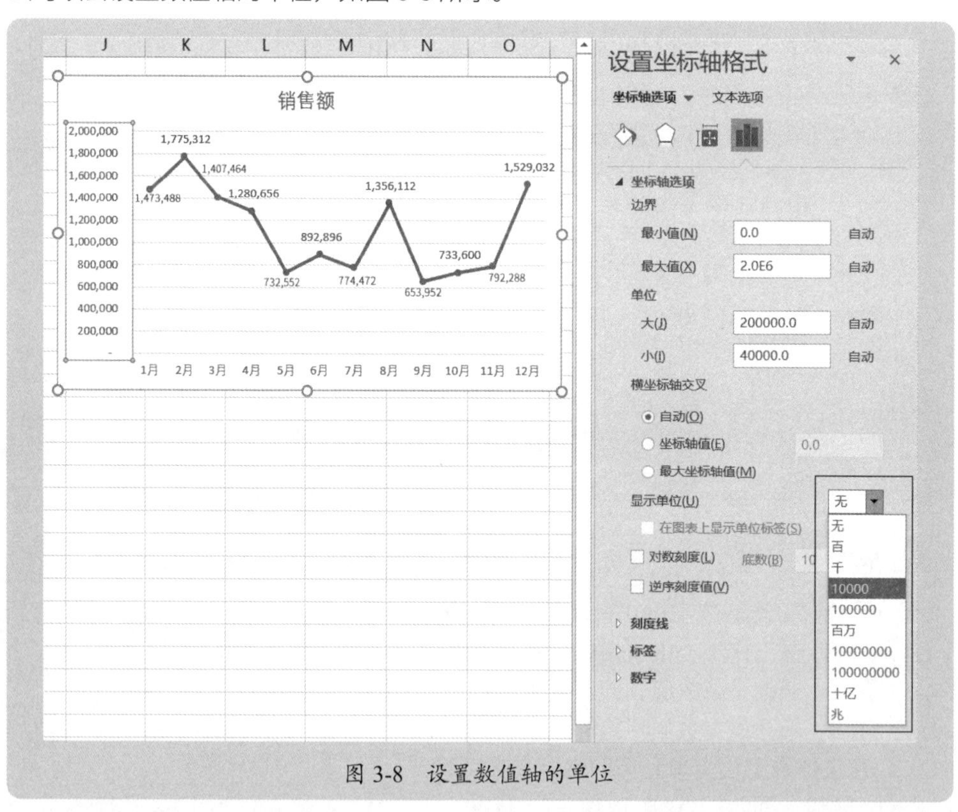

图 3-8　设置数值轴的单位

这里，可以从显示单位下拉列表中选择需要的单位，如千、万、十万、百万等。

图 3-9 是设置数值轴单位（万元）后的图表。

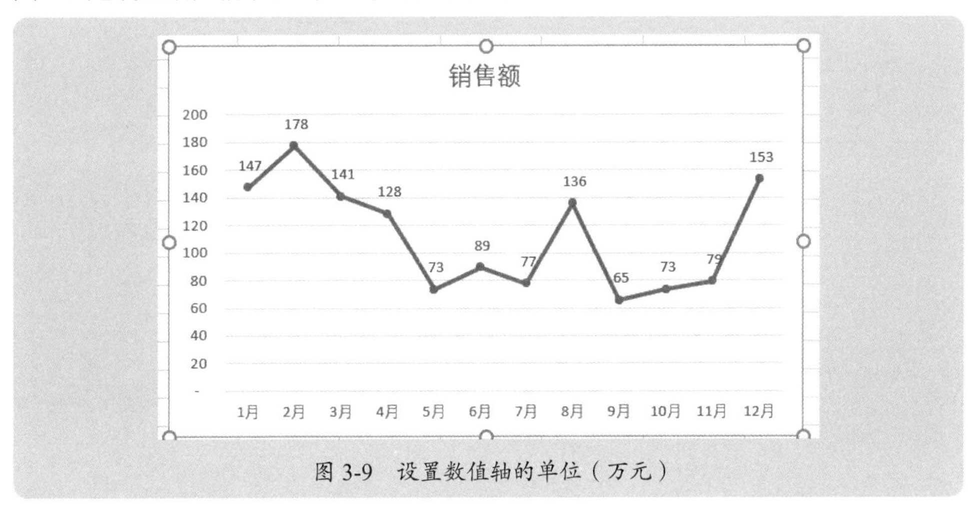

图 3-9　设置数值轴的单位（万元）

不过，这样的设置，还需要在坐标轴标题或者图表标题中对图表的数字单位进行说明，以便让图表使用者知道是什么单位的数字，是元、千元、万元，还是百万元。图 3-10 是在图表标题中标注数字单位的例子。

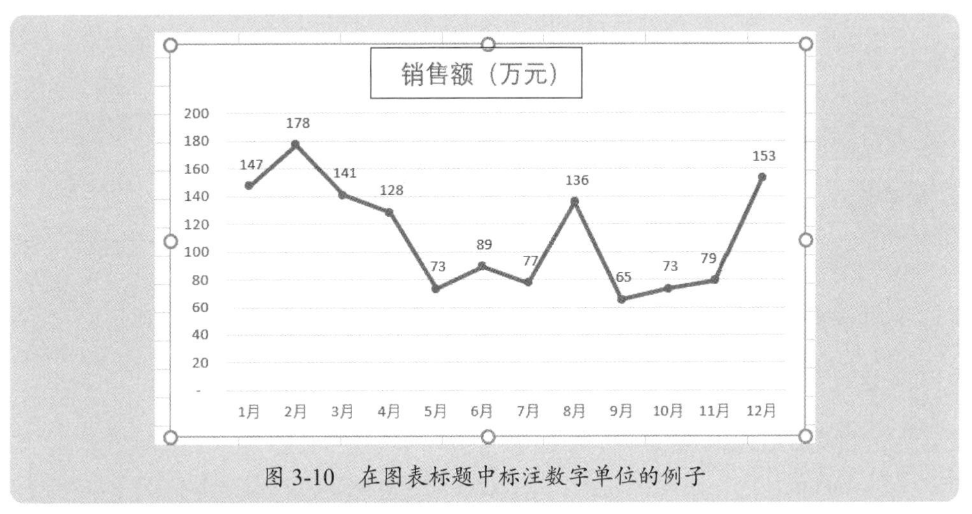

图 3-10　在图表标题中标注数字单位的例子

3. 单独设置数据标签的数字格式

有些情况下绘制的折线图，设置为不显示数值轴，这样无法通过设置数值轴单位来设置数据标签的数字格式。不过，仍然可以对数据标签的数字格式进行设置。图 3-11 就是设置了标签的自定义数字格式。

这种自定义数字格式，还可以根据数据的类型（如正负）显示不同的格式（如设置颜色、添加符号），如图 3-12 所示，把负的利润率显示为红色的、有下三角箭头的两位小数点百分比，自定义数字格式代码为：

```
0.00%;[红色]▼0.00%;0.00%
```

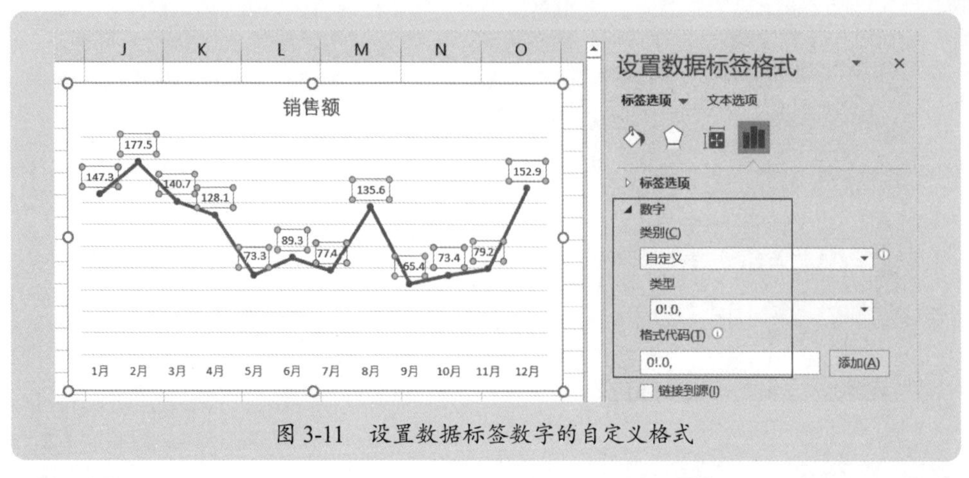

图 3-11　设置数据标签数字的自定义格式

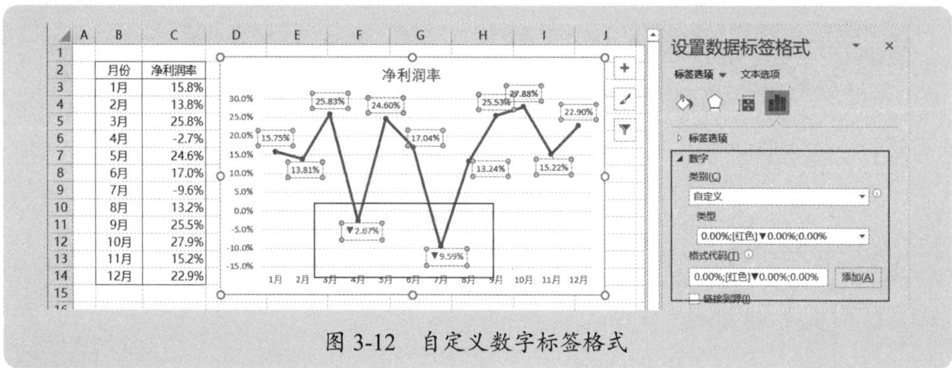

图 3-12　自定义数字标签格式

3.1.3 合理设置网格线

某些折线图或者 XY 散点图，需要强化数据点的位置，增强图表的阅读性。此时，可以合理设置水平网格线和垂直网格线，以突出各数据点所处的位置，如图 3-13 所示。不过，此时应合理设置网格线的线条颜色和样式，不能太突出网格线，不能喧宾夺主，因为网格线只是配角。

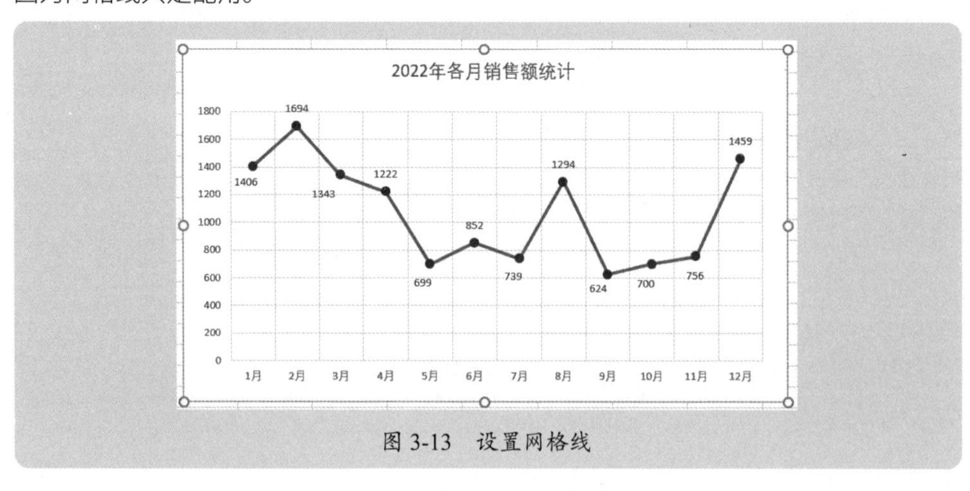

图 3-13　设置网格线

3.1.4 使用垂直线

有些情况下，显示每个数据点到坐标轴的一条垂直线，可以让图表上的数据点更加清晰，易于观察，如图 3-14 所示。

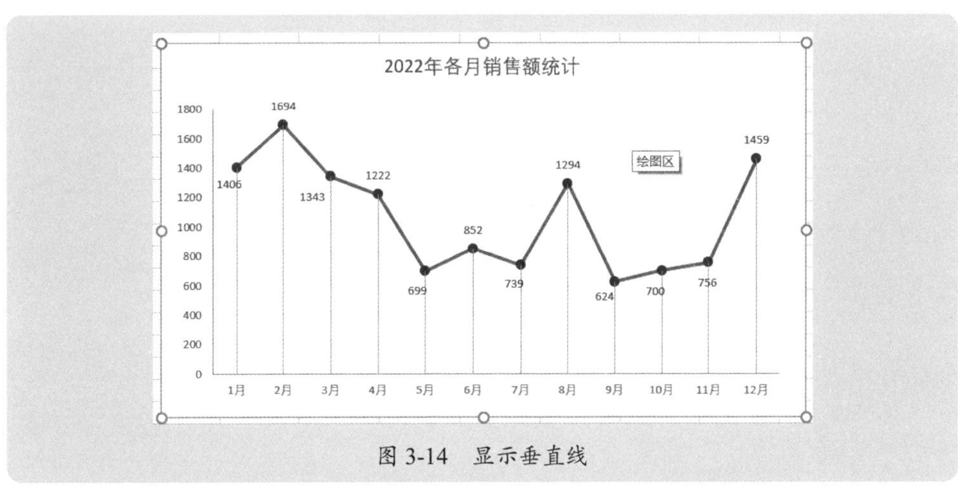

图 3-14　显示垂直线

此时最好不显示网格线，才能不干扰垂直线，让垂直线清晰显示。

添加垂直线很简单，执行“添加图表元素”→“线条”→“垂直线”命令即可，如图 3-15 所示。

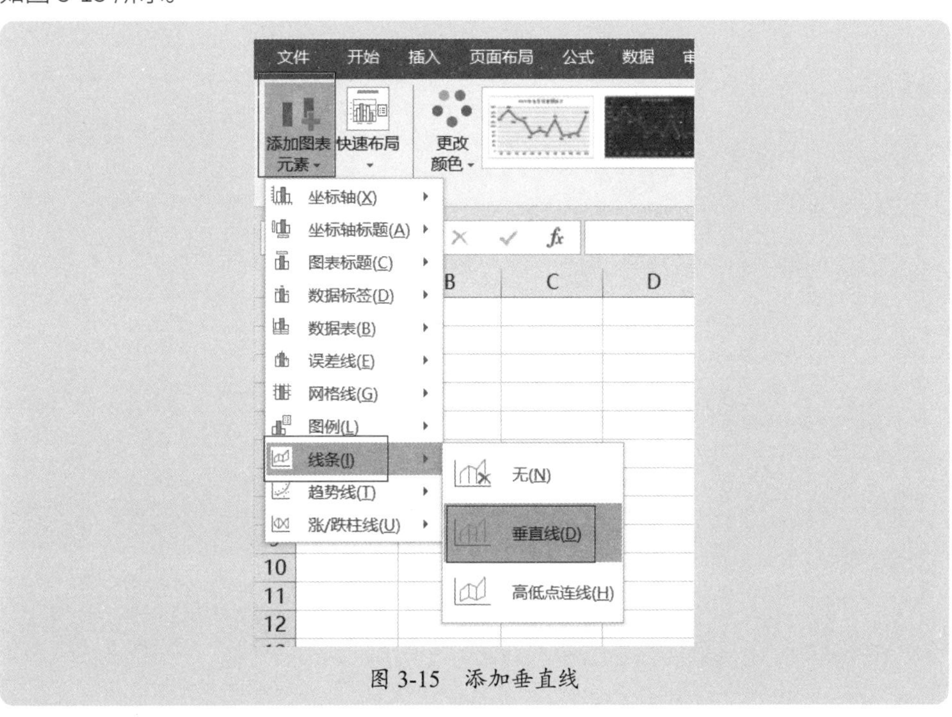

图 3-15　添加垂直线

3.1.5 使用平滑线

如果觉得默认的有棱有角的折线不美观，那么可以将折线设置为平滑线，如图 3-16 所示。设置平滑线的方法很简单，在设置数据系列格式面板中勾选“平滑线”复选框即可，如图 3-17 所示。

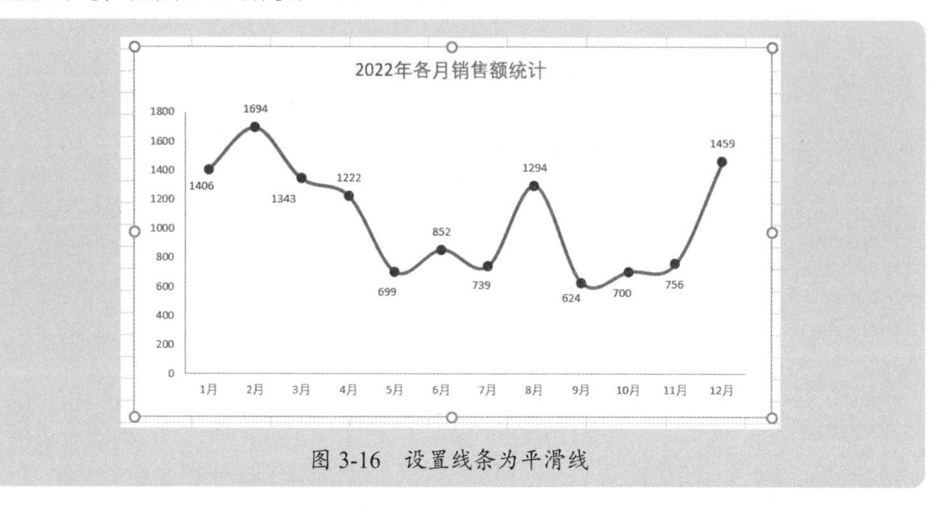

图 3-16　设置线条为平滑线

图 3-17　勾选“平滑线”复选框

3.1.6 以末端箭头表示数据未来可能的变化方向

可以对线条的末端箭头进行设置，以提醒用户数据未来变化的可能方向，如图 3-18 所示。不过，如果要显示末端箭头，最好不显示数据点标记。

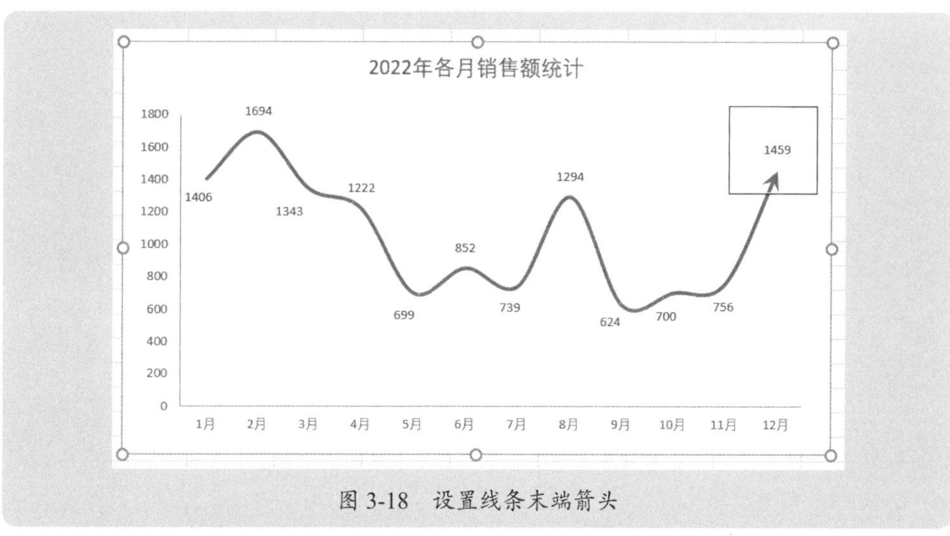

图 3-18　设置线条末端箭头

设置线条末端箭头也是在设置数据系列格式面板中进行，如图 3-19 所示，设置内容包括结尾箭头类型、结尾箭头粗细。

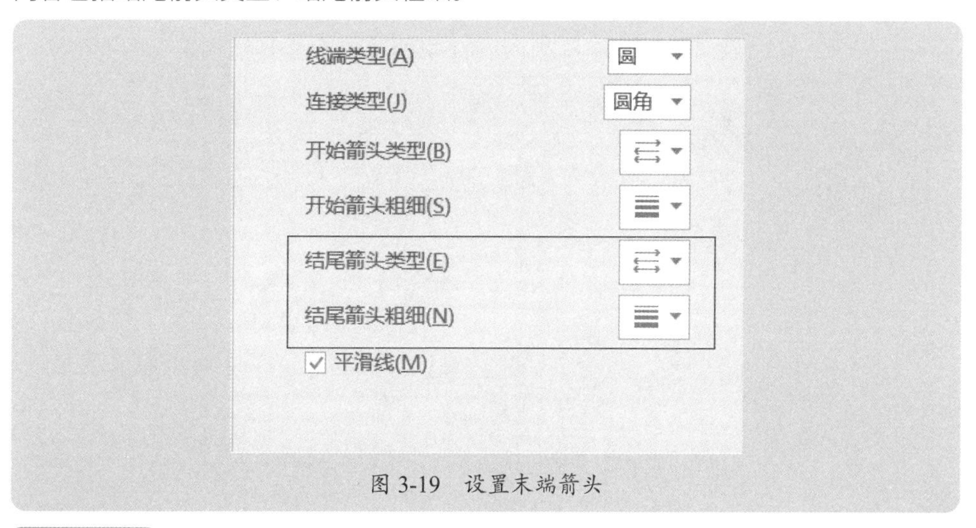

图 3-19　设置末端箭头

3.2 多数据系列折线图及注意事项

很多情况下需要绘制多个数据系列的折线图，同时观察这些数据的波动和变化趋势。例如，各产品在每个月的销售情况，每个月的销售额和毛利等，其中每个产品都需要绘制一条折线，销售额和毛利也需要各自绘制一条折线。当绘制多数据系

列的折线图时，需要特别注意几个问题，下面分别进行说明。

本节案例素材是“案例 3-1.xlsx”。

3.2.1 不适合很多数据系列的情况

折线图适合为数不多的几个数据系列，并且这些数据系列的数据相差不算很小的场合，如图 3-20 所示。

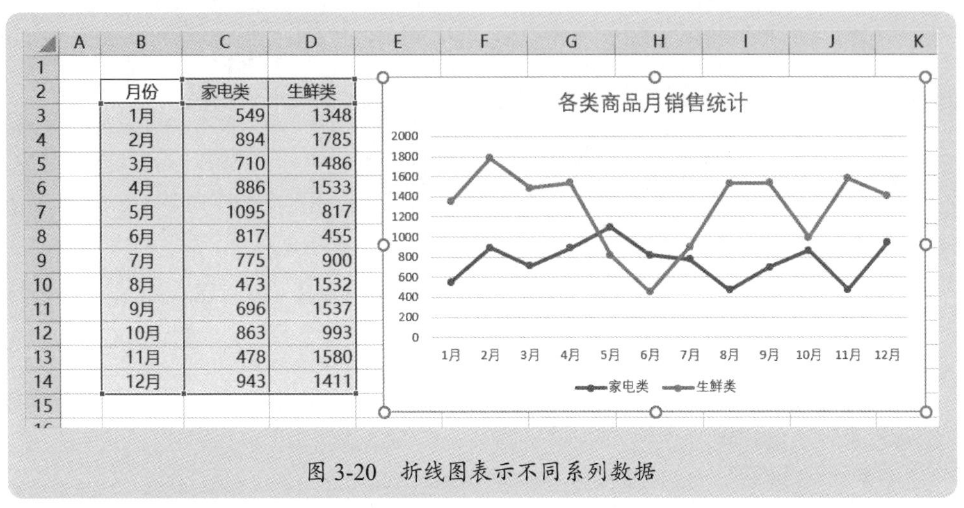

月份	家电类	生鲜类
1月	549	1348
2月	894	1785
3月	710	1486
4月	886	1533
5月	1095	817
6月	817	455
7月	775	900
8月	473	1532
9月	696	1537
10月	863	993
11月	478	1580
12月	943	1411

图 3-20　折线图表示不同系列数据

但是，如果系列较多，并且之间相差也不是很大，那么这些数据线条的相互交叉，导致折线图很乱，无法清晰观察各系列数据的变化，如图 3-21 所示。

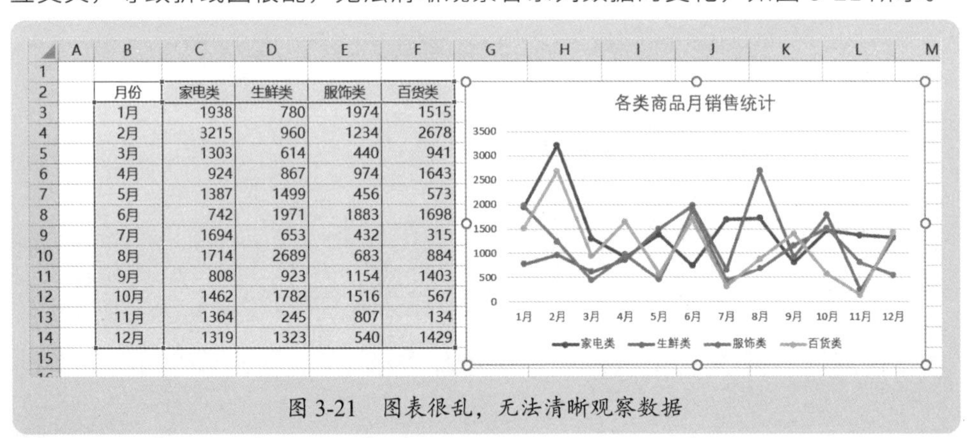

月份	家电类	生鲜类	服饰类	百货类
1月	1938	780	1974	1515
2月	3215	960	1234	2678
3月	1303	614	440	941
4月	924	867	974	1643
5月	1387	1499	456	573
6月	742	1971	1883	1698
7月	1694	653	432	315
8月	1714	2689	683	884
9月	808	923	1154	1403
10月	1462	1782	1516	567
11月	1364	245	807	134
12月	1319	1323	540	1429

图 3-21　图表很乱，无法清晰观察数据

2.2.2 要注意各数据系列线条格式设置

对于多个数据系列的折线图，要特别注意各系列的线条样式、线条颜色、线条粗细等，以醒目区分不同的数据系列，如图 3-22 所示，用灰色表示去年的数据，用醒目的颜色表示今年的数据。

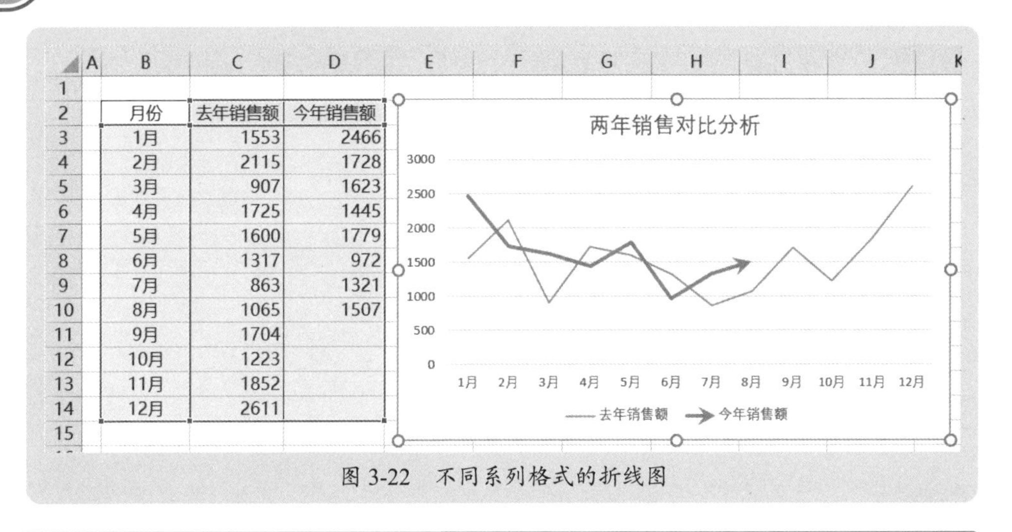

月份	去年销售额	今年销售额
1月	1553	2466
2月	2115	1728
3月	907	1623
4月	1725	1445
5月	1600	1779
6月	1317	972
7月	863	1321
8月	1065	1507
9月	1704	
10月	1223	
11月	1852	
12月	2611	

图 3-22　不同系列格式的折线图

3.2.3 有逻辑关联的数据用折线图最合适

例如，要分析各月的销售额和毛利，由于毛利是销售额减去成本后的结果，因此将其绘制为折线图，不仅可以观察销售额和毛利的大小和变化，还可以间接了解成本（或者毛利率），此时，在图表上可以显示数据标签，以便更加清楚各自的大小，如图 3-23 所示。

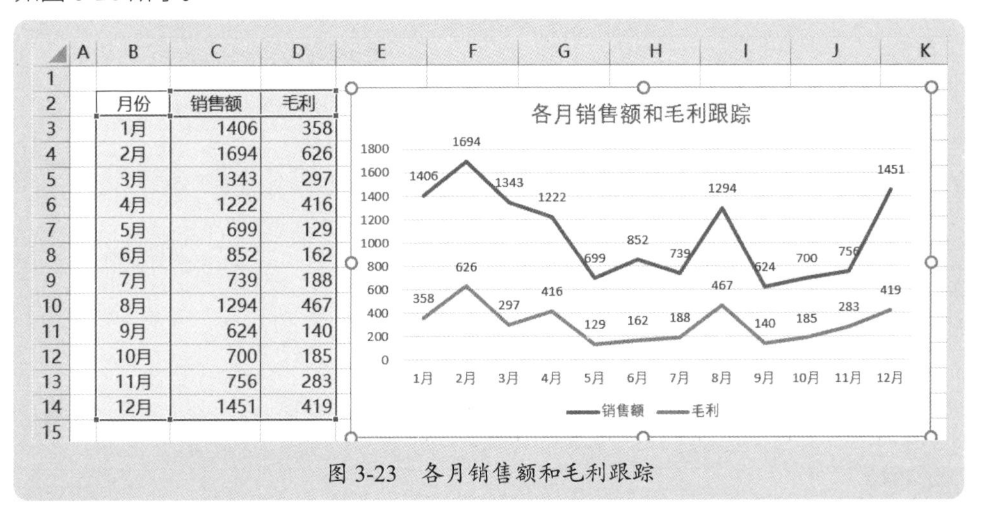

月份	销售额	毛利
1月	1406	358
2月	1694	626
3月	1343	297
4月	1222	416
5月	699	129
6月	852	162
7月	739	188
8月	1294	467
9月	624	140
10月	700	185
11月	756	283
12月	1451	419

图 3-23　各月销售额和毛利跟踪

3.2.4 考察各数据系列以及整体时，可以绘制堆积折线图

如果各系列是相关的，不仅要看各系列的大小和变化，还要看这些系列合计起来总数的大小和变化，此时可以绘制堆积折线图，如图 3-24 所示。可以看出，这种图表避免了多个系列交叉缠绕引起的乱象，还可以看出总体的变化趋势。

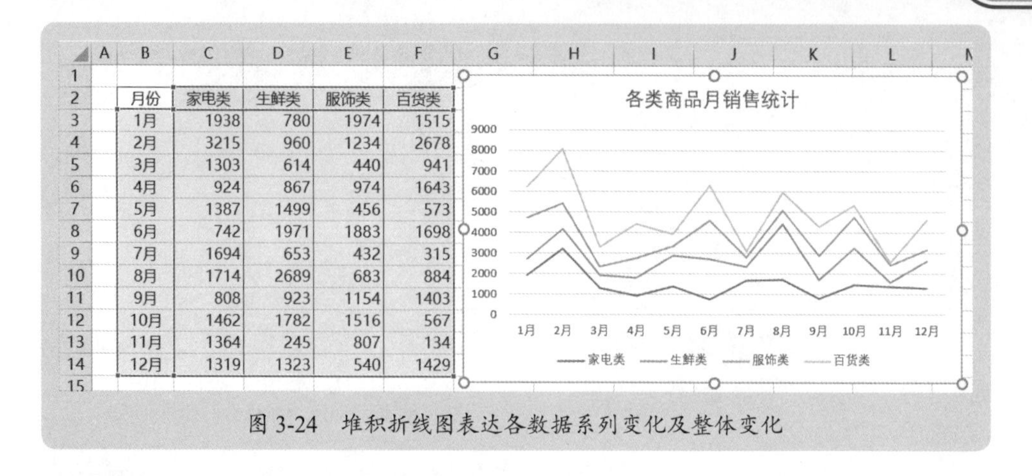

月份	家电类	生鲜类	服饰类	百货类
1月	1938	780	1974	1515
2月	3215	960	1234	2678
3月	1303	614	440	941
4月	924	867	974	1643
5月	1387	1499	456	573
6月	742	1971	1883	1698
7月	1694	653	432	315
8月	1714	2689	683	884
9月	808	923	1154	1403
10月	1462	1782	1516	567
11月	1364	245	807	134
12月	1319	1323	540	1429

图 3-24 堆积折线图表达各数据系列变化及整体变化

3.2.5 很多时候，显示网格线效果更好

默认情况下，折线图（也包括其他图表）只显示水平网格线，以醒目标识数值刻度。在折线图中，如果再显示出垂直网格线，能更加清楚地观察各数据系列的数据变化，如图 3-25 所示。

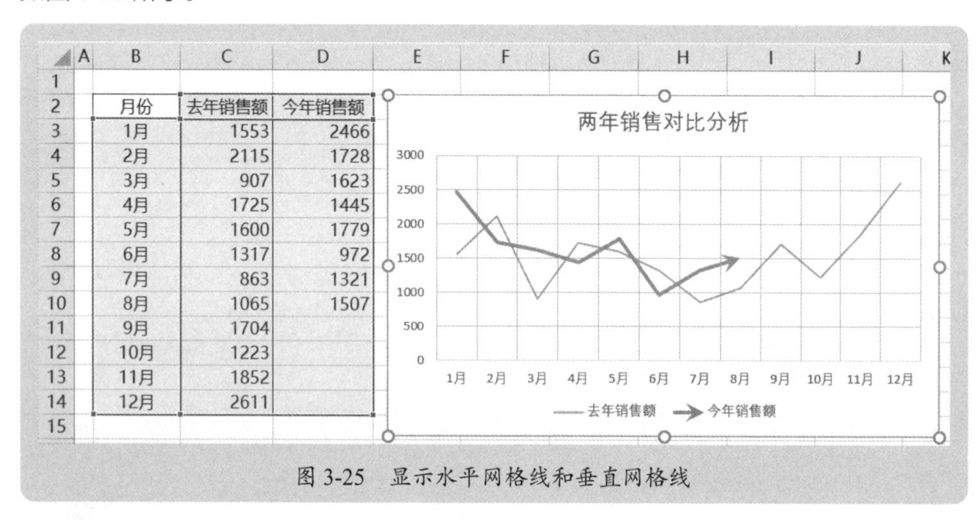

月份	去年销售额	今年销售额
1月	1553	2466
2月	2115	1728
3月	907	1623
4月	1725	1445
5月	1600	1779
6月	1317	972
7月	863	1321
8月	1065	1507
9月	1704	
10月	1223	
11月	1852	
12月	2611	

图 3-25 显示水平网格线和垂直网格线

3.2.6 使用趋势线观察数据变化趋势

数据会往什么方向变化？数据的整体变化趋势是什么？使用趋势线可以对数据的波动和变化趋势有大概的了解，如图 3-26 所示。

趋势线的格式要进行合理设置，包括线条类型、颜色、粗细，既能使人看清楚数据变化的整体趋势，又不影响主体数据的显示。

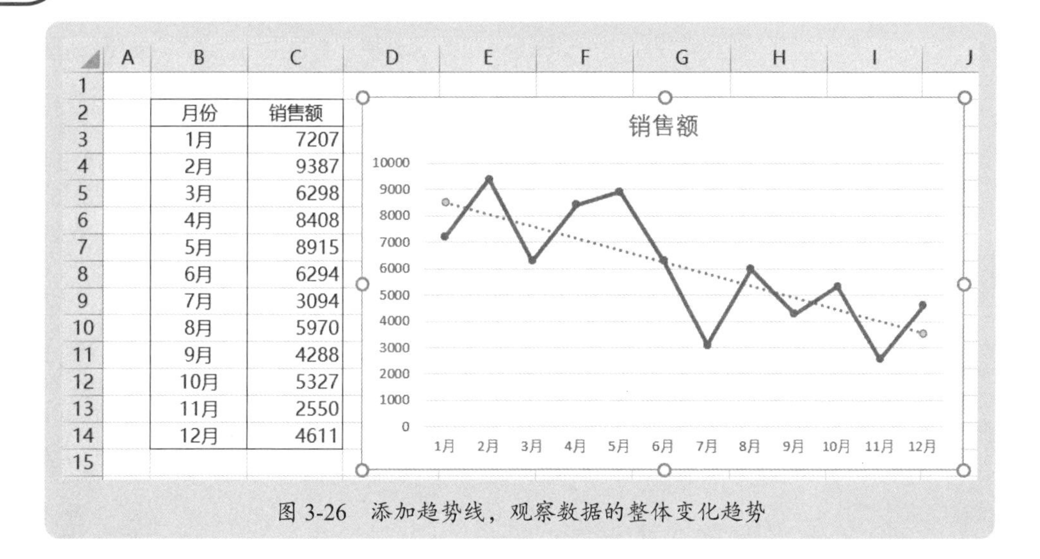

月份	销售额
1月	7207
2月	9387
3月	6298
4月	8408
5月	8915
6月	6294
7月	3094
8月	5970
9月	4288
10月	5327
11月	2550
12月	4611

图 3-26　添加趋势线，观察数据的整体变化趋势

3.2.7 用高低点连线或涨 / 跌柱线强化数据差异

进行各月的预算执行情况，或者进行两年同比分析时，重点不仅是各月的实际变化，还要关注各月的差异大小，这种情况下，可以在两条线之间设置高低点连线或涨 / 跌柱线，这样可以清楚观察差异大小。

如图 3-27 所示的图表，是使用高低点连线的情况。

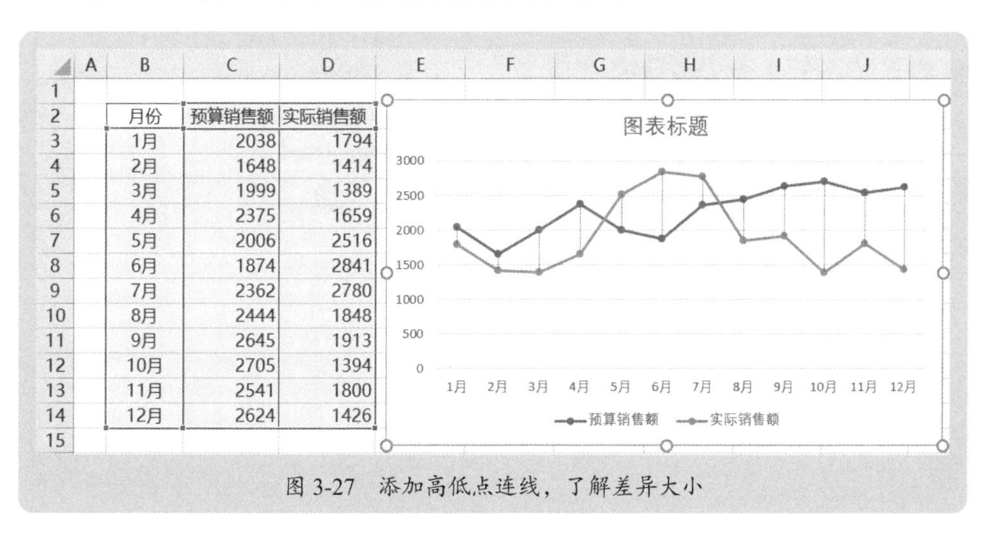

月份	预算销售额	实际销售额
1月	2038	1794
2月	1648	1414
3月	1999	1389
4月	2375	1659
5月	2006	2516
6月	1874	2841
7月	2362	2780
8月	2444	1848
9月	2645	1913
10月	2705	1394
11月	2541	1800
12月	2624	1426

图 3-27　添加高低点连线，了解差异大小

图 3-28 所示的图表使用了涨 / 跌柱线，这里已经将上涨柱线和下跌柱线分别设置了不同的颜色，以区分是增加还是减少。

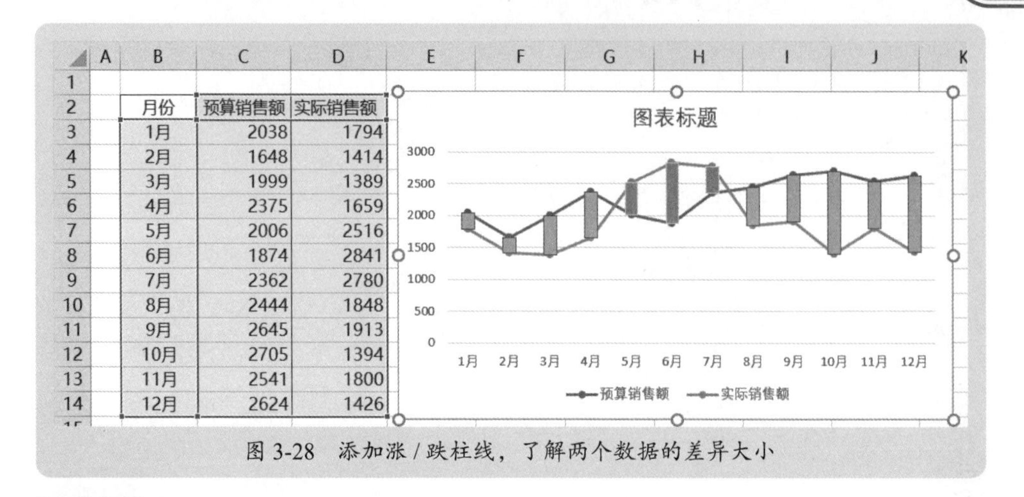

月份	预算销售额	实际销售额
1月	2038	1794
2月	1648	1414
3月	1999	1389
4月	2375	1659
5月	2006	2516
6月	1874	2841
7月	2362	2780
8月	2444	1848
9月	2645	1913
10月	2705	1394
11月	2541	1800
12月	2624	1426

图 3-28　添加涨/跌柱线，了解两个数据的差异大小

3.3 XY 散点图及注意事项

在观察数据的波动变化时，尤其要分析数据的发展趋势，进行预测时，XY 散点图就是一个选择图表。例如，要分析销售成本与销量的关系，分析机台电耗与产量的关系，等等，都需要绘制 XY 散点图。

本节案例素材是“案例 3-2.xlsx”。

3.3.1 合理设置数据点标记

散点图的主要功能是描述数据的分布，以及两个变量之间的因果关系，这些数据点标记要合计设置，包括标记类型、大小、颜色、边框、效果等，以使数据点分布看起来美观简洁。

图 3-29 是绘制的基本 XY 散点图，还没有经过任何的格式设置。

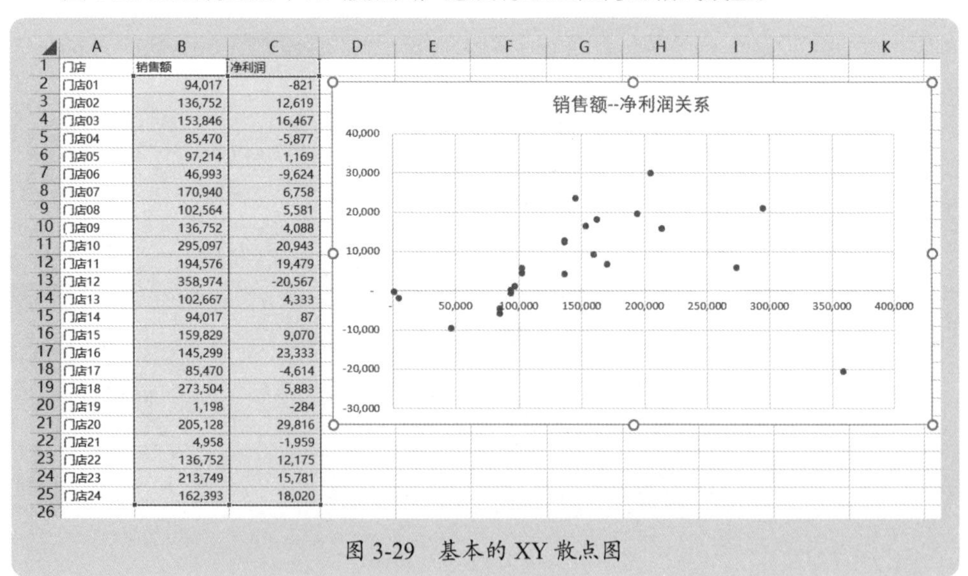

门店	销售额	净利润
门店01	94,017	-821
门店02	136,752	12,619
门店03	153,846	16,467
门店04	85,470	-5,877
门店05	97,214	1,169
门店06	46,993	-9,624
门店07	170,940	6,758
门店08	102,564	5,581
门店09	136,752	4,088
门店10	295,097	20,943
门店11	194,576	19,479
门店12	358,974	-20,567
门店13	102,667	4,333
门店14	94,017	87
门店15	159,829	9,070
门店16	145,299	23,333
门店17	85,470	-4,614
门店18	273,504	5,883
门店19	1,198	-284
门店20	205,128	29,816
门店21	4,958	-1,959
门店22	136,752	12,175
门店23	213,749	15,781
门店24	162,393	18,020

图 3-29　基本的 XY 散点图

图 3-30 是对数据点标记进行大小、颜色、边框、效果等设置后的情形。

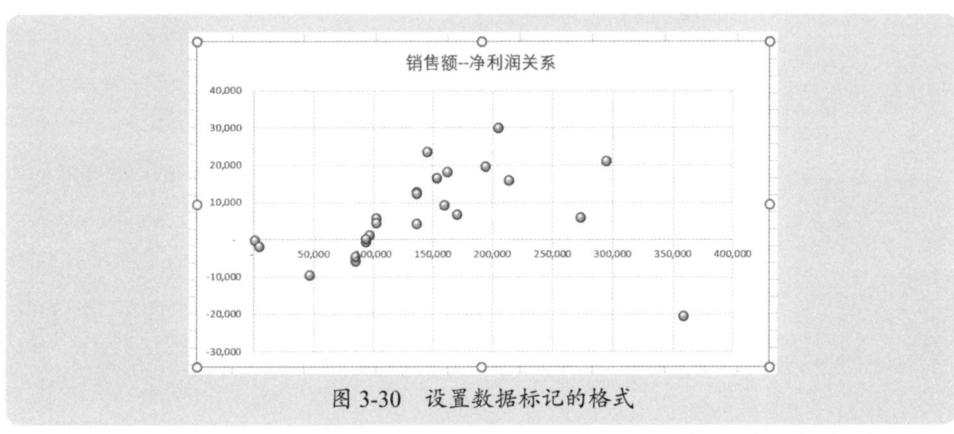

图 3-30 设置数据标记的格式

这个图表中出现了一个很多情况下都会遇到的问题：分类轴（X 轴）标签与数据点混杂在一起，影响图表阅读，原因是有负数出现，此时，可以设置坐标轴标签的位置为“低”，如图 3-31 所示。

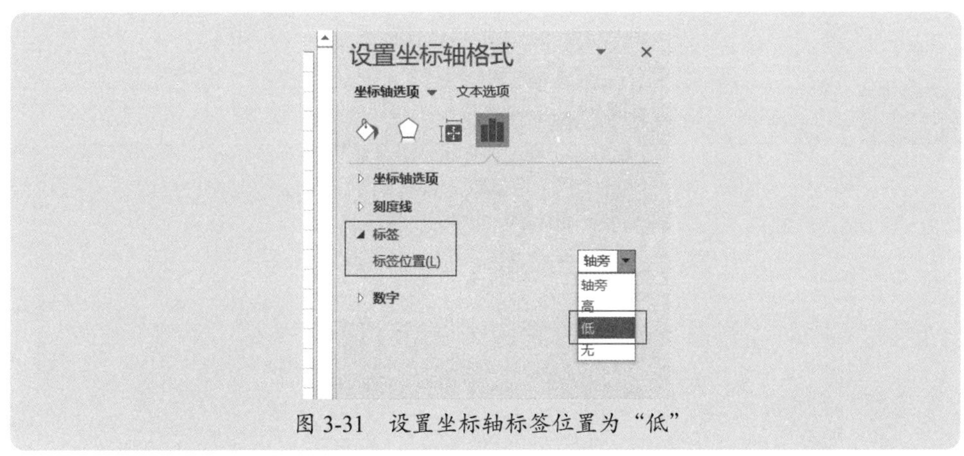

图 3-31 设置坐标轴标签位置为“低”

那么在图表的最底部显示坐标轴标签，不至于影响数据点，不过要注意的是，此时还需要设置坐标轴的线条格式，以醒目显示坐标轴（零线），如图 3-32 所示。

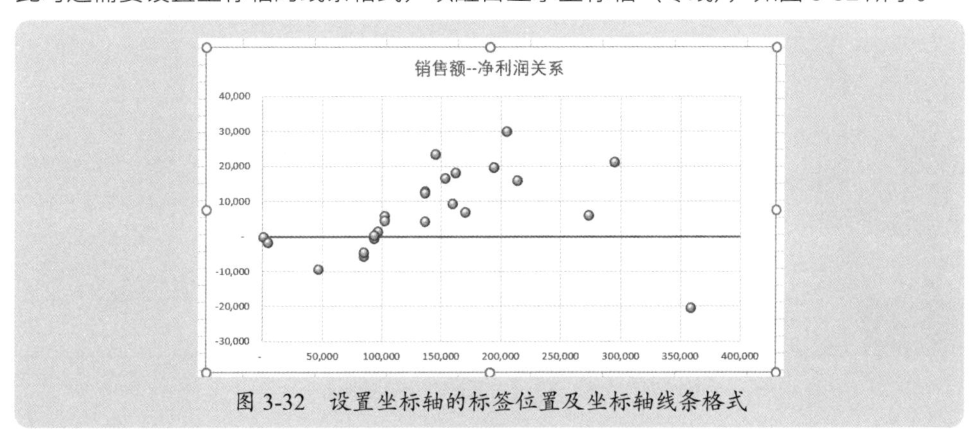

图 3-32 设置坐标轴的标签位置及坐标轴线条格式

3.3.2 使用网格线增强数据阅读性

为了强化数据点的坐标位置，可以适当设置网格线格式，包括水平网格线和垂直网格线，但是网格线不能喧宾夺主，其任务是数据的坐标指示，如图 3-33 所示。

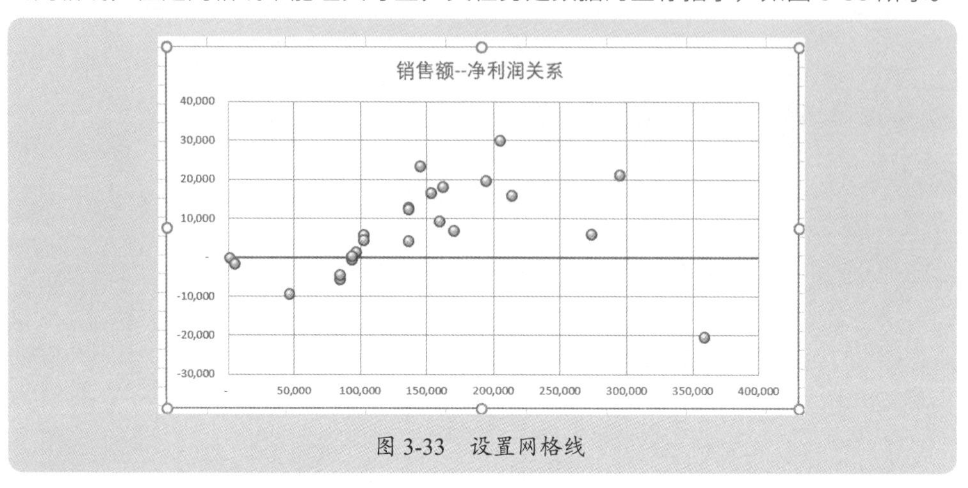

图 3-33 设置网格线

3.3.3 深色背景更能突出数据点

为了突出显示各数据点的分布，有些情况下，可以将图表背景设置为深色，数据点标记设置为突出的颜色，这样更能清晰地观察数据分布，如图 3-34 所示。要注意的是，网格线、字体也要做相应的设置，以使整个图表显得美观。

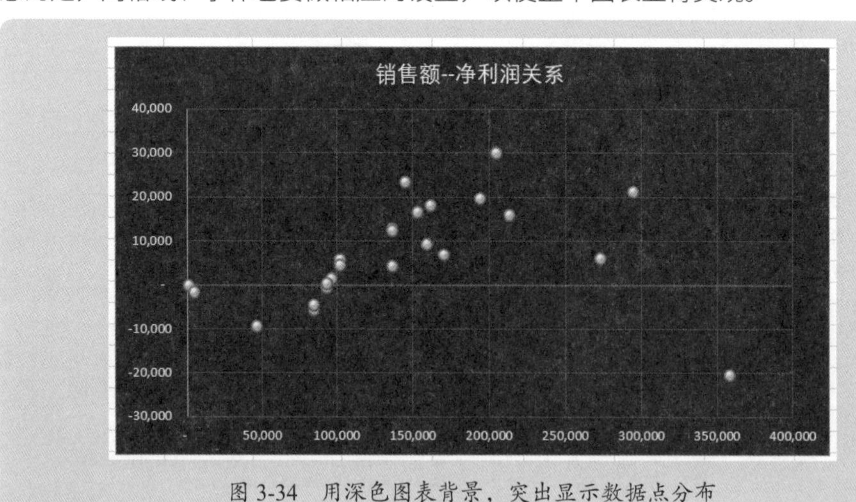

图 3-34 用深色图表背景，突出显示数据点分布

3.3.4 使用趋势线了解数据变化趋势

XY 散点图也可以添加趋势线（包括柱形图、折线图等），这样可以观察数据的整

体变化趋势，获取预测模型。

图 3-35 是显示了趋势线，同时也显示了预测方程和 R 平方值的效果。

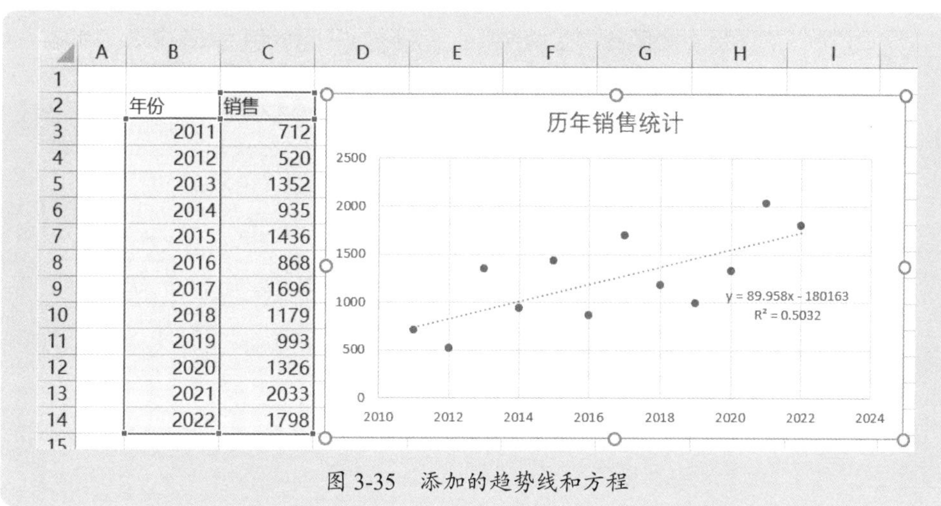

年份	销售
2011	712
2012	520
2013	1352
2014	935
2015	1436
2016	868
2017	1696
2018	1179
2019	993
2020	1326
2021	2033
2022	1798

图 3-35　添加的趋势线和方程

添加的趋势线方程和 R 平方值，是在“设置趋势线格式”面板中进行的，如图 3-36 所示。在这个面板中，还可以选择预测模型，观察模型方程和 R 平方值的变化，以选择一个合适的预测模型。

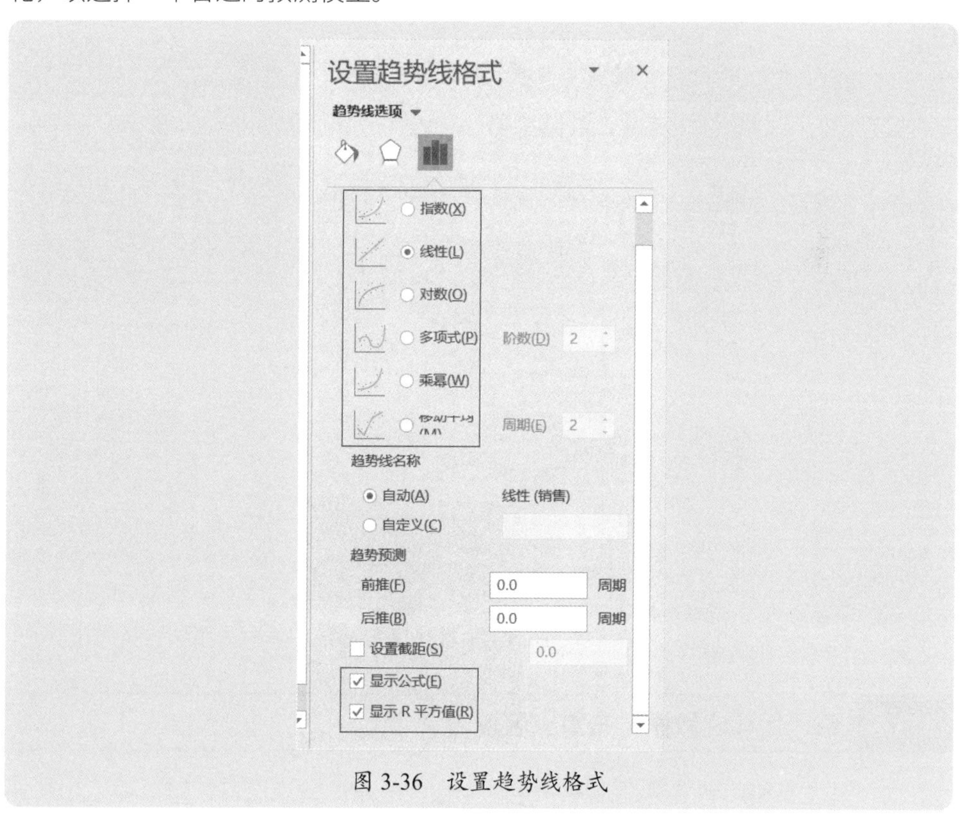

图 3-36　设置趋势线格式

3.3.5 用线条连接各数据点

默认情况下，XY 散点图使各数据点分散显示，不过，也可以使用线条连接各数据点，这在数据变化趋势比较明显的场合才可以使用，如图 3-37 所示。

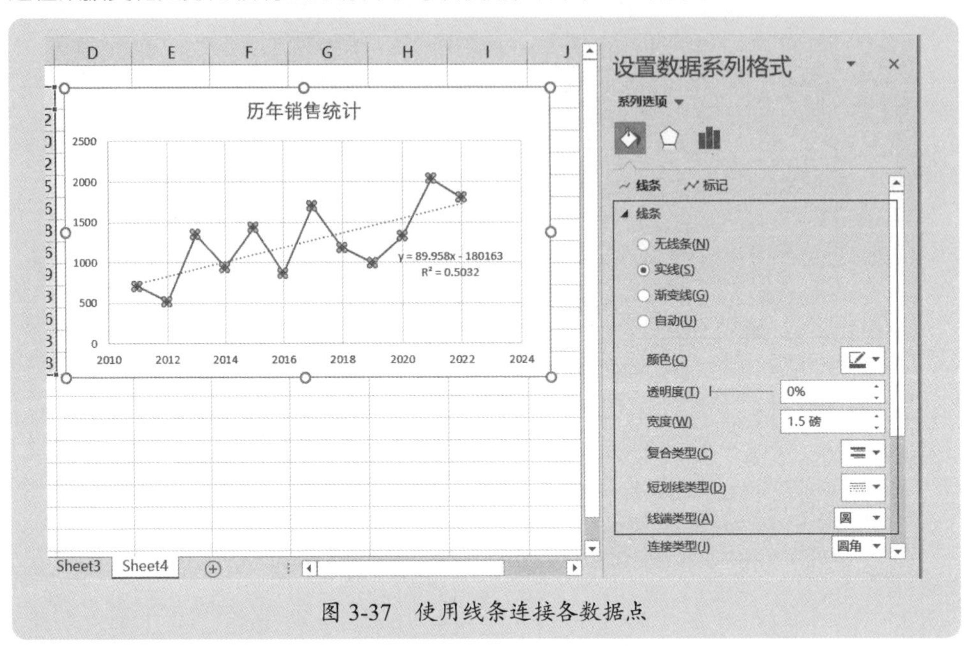

图 3-37 使用线条连接各数据点

但是，如果数据分布复杂，甚至呈局部扎堆的分布，就不能使用线条，否则就是一堆乱麻，如图 3-38 所示。

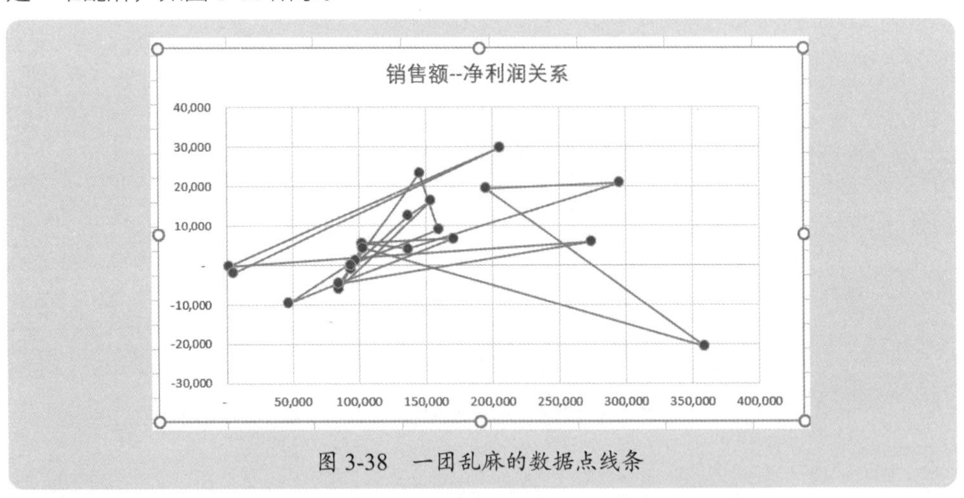

图 3-38 一团乱麻的数据点线条

3.3.6 用形状标注数据分布重点区域

为了让图表使用者快速把注意力定位到数据分布的重点区域，可以使用形状把这样的重点区域标注出来，如图 3-39 所示，这样一个简单的设置就可以让图表与众不同。

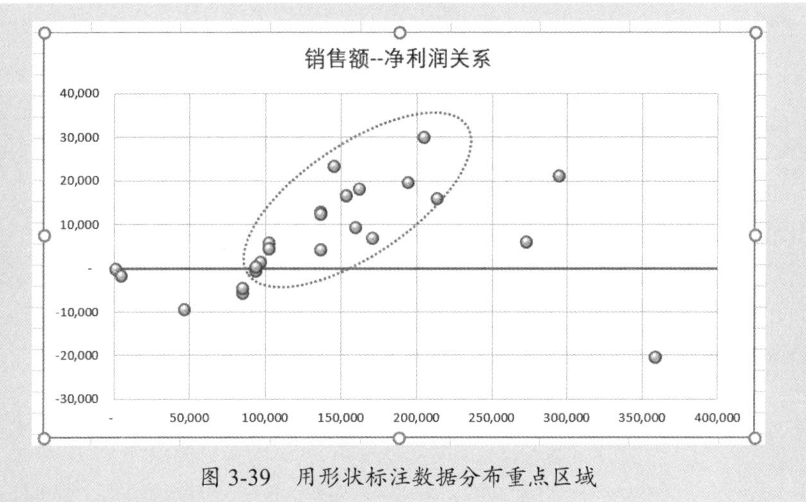

图 3-39　用形状标注数据分布重点区域

3.4 波动和趋势分析实用图表

在介绍了折线图以及 XY 散点图的制作方法和几个实用技巧及注意事项后，下面介绍几个利用折线图和 XY 散点图进行数据分析的实用案例。

3.4.1 成本费用分解

成本费用分解是财务分析中遇到的一个实际问题，尤其是进行本量利计算，需要将成本费用分解成固定成本费用和变动成本费用。

图 3-40 左侧是车间统计的一年来机器工时与维修费的历史数据，现在要求分析维修费与机器工时之间的关系，绘制右侧所示的 XY 散点图，并添加线性趋势线，显示方程和 R 平方值。本案例素材是“案例 3-3.xlsx”。

可以看出，机器工时越高，维修费越高，其之间的相关度（R 平方值）是 0.7819，相关系数是 (0.7819)^(1/2)=0.8843，相关性很高，可以使用下面的预测方程对维修费进行计算预测：

$$维修费 = 0.1123 \times 机器工时 + 52.926$$

计算相关系数还可以使用 CORREL 函数，截距（本例中的 52.926）和斜率（本例中的 0.1132）可以分别用 INTERCEPT 函数和 SLOPE 函数计算。对本例而言，计算公式如下。

相关系数：

```
=CORREL(B2:B13,C2:C13)
```

截距：

```
=INTERCEPT(C2:C13,B2:B13)
```

斜率：

```
=SLOPE(C2:C13,B2:B13)
```

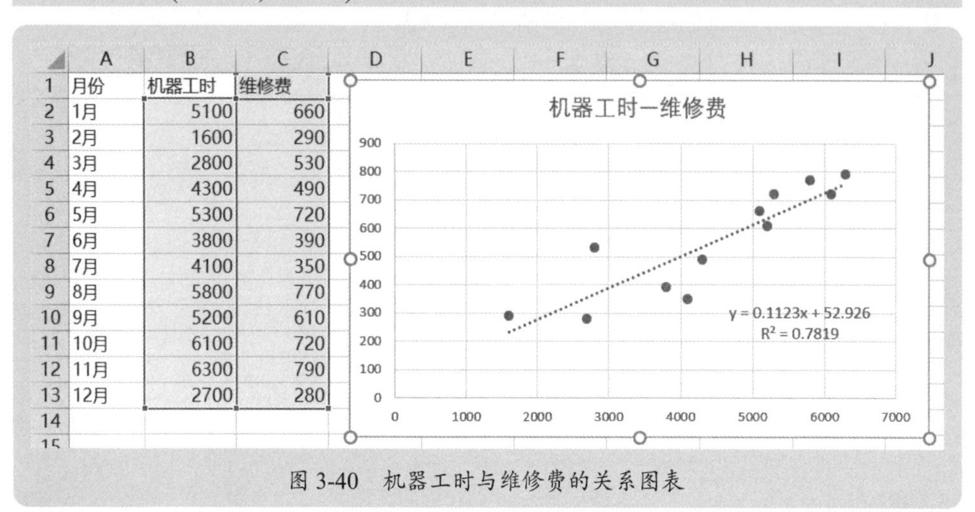

月份	机器工时	维修费
1月	5100	660
2月	1600	290
3月	2800	530
4月	4300	490
5月	5300	720
6月	3800	390
7月	4100	350
8月	5800	770
9月	5200	610
10月	6100	720
11月	6300	790
12月	2700	280

图 3-40　机器工时与维修费的关系图表

3.4.2 各月预算执行情况跟踪分析

如果要跟踪分析各月的预算执行情况，重点是观察预算执行趋势及各月差异大小，可以绘制如图 3-41 所示的折线图。本案例素材是“案例 3-4.xlsx”。

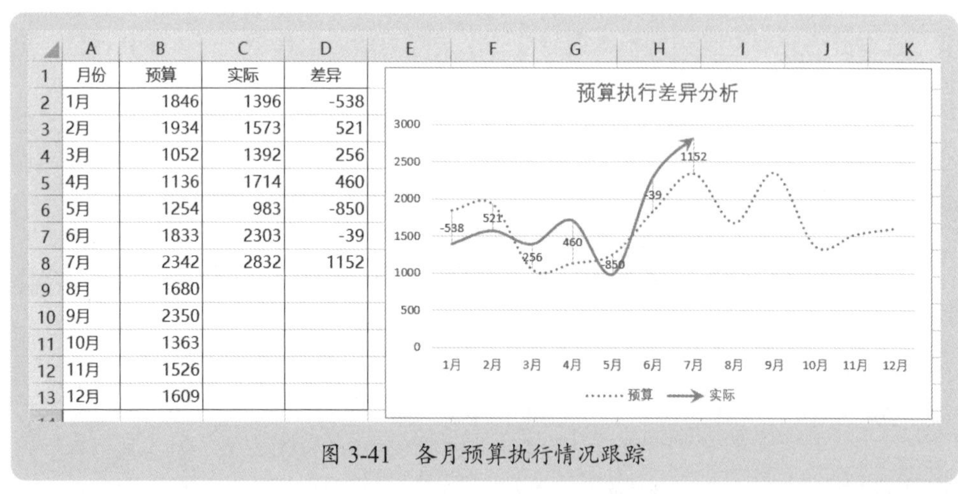

月份	预算	实际	差异
1月	1846	1396	-538
2月	1934	1573	521
3月	1052	1392	256
4月	1136	1714	460
5月	1254	983	-850
6月	1833	2303	-39
7月	2342	2832	1152
8月	1680		
9月	2350		
10月	1363		
11月	1526		
12月	1609		

图 3-41　各月预算执行情况跟踪

这个图表制作并不难，但有几个思路和技巧需要注意。下面是这个图表的主要制作方法和步骤。

以预算数据和实际数据绘制折线图，并设置两条线的格式，如图 3-42 所示。

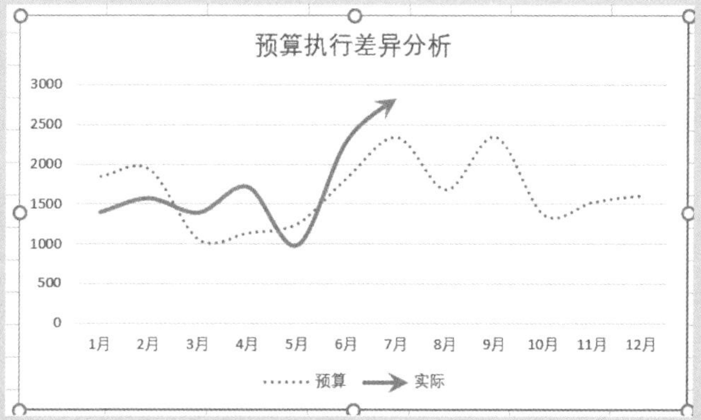

图 3-42　绘制基本折线图，并进行格式化设置

添加一个辅助列“中点”，计算预算和实际的平均值，如图 3-43 所示。设计这个辅助列的目的，是为了在预算线和实际线中间显示差异数。

F2　=AVERAGE(B2:C2)

	A	B	C	D	E	F	G
1	月份	预算	实际	差异		中点	
2	1月	1846	1396	-538		1621	
3	2月	1934	1573	521		1754	
4	3月	1052	1392	256		1222	
5	4月	1136	1714	460		1425	
6	5月	1254	983	-850		1119	
7	6月	1833	2303	-39		2068	
8	7月	2342	2832	1152		2587	
9	8月	1680					
10	9月	2350					
11	10月	1363					
12	11月	1526					
13	12月	1609					

图 3-43　设计辅助列“中点”

为图表添加数据系列“中点”，如图 3-44 所示。

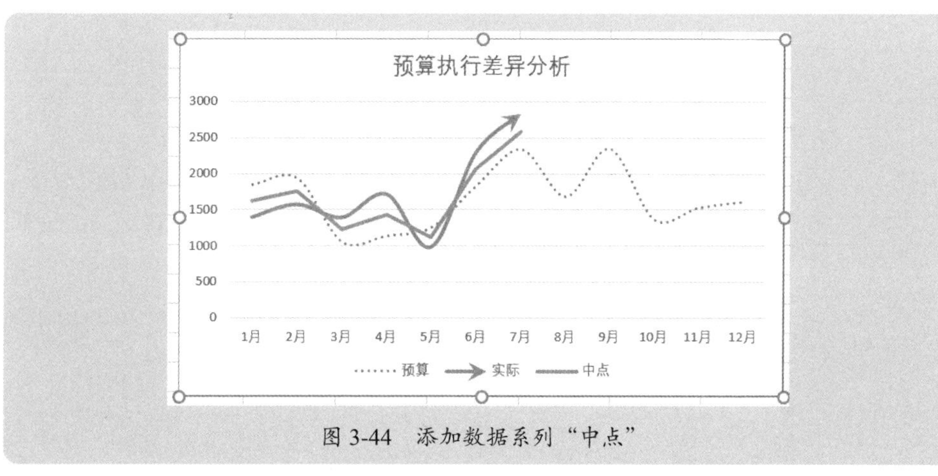

图 3-44　添加数据系列“中点”

将系列“中点”绘制在次坐标轴上，并将其分类轴的引用区域改为 D 列的差异数据区域，如图 3-45 所示。

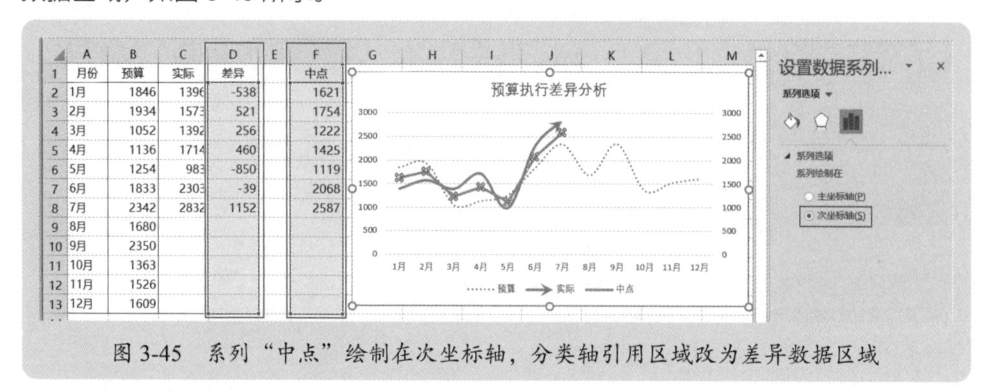

图 3-45　系列“中点”绘制在次坐标轴，分类轴引用区域改为差异数据区域

为系列“中点”添加数据标签，要显示为“类别名称”，“标签位置”设置为“居中”，如图 3-46 所示。

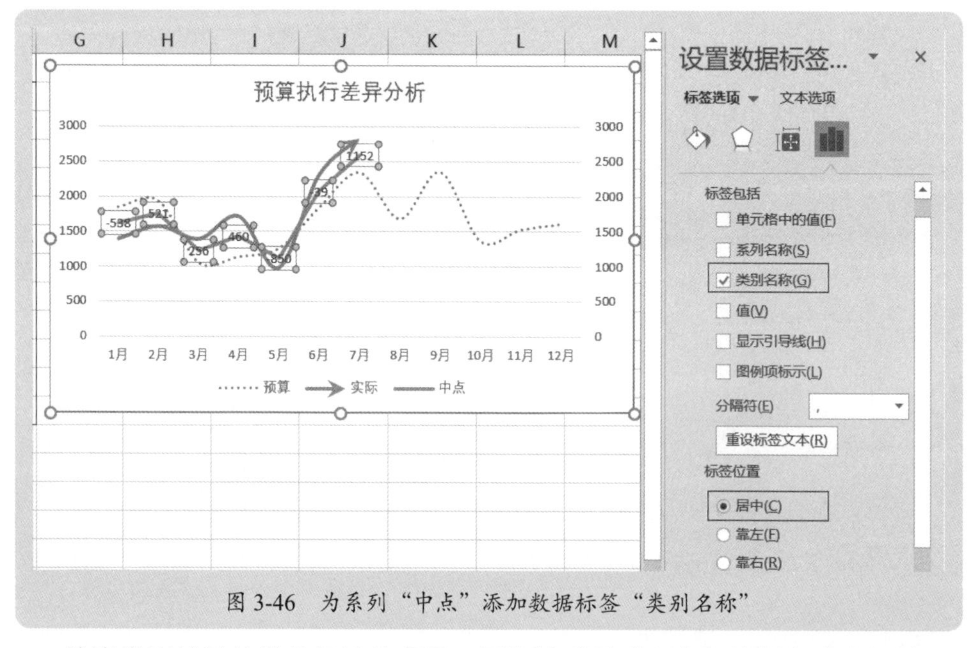

图 3-46　为系列“中点”添加数据标签“类别名称”

注意类别就是分类坐标轴的项目，因为将系列“中点”绘制在次坐标轴上，并且将其分类轴设置是为了差异数据区域，因此显示类别名称，并显示出差异值。

不显示系列“中点”的线条，删除次数值轴，再从图例中删除中点项，得到在预算线和实际线中间显示差异值的图表，如图 3-47 所示。

最后添加“高低点连线”，并设置其格式，得到需要的图表，这样，可以醒目地观察各月预算执行差异大小，以及预算执行差异的发展趋势。

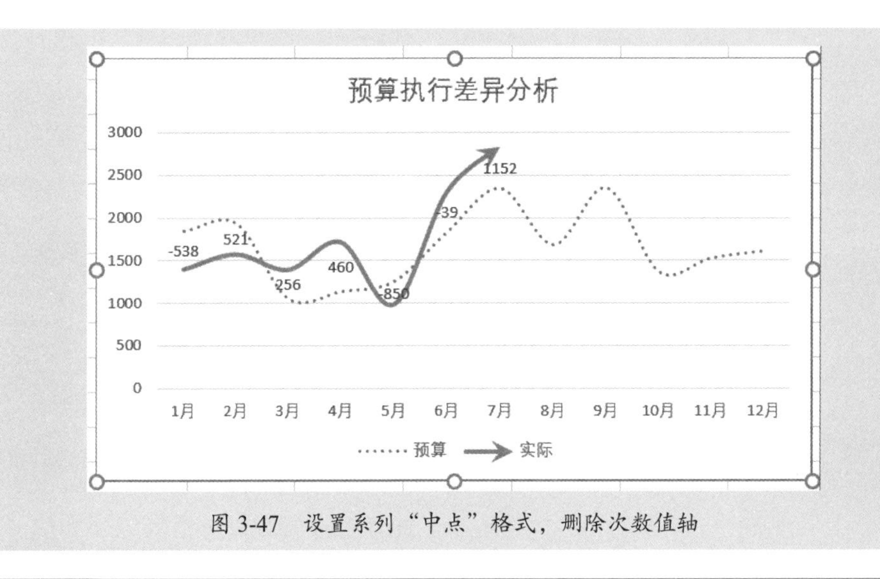

图 3-47　设置系列“中点”格式，删除次数值轴

3.4.3 实际数据与标准参考值对比分析

在实际工作中，经常会把实际数据与一个或者多个参考值作比较，观察其之间的差异大小和波动幅度。例如，实际损耗与额定损耗的对比，实际合格率与规定标准合格率的对比，等等，这就是实际数据与标准参考值的对比分析问题。

图 3-48 是一个产品在每月的实际合格率数据与企业的标准合格率（98.5%）的对比分析图，用于观察各月的合格率变化波动。本案例素材是“案例 3-5.xlsx”。

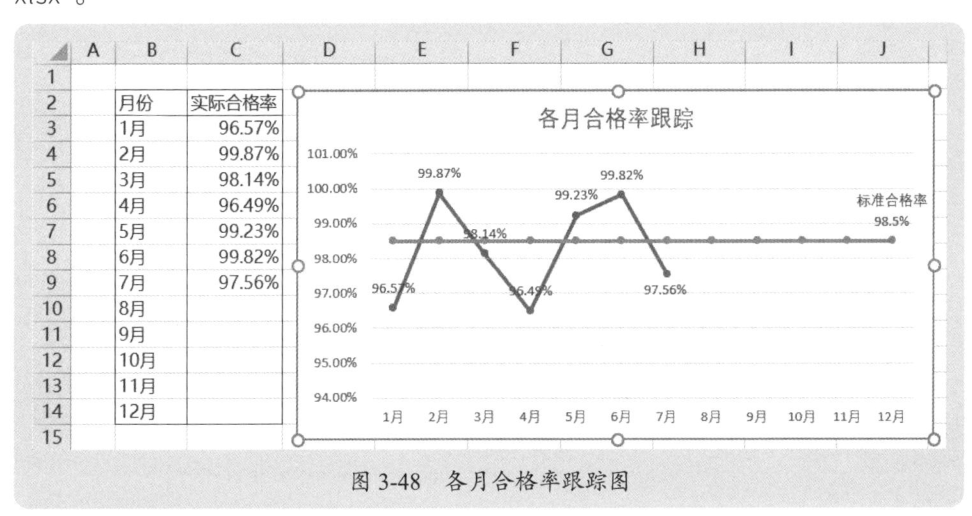

月份	实际合格率
1月	96.57%
2月	99.87%
3月	98.14%
4月	96.49%
5月	99.23%
6月	99.82%
7月	97.56%
8月	
9月	
10月	
11月	
12月	

图 3-48　各月合格率跟踪图

这个折线图表很简单，在 Excel 中可以将标准合格率直接输入图表，如图 3-49 所示，系列值的数组为：

```
={0.985,0.985,0.985,0.985,0.985,0.985,0.985,0.985,0.985,0.985,0.985,0.985}
```

具体图表的格式化处理，重点是设置数值轴的最小刻度，以便清晰地观察每个月的数据与标准值的比较。

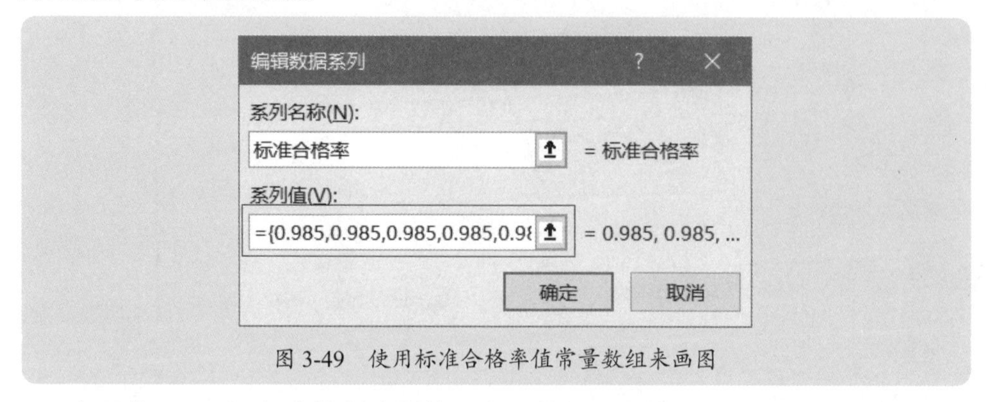

图 3-49　使用标准合格率值常量数组来画图

如果使用 Tableau 来绘制这样的图表更简单，直接添加常量参考线即可，如图 3-50 所示。

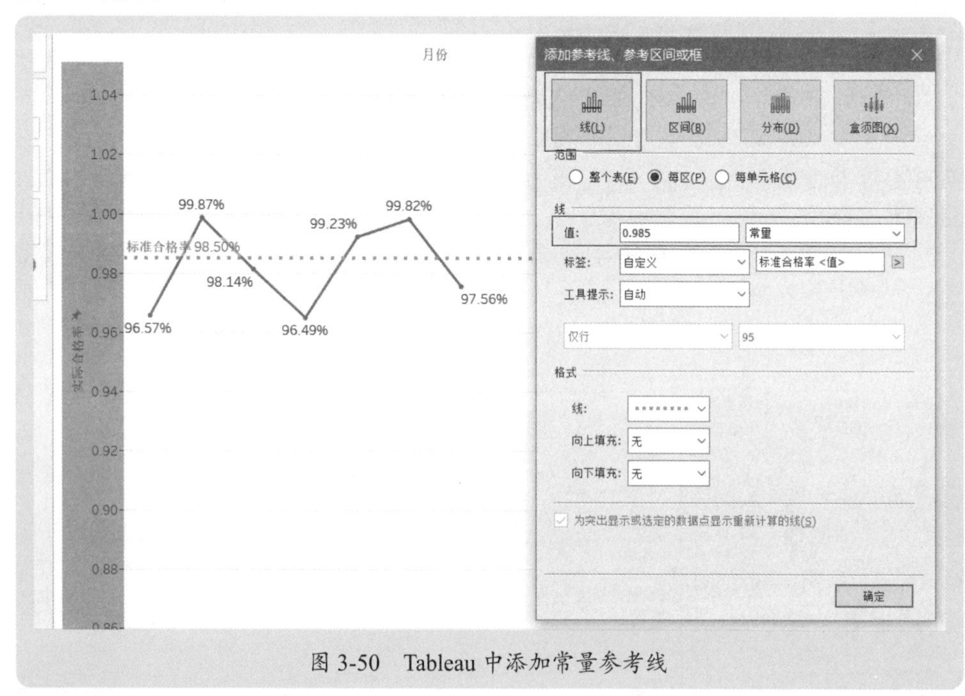

图 3-50　Tableau 中添加常量参考线

3.4.4 显示数据最大波动区间的图表

最大波动区间是指在给定的时间内，数据在最小值和最大值之间的最大波动变化量。图 3-51 是一个价格变化波动图表。本案例素材是“案例 3-6.xlsx”。

这个图表特点是：最高价格和最低价格为两条水平线，两者之间是价格波动区域，用灰色醒目标识这个波动区域。

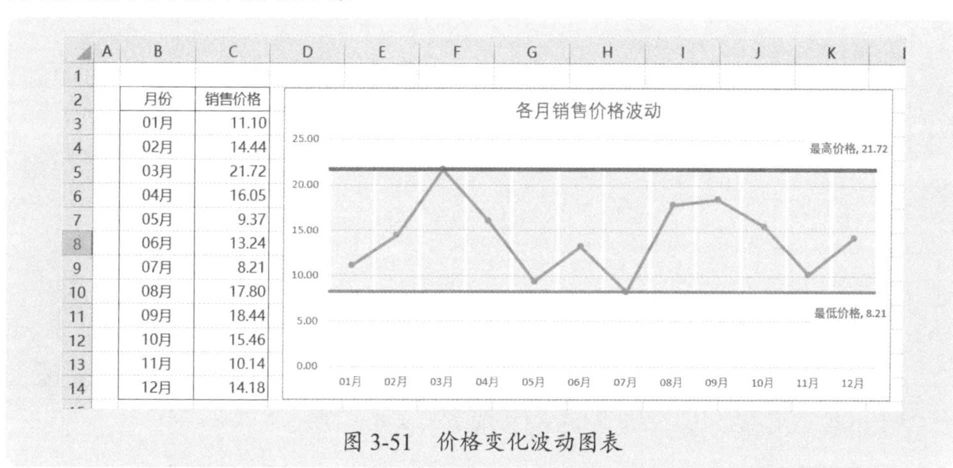

月份	销售价格
01月	11.10
02月	14.44
03月	21.72
04月	16.05
05月	9.37
06月	13.24
07月	8.21
08月	17.80
09月	18.44
10月	15.46
11月	10.14
12月	14.18

图 3-51　价格变化波动图表

在 Excel 上绘制这个图表稍微麻烦些。首先要设计辅助列，计算最高价格和最低价格，如图 3-52 所示，公式很简单，使用 MAX 函数和 MIN 函数计算即可。

月份	销售价格	最高价格	最低价格
01月	11.10	21.72	8.21
02月	14.44	21.72	8.21
03月	21.72	21.72	8.21
04月	16.05	21.72	8.21
05月	9.37	21.72	8.21
06月	13.24	21.72	8.21
07月	8.21	21.72	8.21
08月	17.80	21.72	8.21
09月	18.44	21.72	8.21
10月	15.46	21.72	8.21
11月	10.14	21.72	8.21
12月	14.18	21.72	8.21

图 3-52　计算最高价格和最低价格

用销售价格、最低价格、最高价格绘制基本折线图，如图 3-53 所示。

然后分别选择最低价格和最高价格最右侧的数据点，显示数据标签，标识出最低价格和最高价格。

将最低价格和最高价格设置为无标记、无轮廓，分别添加线性趋势线，向前向后推 0.5 周期，得到伸展到左右两侧的两条水平线。

为图表添加“高低点连线”，然后设置高低点连线的颜色和粗细，使之充满最低价格和最高价格之间的空间。

最后修改图表标题，删除图例，得到反映每个月价格变动波动的图表。

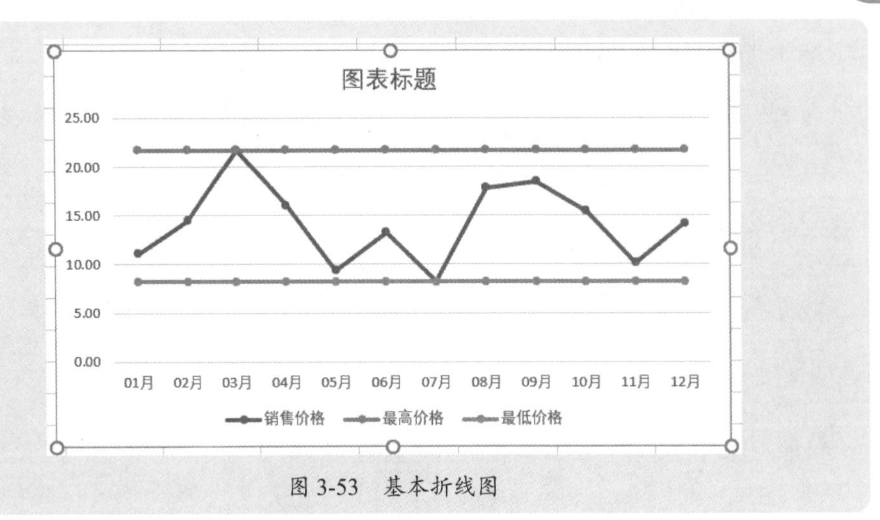

图 3-53　基本折线图

如果使用 Tableau 就非常简单，先绘制折线图，然后添加区间参考线（最大值和最小值），如图 3-54 所示，即可得到需要的图表。

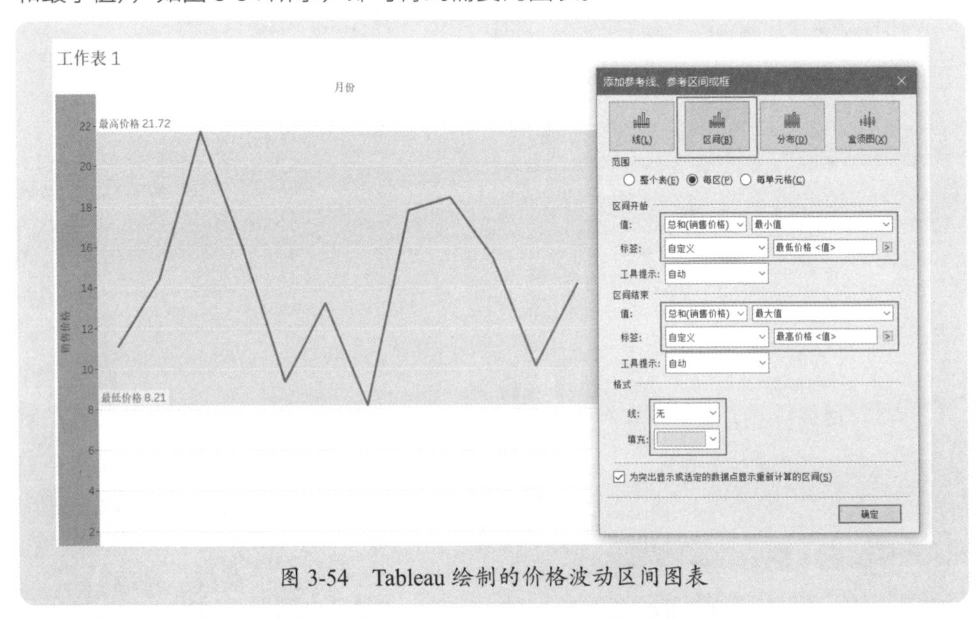

图 3-54　Tableau 绘制的价格波动区间图表

3.4.5 折线图与柱形图结合分析各月销售额和毛利

有时用柱形图和折线图来综合分析数据会更清楚，图表也会更有说服力。

如图 3-55 所示，用嵌套的柱形对比分析销售额和毛利，但是中间又添加了一个毛利的折线，这样对毛利的观察就更清楚。本案例素材是“案例 3-7.xlsx”。

这个图表绘制并不复杂，销售额绘制在主坐标轴上，毛利柱形和毛利折线绘制在次坐标轴上，然后分别设置柱形和折线格式，设置图表格式，得到一个信息清晰的图表。

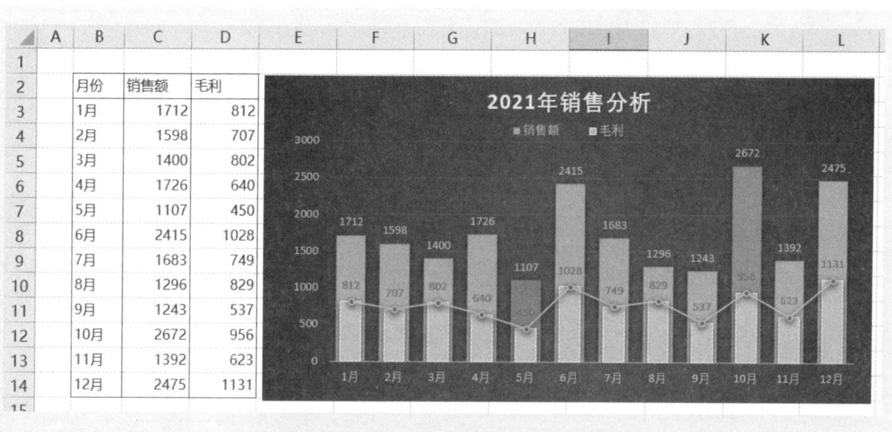

图 3-55　各月销售额和毛利分析

3.4.6 各月采购均价与销售均价差异分析

对于销售企业，销价与进价的比较是关心点之一，用图形标识出销价与进价的差异，则可以看出企业的盈利大小。

图 3-56 是一个示例图表，上下两条线分别表示销价和进价，中间的区域就是价差，即盈利区间。本案例素材是“案例 3-8.xlsx”。

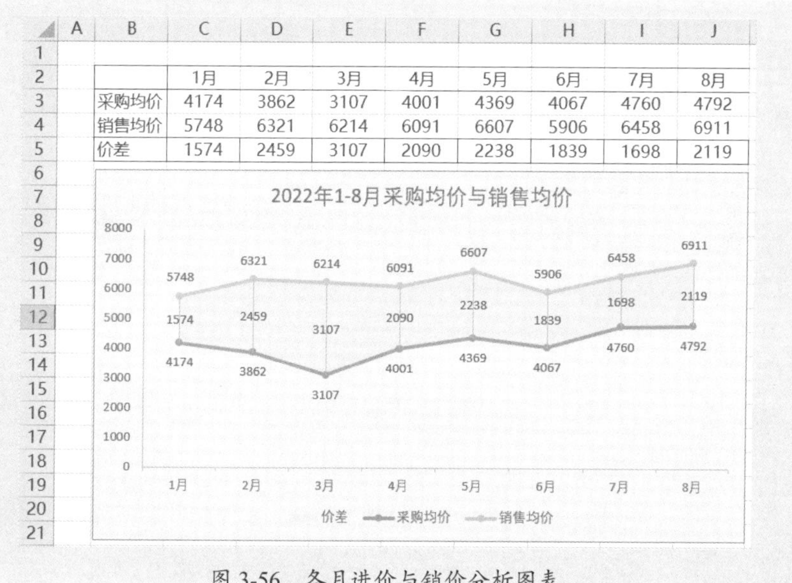

图 3-56　各月进价与销价分析图表

这是一个折线图与面积图的组合图表，绘制起来也不难。

首先用采购均价和价差绘制堆积面积图，如图 3-57 所示。

将系列“价差”面积设置为无填充、无轮廓，得到了价差波动图，如图 3-58 所示。

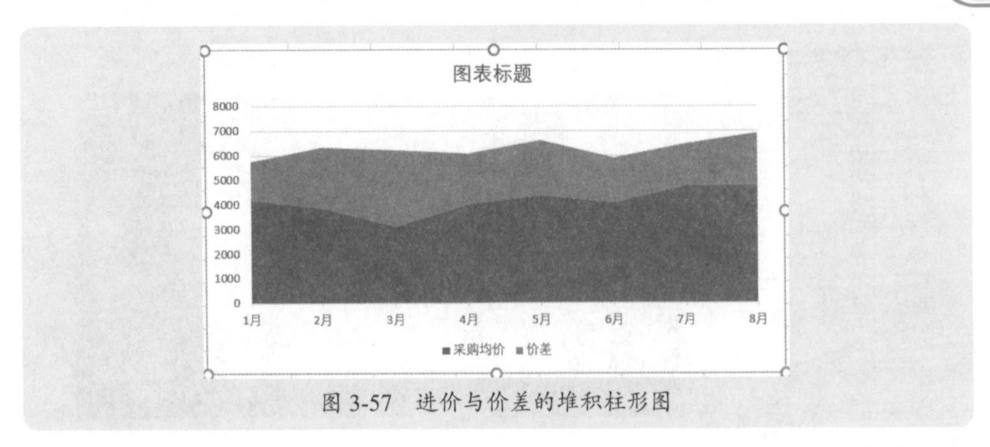

图 3-57　进价与价差的堆积柱形图

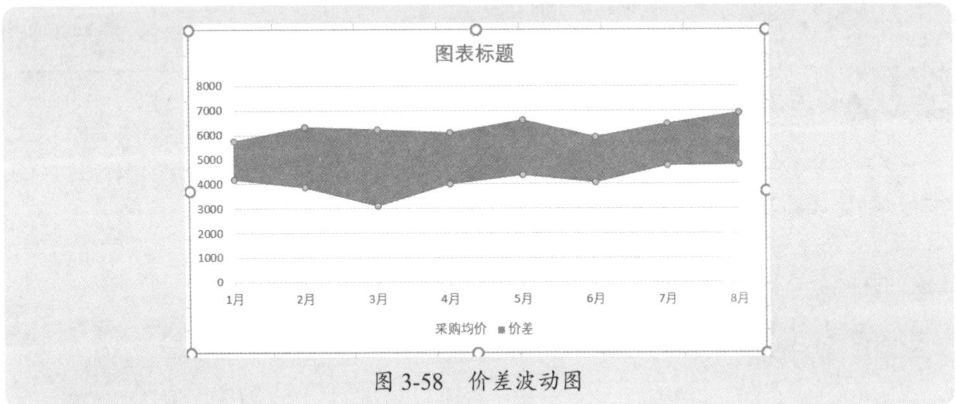

图 3-58　价差波动图

再在图表上添加系列“采购均价”和“销售均价”，将图表类型设置为带标记的折线图，如图 3-59 所示。

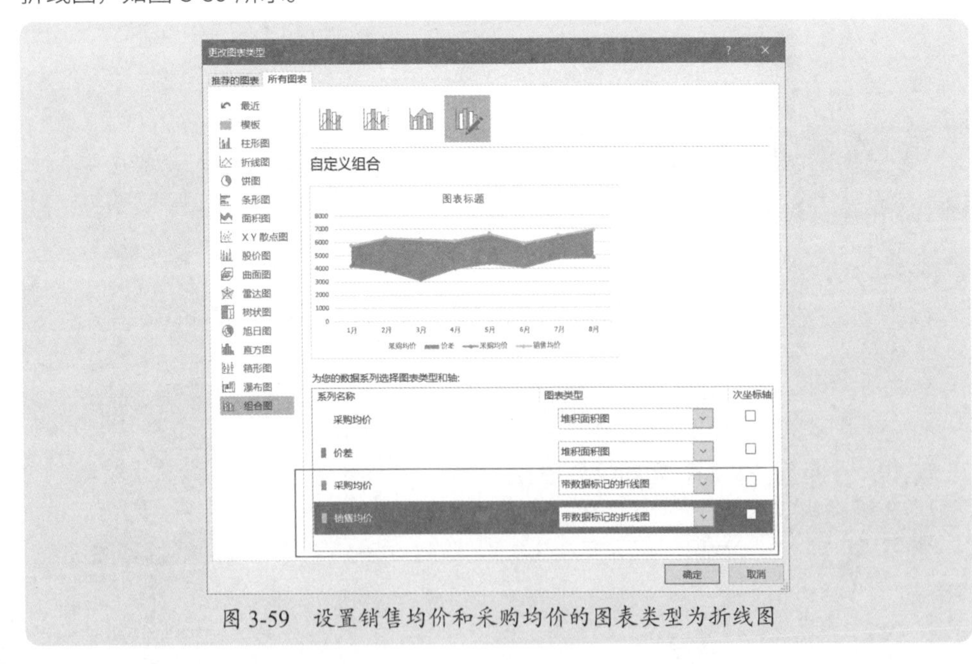

图 3-59　设置销售均价和采购均价的图表类型为折线图

为图表的所有系列添加数据标签，如图 3-60 所示。

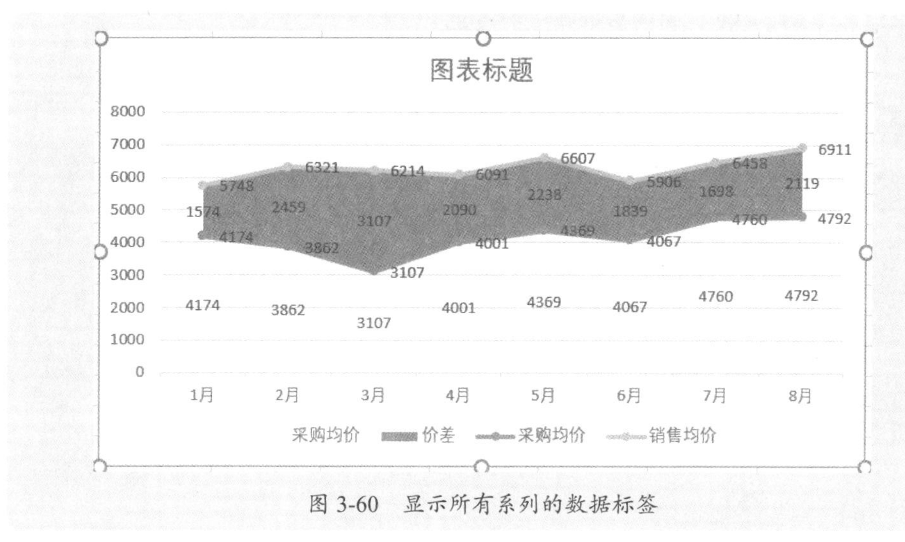

图 3-60 显示所有系列的数据标签

删除面积图里系列“采购均价”的系列标签，将折线图的系列“采购均价”数据标签显示在下方，将折线图的系列“销售均价”数据标签显示在上方，如图 3-61 所示。

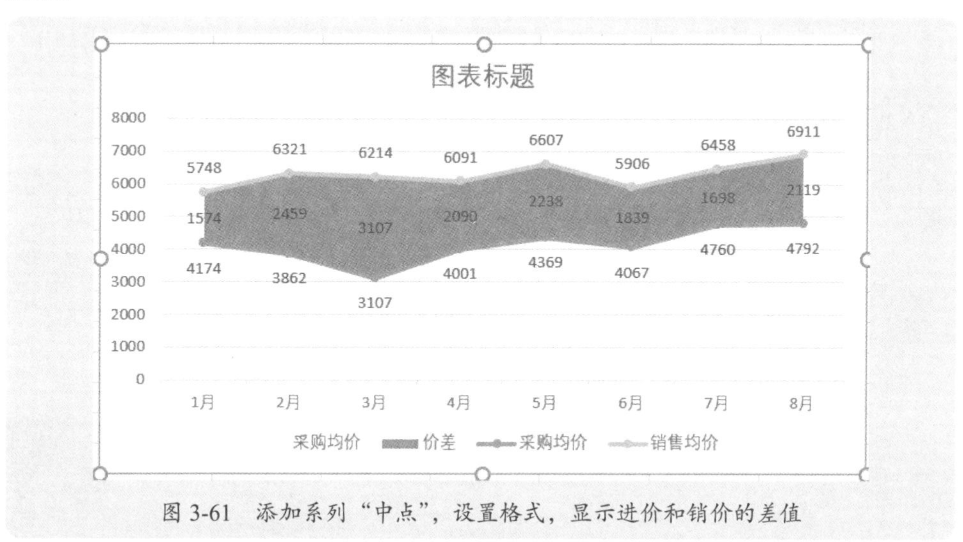

图 3-61 添加系列“中点”，设置格式，显示进价和销价的差值

最后将图表进行适当格式化处理，例如，修改图表标题，设置高低点连线，设置面积填充颜色，删除图例中多余的项，等等。

3.4.7 动态跟踪显示最新数据

如何绘制图表能够对当前最新的数据进行跟踪，并醒目标识？图表的效果如图 3-62 所示。本案例素材是“案例 3-9.xlsx”。

这个图表是几种类型图表的组合图表：以前月份数据是折线图和面积图，未来月份的水平虚线是折线图，当前数据点是折线图。

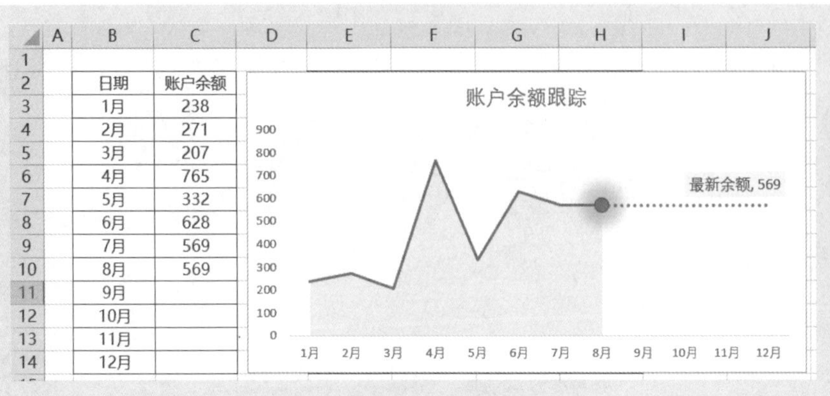

日期	账户余额
1月	238
2月	271
3月	207
4月	765
5月	332
6月	628
7月	569
8月	569
9月	
10月	
11月	
12月	

图 3-62　醒目跟踪最新数据的图表

首先设计辅助区域，如图 3-63 所示，设计公式如下。

单元格 F3：

```
=IF(C3<>"",C3,NA())
```

单元格 G3：

```
=IF(AND(C3<>"",C4<>""),NA(),LOOKUP(1,0/($C$3:$C$14<>""),$C$3:$C$14))
```

单元格 H3：

```
=IF(AND(C3<>"",ISNUMBER(G3)),C3,NA())
```

日期	账户余额		日期	账户余额	最新余额	最新点
1月	238		1月	238	#N/A	#N/A
2月	271		2月	271	#N/A	#N/A
3月	207		3月	207	#N/A	#N/A
4月	765		4月	765	#N/A	#N/A
5月	332		5月	332	#N/A	#N/A
6月	628		6月	628	#N/A	#N/A
7月	569		7月	569	#N/A	#N/A
8月	569		8月	569	569	569
9月			9月	#N/A	569	#N/A
10月			10月	#N/A	569	#N/A
11月			11月	#N/A	569	#N/A
12月			12月	#N/A	569	#N/A

图 3-63　设计辅助区域

选择数据区域 E3:F14，绘制折线图（注意，不能先绘制面积图），如图 3-64 所示。

选择单元格区域 F3:F14，按快捷键 Ctrl+C，再选择图表，按快捷键 Ctrl+V，为图表添加第二个账户余额数据系列。

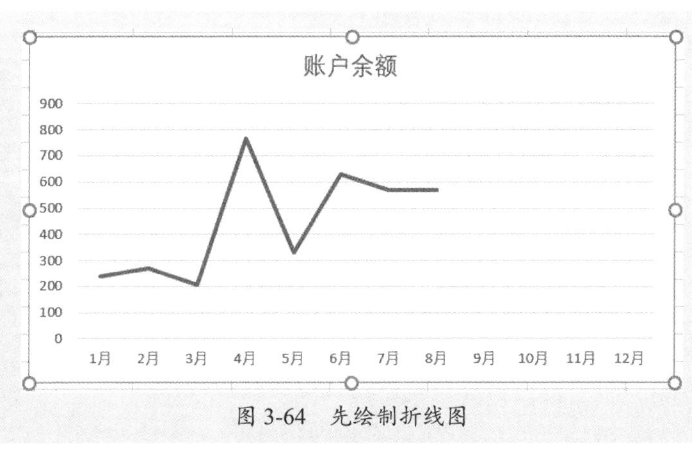

图 3-64 先绘制折线图

选择第二个账户余额系列，将其图表类型设置为面积，得到如图 3-65 所示的图表。

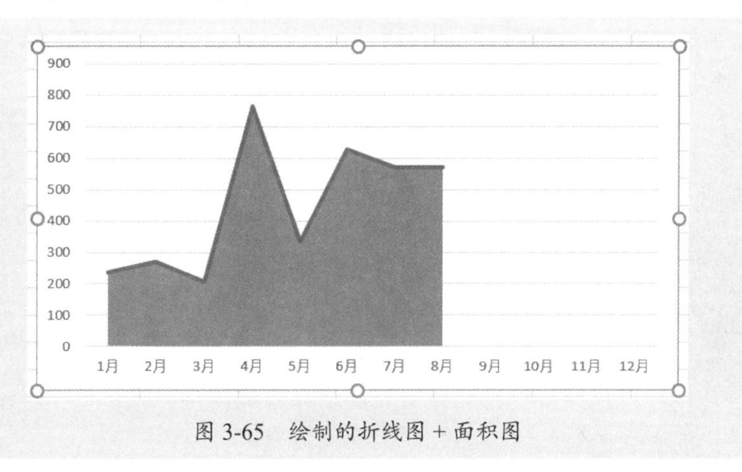

图 3-65 绘制的折线图 + 面积图

设置折线的线条格式和面积图的填充颜色，如图 3-66 所示。

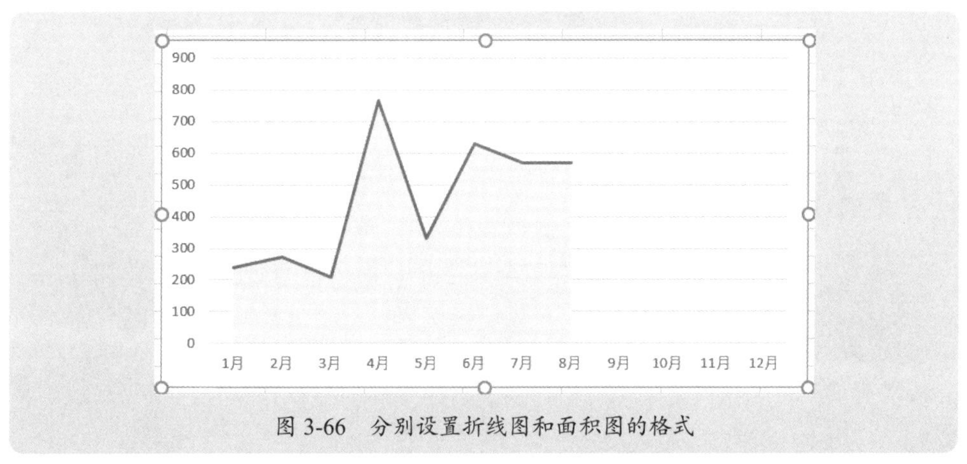

图 3-66 分别设置折线图和面积图的格式

选择单元格区域 G3:G14，按快捷键 Ctrl+C，再选择图表，按快捷键 Ctrl+V，为图表添加一个新系列，并将其图表类型设置为折线，设置折线的线形为虚线，如图 3-67 所示。

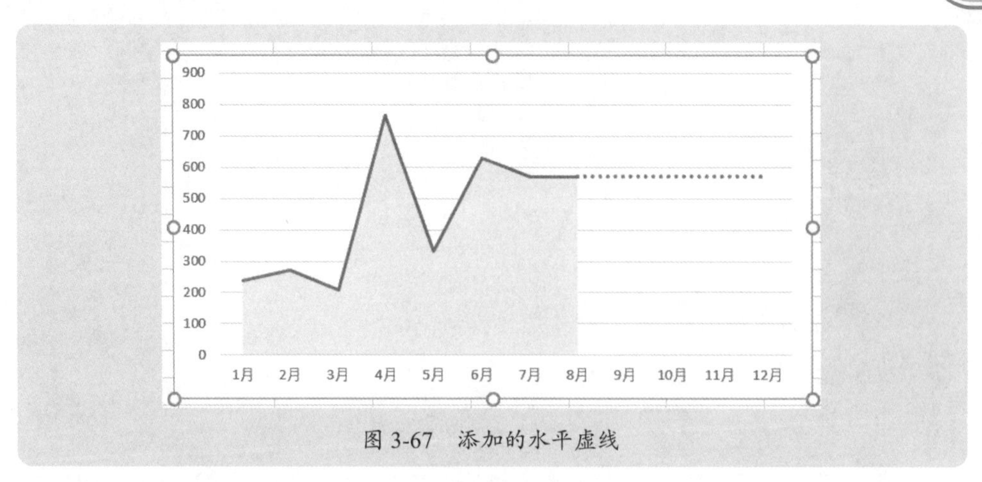

图 3-67　添加的水平虚线

选择单元格区域 H3:H14，按快捷键 Ctrl+C，再选择图表，按快捷键 Ctrl+V，为图表添加一个新系列，该数据系列只有一个数据点标记，然后设置这个数据点标记格式（颜色、边框和发光效果），如图 3-68 所示。

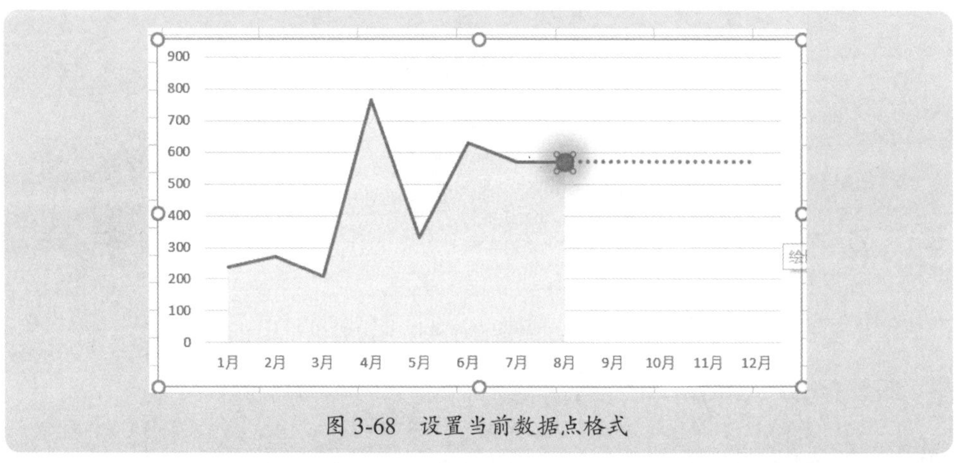

图 3-68　设置当前数据点格式

再单击虚线，选择虚线系列最右侧的数据点，显示数据标签，如图 3-69 所示。

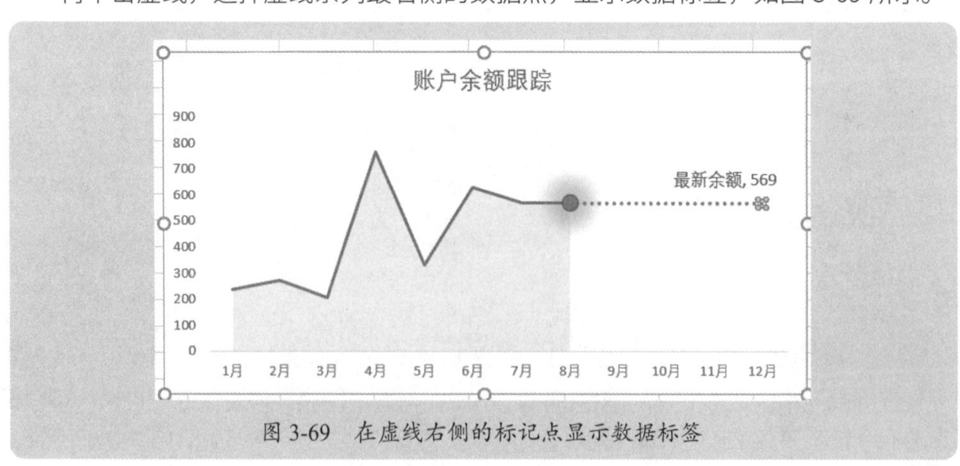

图 3-69　在虚线右侧的标记点显示数据标签

最后设置数据标签格式，添加图表标题，对其他项目进行必要的设置，得到需要的图表效果。

这样当数据增加或减少时，最新余额点自动变化，如图 3-70 所示。

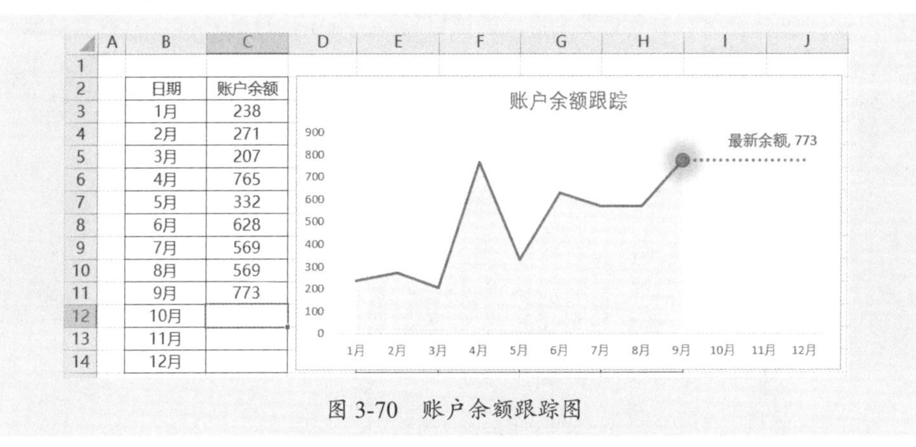

图 3-70　账户余额跟踪图

3.4.8 跟踪分析不同类别产品的销售额和毛利变化

有这样一个汇总表，是两种类别产品在各月的销售额和毛利，如图 3-71 所示。如何对这个表格数据进行可视化处理？本案例素材是“案例 3-10.xlsx”。

月份	销售额		毛利	
	商品	零件	商品	零件
1月	6,456	19,875	2,577	6,764
2月	8,764	16,589	3,812	4,789
3月	15,799	8,764	5,898	2,287
4月	4,989	21,398	1,236	9,898
5月	9,876	17,656	3,678	6,423
6月	14,678	18,764	7,765	5,436
7月	9,743	13,984	2,879	3,265
8月	15,094	9,356	6,845	2,279
9月	17,690	12,856	8,357	2,968
10月	21,779	16,435	10,691	3,632
11月	8,084	13,678	2,745	3,824
12月	11,876	9,632	3,808	3,688
合计	144,828	178,987	60,291	55,253

图 3-71　两类产品的各月销售额和毛利

可视化的目的，是为了便于快速发现数据背后的秘密，找出用户最关心的问题。因为可视化的目的不是为了可视化，绘制图表也不仅是为了得到图表。那么，针对这个表格，为了发现什么问题呢？

首先，每类产品在各月的销售额和毛利情况如何？即每个月的销售额是多少，毛利是多少？这里针对商品和零件两大类分别来分析，因此，可以绘制如图 3-72 所示的图表。

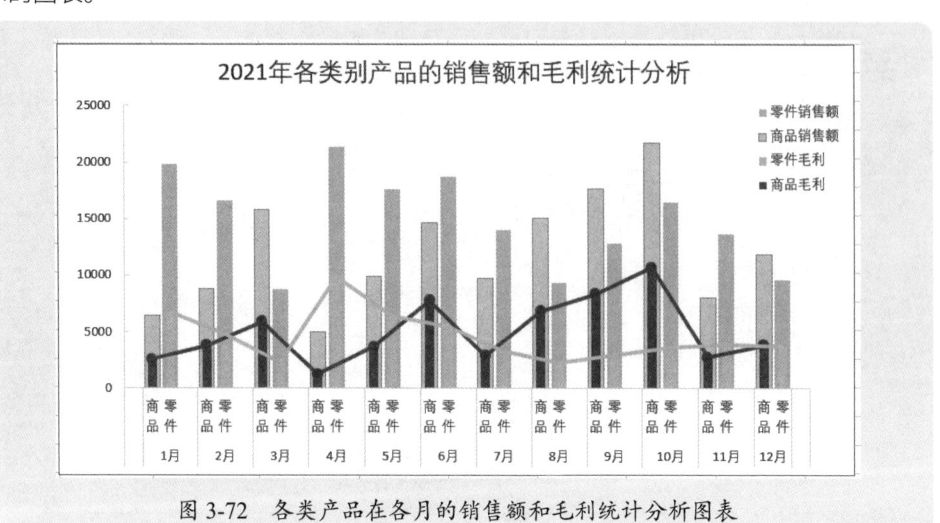

图 3-72　各类产品在各月的销售额和毛利统计分析图表

这个图表的特点是：每类产品的销售额和毛利绘制为嵌套柱形图，外面的柱形是销售额，内部嵌套的柱形是毛利，并用一条折线来醒目表示各月毛利的波动，两条折线分别表示商品和零件各月的毛利，因此可以直接看出商品和零件在各月的毛利大小以及变化趋势。例如，下半年的商品毛利明显高于零件毛利。

这个图表需要设计辅助区域来绘制，辅助区域如图 3-73 所示。

	X	Y	Z	AA	AB	AC	AD	AE
1								
2				商品销售额	商品毛利	零件销售额	零件毛利	
3								
4		1月	商品	6,456	2,577			
5			零件			19875	6764	
6								
7		2月	商品	8,764	3,812			
8			零件			16589	4789	
9								
10		3月	商品	15,799	5,898			
11			零件			8764	2287	
12								
13		4月	商品	4,989	1,236			
14			零件			21398	9898	
15								
16		5月	商品	9,876	3,678			
17			零件			17656	6423	
18								
19		6月	商品	14,678	7,765			
20			零件			18764	5436	
21								
22		7月	商品	9,743	2,879			
23			零件			13984	3265	
24								
25		8月	商品	15,094	6,845			
26			零件			9356	2279	
27								
28		9月	商品	17,690	8,357			
29			零件			12856	2968	
30								
31		10月	商品	21,779	10,691			
32			零件			16435	3632	
33								
34		11月	商品	8,084	2,745			
35			零件			13678	3824	
36								
37		12月	商品	11,876	3,808			
38			零件			9632	3688	

图 3-73　设计辅助区域

利用 Y 列和 Z 列作为横轴（分类轴）区域，AA 列至 A 多列作为数值区域，绘制基本柱形图，如图 3-74 所示。

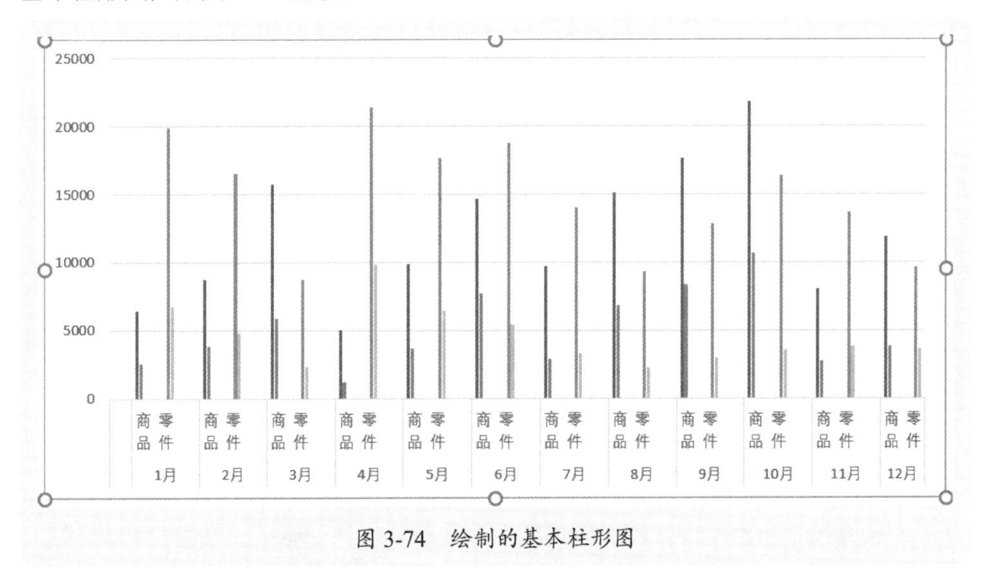

图 3-74　绘制的基本柱形图

打开“更改图表类型”对话框，分别将两个毛利绘制在次坐标轴上，如图 3-75 所示，得到如图 3-76 所示的堆积柱形图。

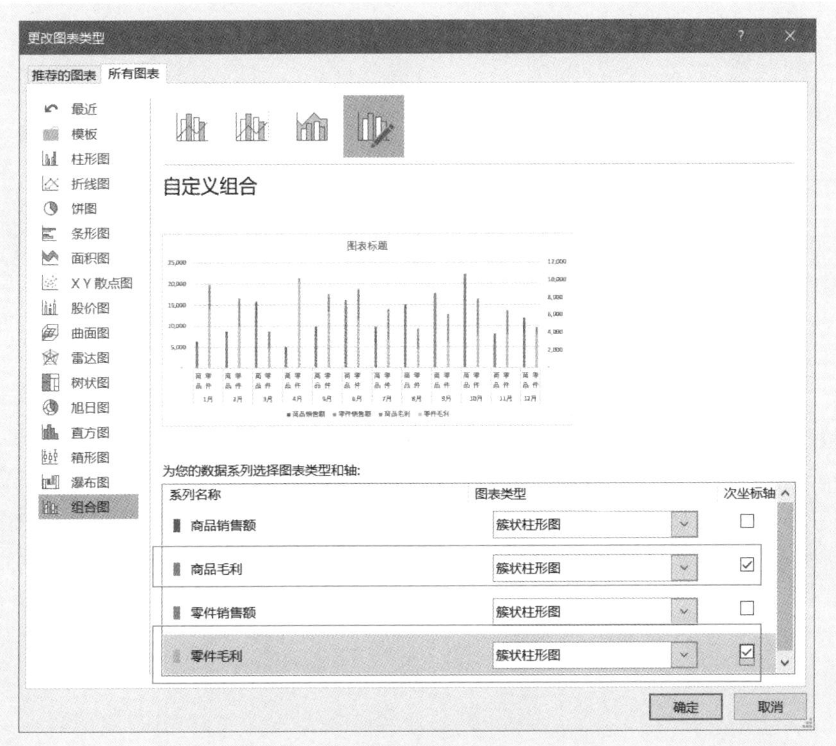

图 3-75　将两个毛利绘制在次坐标轴

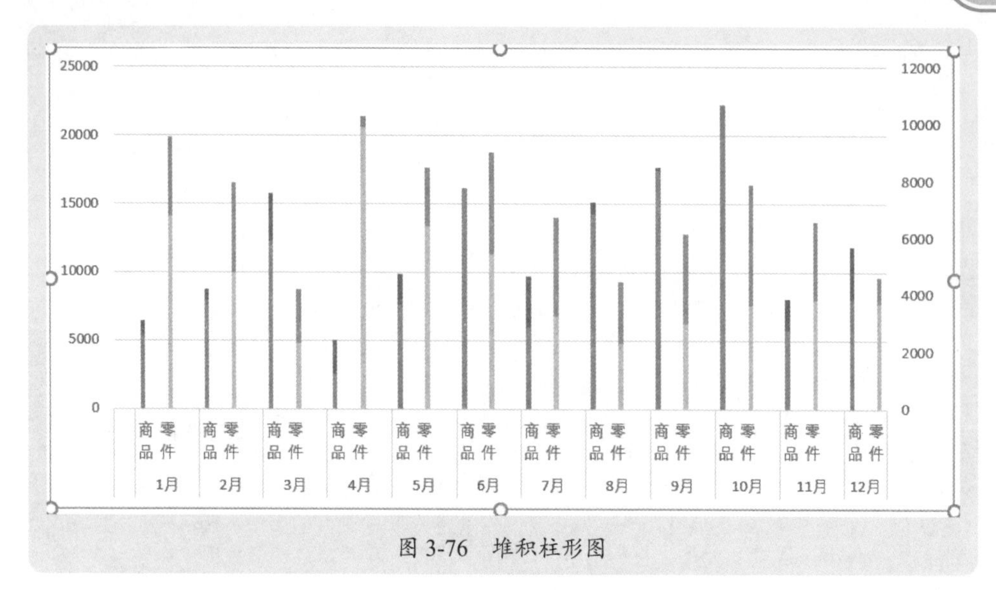

图 3-76 堆积柱形图

分别选择选择销售额和毛利，将系列的重叠比例设置为100%，再调整间隙宽度，让毛利嵌套在销售额里面，然后再删除图表右侧的次数值轴，让销售额和毛利的坐标刻度自动变为一致，效果如图 3-77 所示。

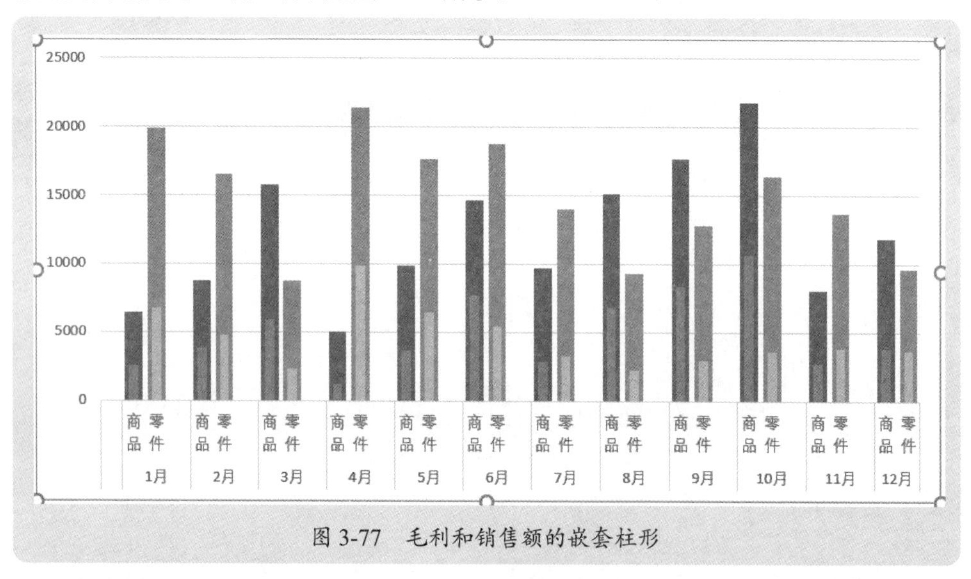

图 3-77 毛利和销售额的嵌套柱形

再将两个毛利分别添加到图表上，设置数据类型为折线（注意，这两个新添加的毛利，仍然必须绘制在次坐标轴上），然后再设置用直线连接数据点，如图 3-78 所示，得到如图 3-79 所示的图表，最后，再对图表进行适当的格式化处理即可。

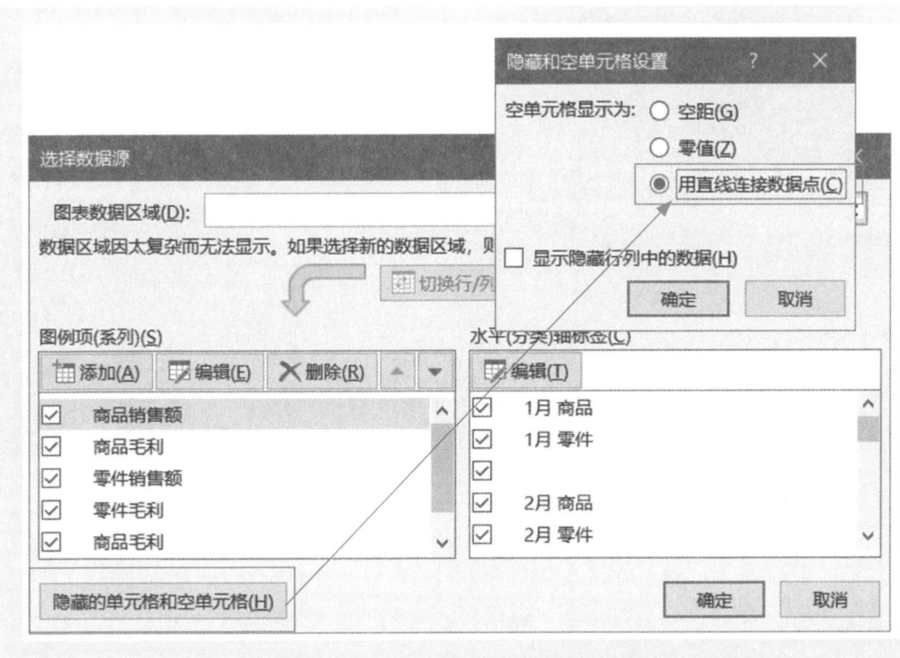

图 3-78　用直线连接不连续的数据点

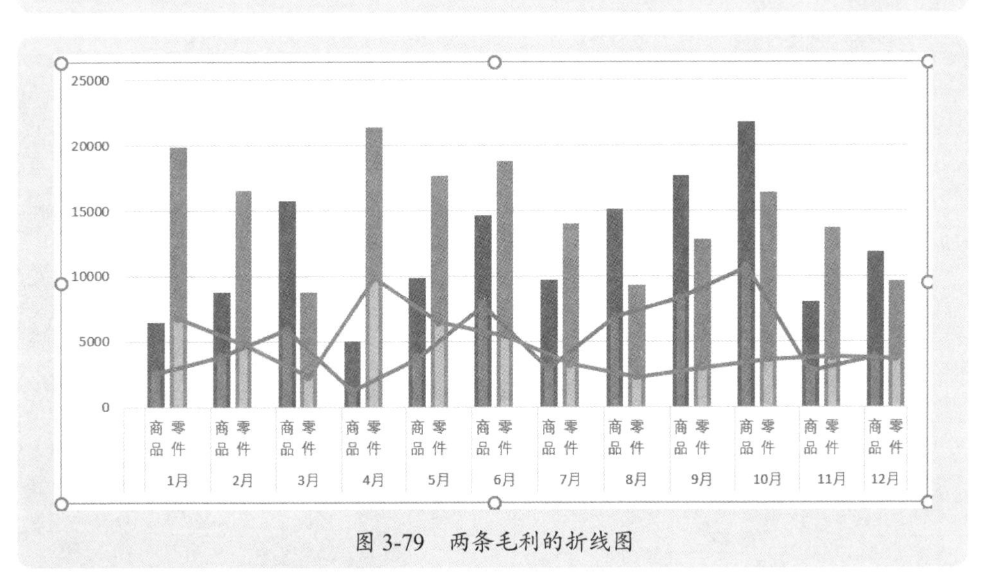

图 3-79　两条毛利的折线图

第 4 章

结构与占比分析

结构与占比分析，是指分析各项目的占比份额谁多谁少。在结构与占比分析中，常用的图表有饼图、圆环图、树状图、旭日图、排列图等，甚至柱形图、条形图、折线图、面积图等，也可以用来做结构分析。

4.1 结构与占比分析之基本图表：饼图

饼图是最常用的结构分析图表类型，一提到结构分析，大部分人马上会想到绘制饼图。但是，饼图并不是任何一个场合都适合，并且在绘制饼图时，需要注意一些问题。

本节案例素材是“案例 4-1.xlsx”。

4.1.1 饼图适用场合

饼图仅仅适用于项目不多，并且各项目相差不是很悬殊的场合。如果项目很多，或者项目名称很长，绘制饼图就不合适。当显示数据标签时，会显得拥挤不堪，同样也无法显示清晰的项目名称。

图 4-1 是一个普通的饼图示例，项目不多，彼此差别并不悬殊，各项目能清晰展示。

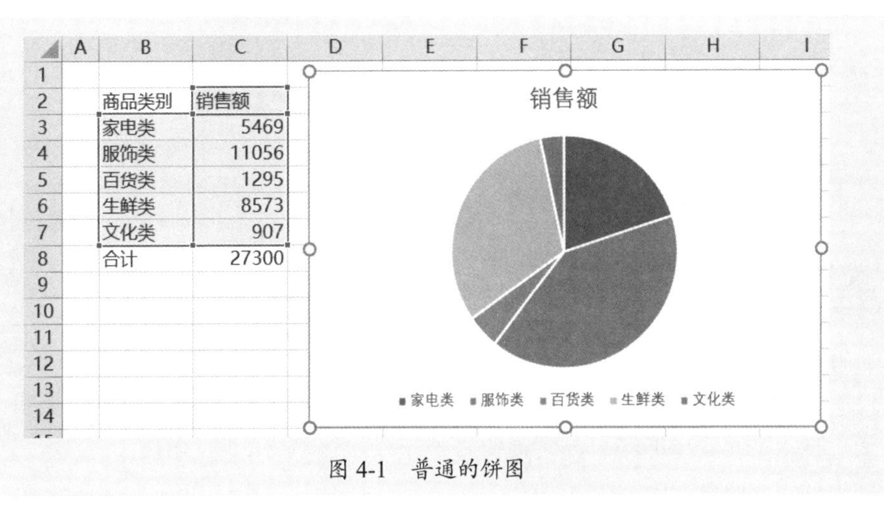

图 4-1 普通的饼图

图 4-2 是项目名称很长的饼图，并且每个项目的数量相差较大，此时的饼图就显得乱，数据阅读性很差，此时，饼图并不是最好的选择。

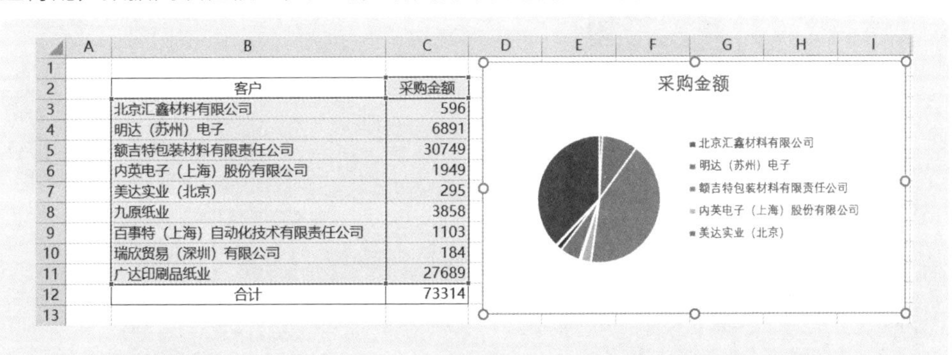

图 4-2 项目数据价差很大、名称较长时，饼图并不是最好的选择

4.1.2 最好先对各项目进行排序

与绘制柱形图一样，如果对各项目按照原始顺序绘制饼图，每块扇形就会大小交叉，不易于阅读，在许可的情况下，可以先对项目进行排序，然后再绘制饼图。

如果将图 4-1 所示的数据先做降序排序然后再绘制饼图，得到如图 4-3 所示的饼图。比较图 4-1 和图 4-3，可以看出图 4-3 比图 4-1 更清晰。

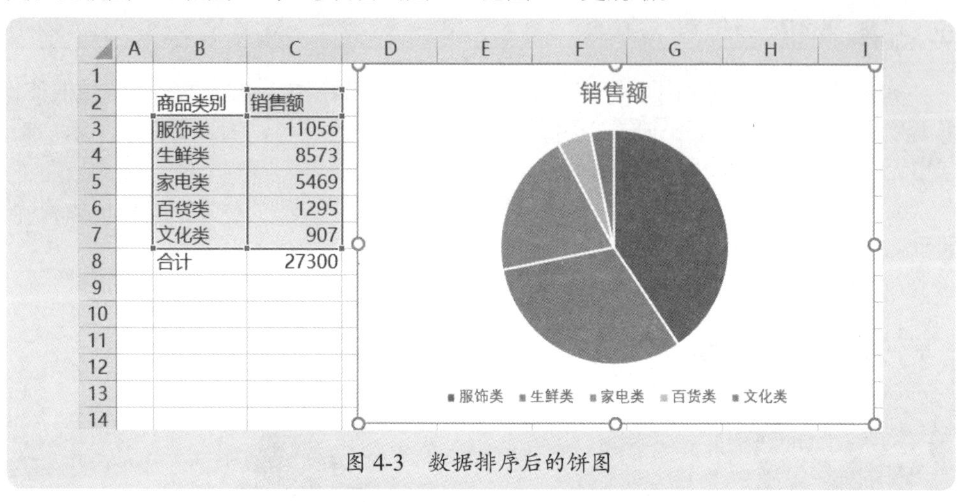

图 4-3 数据排序后的饼图

4.1.3 旋转扇形角度，以更清晰的角度展示数据

如图 4-4 所示，最大的扇形在右上角，因为扇形的坐标轴原点在上方正中间，各项目按顺时针排列，此时，不太符合人们的阅读习惯，如果希望最大的扇形在左侧，右侧是比较小的项目，则需要对第一扇区起始角度进行调整。

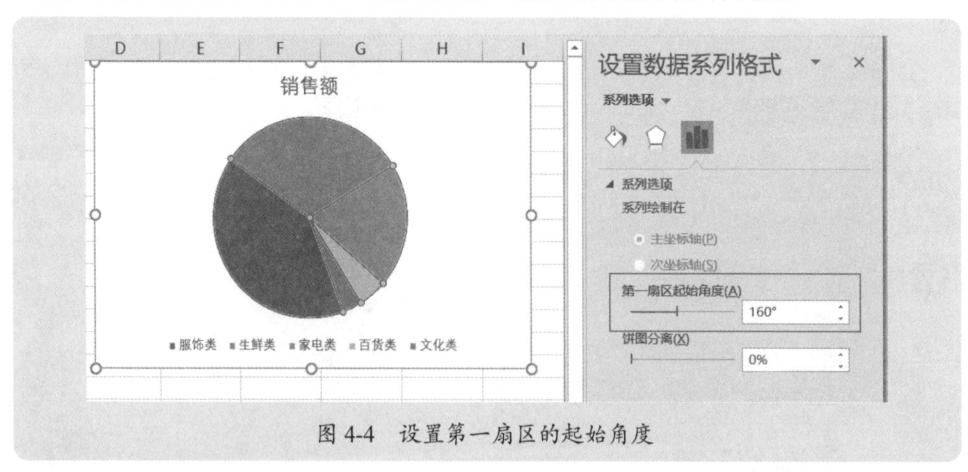

图 4-4 设置第一扇区的起始角度

4.1.4 设置数据标签

对于饼图而言，一般要显示数据标签，标签内容主要是类别名称、值、比例，以及标签的位置。默认情况的标签是值，位置是最佳匹配，但实际上不一定是用户需要的内容和最佳位置，因此需要重新设置标签，如图 4-5 所示。

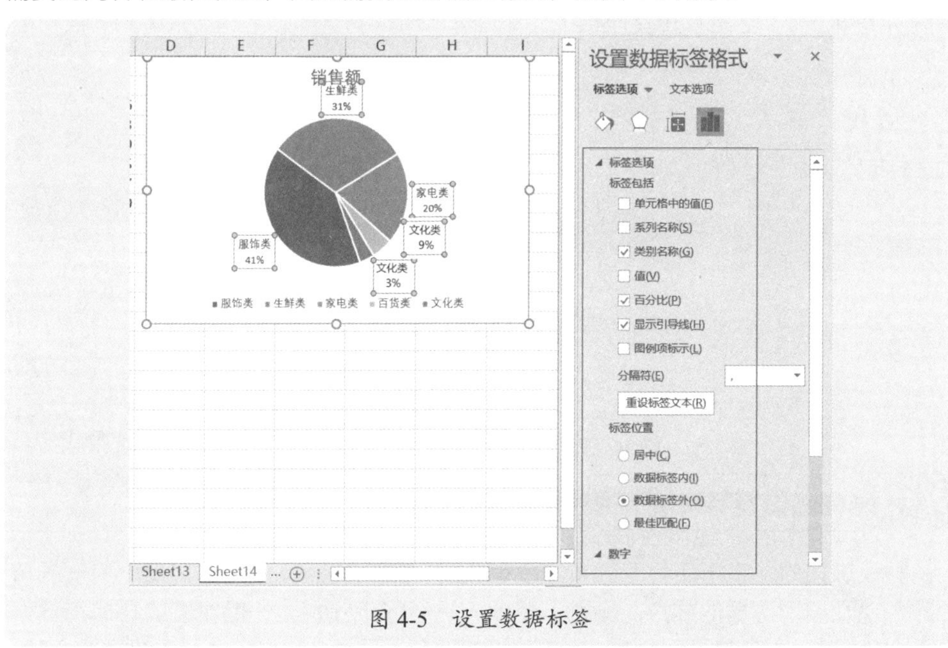

图 4-5　设置数据标签

如果标签显示百分比，默认没有小数点，需要对数字格式进行设置，如图 4-6 所示。

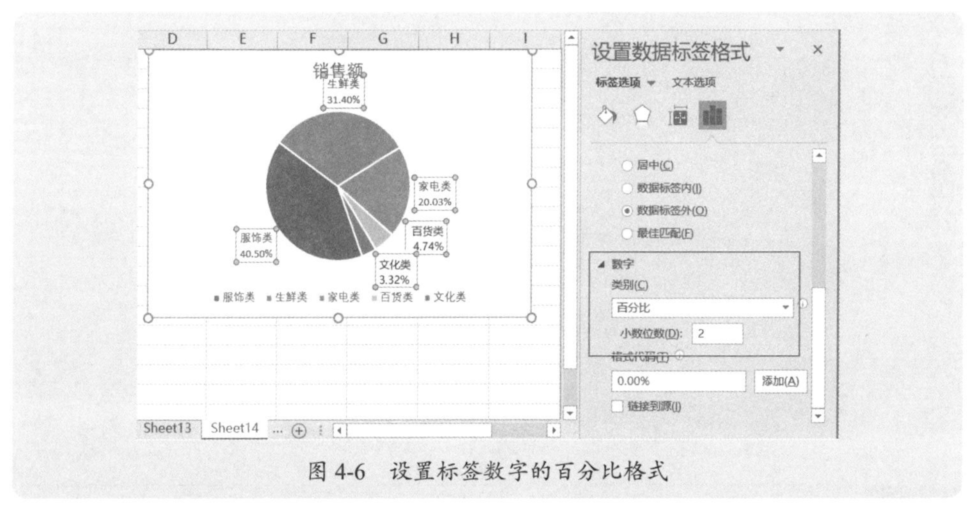

图 4-6　设置标签数字的百分比格式

此外，如果各项目的数据标签挤在一起，则还需要将这些标签手动拖至适当的位置，让彼此能更清楚地显示出来。

当数据标签显示类别名称时，就不需要在图上再显示图例，因此可以将图例删除。

4.1.5 分离扇形，强化某个项目

如果要引导图表使用者关注某个特殊的项目，可以单独选中这个项目扇形，将其拖出饼图范围，即分离出某个扇形，如图 4-7 所示。

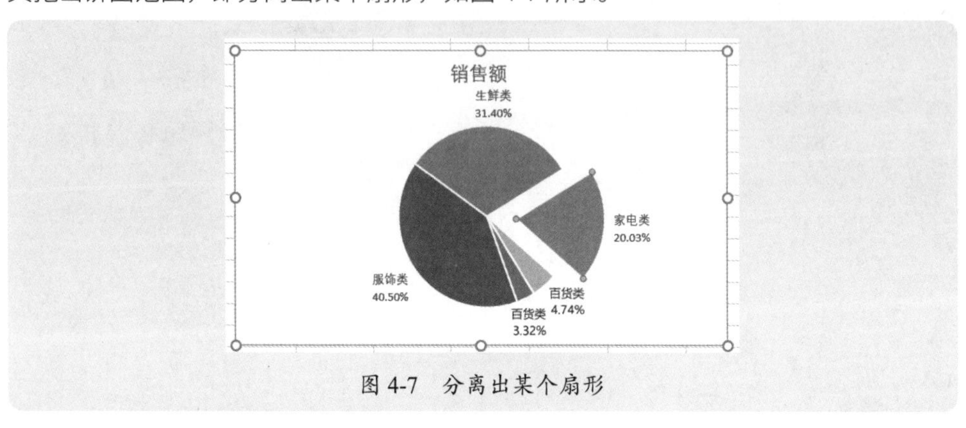

图 4-7　分离出某个扇形

4.1.6 仔细设置每块扇形的颜色和边框

默认饼图的各扇形颜色不好看，色差太大，很不美观，还需要对每个扇形的填充颜色以及扇形边框的线形、颜色、粗细等进行仔细设置。一般饼图的各扇形最好是一个色系的，或者是不同色系、色差不大的颜色。图 4-8 就是一个简单设置的饼图，比默认的形成要美观得多。

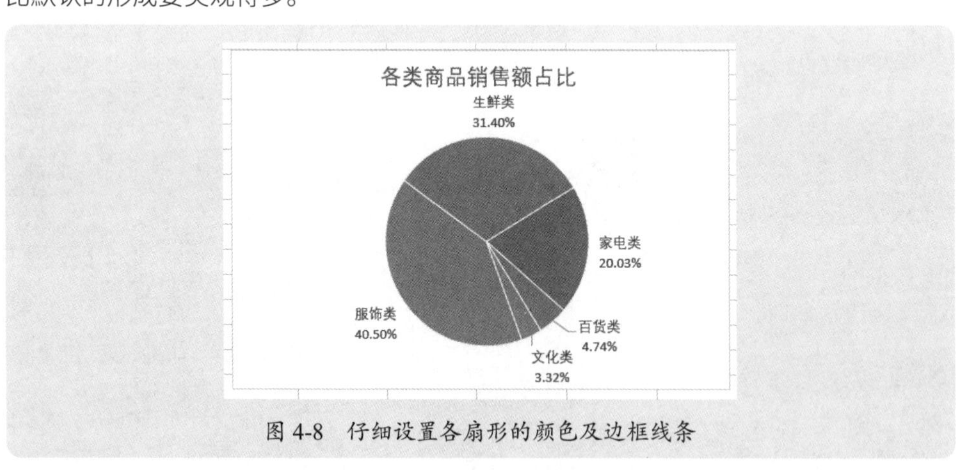

图 4-8　仔细设置各扇形的颜色及边框线条

4.1.7 整体协调的处理

标签、标题、引导线等，需要仔细设置和调整，目的是为了让饼图信息清晰，

图表美观。

图 4-9 是一个基本的协调处理，这里使用形状（线条）来标注数据标签，并且手动将标签拖至适当位置，使其整齐。尽管这样的设置稍微麻烦些，但是也是必需的。

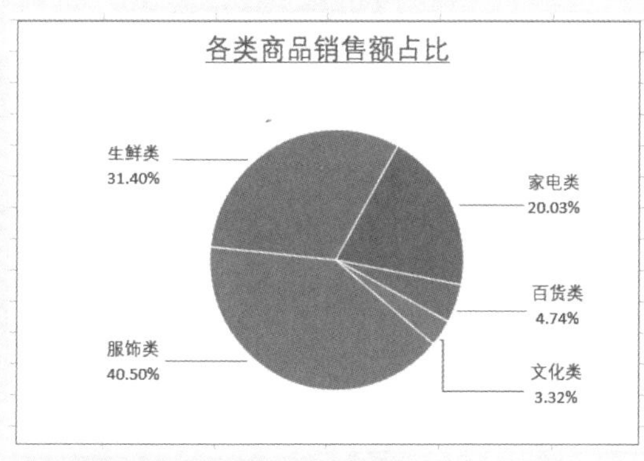

图 4-9　使用线条来引导标注数据标签

4.2　结构与占比分析之基本图表：圆环图

圆环图也是最常用的结构分析图表类型，其在分析数据结构时，与饼图的道理一样，区别是饼图是实心的，圆环图中间是空心的，但这个空心使得圆环图在大多数情况下比饼图要看起来美观得多。

本节案例素材是“案例 4-2.xlsx”。

4.2.1　圆环图适用场合

与饼图一样，圆环图也仅仅适合项目不多，并且各项目相差不是很悬殊的场合。图 4-10 是一个基本的圆环图示例。

在绘制圆环图时，最好对各项目进行排序，这样可以使得圆环的各扇区看起来协调美观。

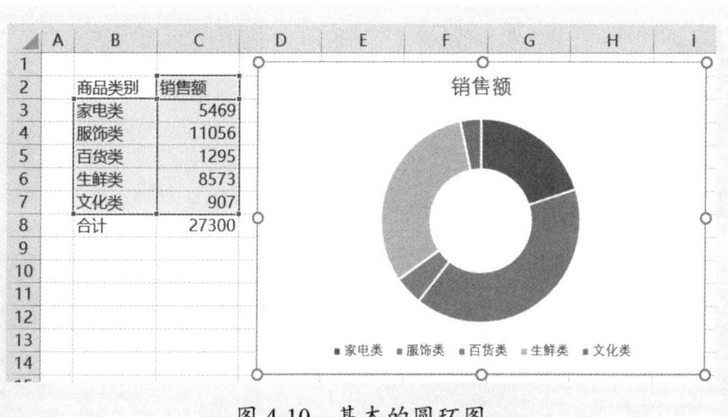

商品类别	销售额
家电类	5469
服饰类	11056
百货类	1295
生鲜类	8573
文化类	907
合计	27300

图 4-10　基本的圆环图

4.2.2 调整圆环大小

默认的圆环大小并不好看，此时，可以调整圆环的大小为一个合适的比例，如图 4-11 所示。

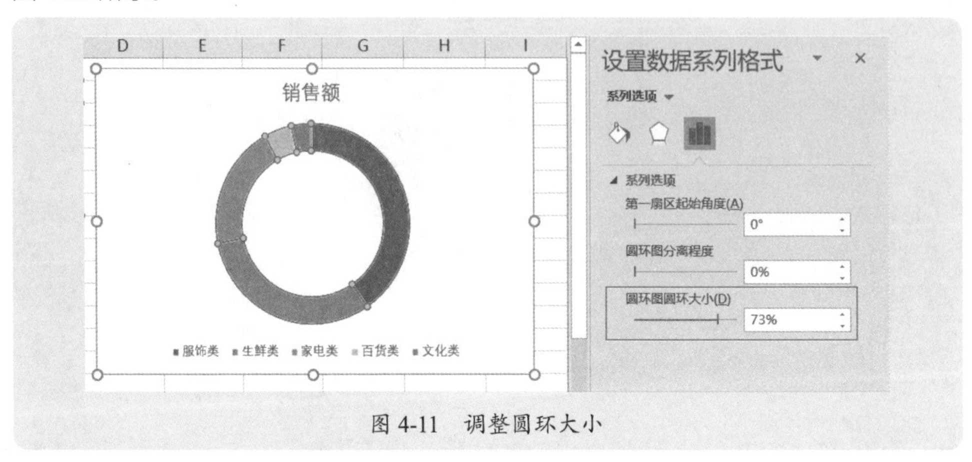

图 4-11　调整圆环大小

4.2.3 设置第一扇区起始角度

与饼图一样，很多情况下，需要设置第一扇区的起始角度，以便让圆环图的各扇形处于适当位置，易于观察和分析，如图 4-12 所示。

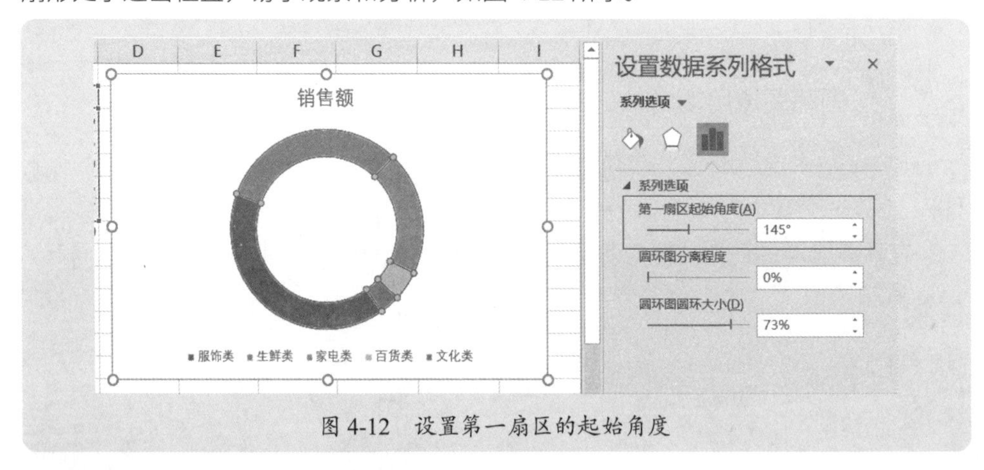

图 4-12　设置第一扇区的起始角度

4.2.4 仔细设置每个扇区的颜色和边框

默认的圆环图，每个扇区的颜色也不美观协调，因此也需要进行重新设置，设置原则和注意事项与饼图一样。图 4-13 是一个对各扇区颜色和边框设置后的效果。

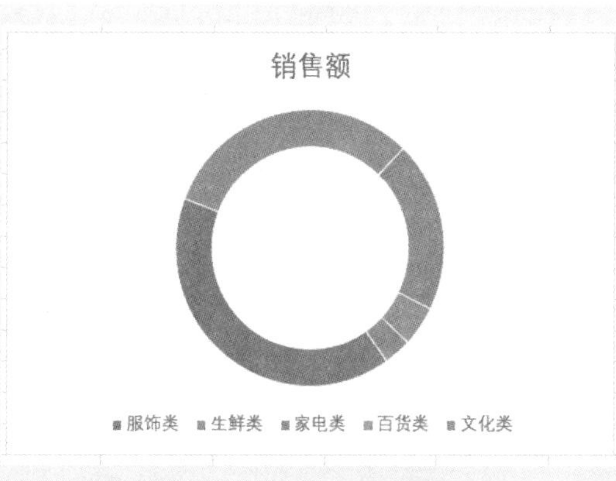

图 4-13　设置各扇区的颜色和边框

4.2.5 设置标数据签的技巧

默认情况下在圆环图上显示数据标签，标签显示在每个扇区的中间，很不好看，如图 4-14 所示。

解决这个问题的方法之一，是手动拖放每个标签至合适的位置，如图 4-15 所示。

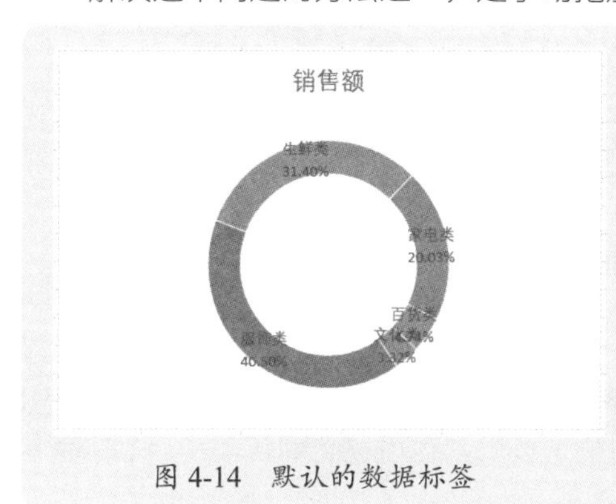

图 4-14　默认的数据标签

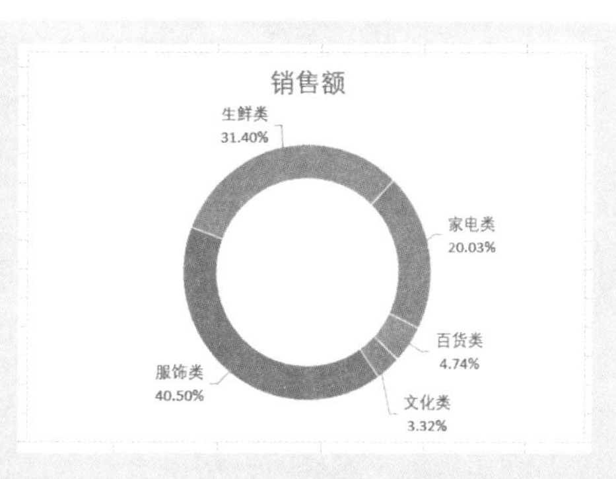

图 4-15　手动拖放标签，调整位置

不过，这种手动拖放，一方面比较麻烦，另一方面，如果旋转角度，标签位置会更乱。可以绘制两个数据系列的圆环图，将其中一个系列显示标签。下面是基本方法和步骤。

首先在圆环图上再添加一个系列“销售额”，如图 4-16 所示。

内侧圆环已经设置好格式，暂时不管。选择外部的圆环，将其设置为无填充、无线条，即将其设置为透明，然后在这个圆环上显示数据标签，得到如图 4-17 所示的效果。

但是，在同时显示类别名称和百分比数字的情况下，数据标签仍然显得不好看，没有在合适的位置，此时，可以在原始的圆环图上，再添加两个销售额系列，外侧的两个圆环设置为透明，最外侧的圆环显示标签，可以达到比较好的效果，如图 4-18 所示。

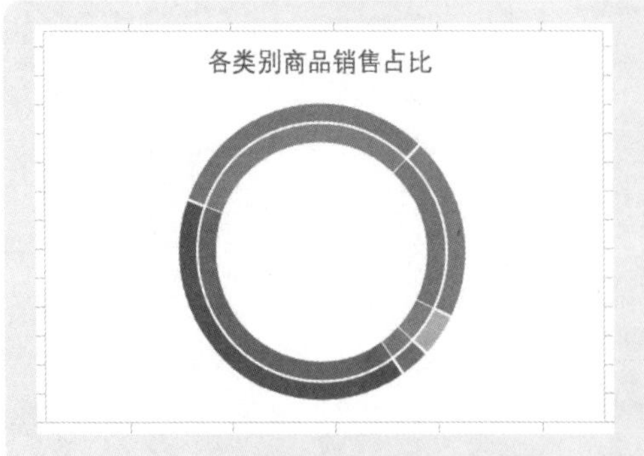

图 4-16　再添加一个系列“销售额”

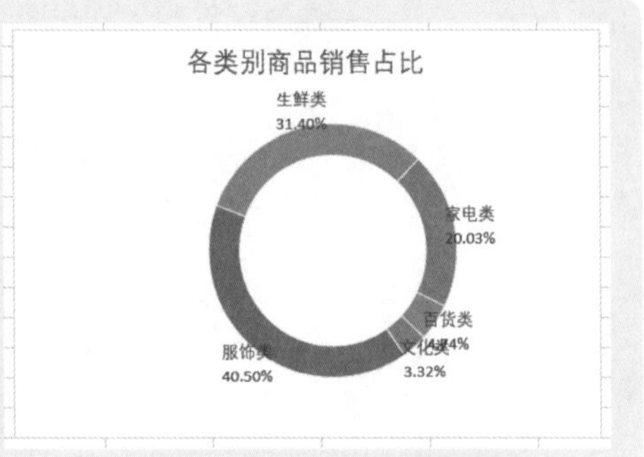

图 4-17　设置外圆环的格式和数据标签

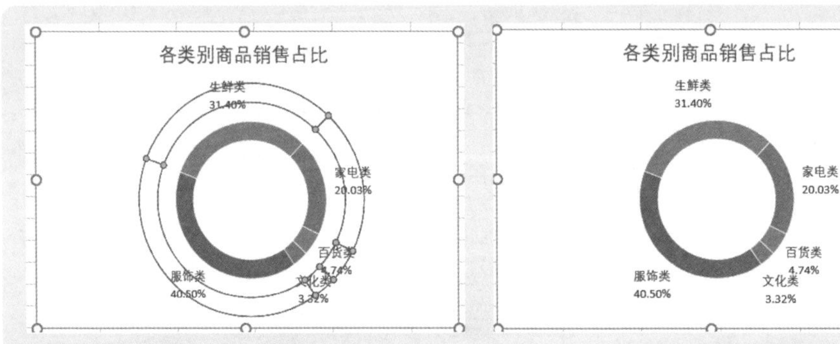

图 4-18　绘制 3 个系列的圆环图，外侧两个圆环设置为透明，最外侧的圆环显示标签

4.2.6 在圆环中间空白部分显示重要信息

尽管圆环图中间有一大块空白，看起来好像没用，但是这块空白可以用来显示重要信息，例如，插入文本框，与销售总额单元格建立链接，显示销售总额，等等，如图 4-19 所示，这样，既可以看到销售总额是多少，也可以看到各类别商品的销售占比是多少。

这块空白区域，还可以叠加放置一个图表，例如各商品的排名柱形图，如图 4-20 所示。

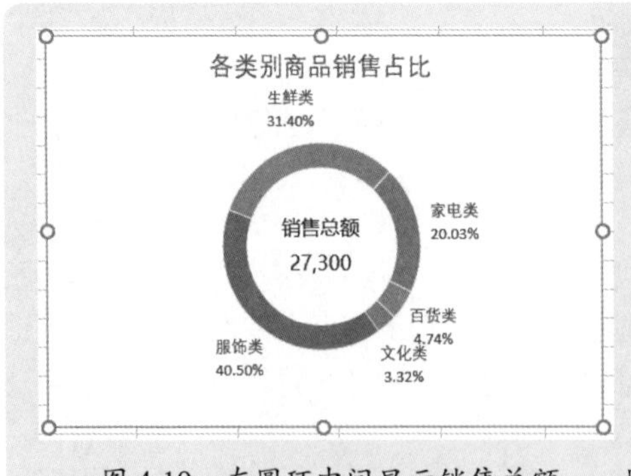

图 4-19　在圆环中间显示销售总额

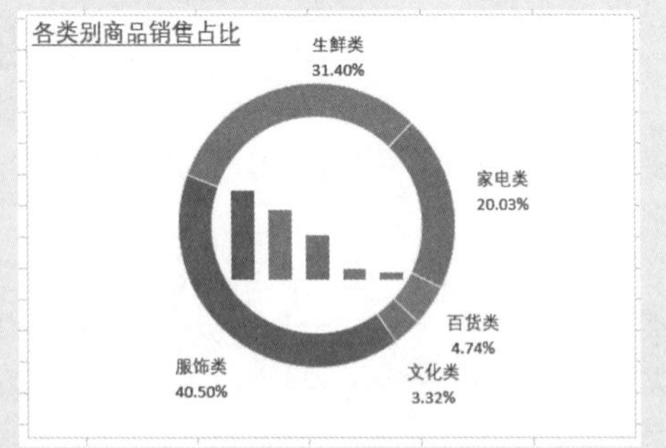

图 4-20　在圆环中间空白部分叠加放置另外一个图表

为了让图表变得更加生动，圆环中间空白部分还可以放置一个图片，同时设置圆环的发光效果，得到了一个与众不同的圆环图，如图 4-21 所示。

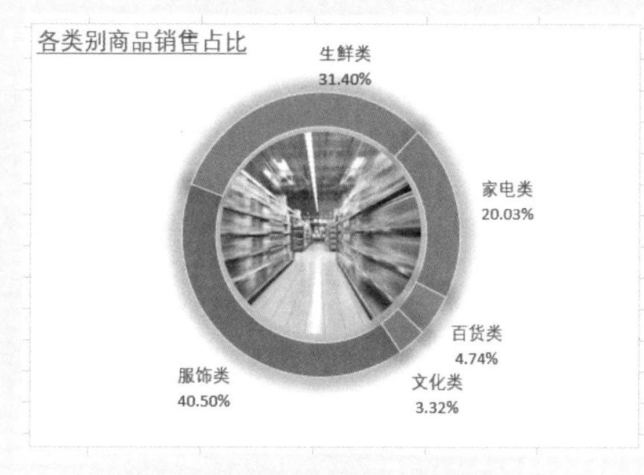

图 4-21　圆环中间空白部分放置图片

4.3 多维度和多度量的结构分析

前面介绍的饼图，或者圆环图，大部分用来分析一个维度、一个度量的结构，在实际数据分析中往往需要对多个维度、多个度量数据同时做结构分析。例如，各商品的销售额和毛利占比，每个地区占比及其所属各省份的占比，等等，这种分析实质上是多层分析，依据实际情况，可以使用不同的方法来处理。

4.3.1 双层饼图：同时分析两个度量占比

如果要同时分析两个度量，例如各类别商品的销售额和毛利，可以画一个销售额饼图，一个毛利饼图，但两个饼图无法实现在同一图表下，对每类商品的销售额和毛利做统一的对比分析。

绘制双层饼图可以综合展示这样的内容，外层饼图是销售额，内层饼图是毛利，如图 4-22 所示。本案例素材是“案例 4-2.xlsx”。

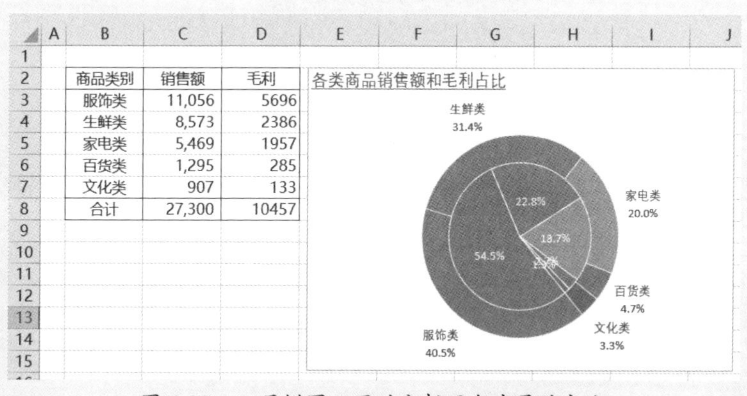

商品类别	销售额	毛利
服饰类	11,056	5696
生鲜类	8,573	2386
家电类	5,469	1957
百货类	1,295	285
文化类	907	133
合计	27,300	10457

图 4-22　双层饼图，同时分析两个度量的占比

绘制双层饼图并不复杂。下面是双层饼图的主要制作步骤和相关技能技巧。

选择 B 列～ D 列数据区域，绘制饼图，然后打开“选择数据源”对话框，将系列“毛利”调整为第一个，如图 4-23 所示。

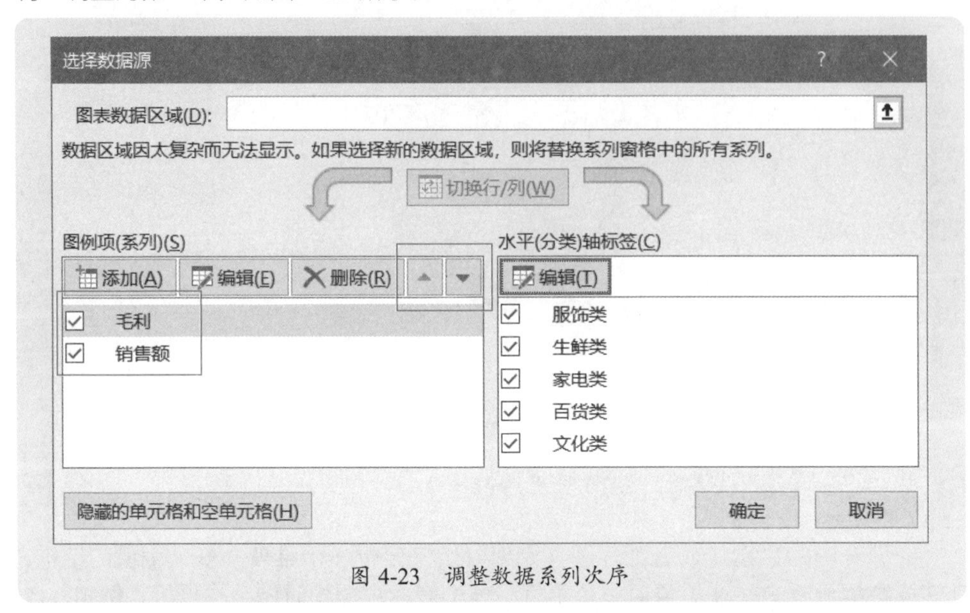

图 4-23　调整数据系列次序

得到如图 4-24 所示的饼图。注意，这个饼图是两个数据系列，毛利在前，销售额在后，两个系列的饼图是一样大小的，因为毛利饼图把销售额饼图覆盖了。

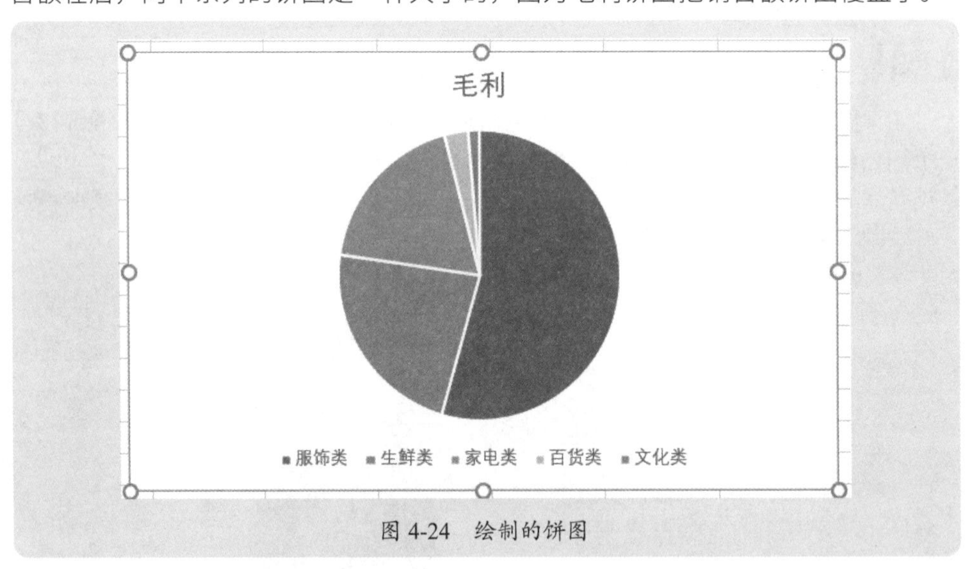

图 4-24　绘制的饼图

选择当前的毛利系列，将其绘制在次坐标轴上，然后设置饼图分离，如图 4-25 所示。

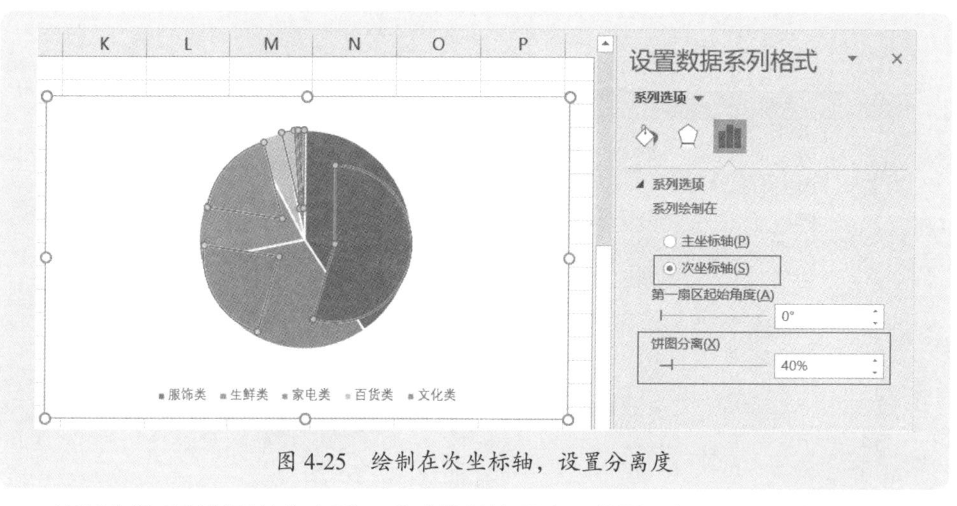

图 4-25　绘制在次坐标轴，设置分离度

分别选择毛利饼图的各扇形，手动将其拖至中心位置，如图 4-26 所示。

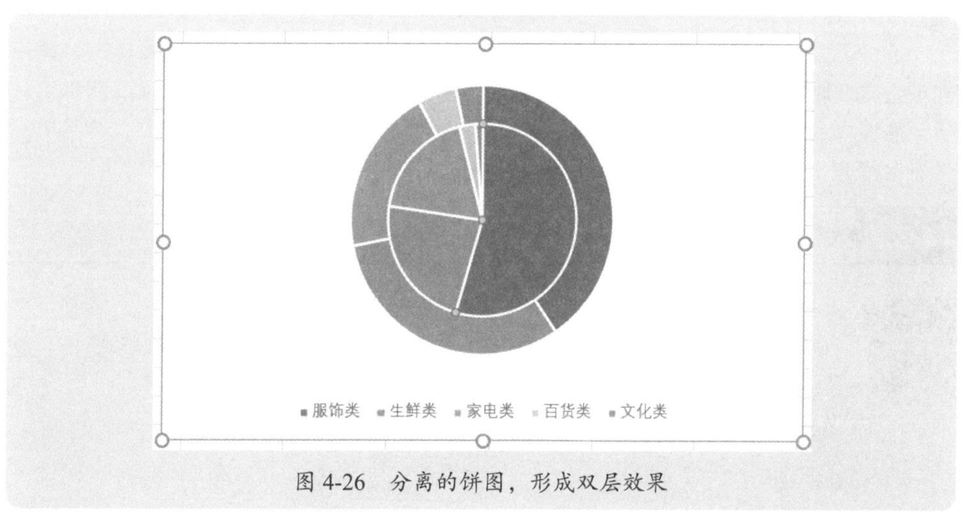

图 4-26　分离的饼图，形成双层效果

最后分别设置两个饼图各自的扇形颜色（各项目的颜色要一致），旋转第一扇形的角度，美化图表。

4.3.2 双层饼图：同时分析两个维度占比

前面介绍的是一个维度（商品类别）、两个度量（销售额和毛利）的双层饼图，其制作要点是：一个度量绘制在主轴上，一个度量绘制在次坐标轴上，这样才能调整其中一个饼图的分离，以便生成两个不同大小的饼图。这种方法也可以用在同一度量的两个维度嵌套饼图分析中。

图 4-27 是一个分别对地区销售额和产品销售额占比进行分析的双层饼图，内层是产品，外层是地区。本案例素材是“案例 4-2.xlsx”。

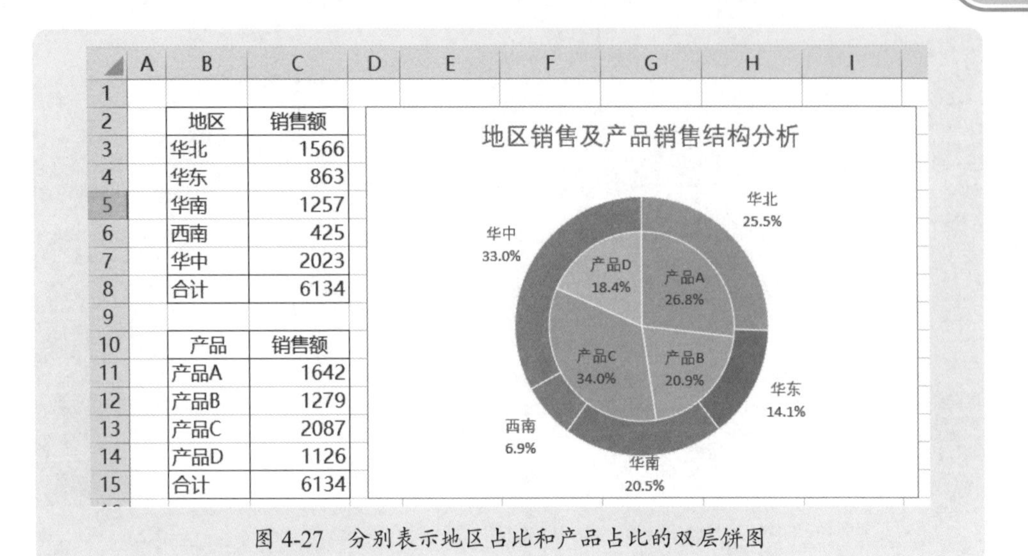

地区	销售额
华北	1566
华东	863
华南	1257
西南	425
华中	2023
合计	6134

产品	销售额
产品A	1642
产品B	1279
产品C	2087
产品D	1126
合计	6134

图 4-27　分别表示地区占比和产品占比的双层饼图

这个双层饼图的制作方法与 4.3.1 节介绍的绘制双层饼图的方法基本相同，唯一需要注意的是，把产品绘制在次坐标轴后，还需要设置产品的次分类轴，即地区的分类轴区域和产品的分类轴区域是不一样的，地区的分类轴区域是 B2:B7，产品的分类轴区域是 B11:B14，这样才能在各自的饼图中，正确显示分类标签。

4.3.3 饼图和圆环图嵌套：分析不同维度和度量

如果把一个外层的系列绘制成圆环图，内层绘制成饼图，将圆环大小和饼图分离，进行合理的设置，可以得到如图 4-28 所示的图表。这个图表，因为饼图和圆环图之间是隔开的，观察起来更加方便、更加清晰，好像金镶玉一样。

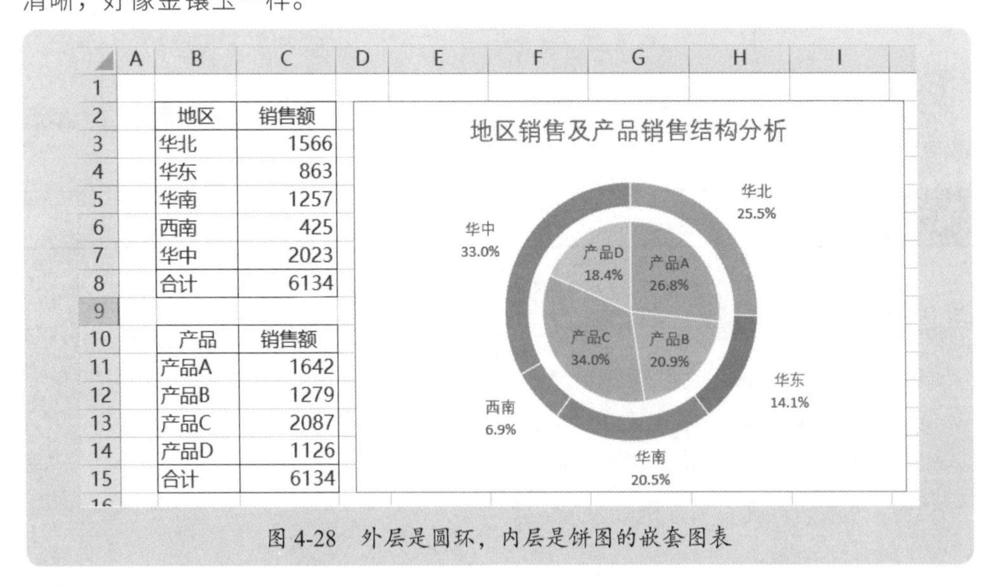

地区	销售额
华北	1566
华东	863
华南	1257
西南	425
华中	2023
合计	6134

产品	销售额
产品A	1642
产品B	1279
产品C	2087
产品D	1126
合计	6134

图 4-28　外层是圆环，内层是饼图的嵌套图表

4.3.4 堆积条形图：二维表格的占比分析

如果要分析的是一个二维表格的横向或纵向结构分析，此时，使用饼图或者圆环图都是不现实的，可以使用堆积条形图或者堆积百分比条形图分析。

如图 4-29 所示的二维表格，现在要分析每个地区的各产品销售占比。本案例素材是“案例 4-3.xlsx”。

地区	产品A	产品B	产品C	产品D	产品E	合计
华北	1361	989	1610	775	1089	5824
华东	2516	2628	2660	2853	1140	11797
华南	2100	1475	2176	2194	2996	10941
西南	268	2144	703	655	263	4033
华中	2742	3136	1057	3848	963	11746
合计	8987	10372	8206	10325	6451	44341

图 4-29　各地区、各产品的销售统计表

这个表格是两个维度的二维表（一个维度是地区，一个维度是产品），如果要分析每个地区各产品的销售占比，使用饼图或者圆环图需要每个地区绘制一个饼图，无法将所有地区和产品放在一起做对比。

绘制堆积百分比条形图，如图 4-30 所示。从这个图表中，可以很清楚地看出某个地区哪个产品的占比最大。

堆积百分比条形图绘制非常简单，选择数据区域，插入堆积百分比条形图，然后进行相应的格式化即可，包括是否逆序类别、设置颜色、设置间隙宽度、设置数据标签等。

图 4-30　使用堆积百分比条形图进行多维结构分析

4.3.5 堆积柱形图：沿时间维度观察各部分结构变化

如果一个维度是时间，一个维度是产品，如何分析每个月中，各产品销售的占比变化情况？此时，可以使用堆积柱形图。

使用如图 4-31 所示的每个月的各产品的销售数据，可以绘制如图 4-32 所示的堆积柱形图。从这个表中，不仅可以看到每个月各产品的占比，还可以看出每个产品占比的变化。本案例素材是“案例 4-3.xlsx”。

地区	1月	2月	3月	4月	5月	6月	7月	8月	9月	10月	11月	12月	合计
产品A	335	435	367	382	340	698	637	439	446	519	669	936	6203
产品B	1409	970	1732	1348	693	838	1505	1628	1715	1156	1619	1533	16146
产品C	651	757	668	969	784	597	851	785	874	527	825	961	9249
产品D	1386	1301	1109	1446	1441	1084	1307	910	1377	797	1273	1323	14754
产品E	348	513	421	680	597	482	386	465	765	870	628	905	7060
合计	4129	3976	4297	4825	3855	3699	4686	4227	5177	3869	5014	5658	53412

图 4-31　各产品在每个月的销售数据统计表

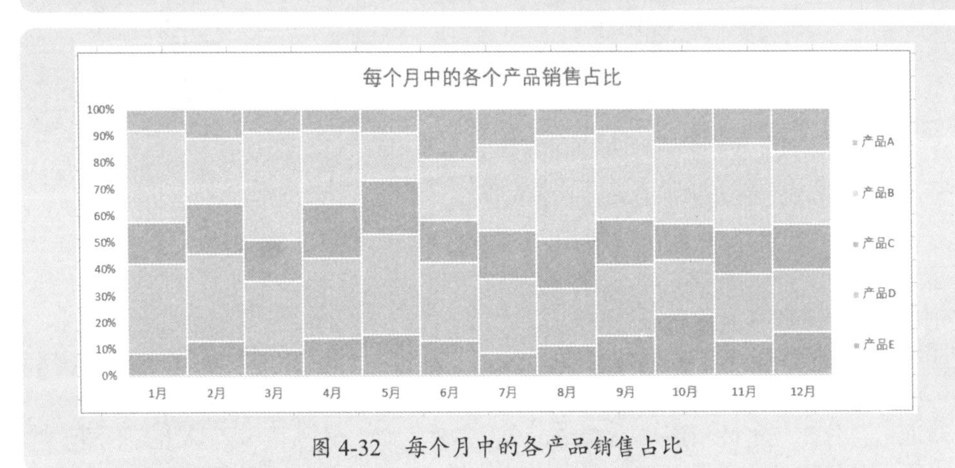

图 4-32　每个月中的各产品销售占比

这个图表制作也很简单，选择区域，绘制堆积百分比柱形图，然后在“选择数据源”对话框中，调整各系列的先后顺序（目的是为了使图表上各产品的上下顺序与工作表各产品的上下顺序一致），如图 4-33 所示，最后再设置各系列的填充颜色和边框线条格式，得到需要的图表。

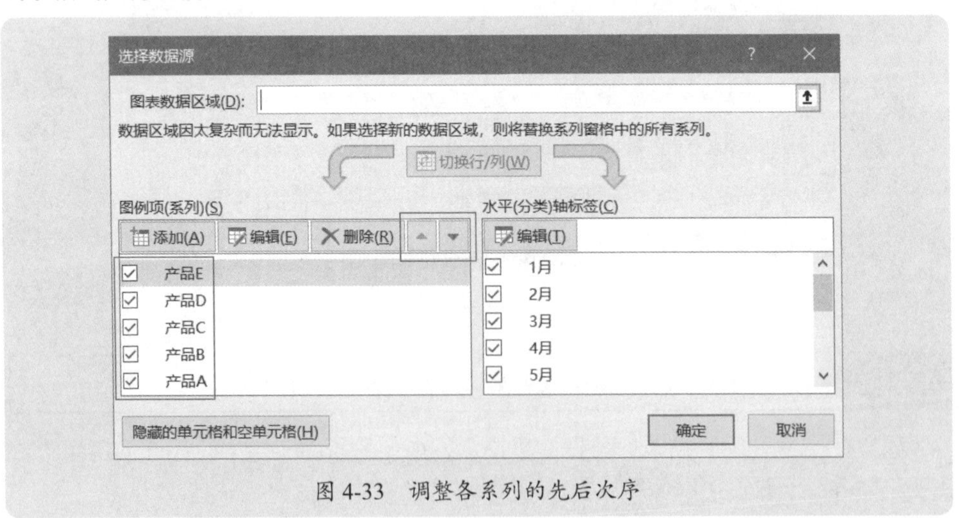

图 4-33　调整各系列的先后次序

4.3.6 面积图：分析整体与内部结构变化

每个月中各产品的销售占比，也可以使用堆积百分比面积图来分析，如图 4-34 所示。这种图表，与堆积百分比柱形图一样，不仅可以看到每个月各产品的占比，还可以看出每个产品占比的变化。

绘制这种堆积百分比面积图，要特别注意设置垂直网格线和各产品的面积颜色。

本案例素材是“案例 4-3.xlsx”。

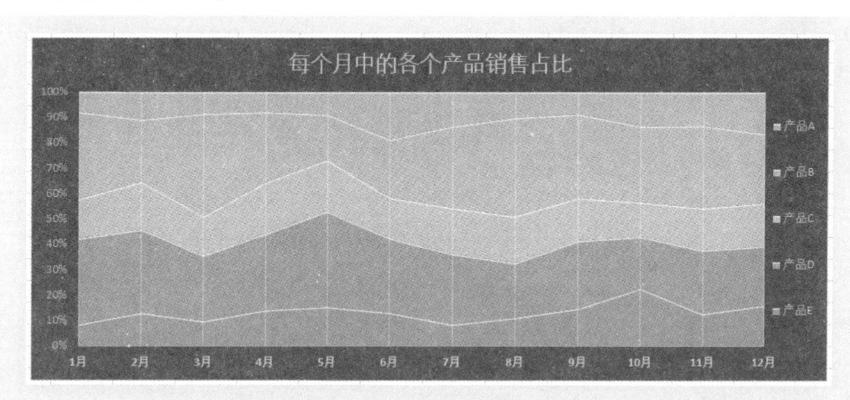

图 4-34　堆积面积图分析每个月中的各产品的占比及变化趋势

4.3.7 树状图：整体与局部占比分析

如果有两个维度大类和小类，例如地区和省份，现在不仅要对大类的结构做分析，还需要对每个大类下的各小类做结构分析，此时可以绘制树状图，如图 4-35 所示。本案例素材是“案例 4-3.xlsx”。

在这个图表中，每个大类是一种颜色，按照大小，从左往右自动排序，左边的面积最大，是销售额最大的地区；右下角的面积最小，是销售额最小的地区。

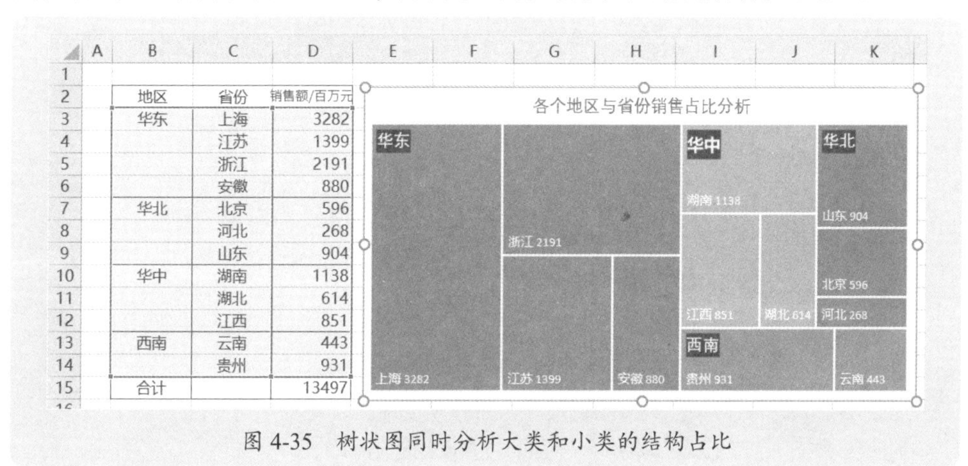

地区	省份	销售额/百万元
华东	上海	3282
	江苏	1399
	浙江	2191
	安徽	880
华北	北京	596
	河北	268
	山东	904
华中	湖南	1138
	湖北	614
	江西	851
西南	云南	443
	贵州	931
合计		13497

图 4-35　树状图同时分析大类和小类的结构占比

这种树状图绘制很简单，选择区域，插入树状图即可，如图 4-36 所示。

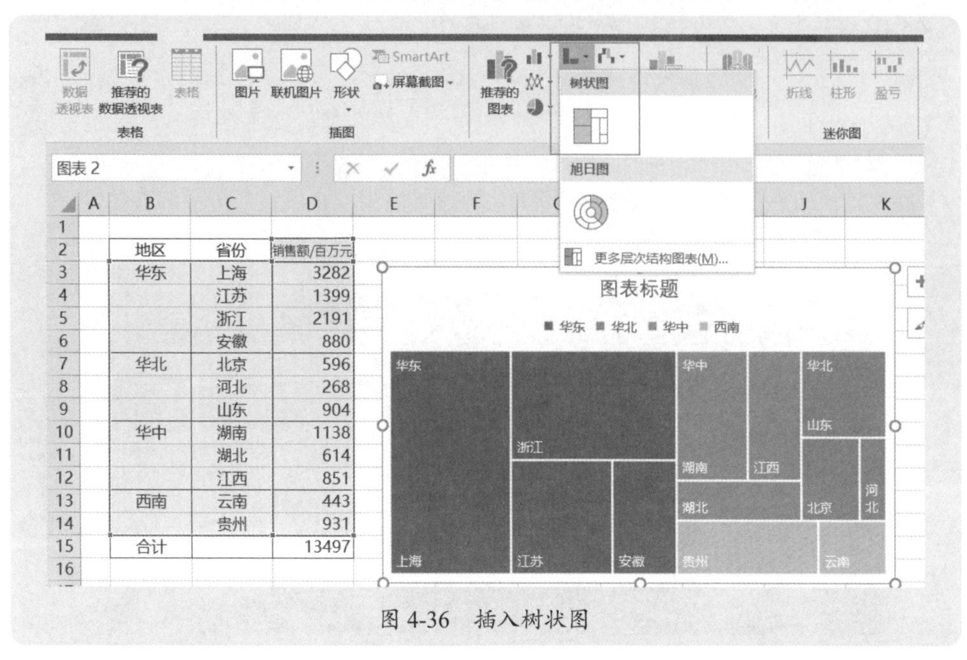

地区	省份	销售额/百万元
华东	上海	3282
	江苏	1399
	浙江	2191
	安徽	880
华北	北京	596
	河北	268
	山东	904
华中	湖南	1138
	湖北	614
	江西	851
西南	云南	443
	贵州	931
合计		13497

图 4-36　插入树状图

不过，默认的树状图并不是最终需要的效果，至少需要做几个项目的设置，例如，分别设置每个地区的颜色，分别设置每个地区名称的字体和填充颜色，显示并设置标签格式，删除图例，等等。

此外，如果要显示每个地区的合计数，需要先设计一个辅助列，计算这些地区的合计数并与地区名称组合起来，如图 4-37 所示。

地区	省份	销售额/百万元		辅助列	省份
华东	上海	3282		华东 7752	上海
	江苏	1399			江苏
	浙江	2191			浙江
	安徽	880			安徽
华北	北京	596		华北 1768	北京
	河北	268			河北
	山东	904			山东
华中	湖南	1138		华中 2603	湖南
	湖北	614			湖北
	江西	851			江西
西南	云南	443		西南 1374	云南
	贵州	931			贵州
合计		13497			

图 4-37　设计辅助列

再将树状图的轴标签区域修改为这个辅助列区域，如图 4-38 所示。

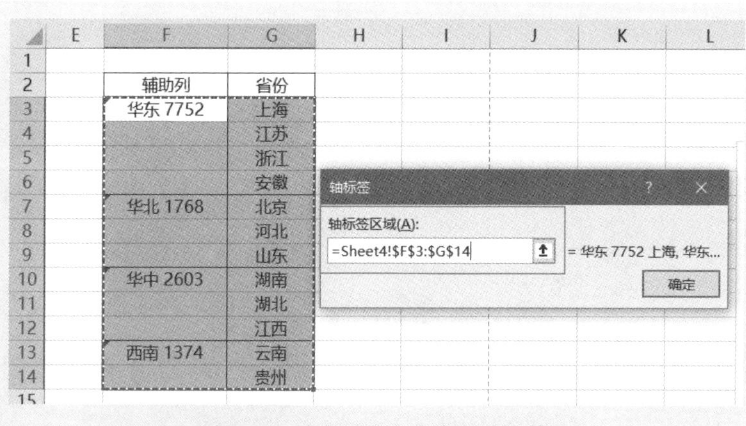

图 4-38 重新设置分类轴标签区域

可以得到醒目地显示各地区销售总额的树状图，如图 4-39 所示。

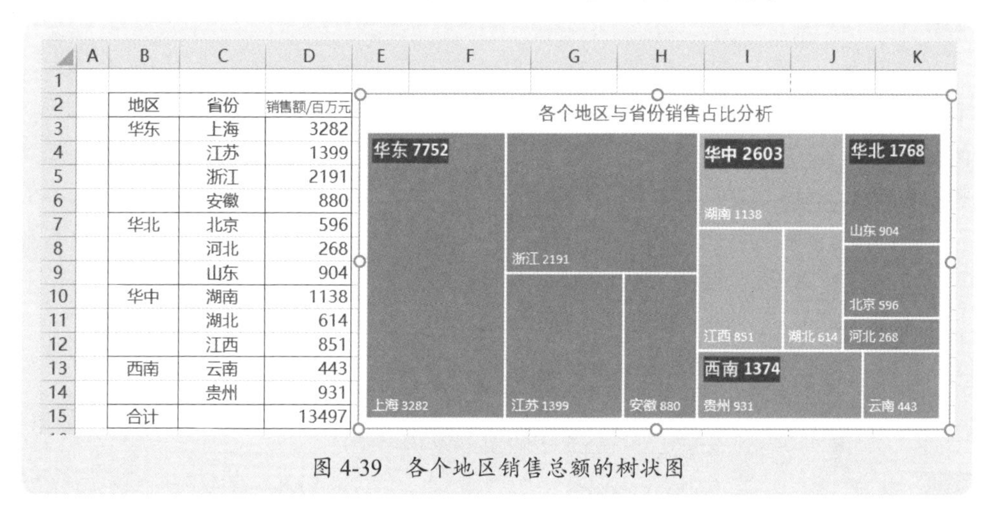

地区	省份	销售额/百万元
华东	上海	3282
	江苏	1399
	浙江	2191
	安徽	880
华北	北京	596
	河北	268
	山东	904
华中	湖南	1138
	湖北	614
	江西	851
西南	云南	443
	贵州	931
合计		13497

图 4-39 各个地区销售总额的树状图

4.3.8 旭日图：多层次分析重要数据

如果需要做更多层次的分析，例如，不仅要分析每个地区的销售，每个省份的销售，还要分析重点省份各城市的销售，此时，如何进行分析呢？可以制作旭日图，图 4-40 是一个旭日图的例子。本案例素材是“案例 4-3.xlsx”。

制作旭日图的要点是先设计好表格结构，如图 4-40 左侧的表格，然后选择区域，插入旭日图即可。

在旭日图中，会自动对每个地区、每个地区下的各省、每个省下的各城市进行降序排序，按顺时针排列。

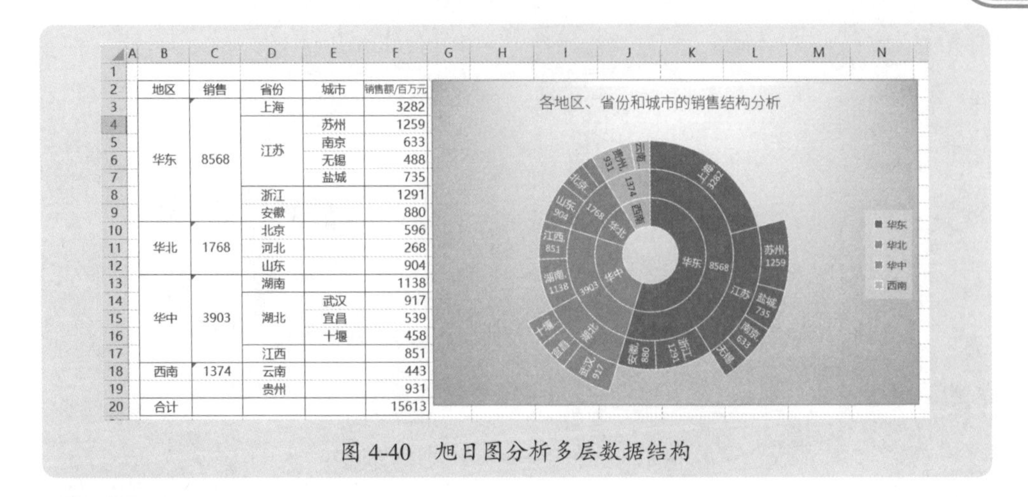

地区	销售	省份	城市	销售额/百万元
华东	8568	上海		3282
		江苏	苏州	1259
			南京	633
			无锡	488
			盐城	735
		浙江		1291
		安徽		880
华北	1768	北京		596
		河北		268
		山东		904
华中	3903	湖南		1138
		湖北	武汉	917
			宜昌	539
			十堰	458
		江西		851
西南	1374	云南		443
		贵州		931
合计				15613

图 4-40　旭日图分析多层数据结构

4.4 结构分析实用案例

前面介绍了用于结构与占比分析的几种常见类型图表及其制作方法和注意事项。本节介绍一些实际数据分析中，经典实用的数据分析图表模板。

4.4.1 两年销售市场占比分析

图 4-41 是两年各市场销售统计表，左侧表格是各市场的销售额，右侧表格是各市场的占比，如何对这两个表格进行可视化处理，分析两年的各市场销售变化？

本案例素材是“案例 4-4.xlsx”。

2021-2022年 1-6月经营统计

销售额，百万元

	2021年	2022年
国内	234.52	336.88
东南亚	85.13	150.29
美洲	297.22	218.34
欧洲	105.86	201.93
	722.73	907.44

市场占比，%

	2021年	2022年
国内	32.4	37.1
东南亚	11.8	16.6
美洲	41.1	24.1
欧洲	14.6	22.3
	100	100

图 4-41　两年各市场销售统计表

对于左侧的两年销售额表，制作堆积柱形图，如图 4-42 所示。这里，合计数也绘制了一个普通柱形图，设置为次坐标轴，以便在堆积柱形图的顶端显示两年的销售总额数字。

在去年堆积柱形和今年堆积柱形之间的空白区域，手动插入文本框，输入各市场名称，以标注说明每块柱形的市场归属。

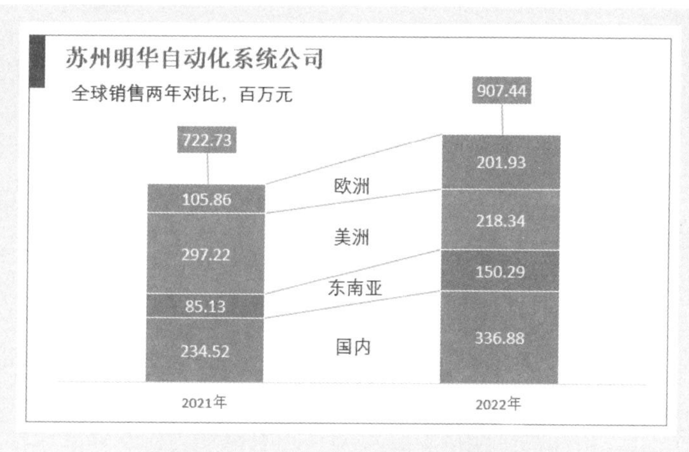

图 4-42 各市场的两年销售分析：销售额

对于右侧的两年销售额表，制作堆积百分比条形图，并显示系列线，以便更加清楚地观察各市场占比在两年的变化情况，如图 4-43 所示。

同样地，在去年堆积条形和今年堆积条形之间的空白区域，手动插入文本框，输入各市场名称。

另外，在图表右侧插入文本框，建立与销售额合计数单元格的链接，显示销售额合计数。

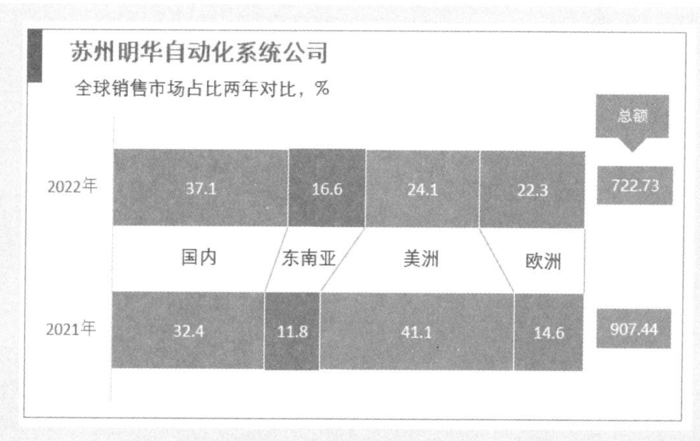

图 4-43 各市场的两年销售分析：市场占比

4.4.2 应收项目与应付项目结构与变化分析

在资产负债表中，应收项目和应付项目的比较是很重要的，一个是收钱，一个是付钱，那么，在每个季度其如何变化？

图 4-44 是一个示例数据，是各季度应收账款、应收票据、应付账款和应付票据的数据，现在要求绘制图表，观察这些项目的变化。

	A	B	C	D	E	F
1						
2		项目	1季度	2季度	3季度	4季度
3		应收账款	99,168	67,976	53,137	52,670
4		应收票据	53,580	45,120	33,476	36,317
5		应付账款	42,562	45,951	61,236	54,712
6		应付票据	45,515	46,462	45,792	51,507

图 4-44　各季度的应收账款、应收票据和应付账款、应付票据

这里有一个逻辑需要考虑：应收账款和应收票据都是应收项目，需要堆起来看总量；同样，应付账款和应付票据都是应付项目，也需要堆起来看总量，然后对比两者的总量和内部结构的变化，看看应收与应付是否匹配，是否会出现资金短缺。

可以绘制如图 4-45 所示的堆积柱形图，应收账款和应收票据堆起来，应付账款和应付票据堆起来，每个季度做成两个并排的柱形，分别表示应收项目和应付项目。

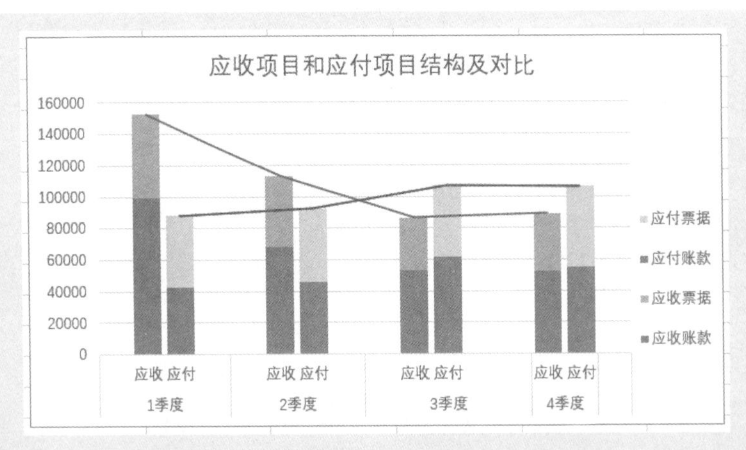

图 4-45　应付项目和应付项目结构及对比分析

要制作这样的图表，需要根据前面所说的逻辑设计辅助区域，如图 4-46 所示。

	P	Q	R	S	T	U	V	W	X
1									
2		季度	项目	应收账款	应收票据	应付账款	应付票据	应收合计	应付合计
3		1季度							
4			应收	99,168	53,580			152,749	
5			应付			42,562	45,515		88,078
6									
7		2季度							
8			应收	67,976	45,120			113,097	
9			应付			45,951	46,462		92,412
10									
11		3季度							
12			应收	53,137	33,476			86,614	
13			应付			61,236	45,792		107,028
14									
15									
16		4季度	应收	52,670	36,317			88,987	
17			应付			54,712	51,507		106,220
18									

图 4-46　设计辅助区域

先选择除合计数以外的辅助区域，绘制堆积柱形图，然后设置间隙宽度和重叠比例，得到如图 4-47 所示的图表。

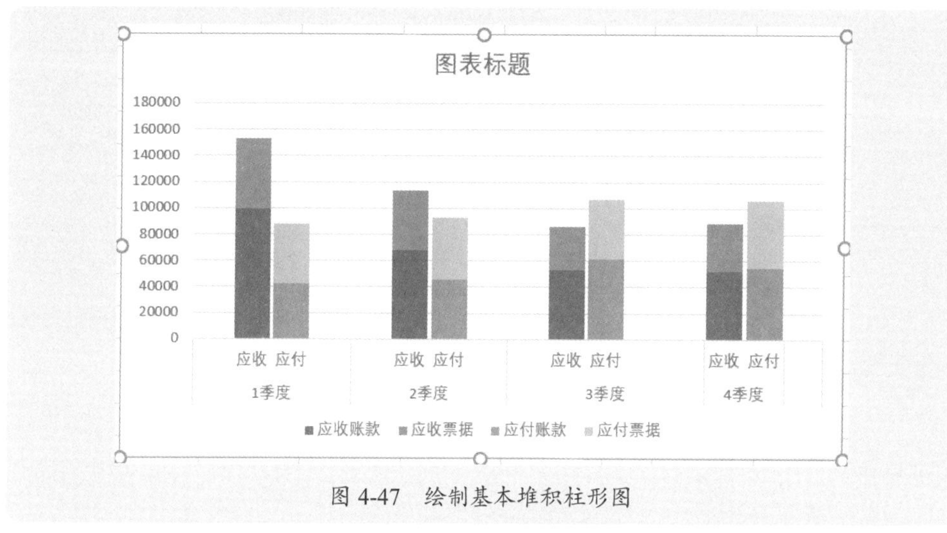

图 4-47　绘制基本堆积柱形图

将辅助区域右侧的两列合计数添加到图表上，图表类型改为折线图，绘制到次坐标轴上，设置线条格式，删除次数值轴，得到如图 4-48 所示的图表。

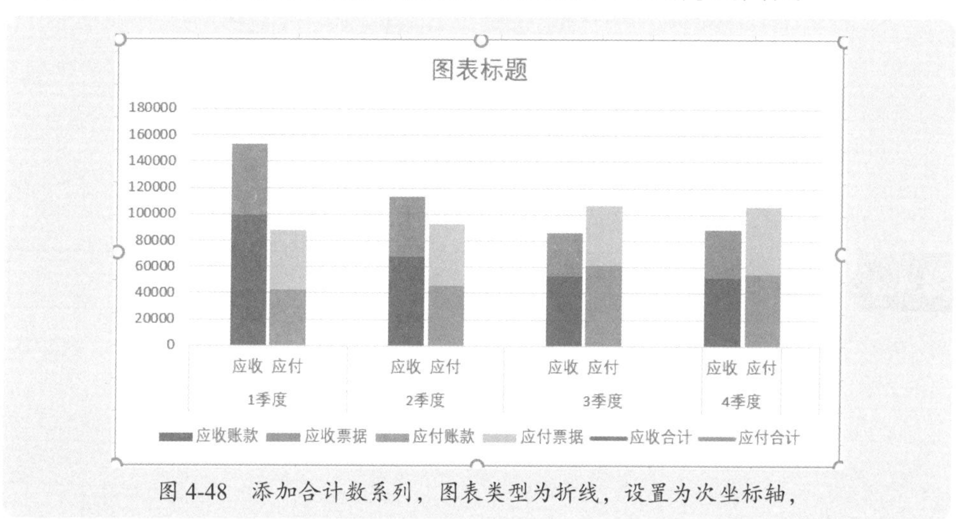

图 4-48　添加合计数系列，图表类型为折线，设置为次坐标轴，

但是，这两条合计数折线并没显示出来，因为其是以点显示在柱形顶端的，此时，需要打开“选择数据源”对话框，单击左下角的“隐藏的单元格和空单元格”按钮，如图 4-49 所示，打开“隐藏和空单元格设置”对话框，选中“用直线连接数据点”单选按钮，如图 4-50 所示。

这样，在各数据点之间会显示一条直线，如图 4-51 所示。最后再对两个折线的格式进行设置即可。

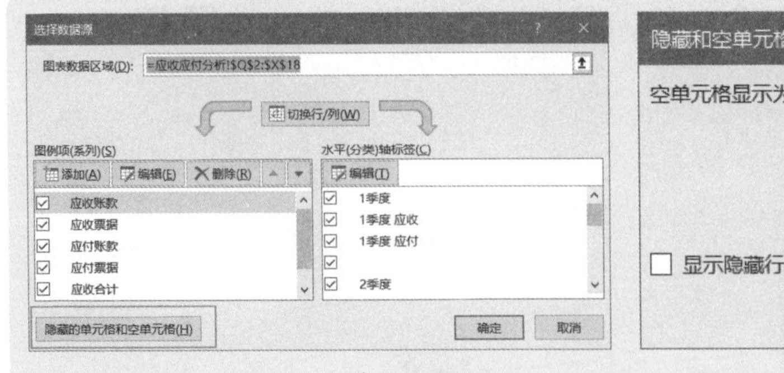

图 4-49　准备设置空单元格的显示

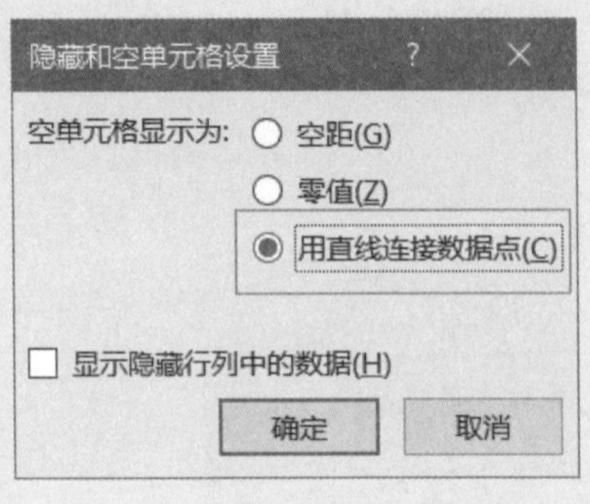

图 4-50　用直线连接数据点

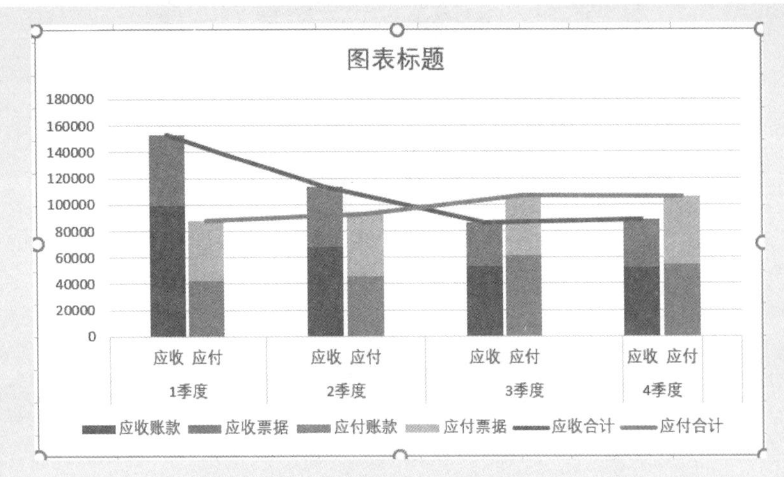

图 4-51　用直线连接各数据点，生成应收合计折线和应付合计折线

4.4.3 按市场、按部门、按产品的结构分析

图 4-52 是各市场、各业务部门和各产品的销售数据统计表，如何对这样的表格进行可视化处理，清楚地看出按市场的占比情况、按业务部门的占比情况、按产品的占比情况？这里要分析全年的合计数。

	A	B	C	D	E	F	G	H
1								
2		大类	小类	1季度	2季度	3季度	4季度	全年
3		市场	国内	11055	14688	19622	16972	62337
4			国外	3068	2478	2753	3218	11517
5		业务部门	海外部	2849	3289	2875	3695	12708
6			国内部	9868	10206	14060	9486	43620
7			客服部	1406	3671	5440	7009	17526
8		产品	产品A	1466	2688	3079	3703	10936
9			产品B	9583	10484	8496	12066	40629
10			产品C	305	590	985	1058	2938
11			产品D	2769	3404	9815	3363	19351

图 4-52　各市场、各业务部门和各产品的销售数据统计表

由于该表有三个不同的维度（市场、业务部门、产品），而且每个维度下的项目数不同，因此为了将其放在一起做结构分析，必须设计辅助区域，如图 4-53 所示，其中 T 列的占比说明，是为了在图表中显示每个项目的金额和占比。

	O	P	Q	R	S	T
1						
2						
3			市场	部门	产品	占比说明
4		国内	62337			国内62,337万元84.41%
5		国外	11517			国外11,517万元15.59%
6		海外部		12708		海外部12,708万元17.21%
7		国内部		43620		国内部43,620万元59.06%
8		客服部		17526		客服部17,526万元23.73%
9		产品A			10936	产品A10,936万元14.81%
10		产品B			40629	产品B40,629万元55.01%
11		产品C			2938	产品C2,938万元3.98%
12		产品D			19351	产品D19,351万元26.20%
13						

图 4-53　设计辅助区域

选择辅助列区域 P3:S12，绘制堆积百分比条形图，设置逆序类别，调整间隙宽度，删除图例，删除数值轴，设置条形颜色和边框格式，得到如图 4-54 所示的图表。

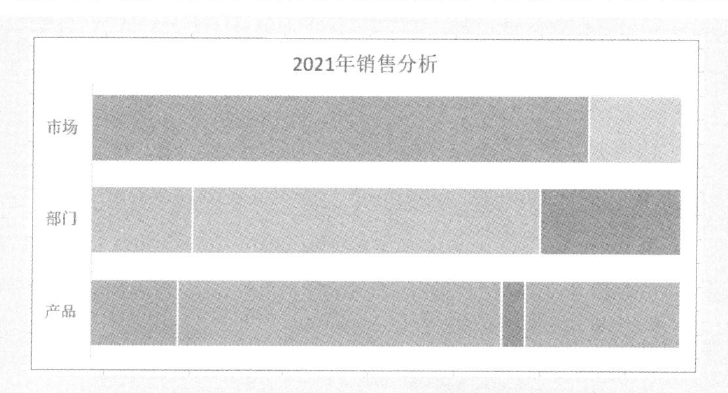

图 4-54　制作的基本堆积条形图

为图表添加数据标签，将 T 列的值作为标签内容，完成图表制作，如图 4-55 所示。

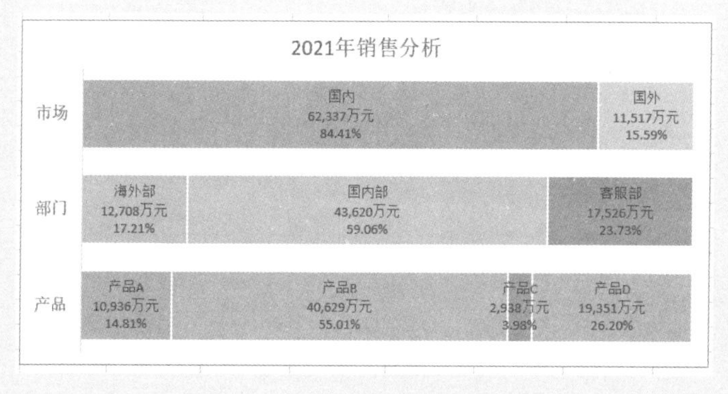

图 4-55　完成多维度结构分析图表

4.4.4 产品成本结构分析

在产品成本分析中，既需要分析大项占比，又要分析某个大项下的各小项占比。图 4-56 是产品成本数据示例，其中制造费用有多个小项，那么，这样的数据，应该制作什么样的图表?

本案例素材是“案例 4-7.xlsx”。

这种数据可以制作最简单的复合饼图，如图 4-57 所示。其中，材料费、直接人工和制造费用是左侧的大饼图，制造费用下的各项目是右侧的小饼图。

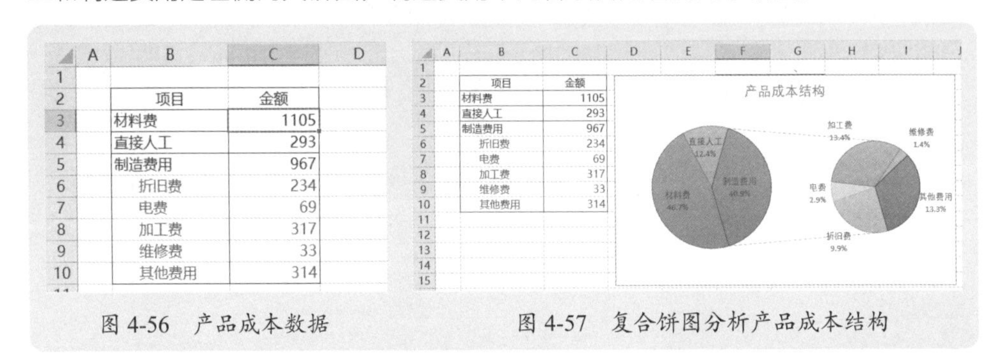

项目	金额
材料费	1105
直接人工	293
制造费用	967
折旧费	234
电费	69
加工费	317
维修费	33
其他费用	314

图 4-56 产品成本数据　　图 4-57 复合饼图分析产品成本结构

绘制复合饼图很简单，首先提取最原始的数据（剔除制造费用的合计数）插入复合饼图，如图 4-58 所示。

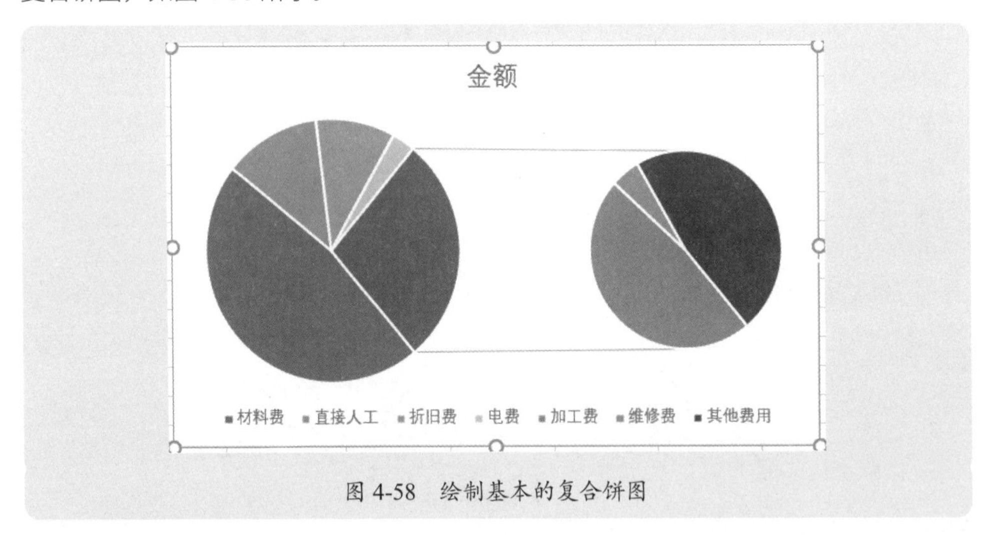

图 4-58 绘制基本的复合饼图

打开“设置数据系列格式”窗格，“系列分割依据”中选择“位置”选项，然后调整“第二绘图区中的值”为 5（因为制造费用下的项目有 5 个），将制造费用下的项目单独绘制在右侧的小饼图中，如图 4-59 所示。

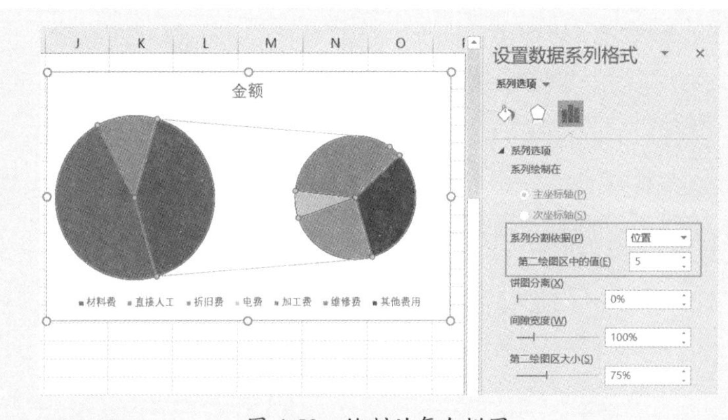

图 4-59　绘制的复合饼图

显示数据标签，并设置标签数字为百分比，删除图例，修改图表标题，如图 4-60 所示。

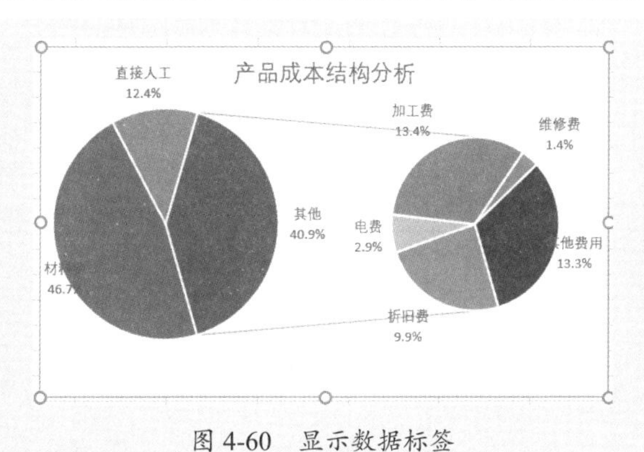

图 4-60　显示数据标签

这个复合饼图中，有一个标签“其他 40.9%”是制造费用的标签，因此在这个标签中，将名称“其他”修改为“制造费用”，如图 4-61 所示。

最后对图表进行格式化，主要是饼图扇形的填充颜色、边框、标签位置等，得到一个完美的产品成本分析复合饼图。

如果产品成本数据是如图 4-62 所示的情况，需要如何可视化，绘制什么图表呢？

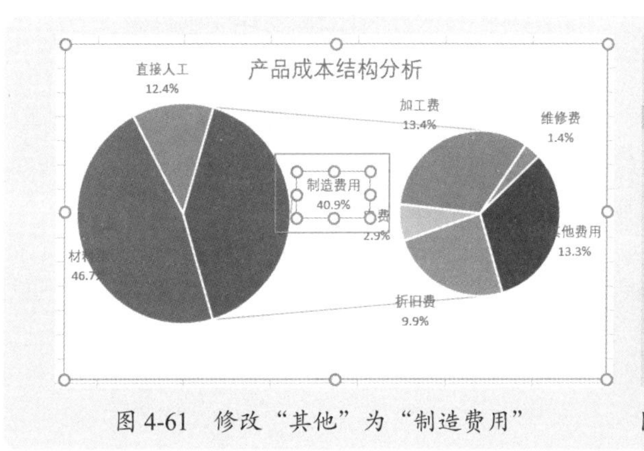

图 4-61　修改“其他”为“制造费用”

	A	B	C
1			
2		项目	金额
3		材料费	1105
4		主材	836
5		辅材	269
6		直接人工	293
7		薪资	217
8		福利费	76
9		制造费用	967
10		折旧费	234
11		电费	69
12		加工费	317
13		维修费	33
14		其他费用	314

图 4-62　各大项中都有小项

此时可以绘制双层饼图或圆环图，不过要将数据进行整理，设计辅助区域，如图 4-63 所示，把大项绘制成内层的饼图，小项绘制成外层的圆环，这个图表的制作方法前面已经介绍过，此处不再赘述。

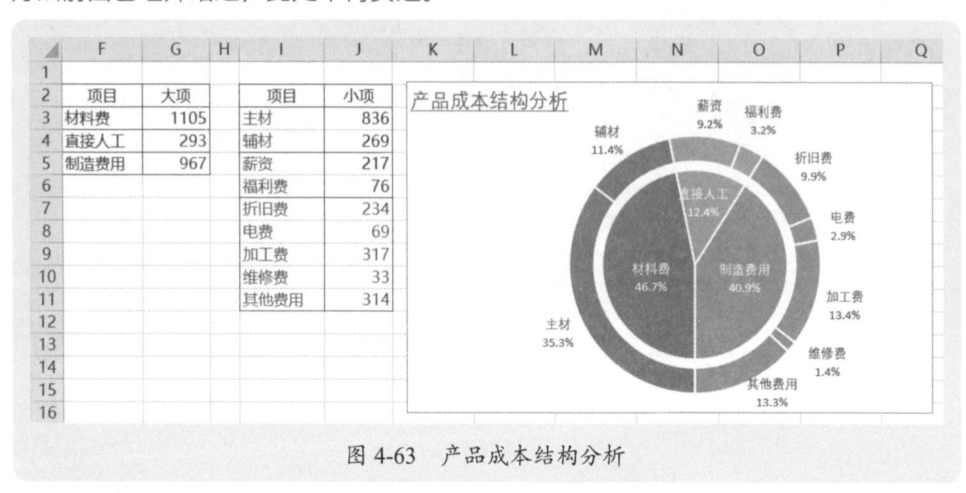

项目	大项
材料费	1105
直接人工	293
制造费用	967

项目	小项
主材	836
辅材	269
薪资	217
福利费	76
折旧费	234
电费	69
加工费	317
维修费	33
其他费用	314

图 4-63　产品成本结构分析

4.4.5 现金流入与现金流出结构分析与跟踪

图 4-64 是记录各月的现金流入项目和现金流出项目，以及各月的累计净流入的表格。

应该绘制什么图表，把每个月的现金流入结构、现金流出结构以及累计净现金余额清晰展示出来？本案例素材是“案例 4-8.xlsx”。

	月份	1月	2月	3月	4月	5月	6月	7月	8月	9月	10月	11月	12月
现金流入		13111	15624	16870	14942	10579	12553	16821	15833	16645	12166	21954	15229
	销售收入	8248	11088	13782	11732	8308	7796	14816	12827	11782	10130	18797	11258
	服务收入	4863	4536	3088	3210	2271	4757	2005	3006	4863	2036	3157	3971
现金流出		10370	10514	14220	18360	14671	14319	11758	9663	12071	21019	17550	10931
	购买原材	4987	5038	5731	4277	7516	1901	4202	3599	7183	10988	9787	4230
	管理费用	638	1147	2961	8967	2368	6004	1304	1996	894	3814	2808	2285
	营业费用	1345	604	2612	2358	1530	2874	2642	2002	1383	2951	1489	1278
	职工薪酬	3400	3725	2916	2758	3257	3540	3610	2066	2611	3266	3466	3138
累计净现金余额		2741	7851	10501	7083	2991	1225	6288	12458	17032	8179	12583	16881

图 4-64　各月现金流入项目和现金流出项目

这里要重点分析几个内容：现金流入项目的构成、现金流出项目的构成，以及净现金的变化趋势。

现金流入和现金流出可以分别绘制堆积柱形图，净现金可以绘制折线图。为了将现金流出的项目绘制在坐标轴下方，可以先将现金流出数据改为负数，然后再将自定义数字格式显示为正数。

选择现金流入和现金流出区域，绘制堆积柱形图，如图 4-65 所示。然后设置格式，例如调整间隙宽度，设置柱形颜色，设置坐标轴标签位置为“低”，将图例显示在右侧，修改标题，等等。

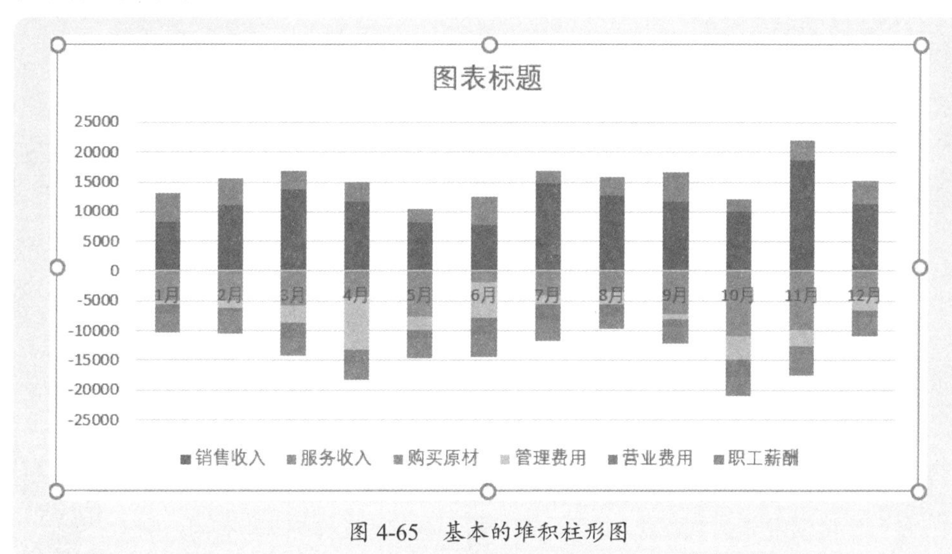

图 4-65　基本的堆积柱形图

再将净现金添加到图表上，将其绘制在次坐标轴上，修改图表类型为折线，并进行格式化处理，显示标签。

最后对图表进行整体的格式设置，完成每个月现金流入流出的结构分析和跟踪图表，如图 4-66 所示。

图 4-66　各月现金流入与流出结构分析与跟踪

第5章

分布分析

分布分析，是指对数据点的位置进行统计，了解数据点的分散情况或集中情况。这种分布分析，在实际工作中非常有用。例如，门店盈亏分析、产品盈利能力分析、员工工资分布分析、客户满意度分析、产品销售区间分析、产品品质分布分析、市场分布、地理分布等。

分布分析可以使用很多类型的图表，例如 XY 散点图、直方图、气泡图、箱型图、折线图、地图、热图等，具体使用哪种图表，或者要做哪些变形，要结合具体情况来处理。

5.1 分布分析的基本图表及注意事项

在进行基本的数据分布分析中，可以使用一些基本的图表来快速制作分布分析图表，例如 Excel 的 XY 散点图、直方图、气泡图、箱型图等；在 Tableau 中，有圆图、密度图、地理图、盒须图等。下面分别介绍这些图表的基本应用。

5.1.1 XY 散点图

XY 散点图是数据分布分析的最简单图表，这种分析在第 3 章 3.3 节有过详细介绍，包括制作方法和注意事项。

图 5-1 是一个分析各地区销量与销售额和销售均价关系的分布图示例，这是一个有两个数据系列的 XY 散点图，一个是销售额（绘制在主坐标轴），一个是销售均价（绘制在次坐标轴），销售量作为 X 轴。每个数据系列的数据点标记设置为不同的形状和颜色。本案例素材是“案例 5-1.xlsx”。

这是一个简单的 XY 散点图，绘制很简单，重点是设置数据标记的格式（形状和填充）。

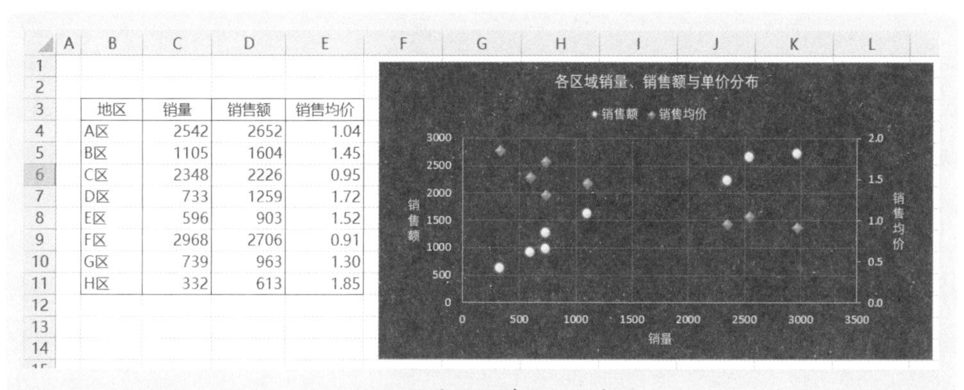

地区	销量	销售额	销售均价
A区	2542	2652	1.04
B区	1105	1604	1.45
C区	2348	2226	0.95
D区	733	1259	1.72
E区	596	903	1.52
F区	2968	2706	0.91
G区	739	963	1.30
H区	332	613	1.85

图 5-1 销售额和单价的分布图

从这个图表中可以得出以下信息，这些地区的销售呈现两种不同的销售策略，一个是靠低价冲量，一个是靠价格盈利。

5.1.2 折线图

如果原始数据不是一种 XY 因果关系，而是一个以类别表示的数据，那么可以绘制带标记点的折线图，将折线的线条设置为无轮廓，将数据点标记设置为某种形状，可以看出数据的分布情况。

图 5-2 是某网站一天内按时间段统计的访问人数，一天内的网站访问量有什么特点？从这个图表可以看出一些端倪。本案例素材是“案例 5-2.xlsx”。

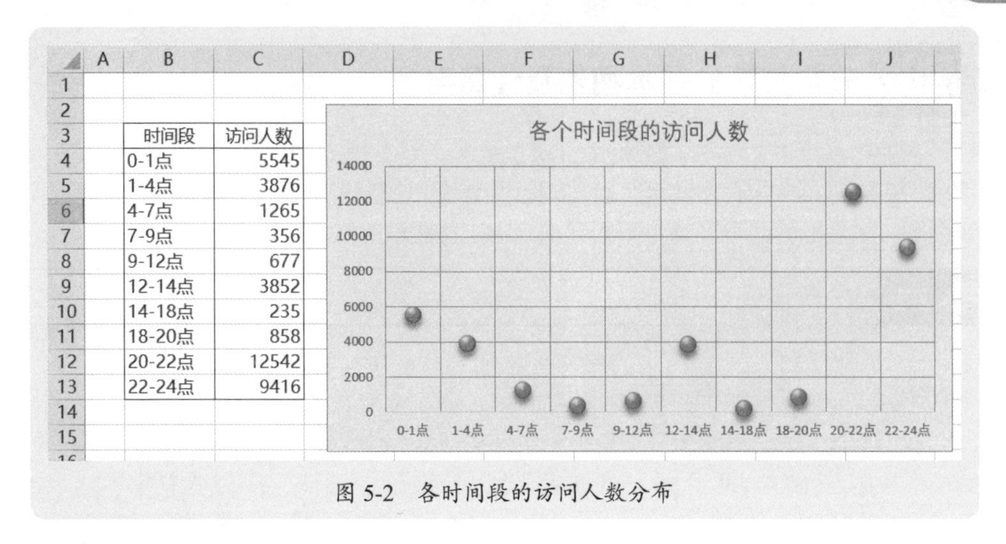

时间段	访问人数
0-1点	5545
1-4点	3876
4-7点	1265
7-9点	356
9-12点	677
12-14点	3852
14-18点	235
18-20点	858
20-22点	12542
22-24点	9416

图 5-2　各时间段的访问人数分布

5.1.3 气泡图

气泡图主要用来分析 3 个数据之间的关系，例如，分析投资、收益和风险的关系，将投资作为 X 轴，收益作为 Y 轴，气泡作为风险大小。在对数据进行分布分析时，气泡图也是很有用的。

图 5-3 是各城市的销售额、毛利和毛利率统计表，可以制作气泡图，X 轴为销售额，Y 轴为毛利，气泡大小为毛利率。本案例素材是“案例 5-3.xlsx”。

从这个图表可以看出，各城市的销售额主要分布在 2000 ～ 4000，毛利主要分布在 500 ～ 1000，而毛利率则分布比较散。

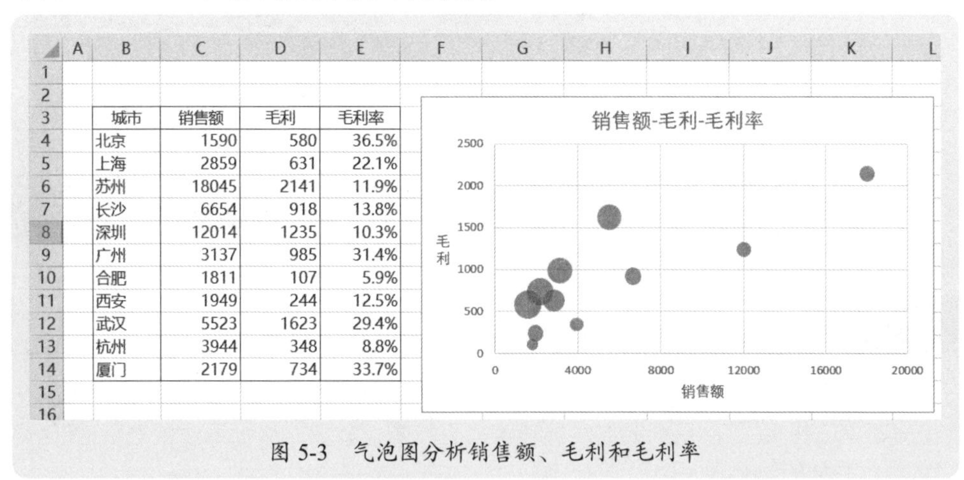

城市	销售额	毛利	毛利率
北京	1590	580	36.5%
上海	2859	631	22.1%
苏州	18045	2141	11.9%
长沙	6654	918	13.8%
深圳	12014	1235	10.3%
广州	3137	985	31.4%
合肥	1811	107	5.9%
西安	1949	244	12.5%
武汉	5523	1623	29.4%
杭州	3944	348	8.8%
厦门	2179	734	33.7%

图 5-3　气泡图分析销售额、毛利和毛利率

制作气泡图很简单，选择数据区域，插入气泡图即可，如图 5-4 所示。

气泡图需要格式化，包括数值轴的刻度，气泡的大小、颜色等，设置也很简单，如图 5-5 所示，就是对气泡格式进行设置。

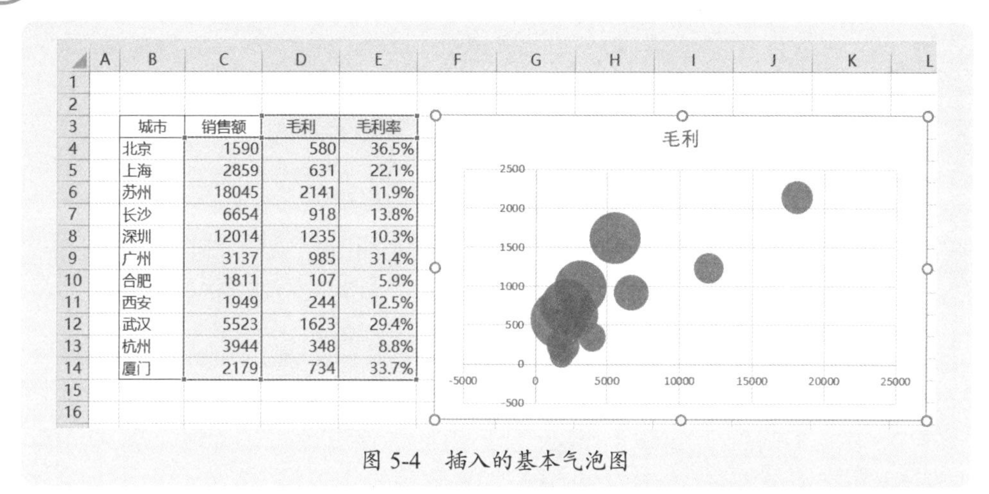

城市	销售额	毛利	毛利率
北京	1590	580	36.5%
上海	2859	631	22.1%
苏州	18045	2141	11.9%
长沙	6654	918	13.8%
深圳	12014	1235	10.3%
广州	3137	985	31.4%
合肥	1811	107	5.9%
西安	1949	244	12.5%
武汉	5523	1623	29.4%
杭州	3944	348	8.8%
厦门	2179	734	33.7%

图 5-4　插入的基本气泡图

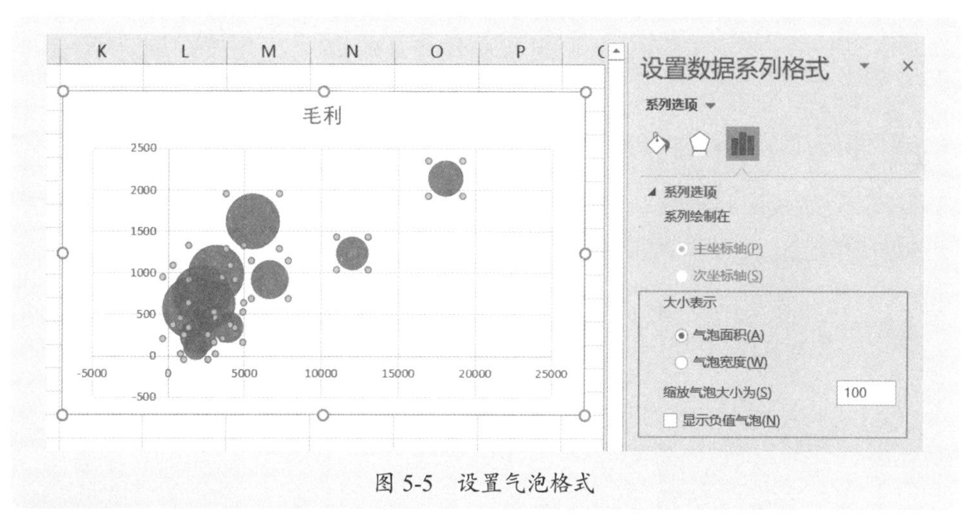

图 5-5　设置气泡格式

5.1.4 直方图

直方图本质上是柱形图，横轴是对 X 变量按照一定的规则进行分组，纵轴是每个 X 变量分组的数据个数，直方图用来观察每个 X 分组区间内的频数分布。

制作直方图有两个方法：一种方法是先使用 FREQUENCY 函数设计分组频数计算表，然后再用这个频数分布表制作柱形图；另一种方法是直接使用原始数据绘制直方图。

1. 直方图基本画法和注意事项

图 5-6 是产品的销售量明细，现在要分析销量的分布，了解销量在哪个区间最多，绘制直方图。本案例素材是“案例 5-4.xlsx”。

从绘制的直方图可以看出，销量主要集中在 100 ～ 2100 件，其他区间的销量分布较少。

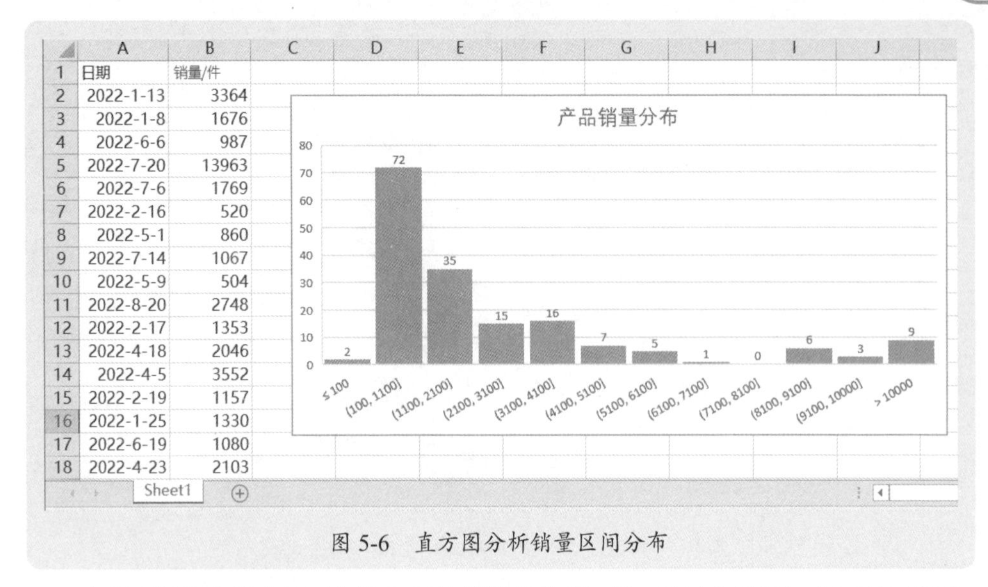

图 5-6　直方图分析销量区间分布

直方图制作非常方便，选择 B 列的销售量数据，插入直方图即可，如图 5-7 所示。

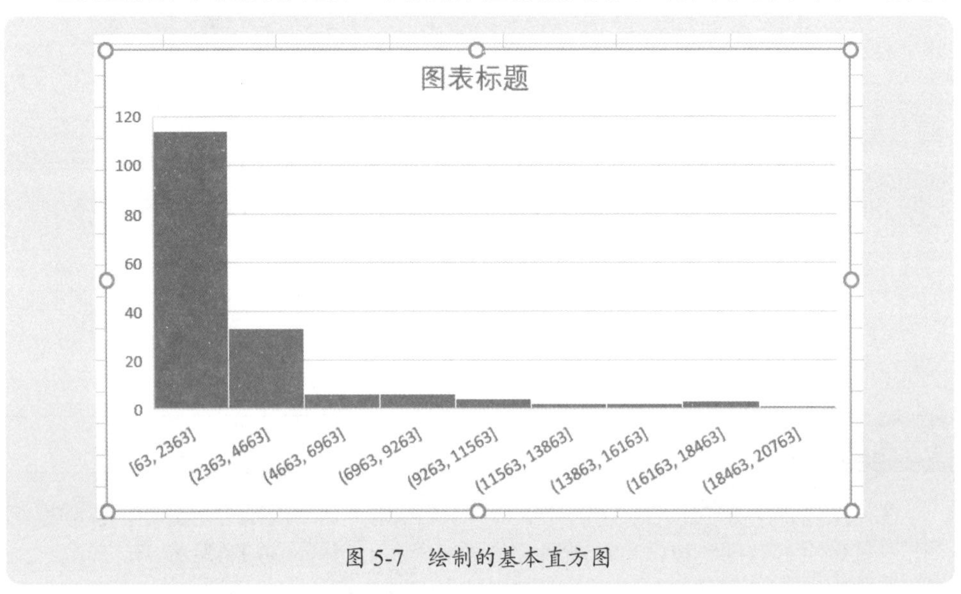

图 5-7　绘制的基本直方图

选择水平分类轴，设置其格式，如图 5-8 所示。这里主要是根据实际情况，设置箱的项目，包括箱宽度、箱数、溢出箱、下溢箱。

设置箱宽度为 1000，即每组间隔 1000；溢出箱设置为 10000，即大于 1000 的所有值归为一组；下溢箱设置为 100，即小于 1000 的所有值归为一组。

这种设置，需要根据直方图的实际展示效果不断做调整，直到绘制的直方图能够反映出比较真实的情况为止。

设置完成箱项目后，再显示数据标签，在每个柱形顶端显示每个区间的频数（出现的个数）。

每个柱形的颜色和间隙宽度，也需要根据实际需要，进行适当设置。

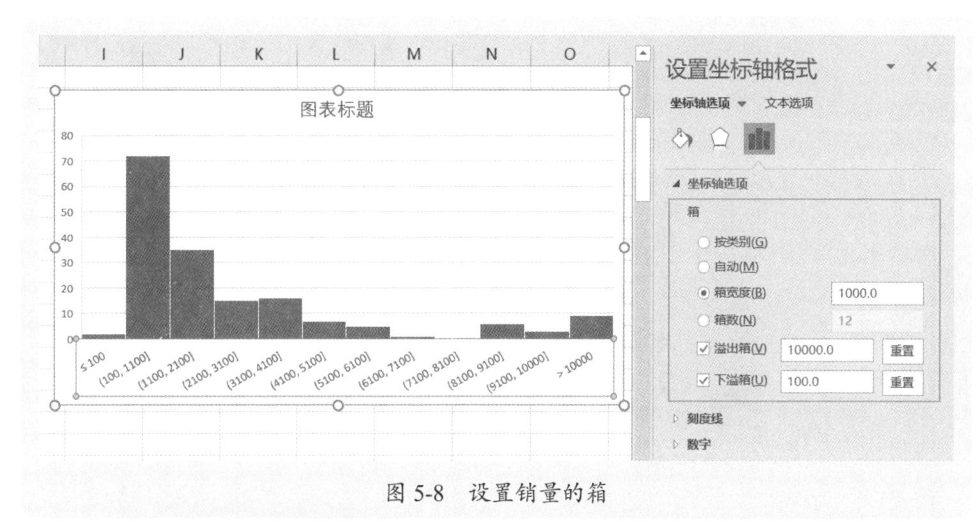

图 5-8 设置销量的箱

2. 多个数据系列的直方图

图 5-9 是一个两种规格鸡蛋的统计数据，现在要看每个规格下鸡蛋克重的分布。本案例素材是“案例 5-4.xlsx”。

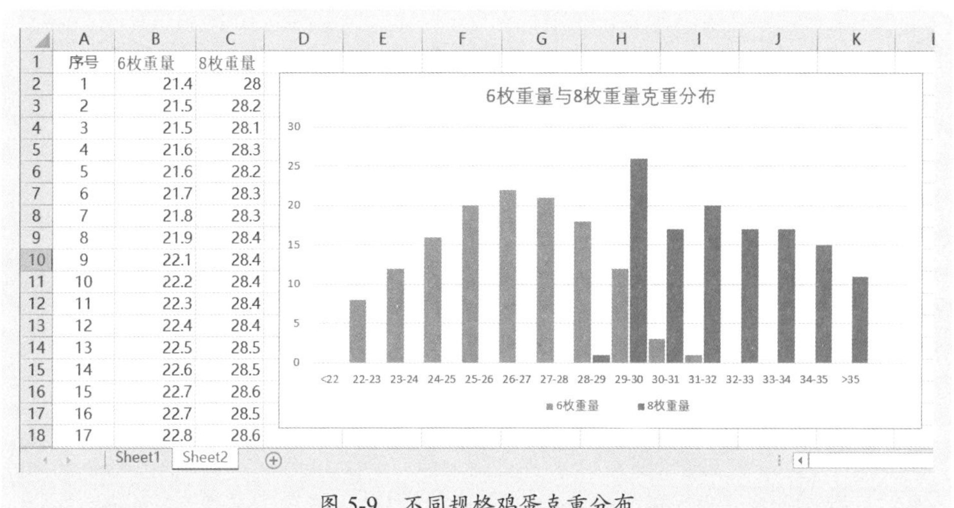

	A	B	C
1	序号	6枚重量	8枚重量
2	1	21.4	28
3	2	21.5	28.2
4	3	21.5	28.1
5	4	21.6	28.3
6	5	21.6	28.2
7	6	21.7	28.3
8	7	21.8	28.3
9	8	21.9	28.4
10	9	22.1	28.4
11	10	22.2	28.4
12	11	22.3	28.4
13	12	22.4	28.4
14	13	22.5	28.5
15	14	22.6	28.5
16	15	22.7	28.6
17	16	22.7	28.5
18	17	22.8	28.6

图 5-9 不同规格鸡蛋克重分布

由于该图是两个系列，因此不能直接使用原始数据绘图，需要使用 FREQUENCY 函数设计分组计算表，如图 5-10 所示。

然后选择单元格区域 H3:H17，输入下面的数组公式，计算 6 枚重量的分布频数：

```
=FREQUENCY($B$2:$B$134,$G$3:$G$17)
```

再选择单元格区域 I3:I17，输入下面的数组公式，计算 8 枚重量的分布频数：

```
=FREQUENCY($C$2:$C$134,$G$3:$G$17)
```

	A	B	C	D	E	F	G	H	I
1	序号	6枚重量	8枚重量			辅助区域			
2	1	21.4	28			区间	下限	6枚重量	8枚重量
3	2	21.5	28.2			<22	0	0	0
4	3	21.5	28.1			22-23	22	8	0
5	4	21.6	28.3			23-24	23	12	0
6	5	21.6	28.2			24-25	24	16	0
7	6	21.7	28.3			25-26	25	20	0
8	7	21.8	28.3			26-27	26	22	0
9	8	21.9	28.4			27-28	27	21	0
10	9	22.1	28.4			28-29	28	18	1
11	10	22.2	28.4			29-30	29	12	26
12	11	22.3	28.4			30-31	30	3	17
13	12	22.4	28.4			31-32	31	1	20
14	13	22.5	28.5			32-33	32	0	17
15	14	22.6	28.5			33-34	33	0	17
16	15	22.7	28.6			34-35	34	0	15
17	16	22.7	28.5			>35	35	0	11
18	17	22.8	28.6						

Sheet1 Sheet2

图 5-10 设计辅助区域

然后选择 F 列、H 列及 I 列数据区域，绘制普通的柱形图，如图 5-11 所示。

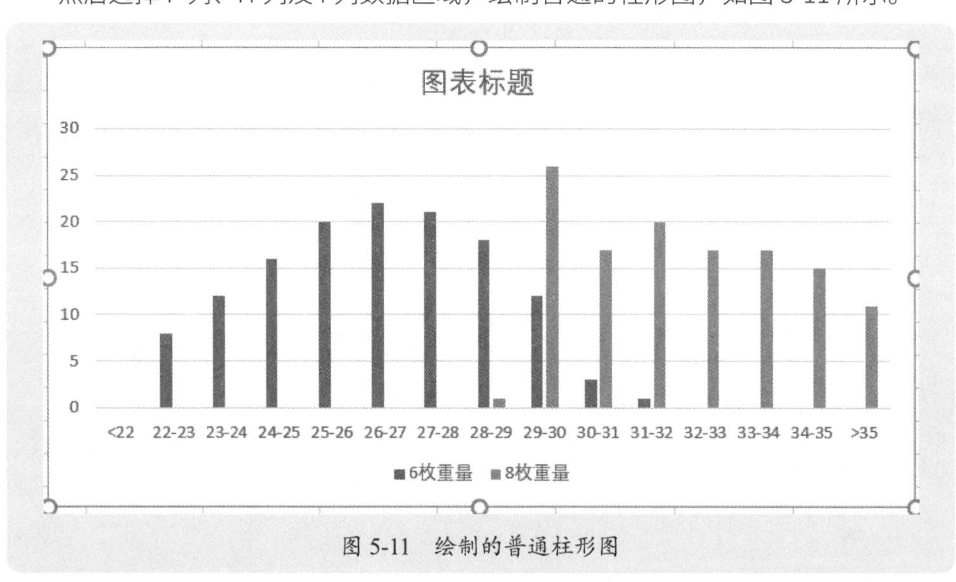

图 5-11 绘制的普通柱形图

最后再对这个柱形图进行格式化设置，包括设置间隙宽度、柱形颜色、图表标题等。

5.1.5 滑珠图

滑珠图，就是在一根根滑杆上分布着一个个圆珠，通过这些圆珠的分布来了解数据的分布及变化。在分析的维度不多的情况下，滑珠图还是一个不错的分析图表。

图 5-12 是各产品两年的毛利率统计结果，以及绘制的滑珠图。本案例素材是“案例 5-5.xlsx”。

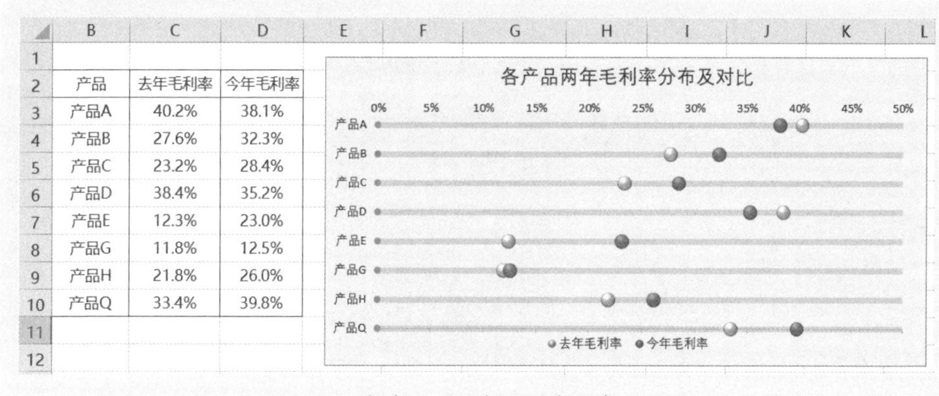

产品	去年毛利率	今年毛利率
产品A	40.2%	38.1%
产品B	27.6%	32.3%
产品C	23.2%	28.4%
产品D	38.4%	35.2%
产品E	12.3%	23.0%
产品G	11.8%	12.5%
产品H	21.8%	26.0%
产品Q	33.4%	39.8%

图 5-12　各产品的两年毛利率分布及对比

滑珠图有很多绘制方法，大多数方法是 XY 散点图 + 条形图的组合图表。下面介绍一个最简单的、只需 XY 散点图就可以完成的方法。

首先设计辅助区域，如图 5-13 所示。

这里的“Y 轴数值”是在绘制 XY 散点图时的 Y 轴，要反向输入间隔为 0.5 的数字（你知道为什么要输入 0.5 吗）。

“显示产品名称”列输入数字 0，是为了绘制一条在左侧的垂直线，以便显示产品名称。

产品	去年毛利率	今年毛利率		Y轴数值	显示产品名称
产品A	40.2%	38.1%		4	0
产品B	27.6%	32.3%		3.5	0
产品C	23.2%	28.4%		3	0
产品D	38.4%	35.2%		2.5	0
产品E	12.3%	23.0%		2	0
产品G	11.8%	12.5%		1.5	0
产品H	21.8%	26.0%		1	0
产品Q	33.4%	39.8%		0.5	0

图 5-13　设计辅助区域 F 列和 G 列

以 C 列和 D 列做 X 轴，以 F 列做 Y 轴，绘制两个系列的 XY 散点图，并进行简单的格式化设置（主要是数据点标记的颜色和大小、显示图例、添加图表标题、坐标轴标签显示在“高”的位置等），如图 5-14 所示。

各产品两年毛利率分布及对比
0.0%
5.0%
10.0%
15.0%
20.0%
25.0%
30.0%
35.0%
40.0%
45.0%
4.5
4
3.5
3
2.5
2
1.5
1
0.5
0
去年毛利率
今年毛利率

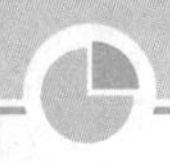

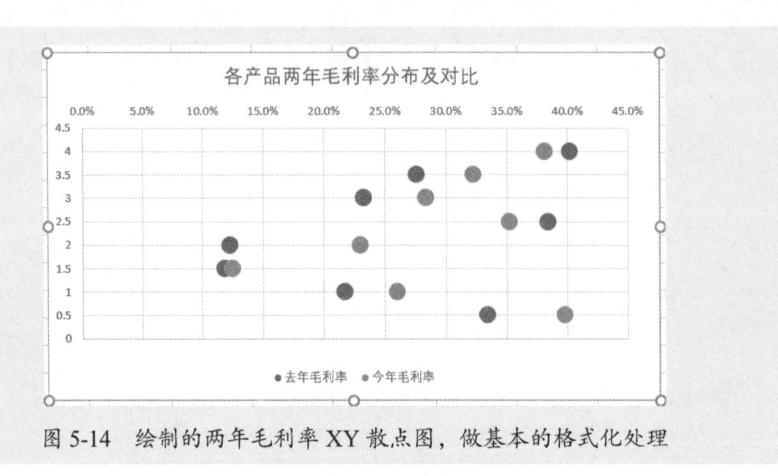

图 5-14　绘制的两年毛利率 XY 散点图，做基本的格式化处理

以 G 列的 0 值为 X 轴，以 F 列的数字为 Y 轴，再为图表添加一个新系列“显示产品名称”，如图 5-15 所示。

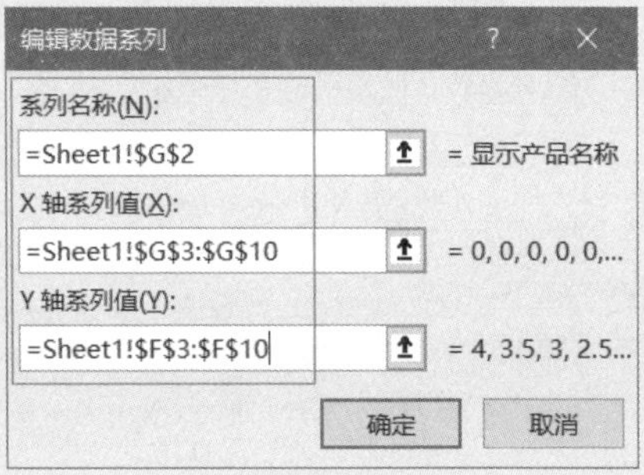

编辑数据系列
系列名称(N):
=Sheet1!$G$2
= 显示产品名称
X 轴系列值(X):
=Sheet1!$G$3:$G$10
= 0, 0, 0, 0, 0,...
Y 轴系列值(Y):
=Sheet1!$F$3:$F$10
= 4, 3.5, 3, 2.5...
确定
取消

图 5-15　添加新系列“显示产品名称”

这样，在图表最左侧的 Y 轴上，添加了一个 XY 散点图，是垂直的数据点，如图 5-16 所示。

各产品两年毛利率分布及对比
0.0%
5.0%
10.0%
15.0%
20.0%
25.0%
30.0%
35.0%
40.0%
45.0%
4.5
4
3.5
3
2.5
2
1.5
1
0.5
0
去年毛利率
今年毛利率
显示产品名称

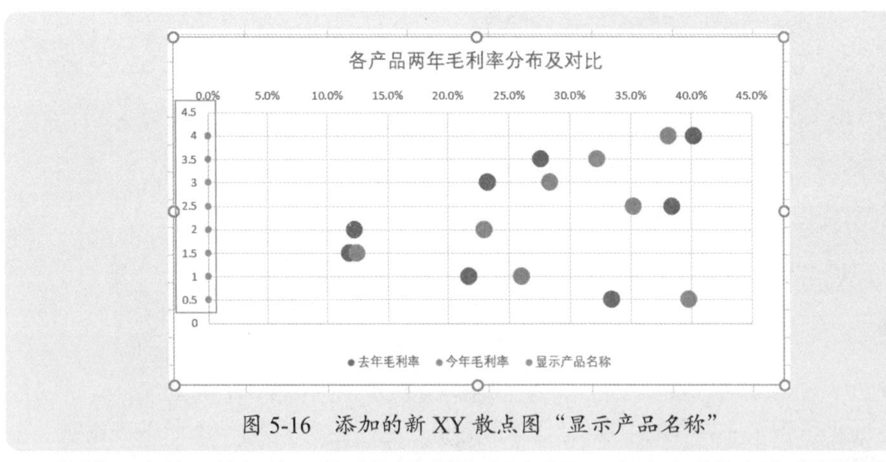

图 5-16　添加的新 XY 散点图“显示产品名称”

删除原来的 Y 轴标签，然后为这个新系列“显示产品名称”添加数据标签，使用产品名称的单元格区域作为值，如图 5-17 所示，标签位置设置为“靠左”，然后取消显示其他的默认项目。

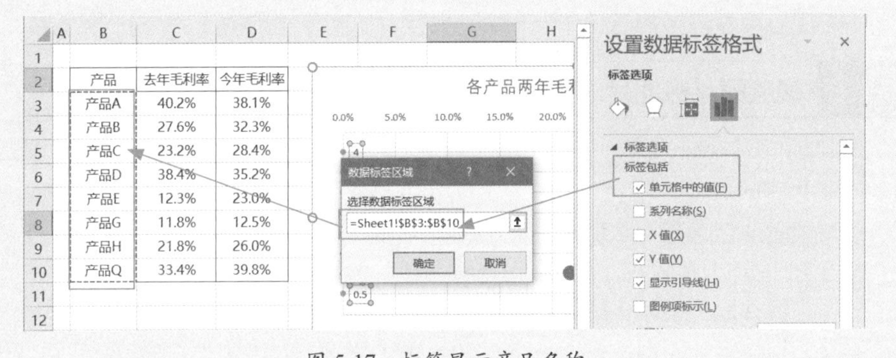

图 5-17　标签显示产品名称

在图表左侧的 Y 轴处显示了产品名称，如图 5-18 所示。

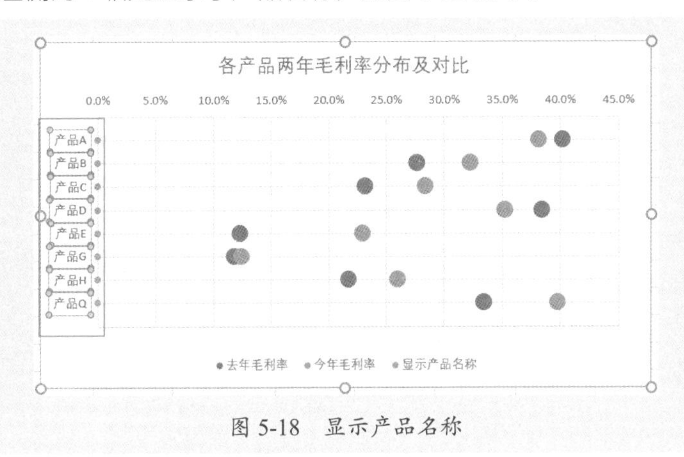

图 5-18　显示产品名称

选择水平网格线，设置网格线的颜色和宽度，形成一条条水平的滑杆，如图 5-19 所示。

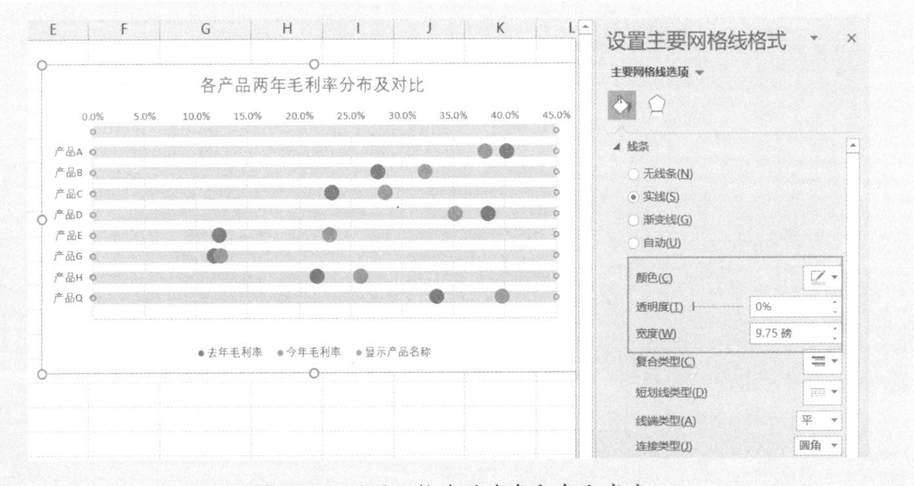

图 5-19　设置网格线的线条颜色和宽度

最后删除图例中的“显示产品名称”项，再对图表进行必要的格式设置和调整，得到一个醒目地显示各产品两年毛利率分布及对比图。

5.1.6 密度图（热图）

在 Excel 中，绘制 XY 散点图或者折线图，设置数据点标记的填充效果，可以得到类似于热图的效果，不过做起来比较麻烦，不如在 Tableau 中做起来方便，而且还可以与地图结合起来，更加清楚地了解各地区的分布。

图 5-20 是一个各省份、各城市的销售数据。现在要分析这些城市销售额与净利润的分布，横轴是销售额，纵轴是净利润，每个数据点代表一个城市。

本案例素材是“案例 5-6.xlsx”。

	A	B	C	D	E
1	省份	城市	销售额	净利润	
2	北京	北京	2168225	114594	
3	福建	福州	609711	47288	
4	广东	广东	287237	7836	
5	广东	广州	170940	20943	
6	广东	中山	372453	42626	
7	广东	珠海	1109262	74990	
8	广西	北海	211870	6340	
9	河北	唐山	584674	56022	
10	河南	河南	553215	28806	
11	河南	商丘	1525927	133026	
12	河南	郑州	553328	12510	
13	黑龙江	哈尔滨	162393	18020	
14	黑龙江	黑龙江	181167	14847	
15	安徽	安徽	290598	-8158	
16	安徽	蚌埠	2208734	184023	
17	安徽	合肥	709322	-45015	
18	福建	福建	1916233	-13943	
19	黑龙江	齐齐哈尔	430546	-9139	
20	湖北	湖北	864201	84123	

Sheet1

图 5-20 示例数据

启动 Tableau，建立数据连接，做如图 5-21 所示的布局，标记类型是“密度”。

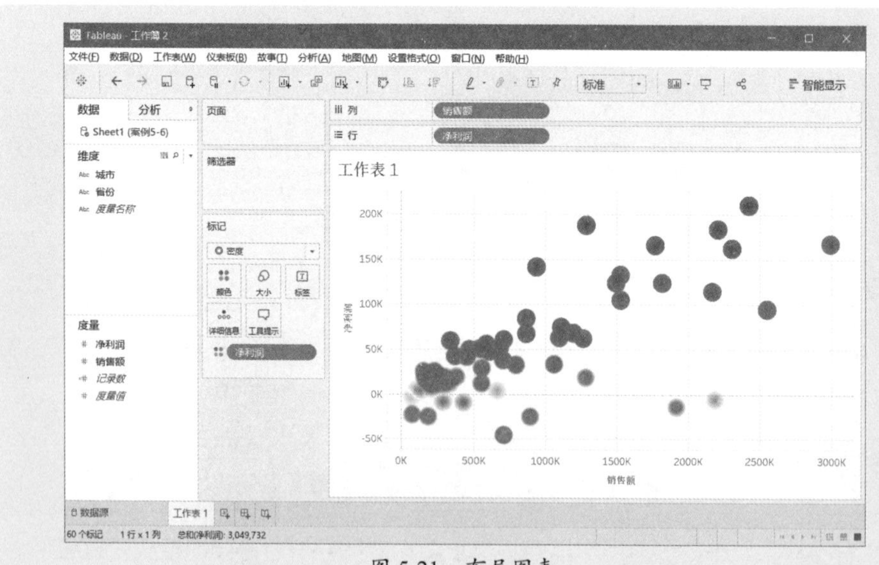

图 5-21 布局图表

注意，这里要做两个重要的设置，一是把字段“销售额”设置为维度，如图 5-22 所示；二是取消聚合度量，如图 5-23 所示。

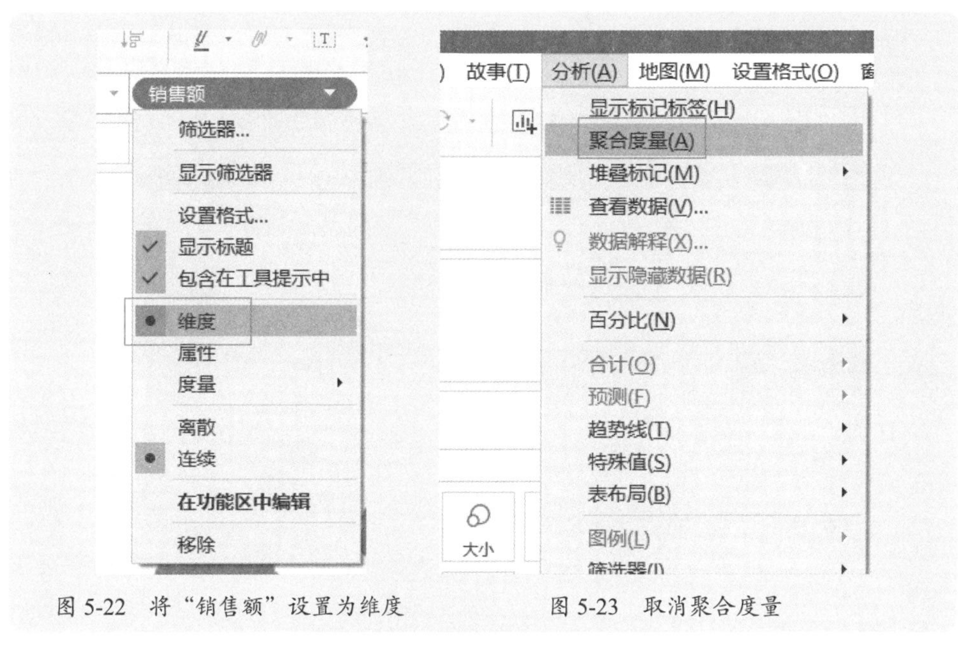

图 5-22　将“销售额”设置为维度　　　图 5-23　取消聚合度量

将“净利润”拖至“颜色”卡，编辑颜色，再调整标记大小，得到销售额和净利润分布的热图，如图 5-24 所示。

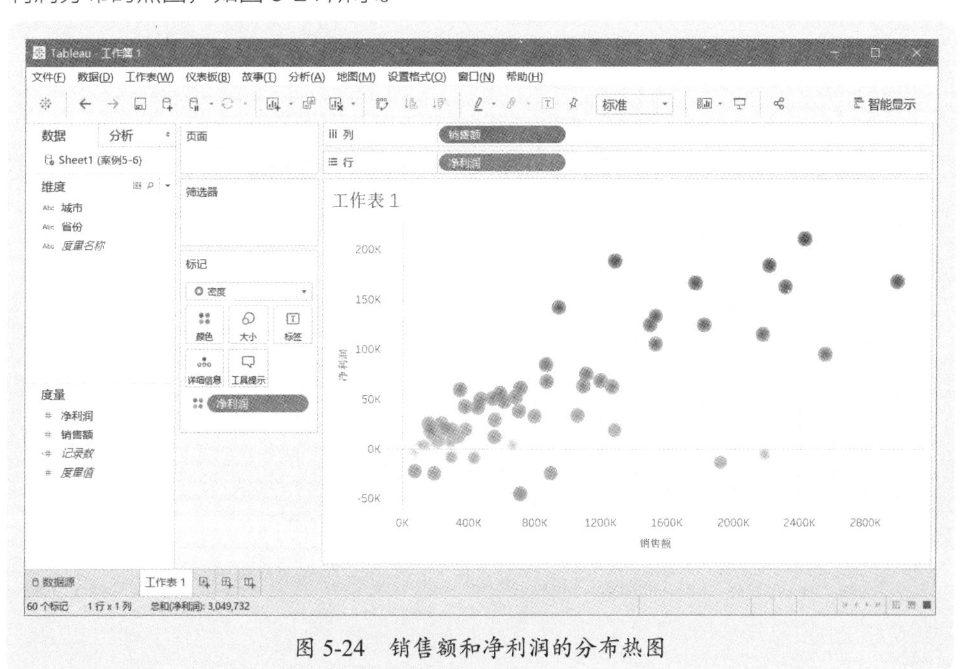

图 5-24　销售额和净利润的分布热图

5.1.7 地理图

如果数据中有表示地理的字段，例如省份、城市，那么可以使用 Tableau 制作地图分布图表。例如，对于案例素材“案例 5-6.xlsx”的数据，在 Tableau 中，先把省份和城市的地理角色分别设置为省份和城市，然后再制作地图，如图 5-25 所示。

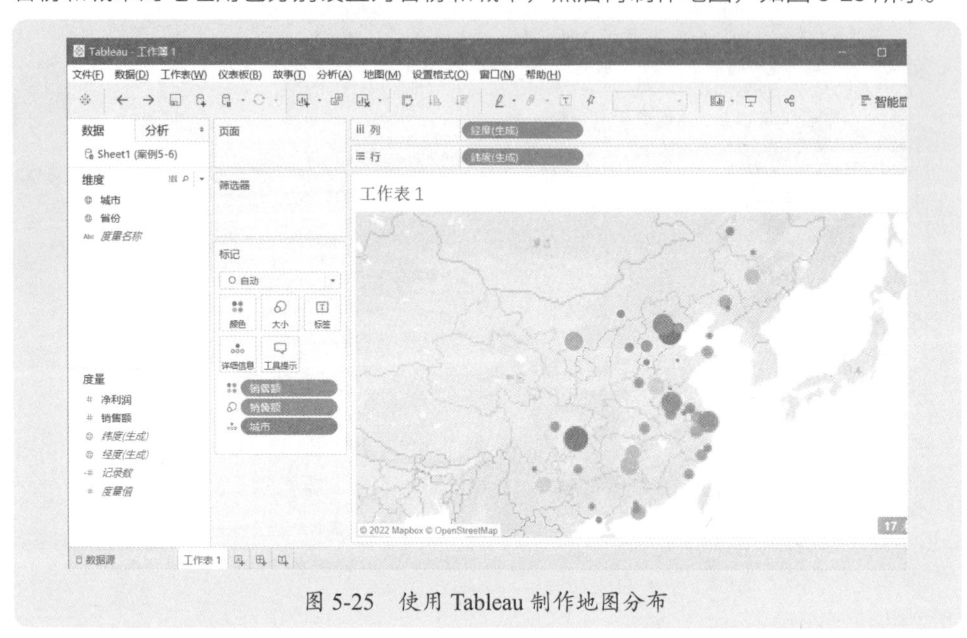

图 5-25　使用 Tableau 制作地图分布

如果在这个地图上，将标记类型设置为“密度”，并设置颜色和大小，会得到一个地理分布热图，如图 5-26 所示。

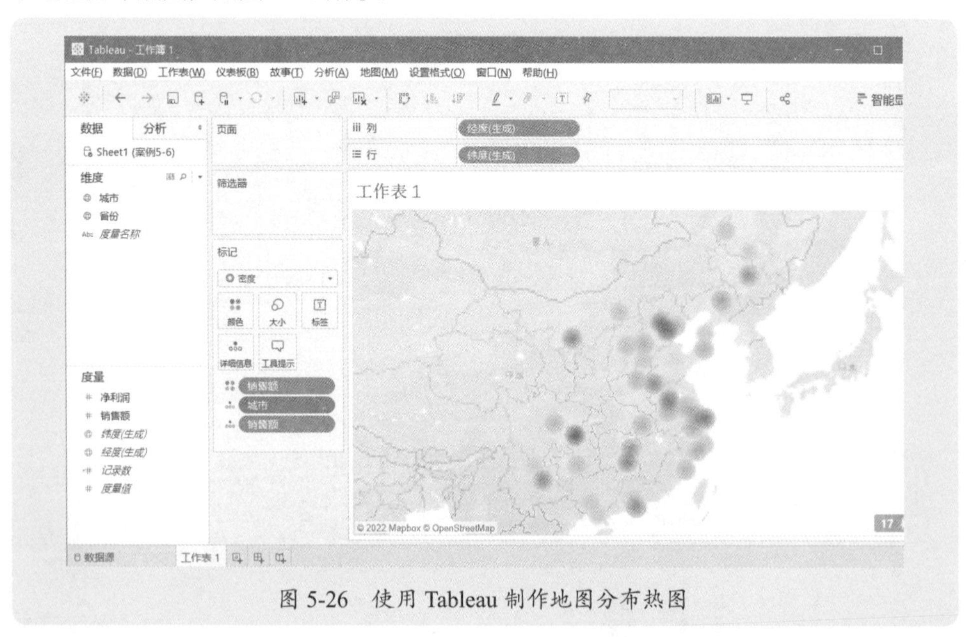

图 5-26　使用 Tableau 制作地图分布热图

5.1.8 箱形图（盒须图）

箱形图，也称盒须图，因为形状像一个箱子而称为箱形图，又因为有向上延伸的线条而称为盒须图。

箱形图用于显示一组数据的分布情况，用 5 个数据点表示数据特征：最小观察值（下边缘）、25% 分位数、中位数、75% 分位数、最大观察值（上边缘）。需要说明的是，箱形图里面的上边缘值并非最大值，下边缘值也不是最小值。

在企业实际数据分析中，箱形图主要用在工资分析、销售分析、产品质量分析、损耗分析等场合。

不论是 Excel，还是 Tableau，制作箱形图都是非常简单的。

图 5-27 是一个工资表示例数据。现在要分析每个部门的工资分布。本案例素材“案例 5-7.xlsx”。

	A	B	C	D	E	F	G	H	I	J	K	L	M
1	姓名	部门	基本工资	补贴	考勤工资	应发合计	养老	医疗	失业	公积金	税前所得	个税	实发工资
2	A075	总经办	4100	4500	210	8810				1194	12616	1168	11448
3	A001	总经办	9800	5600	932	16332	640	170	80	800	14642	1656	12987
4	A127	总经办	4300	2700	1198	8198	240		30	1080	8848	415	8434
5	A121	总经办	5300	3200	723	9223	715		89	1080	8339	329	8010
6	A116	总经办	8400	4660	744	13804	640	170	80	800	12114	1068	11046
7	A004	人事行政部	4060	1740	887	6687					6687	184	6503
8	A003	人事行政部	2380	1120	506	4006	256			364	3386		3386
9	A097	人事行政部	2660	1140	525	4325	240		30	456	3599		3599
10	A098	人事行政部	1400	700	324	2424	152			228	2044		2044
11	A118	人事行政部	1610	690	500	2800	152			228	2420		2420
12	A006	人事行政部	1560	740	1500	3800	160			240	3400		3400
13	A102	人事行政部	1560	740	975	3275	160		20	240	2855		2855
14	A008	人事行政部	1399	740	850	2989	160		20	240	2569		2569
15	A065	产品部	1610	790	513	2913	152		19	228	2514		2514
16	A041	产品部	1960	840	214	3014	160			240	2614		2614
17	A020	产品部	4550	2350	586	7486	520			780	6186	134	6052
18	A017	产品部	7380	1120	454	8954	240		30	540	8144	329	7815

Sheet1

图 5-27 工资表数据

选择 B 列部门数据和 F 列应发工资数据，单击图表集里的“箱形图”按钮，如图 5-28 所示，得到如图 5-29 所示的基本箱形图。

图 5-28 “箱形图”按钮

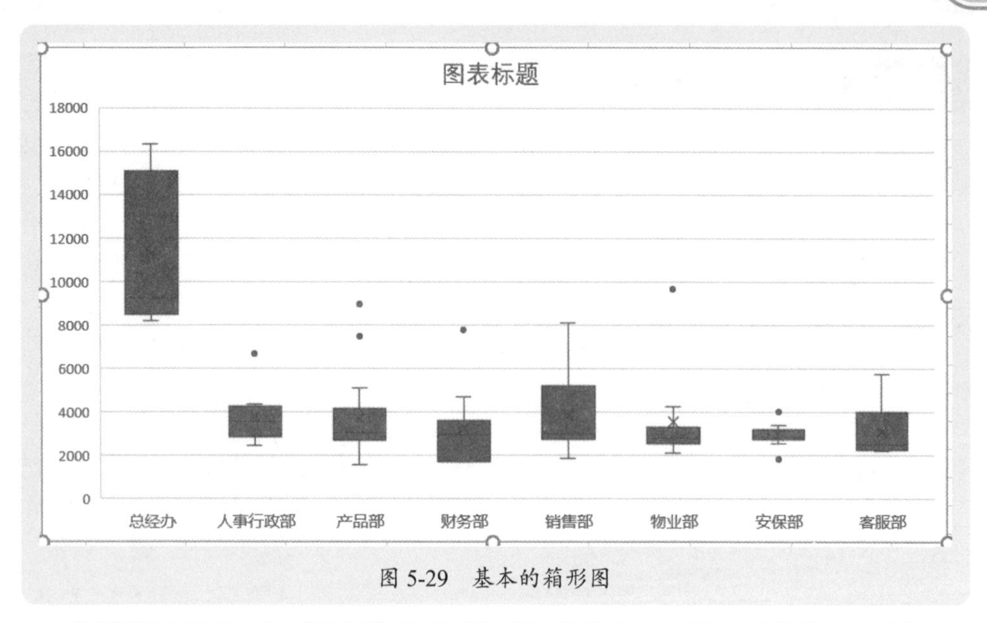

图 5-29　基本的箱形图

得到箱形图后，在“设置数据系列格式”窗格中，对箱形图做进一步的设置，如图 5-30 所示。这些设置项目包括显示内部点、显示离群值点、显示平均值标记、显示中线、包含中值、排除中值等。图 5-31 是简单设置后的各部门工资分布箱形图。

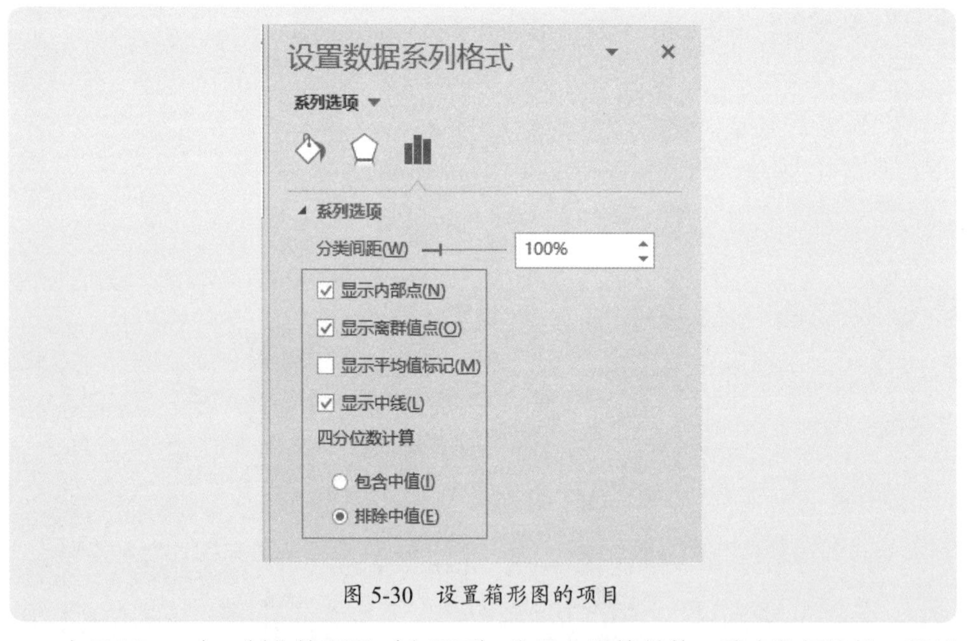

图 5-30　设置箱形图的项目

在 Tableau 中，制作箱形图（盒须图）也是非常简单的。建立数据连接，将部门拖至“列”区域，将应发工资拖至“行”区域，将姓名拖至“详细信息”卡，在选择智能显示面板里的盒须图，得到每个部门的工资分布盒须图，如图 5-32 所示。

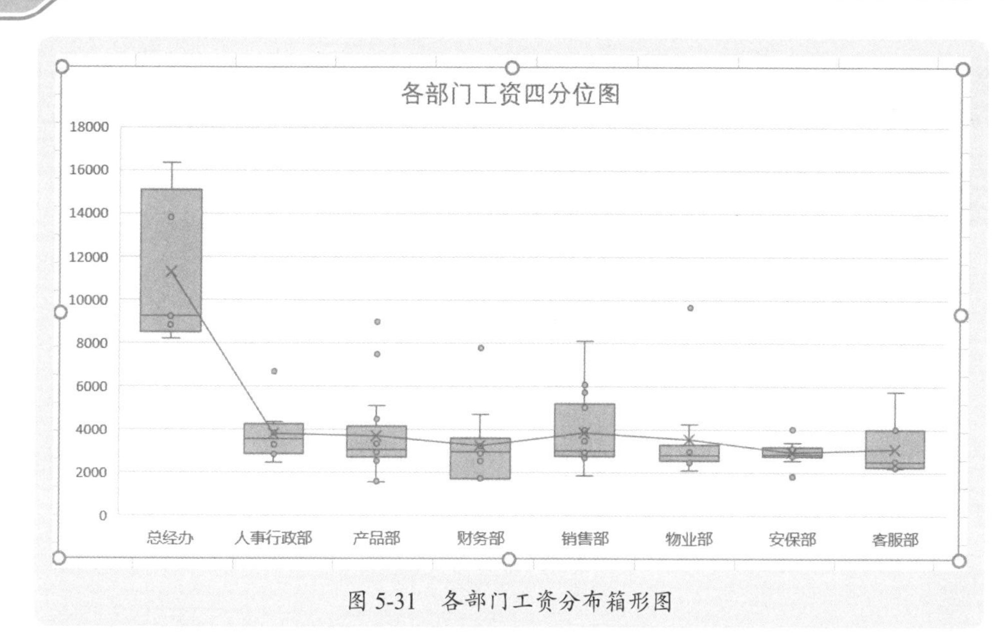

图 5-31　各部门工资分布箱形图

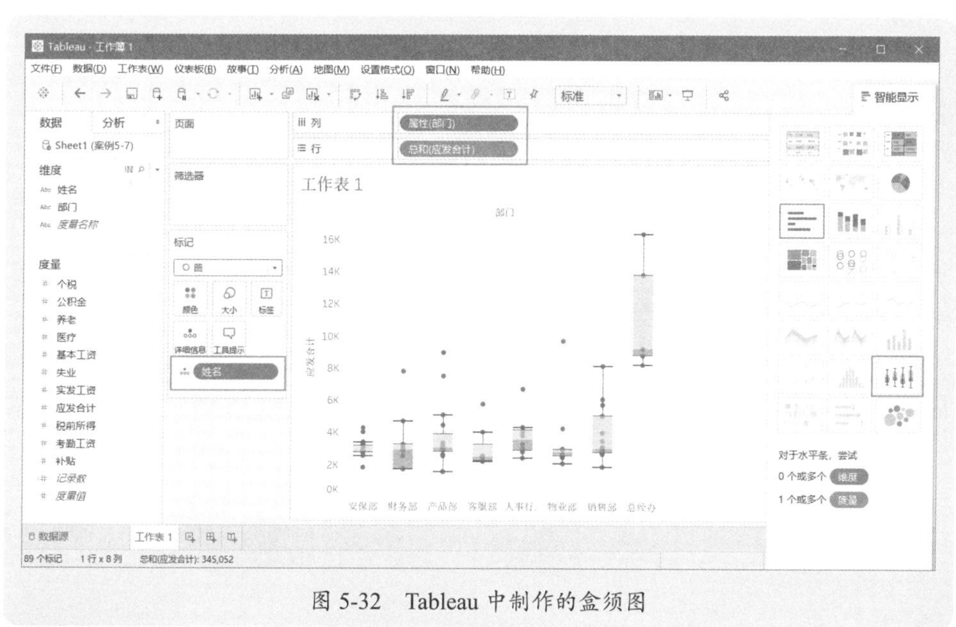

图 5-32　Tableau 中制作的盒须图

5.2 分布分析的实际案例模板

前面介绍了数据分布分析中常见的图表类型及制作和应用，本章介绍几个实际工作中经常会遇到的数据分布分析问题，以及这样的分布图表模板，以巩固前面学到的知识和技能，启发数据分析的逻辑思维。

5.2.1 门店盈亏分布分析

下面以一个以各门店日报表原始数据为例，如何制作各门店的销售额和净利润的分布，并且用两种颜色来表示盈利和亏损。本案例素材是“案例 5-8.xlsx”，示例数据如图 5-33 所示。

	A	B	C
1	店铺代码	项目	金额
2	HZ006	零售额（含税）	125,707.40
3	HZ006	销售折扣（含税）	15,707.40
4	HZ006	净销售额（含税）	110,000.00
5	HZ006	净销售额（不含税）	94,017.09
6	HZ006	销售成本（不含税）	38,372.22
7	HZ006	成本合计（不含税）	38,372.22
8	HZ006	销售毛利	55,644.87
30	HZ006	折旧及摊销费用	5,689.48
31	HZ006	银行手续费	50.00
32	HZ006	信用卡手续费	791.96
33	HZ006	财务费用	841.96
34	HZ006	营业利润	17,161.33
35	HZ006	区部管理费用	5,152.41
36	HZ006	零售管理费用	4,548.77
37	HZ006	集团管理费用（11%）	8,461.54
38	HZ006	管理费用	18,162.71
39	HZ006	税前利润	-1,001.39
40	HZ006	所得税（18%）	-180.25
41	HZ006	净利润	-821.14
42			

门店01 | 门店02 | 门店03 | 门店04 | 门店05 | 门店06 | 门店07 | 门店08 | 门店09 | 门店10 | 门 ...

图 5-33　各门店日报数据

新建一个工作表，汇总计算每个门店的不含税销售额和净利润，如图 5-34 所示，公式很简单，直接使用 INDIRECT 函数就可以。

单元格 B2：

```
=INDIRECT(A2&"!C5")
```

单元格 C2：

```
=INDIRECT(A2&"!C41")
```

	A	B	C
1	门店	销售额	净利润
2	门店01	94, 017	-821
3	门店02	136, 752	12, 619
4	门店03	153, 846	16, 467
5	门店04	85, 470	-5, 877
6	门店05	97, 214	1, 169
7	门店06	97, 214	1, 169
8	门店07	170, 940	6, 758
9	门店08	102, 564	5, 581
10	门店09	136, 752	4, 088
11	门店10	170, 940	20, 943
12	门店11	153, 846	19, 479
13	门店12	358, 974	-20, 567
14	门店13	102, 667	4, 333
15	门店14	94, 017	87
16	门店15	159, 829	9, 070

分析报告 | 门店01 | 门店02 | 门店03 | 门店04 | 门店05 | 门店06 | 门店07 | 汇 ...

图 5-34　汇总每个门店的销售额和净利润

为了能够区分盈利和亏损数据，插入两个辅助列，将正净利润和负净利润分成两列，公式很简单，直接使用 IF 函数进行判断即可，如图 5-35 所示。

注意这里要绘制 XY 散点图，所以要使用 NA 错误值来代替空数据点。

单元格 D2：

```
=IF(C2>=0,C2,NA())
```

单元格 E2：

```
=IF(C2<0,C2,NA())
```

	A	B	C	D	E	F	G	H	I	J
1	门店	销售额	净利润	盈利	亏损					
2	门店01	94,017	-821	#N/A	-821					
3	门店02	136,752	12,619	12,619	#N/A					
4	门店03	153,846	16,467	16,467	#N/A					
5	门店04	85,470	-5,877	#N/A	-5,877					
6	门店05	97,214	1,169	1,169	#N/A					
7	门店06	97,214	1,169	1,169	#N/A					
8	门店07	170,940	6,758	6,758	#N/A					
9	门店08	102,564	5,581	5,581	#N/A					
10	门店09	136,752	4,088	4,088	#N/A					
11	门店10	170,940	20,943	20,943	#N/A					
12	门店11	153,846	19,479	19,479	#N/A					
13	门店12	358,974	-20,567	#N/A	-20,567					
14	门店13	102,667	4,333	4,333	#N/A					
15	门店14	94,017	87	87	#N/A					
16	门店15	159,829	9,070	9,070	#N/A					

分析报告 | 门店01 | 门店02 | 门店03 | 门店04 | 门店05 | 门店06 | 门店07 | 门…

图 5-35 设计辅助列，处理正负净利润

以销售额为 X 轴，以盈利和亏损两列数据为 Y 轴，绘制 XY 散点图，如图 5-36 所示。

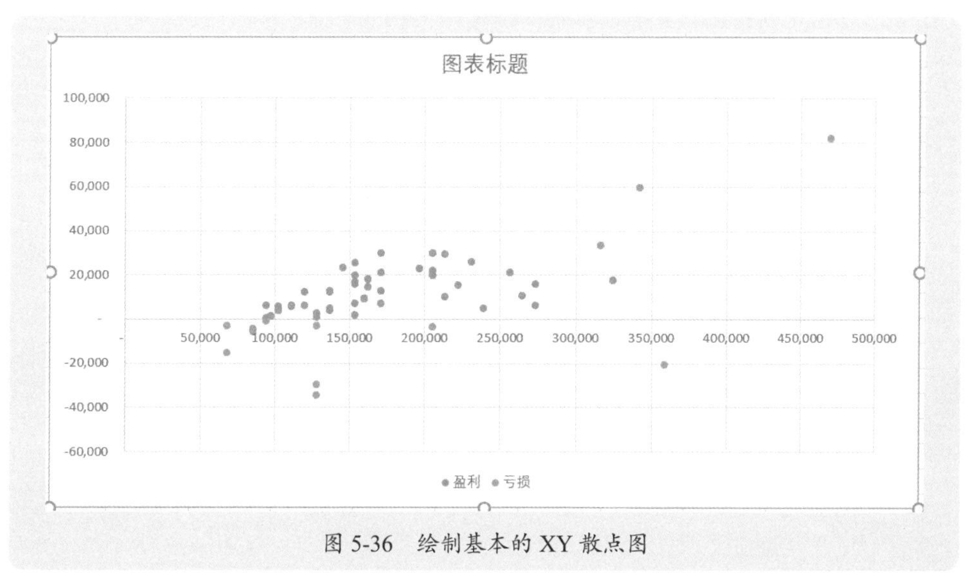

图 5-36 绘制基本的 XY 散点图

最后，再对图表进行必要的格式化设置，例如设置数据点标记格式和坐标轴格

式等，得到门店盈亏分布图，如图 5-37 所示。

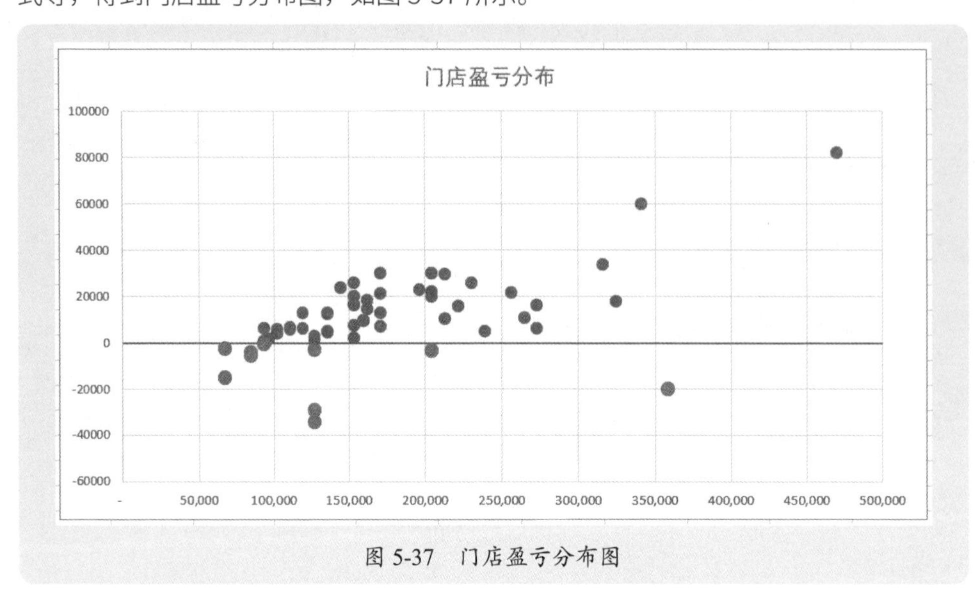

图 5-37　门店盈亏分布图

在这个例子中，汇总各部门数据（即汇总各工作表数据）有很多方法，其中最简单的方法是使用 Excel 的 INDIRECT 函数。当然，也可以使用 Power Query 进行合并，感兴趣的读者请自行练习。

5.2.2 部门工资分布分析

在 5.1.8 节中，对工资数据是使用盒须图进行分析，这种分析在了解每个部门、每个员工工资分布时，并不是很详细，可以制作类似于滑珠图效果的分布图，这样每个部门下的工资分布就一目了然了，如图 5-38 所示。

本案例素材是“案例 5-9.xlsx”。

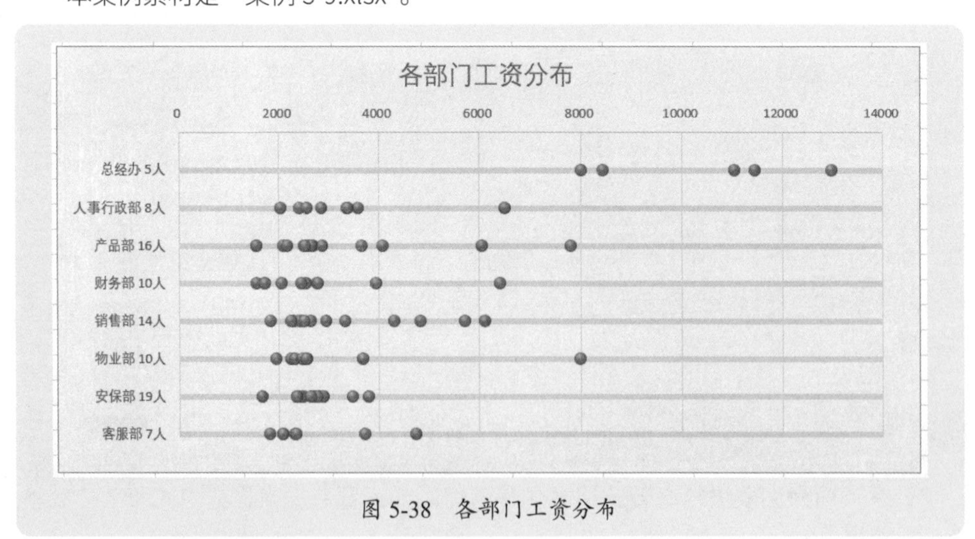

图 5-38　各部门工资分布

首先设计基本的辅助区域，如图 5-39 所示。其中，T 列是公式统计结果形成的字符串：

```
=Q2&TEXT(COUNTIF(B:B,Q2)," 0 人 ")
```

	P	Q	R	S	T
1		部门	序号	辅助	标签
2		总经办	1	0	总经办 5人
3		人事行政部	2	0	人事行政部 8人
4		产品部	3	0	产品部 16人
5		财务部	4	0	财务部 10人
6		销售部	5	0	销售部 14人
7		物业部	6	0	物业部 10人
8		安保部	7	0	安保部 19人
9		客服部	8	0	客服部 7人

图 5-39　设计辅助区域

在原始工作表最右侧插入一个辅助列，匹配每个部门的序号，如图 5-40 所示，公式很简单，使用 VLOOKUP 函数即可：

```
=VLOOKUP(B2,$Q$2:$R$9,2,0)
```

	A	B	C	D	E	F	G	H	I	J	K	L	M	N
1	姓名	部门	基本工资	补贴	考勤工资	应发合计	养老	医疗	失业	公积金	税前所得	个税	实发工资	序号
2	A075	总经办	4100	4500	210	8810				1194	12616	1168	11448	1
3	A001	总经办	9800	5600	932	16332	640	170	80	800	14642	1656	12987	1
4	A127	总经办	4300	2700	1198	8198	240		30	1080	8848	415	8434	1
5	A121	总经办	5300	3200	723	9223	715		89	1080	8339	329	8010	1
6	A116	总经办	8400	4660	744	13804	640	170	80	800	12114	1068	11046	1
7	A004	人事行政部	4060	1740	887	6687					6687	184	6503	2
8	A003	人事行政部	2380	1120	506	4006	256			364	3386		3386	2
9	A097	人事行政部	2660	1140	525	4325	240		30	456	3599		3599	2
10	A098	人事行政部	1400	700	324	2424	152			228	2044		2044	2
11	A118	人事行政部	1610	690	500	2800	152			228	2420		2420	2
12	A006	人事行政部	1560	740	1500	3800	160			240	3400		3400	2
13	A102	人事行政部	1560	740	975	3275	160		20	240	2855		2855	2
14	A008	人事行政部	1399	740	850	2989	160		20	240	2569		2569	2
15	A065	产品部	1610	790	513	2913	152		19	228	2514		2514	3
16	A041	产品部	1960	840	214	3014	160			240	2614		2614	3
17	A020	产品部	4550	2350	586	7486	520			780	6186	134	6052	3
18	A017	产品部	7380	1120	454	8954	240		30	540	8144	329	7815	3
19	A071	产品部	2660	1140	645	4445	304			456	3685		3685	3
20	A049	产品部	3360	1440	297	5097	384		48	576	4089	9	4080	3
21	A113	产品部	1960	840	270	3070	176		22	264	2608		2608	3
22	A052	产品部	1960	840	360	3160	176		22	264	2698		2698	3
23	A007	产品部	1960	840	535	3335	176		22	264	2873		2873	3
24	A042	产品部	1820	780	360	2960	152		19	228	2561		2561	3
25	A101	产品部	1820	880	420	3120	176		22	264	2658		2658	3

图 5-40　添加辅助列“序号”

将 F 列的应发合计作为 X 轴，将辅助列 N 作为 Y 轴，绘制 XY 散点图，如图 5-41 所示。

先格式化图表，包括设置坐标轴的逆序刻度值，设置图表的背景颜色，设置数据点标记的格式，设置图表的字体，修改图表标题，等等，如图 5-42 所示。

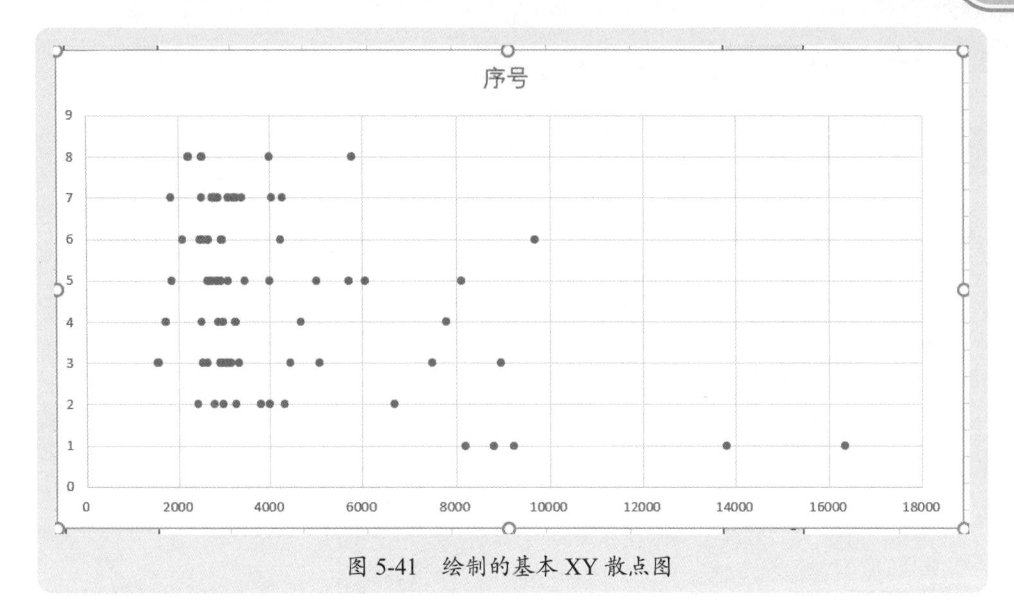

图 5-41　绘制的基本 XY 散点图

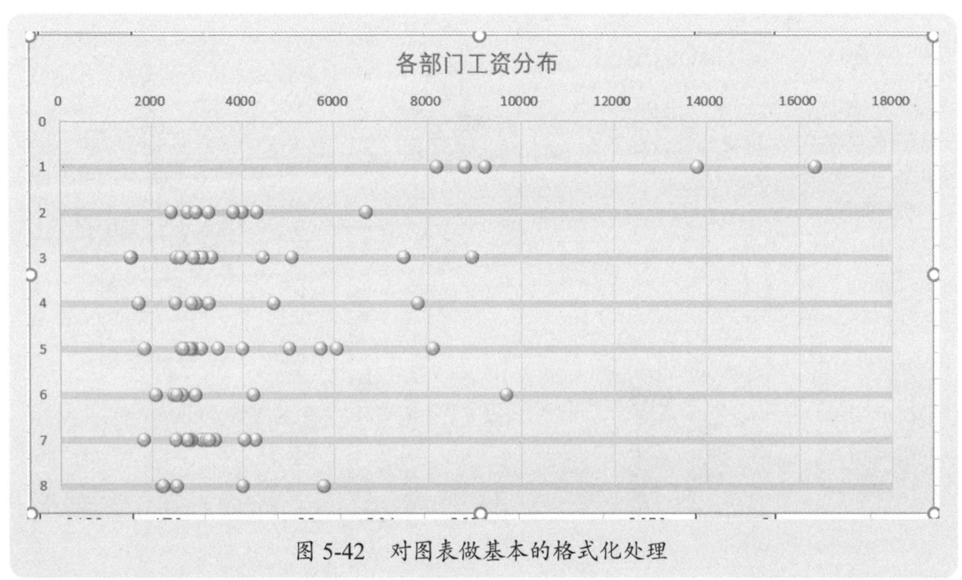

图 5-42　对图表做基本的格式化处理

打开“选择数据源”对话框，再添加一个数据系列，其 X 轴是辅助区域的 S 列数据区域，Y 轴是辅助区域的 R 列数据区域，如图 5-43 所示。

在图表上选择这个新添加的系列，添加数据标签，注意使用单元格的值来显示，并设置最左对齐方式，如图 5-44 所示。

最后删除原来的数值轴，调整绘图区大小，在图表上插入一个形状，用来标识每个部门的工资集中区域，就得到了需要的图表。

图 5-43　新添加一个系列

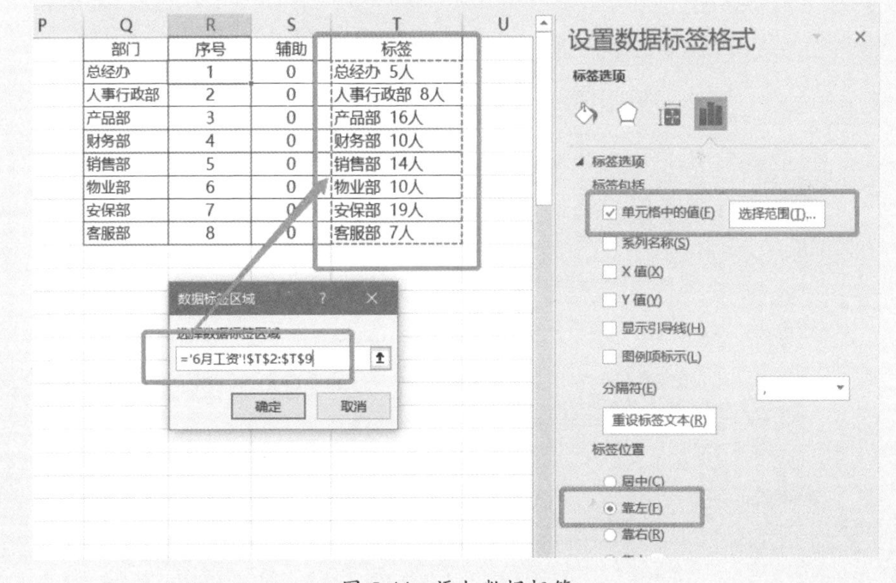

图 5-44　添加数据标签

5.2.3 各部门男女员工人数分布分析

图 5-45 是各部门男女员工人数统计表，如何对此表进行可视化处理？本案例素材是“案例 5-10.xlsx”。

部门	25岁以下	26-40岁	41-55岁	56岁以上	合计
人事与行政部	2	5	7	3	17
财务部	3	7	4	2	16
技术研发部	5	7	9	5	26
销售部	2	2	15	1	20
物控部	6	8	12	4	30
生产部	23	34	28	7	92
设备部	4	2	9	2	17
检验部	2	11	7	2	22
物流部	8	12	8	1	29
合计	55	88	99	27	269

图 5-45 各部门男女员工人数统计表

本案例是两个维度的分析，是看各部门、各年龄段的人数分布，可以制作如图 5-46 所示的分布图。

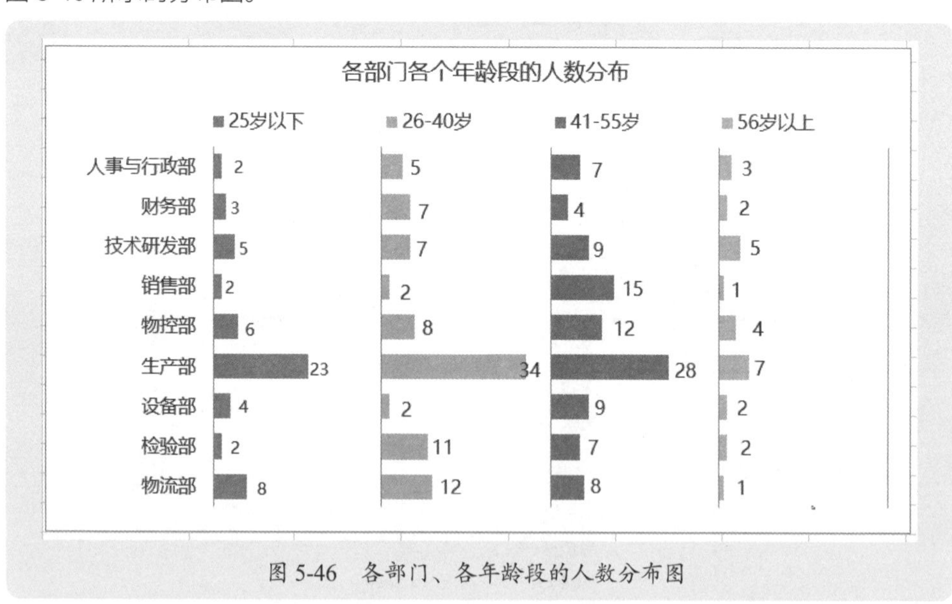

图 5-46 各部门、各年龄段的人数分布图

堆积条形图需要设计辅助区域，如图 5-47 所示，单元格 K3 公式如下，然后从右往下复制即可：

```
=IF(LEFT(K$2,3)=" 辅助列 ",40-J3,
```

VLOOKUP($J3,$B$3:$F$11,MATCH(K$2,$B$2:$F$2,0),0))

这里的值 40，是取各部门各年龄段的最大人数值，取个正数，便于计算各年龄段中间的间隔大小。

	I	J	K	L	M	N	O	P	Q
1									
2			25岁以下	辅助列1	26-40岁	辅助列2	41-55岁	辅助列3	56岁以上
3		人事与行政部	2	38	5	35	7	33	3
4		财务部	3	37	7	33	4	36	2
5		技术研发部	5	35	7	33	9	31	5
6		销售部	2	38	2	38	15	25	1
7		物控部	6	34	8	32	12	28	4
8		生产部	23	17	34	6	28	12	7
9		设备部	4	36	2	38	9	31	2
10		检验部	2	38	11	29	7	33	2
11		物流部	8	32	12	28	8	32	1

图 5-47　设计辅助区域

以这个辅助区域绘制堆积柱形图，得到如图 5-48 所示的堆积条形图。

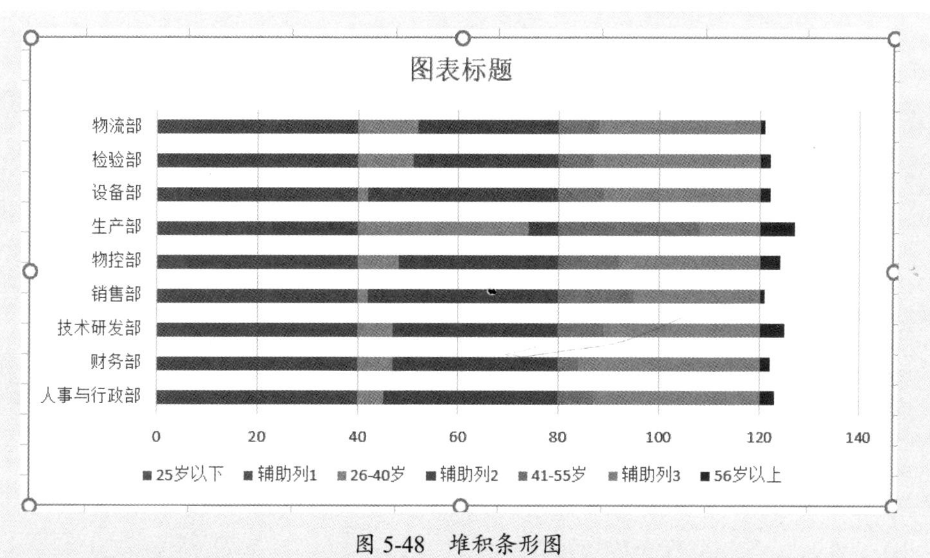

图 5-48　堆积条形图

做如下的格式化设置，得到如图 5-49 所示的图表。

（1）逆序类别。

（2）设置数值轴的刻度，不显示数值轴标签。

（3）设置系列的间隙宽度。

（4）设置各辅助列条形为无填充、无轮廓。

（5）设置各年龄段条形颜色。

（6）删除图例中辅助列项，将图例显示在图表顶部。

（7）修改图表标题。

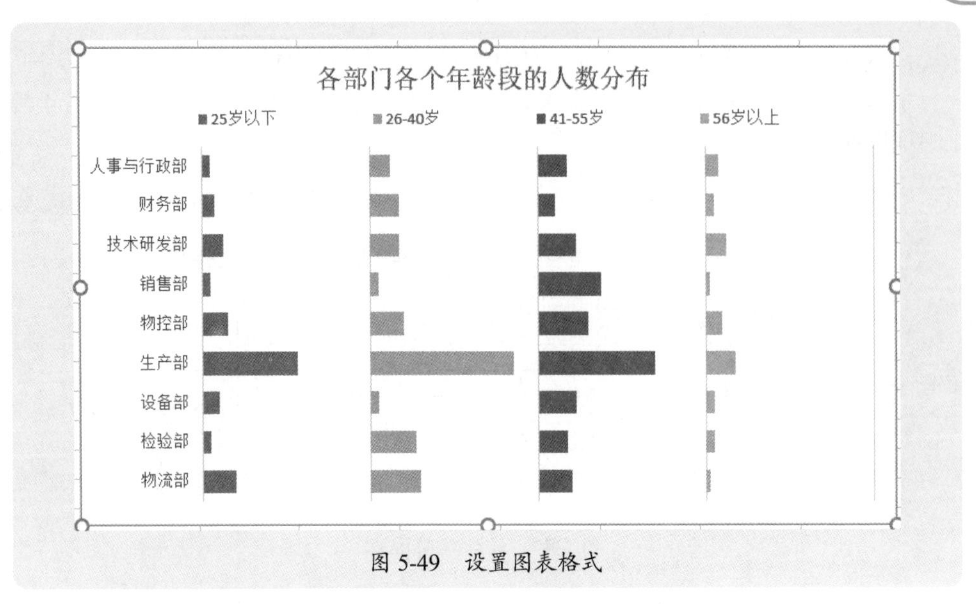

图 5-49　设置图表格式

分别显示各年龄段人数条形的数据标签，如图 5-50 所示。

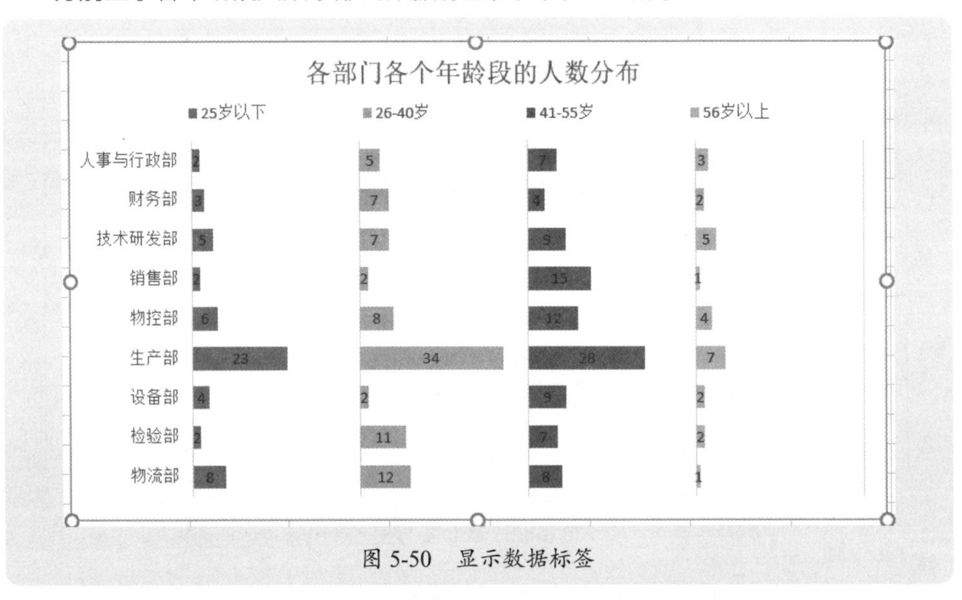

图 5-50　显示数据标签

这些数据标签是显示在条形中间的，需要一个一个手动拖放到适当位置（例如每个年段条形右侧），这个过程比较烦琐，耐心慢慢拖放即可。

5.2.4 银行两年不良贷款率与利润增长率分析

图 5-51 是各银行两年的不良贷款率与利润增长率统计报表，对于这个表格如何做可视化处理？本案例素材是“案例 5-11.xlsx”。

	A	B	C	D	E
1					
2		银行	利润增长率%	不良贷款率 %	
3				去年	今年
4		A	0.50	1.54	1.83
5		B	8.68	1.11	1.50
6		C	0.94	1.19	1.42
7		D	2.49	1.19	1.42
8		E	1.69	1.41	1.41
9		F	5.50	1.06	1.41
10		G	0.70	1.13	1.40
11		H	4.72	1.17	1.36
12		I	1.50	1.25	1.35
13		J	6.84	1.09	1.35
14		K	2.51	1.30	1.32
15		L	13.51	1.02	1.32
16		M	24.45	0.94	0.95
17		N	14.00	0.86	0.92
18		O	15.60	0.89	0.89

图 5-51　各银行两年的不良贷款率与利润增长率

如果分析的重点是对比分析两年的不良贷款率，则可以绘制一个柱形图（如果银行名称很长，可以绘制条形图），这样不仅可以看出各银行间的不良贷款率大小，也可以观察各银行两年不良贷款率的增长情况，如图 5-52 所示。

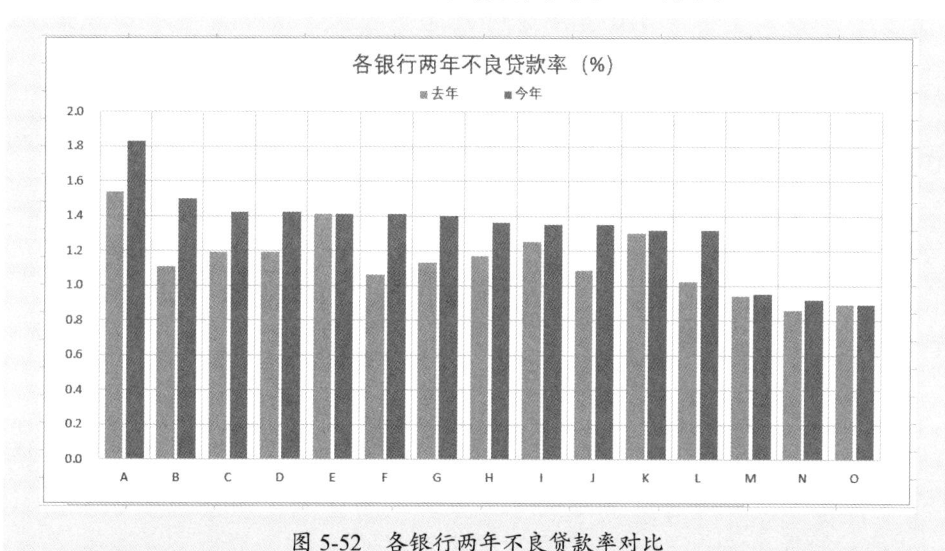

图 5-52　各银行两年不良贷款率对比

如果要把两年不良贷款率与净利润增长率联合起来一起观察，重点是比较净利润增长率，则可以以去年不良贷款率为 X 轴，以今年不良贷款率为 Y 轴，以净利润增长率为气泡大小，绘制气泡图，如图 5-53 所示。

从这个图表中可以明显看出，这些银行基本上可以分为 3 个情况：其中 3 家银行的净利润增长率最大，不良贷款率也最低，两年不良贷款率变化也不大；另外几个银行的两年不良贷款率在增加，净利润增长率不算低；一家银行净利润不仅两年增长率增加很多，净利润增长率也非常低。

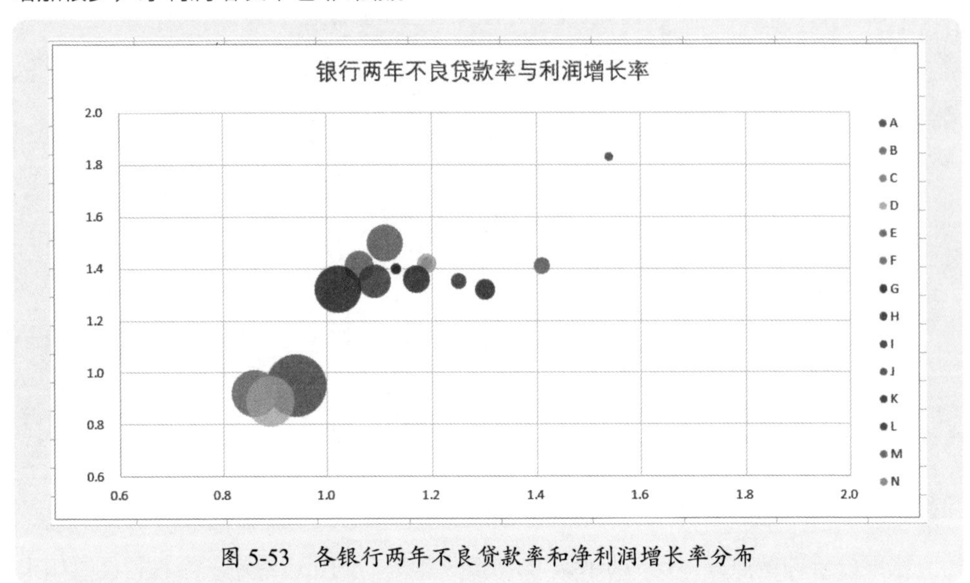

图 5-53　各银行两年不良贷款率和净利润增长率分布

图表中要设置 X 轴和 Y 轴的刻度一致，才能方便比较两年不良贷款率。另外，使用不同的颜色标识不同银行。

第6章

预警分析

在企业管理中，经常要对数据进行跟踪，根据指定的参考值进行预警。例如，财务指标预警、经营指标预警、完成进度预警、库存预警等，这就是预警分析。

在预警分析中，可以根据实际情况，单独使用图表来进行预警，也可以将表格与图表结合起来进行预警。

6.1 安全库存预警

很多材料需要设置安全库存，如果库存量低于安全库存，就需要及时补充库存。可以建立一个库存预警模型，通过可视化图表，一目了然地跟踪实际库存情况，查看是否达到或低于安全库存警戒线。

6.1.1 单材料库存预警

图 6-1 是一个库存预警效果图，图表分成上、中、下 3 种颜色，下层是最低库存区，中间是正常库存区，顶层最高库存区。本案例素材是“案例 6-1.xlsx”。

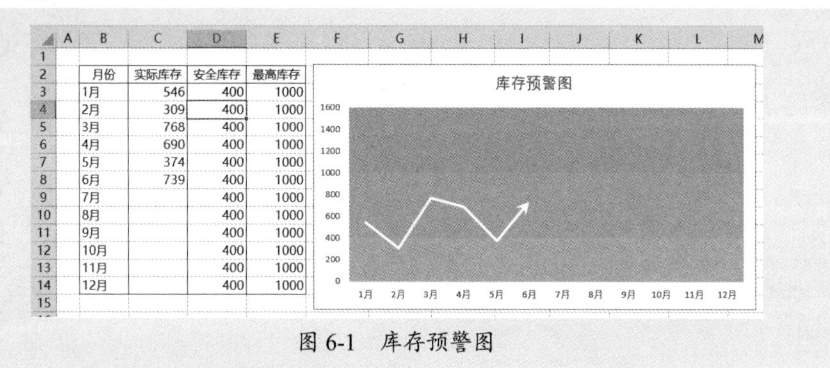

月份	实际库存	安全库存	最高库存
1月	546	400	1000
2月	309	400	1000
3月	768	400	1000
4月	690	400	1000
5月	374	400	1000
6月	739	400	1000
7月		400	1000
8月		400	1000
9月		400	1000
10月		400	1000
11月		400	1000
12月		400	1000

图 6-1　库存预警图

这是一个堆积柱形图 + 折线图的组合图表，其中 3 种颜色区域是柱形图构成的。下面是这个图表的主要制作方法和步骤。

先设计辅助区域，如图 6-2 所示，引用公式如下。

单元格 I2：

```
=D3
```

单元格 J2：

```
=E3-D3
```

单元格 K2：

```
=J3
```

月份	实际库存	安全库存	最高库存
1月	546	400	1000
2月	309	400	1000
3月	768	400	1000
4月	690	400	1000
5月	374	400	1000
6月	739	400	1000
7月		400	1000
8月		400	1000
9月		400	1000
10月		400	1000
11月		400	1000
12月		400	1000

月份	底层	中间	顶层
1月	400	600	600
2月	400	600	600
3月	400	600	600
4月	400	600	600
5月	400	600	600
6月	400	600	600
7月	400	600	600
8月	400	600	600
9月	400	600	600
10月	400	600	600
11月	400	600	600
12月	400	600	600

图 6-2　设计辅助区域

选择辅助区域制作堆积柱形图，如图 6-3 所示。

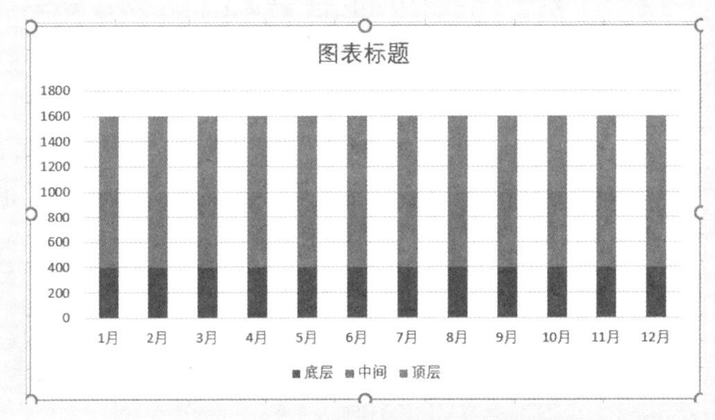

图 6-3　绘制的堆积柱形图

将数值轴的最大刻度设置为 1600，修改标题，删除图例，调整系列的间隙宽度为 0%（让每个柱形之间没有空隙），得到 3 种颜色的底图，如图 6-4 所示。

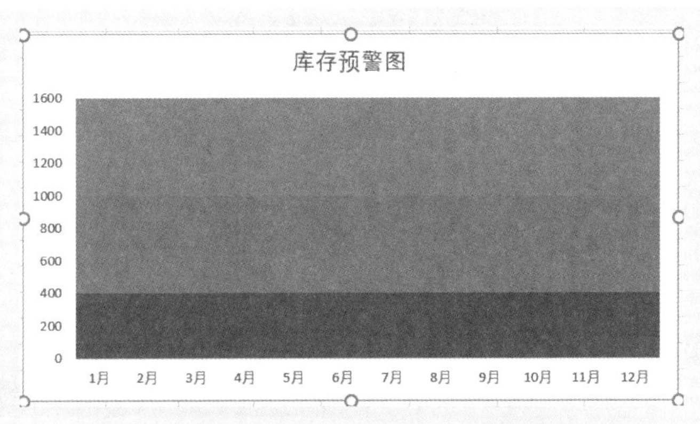

图 6-4　设置柱形的间隙宽度，生成三种颜色底图

为图表添加系列“实际库存”，将其绘制在次坐标轴上，图表类型设置为折线，得到一条反映实际库存的折线，如图 6-5 所示。

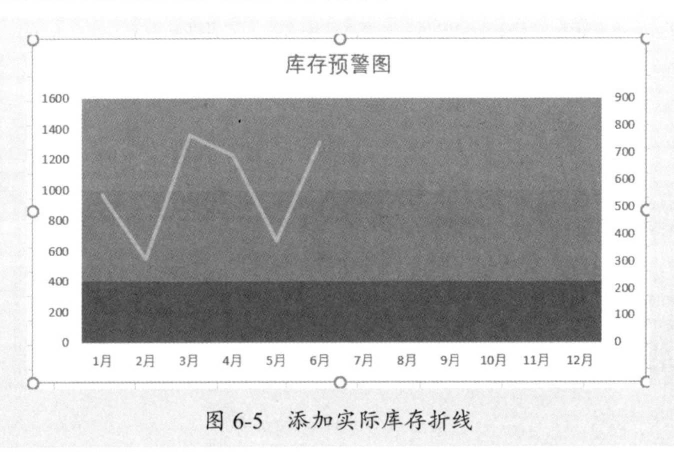

图 6-5　添加实际库存折线

删除次坐标轴，使折线的坐标轴刻度与主坐标轴刻度一致。

最后再适当设置折线格式（线条颜色和结尾箭头形状），完成库存预警图的制作。

6.1.2 多材料库存预警

6.1.1 节介绍的是一个材料的库存预警图，制作起来比较简单。图 6-6 是多个材料的实际库存以及最低库存和最高库存数据，如何绘制可视化图表，清晰观察每个材料的库存情况？本案例素材是“案例 6-2.xlsx”。

材料	目前库存	最低库存	最高库存
材料A	389	300	600
材料B	542	500	1000
材料C	1139	1200	1800
材料D	607	800	1200
材料E	585	400	600
材料F	959	600	1000
材料G	1068	500	800
材料H	1603	1000	1500

图 6-6　各材料的库存数据

可以绘制如图 6-7 所示的各材料库存预警图。

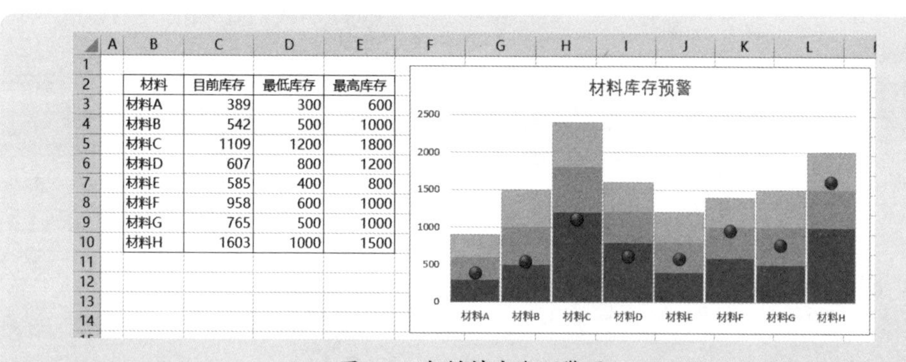

材料	目前库存	最低库存	最高库存
材料A	389	300	600
材料B	542	500	1000
材料C	1109	1200	1800
材料D	607	800	1200
材料E	585	400	800
材料F	958	600	1000
材料G	765	500	1000
材料H	1603	1000	1500

图 6-7　各材料库存预警图

这个图表的制作方法仍然是要先设计辅助区域，如图 6-8 所示，然后用这个辅助区域绘制堆积柱形图，再添加实际库存的折线，设置图表格式。

具体制作方法和步骤与 6.1.1 节介绍的单一材料库存预警图一样。

材料	目前库存	最低库存	最高库存
材料A	389	300	600
材料B	542	500	1000
材料C	1109	1200	1800
材料D	607	800	1200
材料E	585	400	800
材料F	958	600	1000
材料G	765	500	1000
材料H	1603	1000	1500

材料	底层	中层	顶层
材料A	300	300	300
材料B	500	500	500
材料C	1200	600	600
材料D	800	400	400
材料E	400	400	400
材料F	600	400	400
材料G	500	500	500
材料H	1000	500	500

图 6-8　设计辅助区域

6.2 产品价格走势预警

不论是外购材料还是销售产品，对价格的跟踪与监控也是一个实际问题，例如，可以设置一个材料采购价格最低值的预警，当材料价格接近或低于这个价格时，可以考虑买入；对商品也设置一个最低售价预警，当售价低于这个价格时发出报警，警示价格低于保本点或低于最低毛利要求。在资本市场，还可以同时设置一个最低买入参考价和最高卖出参考价，以保证盈利。

6.2.1 材料最高价格预警

所谓材料最高价格预警，就是给定一个标准参考最高价，将材料实际价格与这个参考价格做对比，观察实际价格的波动和走向。

图 6-9 是一个材料价格数据，以及据此绘制的价格跟踪预警图。本案例素材是“案例 6-3.xlsx”。

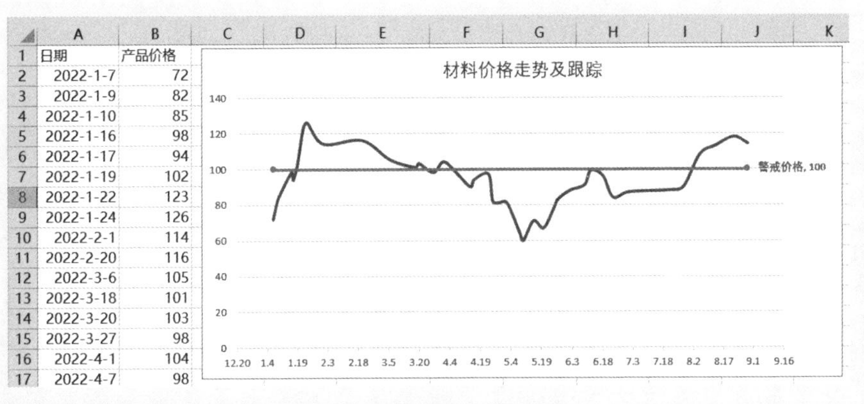

图 6-9 材料价格走势及监控

这是一个动态图，当数据增加时，图表会自动更新，包括实际价格和警戒价格。

首先定义两个动态名称，如下所示。

名称“日期”：

=OFFSET($A$2,,,COUNTA($A$2:$A$1000),1)

名称“价格”：

=OFFSET($B$2,,,COUNTA($A$2:$A$1000),1)

以此两个动态名称绘制带平滑线的 XY 散点图，如图 6-10 所示。

设计一个辅助区域，如图 6-11 所示，单元格公式如下（这里以 100 为警戒价格）：

单元格 E2：

=A2

单元格 E3：

=LOOKUP(1,0/(A2:A1000<>” ”),A2:A1000)

图 6-10　绘制基本的带平滑线的 XY 散点图

	A	B	C	D	E	F	G
1	日期	产品价格				警戒价格	
2	2022-1-7	72			2022-1-7	100	
3	2022-1-9	82			2022-8-29	100	
4	2022-1-10	85					
5	2022-1-16	98					

图 6-11　设计辅助区域

然后将这个辅助区域添加到图表中，生成一条自左往右的直线，如图 6-12 所示。不过要注意这个新系列的 X 轴区域为 E 列，而不是原始的 A 列。

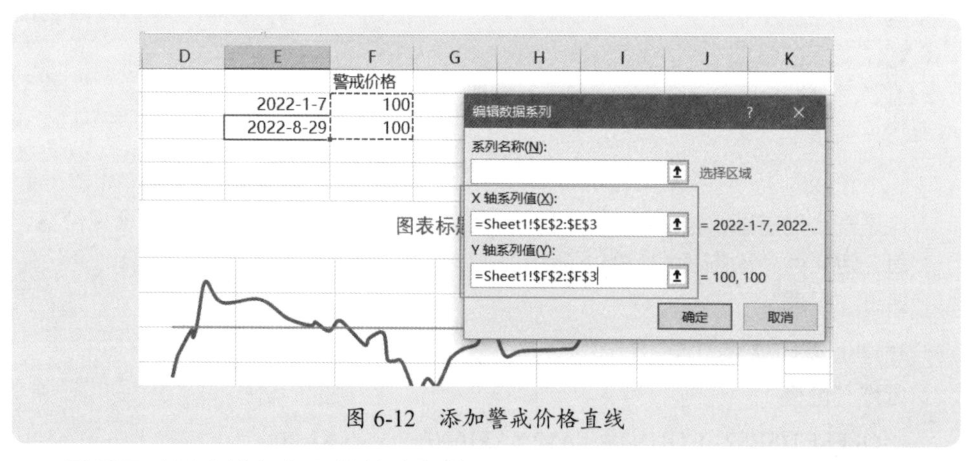

图 6-12　添加警戒价格直线

最后再对图表进行必要的格式化处理，包括设置 X 轴日期格式，设置警戒价格线条颜色和粗细，显示警戒价格标签，修改图表标题，等等，这样就完成需要的图表。

6.2.2 材料最低价和最高价预警

如果要对材料最高价格和最低价格进行自动计算，并以最新的最低价格和最高价格作为价格预警区间，此时，实际价格仍然是使用前面介绍的动态名称制作普通的 XY 散点图，而最高价格和最低价格则需要设计如图 6-13 所示的辅助区域，单元格公式分别如下。

单元格 E6：

```
=A2
```

单元格 E7：

```
=LOOKUP(1,0/(A2:A1000<>""),A2:A1000)
```

单元格 F6 和 F7：

```
=MIN(B:B)
```

单元格 G6 和 G7：

```
=MAX(B:B)
```

	A	B	C	D	E	F	G	H
1	日期	产品价格				警戒价格		
2	2022-1-7	72			2022-1-7	100		
3	2022-1-9	82			2022-8-29	100		
4	2022-1-10	85						
5	2022-1-16	98				最低价格	最高价格	
6	2022-1-17	94			2022-1-7	60	126	
7	2022-1-19	102			2022-8-29	60	126	
8	2022-1-22	123						

图 6-13　设计最低价格和最高价格的辅助区域

然后将最低价格和最高价格添加到图表上，得到两条水平直线，分别表示最低价格和最高价格，如图 6-14 所示。

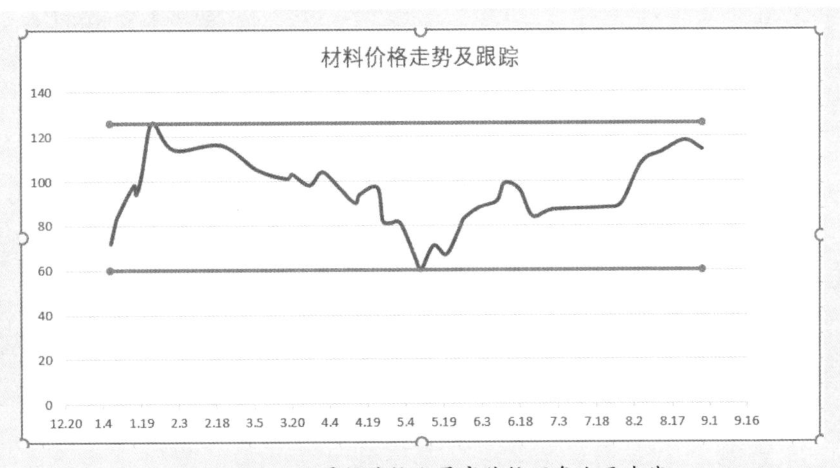

图 6-14　显示最低价格和最高价格两条水平直线

最后根据需要，对图表有关元素进行格式化处理，美化图表。

6.2.3 利用 Tableau 快速绘制价格监控图

前面介绍的是在 Excel 上利用动态名称和辅助区域来绘制价格监控图,比较麻烦,但是使用 Tableau 就非常简单。

建立数据连接,然后进行字段布局,得到基本的折线图,如图 6-15 所示。

图 6-15 绘制的基本折线图

为图表添加常量 100 的参考线,得到警戒价格为 100 的一条水平线,如图 6-16 所示。

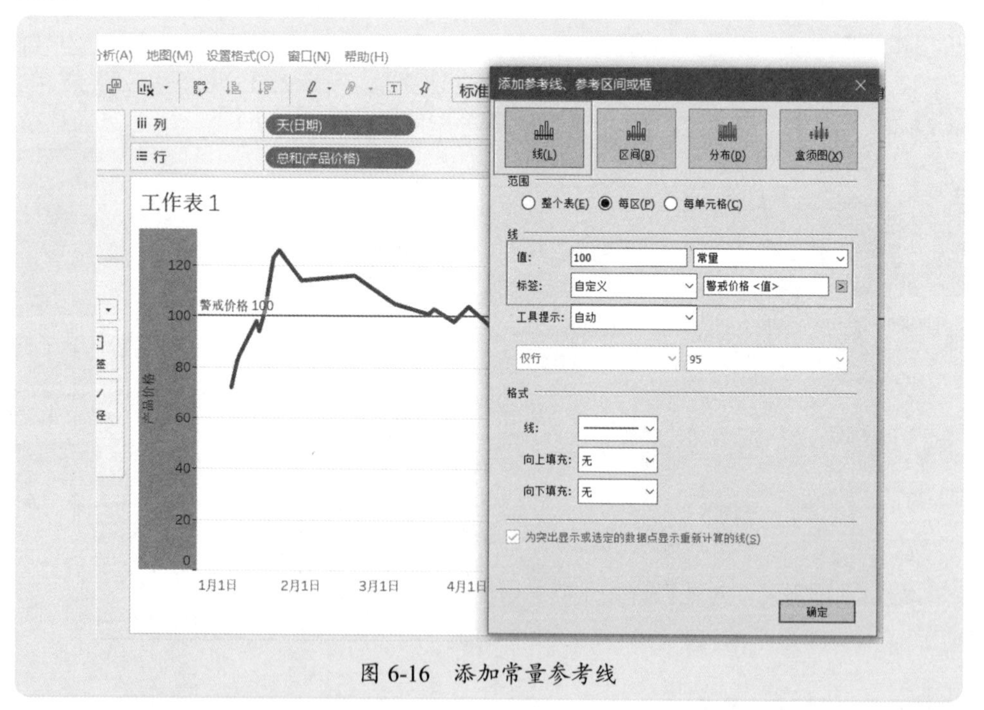

图 6-16 添加常量参考线

然后再设置这个参考线的格式，得到如图 6-17 所示的图表。

图 6-17　添加的警戒价格参考线

如果要同时显示最低价格和最高价格两条水平线，可以添加区间参考线，分别选择最小值和最大值，如图 6-18 所示。

图 6-18　添加最低价格和最高价格两条水平线

6.3 财务经营指标预警

在进行财务经营分析中，还需要对一些重要的数据进行跟踪监控、提前预警。例如，与行业平均水平相比，财务指标的预警；与预算相比，实际执行进度的预警，等等。本节介绍几个财务经营指标预警的案例模板。

6.3.1 财务指标预警雷达图

一般需要将企业的一些重要财务指标，与行业平均指标进行对比，以了解公司处于行业什么水平，哪些指标低于行业水平，哪些指标高于行业水平，此时，可以绘制雷达图。

财务指标雷达图通常由一组坐标轴和3个同心圆构成,每个坐标轴代表一个指标。同心圆中最小的圆表示最差水平或是平均水平的1/2；中间的圆表示标准水平或是平均水平；最大的圆表示最佳水平或是平均水平的1.5倍。其中中间的圆与外圆之间的区域称为标准区。

在实际运用中，可以将实际值与参考的标准值进行计算比值，以比值大小来绘制雷达图，以比值在雷达图的位置进行分析评价。按照实际值与参考值计算的对比值来绘制雷达图，则意味着标准值为1。因此，只要对照对比值在雷达图中的数值分布，偏离1程度的大小，便可直观地评价及综合分析。

制作财务指标雷达图，需要先做数据的准备工作，如下所示。

（1）输入企业实际数据。

（2）输入参照指标。比较分析通常需要将被分析企业与同类企业的标准水平或平均水平进行比较，所以还需要在工作表中输入有关的参照指标。我国对不同行业、不同级别的企业都有相应的标准，因此可以用同行业、同级企业标准作为对照。

（3）计算指标对比值。注意有些指标为正向关系，即对比值越大，表示结果越好；有些指标为负向关系，对比值越大，则表示结果越差。在制图时，要将所有指标转变为同向指标。正向指标 = 本公司指标 / 行业平均值；反向指标 = 行业平均值 / 本公司指标。这里，除资产负债率是反向指标外，其他的都是正向指标。

（4）创建雷达图。

数据准备好以后，即可制作雷达图。插入图表后，要对坐标轴的刻度进行设置，同时设置系列的线条格式。图6-19是一个雷达图示例。本案例素材是“案例6-4.xlsx”。

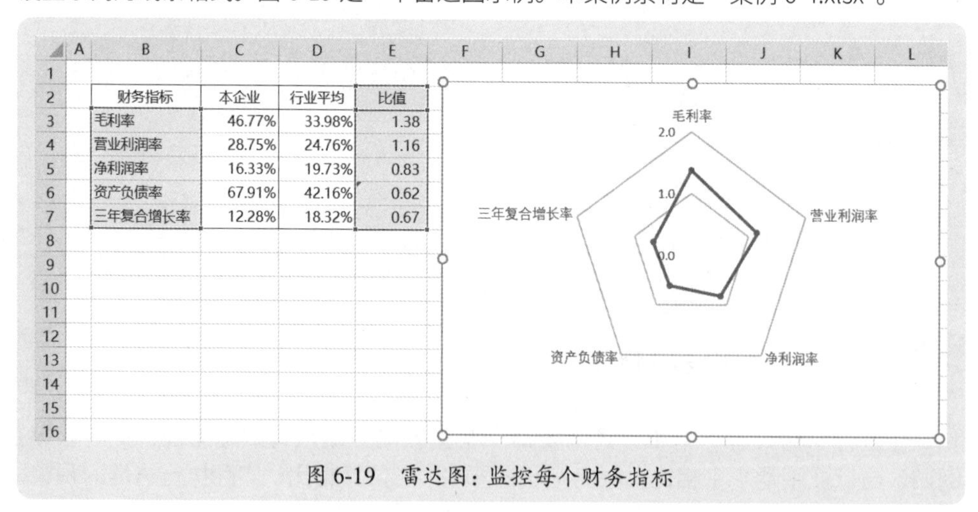

财务指标	本企业	行业平均	比值
毛利率	46.77%	33.98%	1.38
营业利润率	28.75%	24.76%	1.16
净利润率	16.33%	19.73%	0.83
资产负债率	67.91%	42.16%	0.62
三年复合增长率	12.28%	18.32%	0.67

图6-19　雷达图：监控每个财务指标

不过，直接绘制的雷达图没有中心往外的射线，也没法设置这些射线，需要将雷达图先改为折线图，设置横坐标轴和纵坐标轴的线条格式（实线和粗细），然后再将图表类型改为雷达图，最终效果如图 6-20 所示。

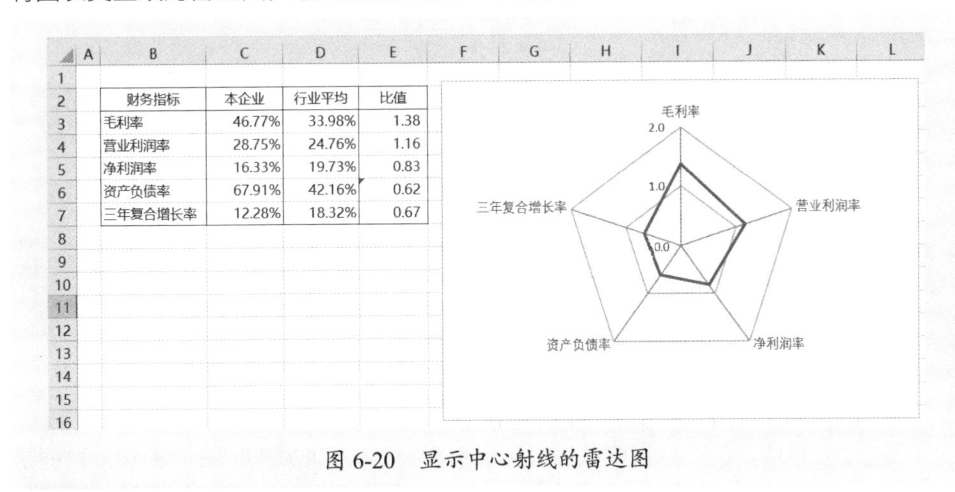

财务指标	本企业	行业平均	比值
毛利率	46.77%	33.98%	1.38
营业利润率	28.75%	24.76%	1.16
净利润率	16.33%	19.73%	0.83
资产负债率	67.91%	42.16%	0.62
三年复合增长率	12.28%	18.32%	0.67

图 6-20　显示中心射线的雷达图

6.3.2 全年进度完成情况预警

老板问，各产品全年的销售目标进度如何？这个月的生产计划完成进度如何？此时可以绘制年度目标完成进度预警图。

这种预警图有很多种表达方式，例如嵌套条形图、靶图、射线图等，如果再结合表格条件格式，则进度完成目标跟踪就更完美。

图 6-21 是一个各分公司年度目标完成进度监控图，左侧是表格数据，中间是绘制的条形图，右侧是进度指标（全年完成率）监控。本案例素材是“案例 6-5.xlsx”。

各个分公司全年目标完成进度监控图

分公司	全年目标	实际完成	完成情况	达成率
分公司A	900	547		61%
分公司B	600	516		86%
分公司C	800	139		17%
分公司D	1200	678		57%
分公司E	1000	301		30%
分公司F	800	357		45%
分公司G	700	498		71%
分公司H	1200	613		51%
分公司M	1100	587		53%

图 6-21　各分公司全年目标完成进度跟踪监控图

监控图中间的图表是堆积百分比条形图，需要设计如图 6-22 所示的辅助区域，

并利用这个辅助区域数据来绘制。

分公司	完成	剩余
分公司A	547	353
分公司B	516	84
分公司C	139	661
分公司D	678	522
分公司E	301	699
分公司F	357	443
分公司G	498	202
分公司H	613	587
分公司M	587	513

图 6-22　设计辅助区域

在这个表格中，Q 列的完成数据直接引用原始表的完成数据，R 列的剩余数据是原始表的全年目标减去实际完成的差值。

以这个辅助区域绘制堆积百分比条形图，然后逆序类别，删除分类轴，分别设置完成和剩余条形的填充颜色和间隙宽度，调整图表大小，让图表的条形正好与工作表行对应。

监控图右侧的警示标记是使用的条件格式，如图 6-23 所示，这里选择 3 个图标，分别使用完成 1/3、2/3 来做警示。

图 6-23　设置全年完成率的图标

第7章

预算与目标达成分析

预算与目标达成分析，是任何一家企业都需要做的数据分析之一。目标完成情况怎么样？预算执行情况怎么样？离目标还有多大的距离？等等，都是预算与目标达成分析的范畴。

本章介绍实际数据分析中，关于预算执行情况分析和目标达成分析的主要方法和经典图表案例模板。

7.1 利用柱形图和条形图分析预算与目标达成

在进行预算与目标达成分析时，最常见的是使用柱形图，此时，可以使用嵌套柱形图、堆积柱形图，也可以使用双轴堆积柱形图等，具体使用哪种柱形图，需要根据具体情况来选择合适的图表。

7.1.1 简单的目标完成分析

例如，今年目标销售额是 2930 万元，实际完成销售额 2645 万元，今年目标毛利是 1328 万元，实际完成 1594 万元。那么，如何使用可视化图表将这个例子直观展示出来？本案例素材是“案例 7-1.xlsx”。

这里，要对两个数据进行目标达成分析：销售额和毛利，二者是有关联和逻辑比较性的，因为毛利是销售额减去销售成本后的一部分，因此，可以将这个例子变成一个表格，绘制嵌套柱形图来分析这两个指标的完成情况，并用两条直线表示变化方向。图 7-1 是一个最简单的图表，也许不是最好的图表，但是已把目标达成情况表达出来。

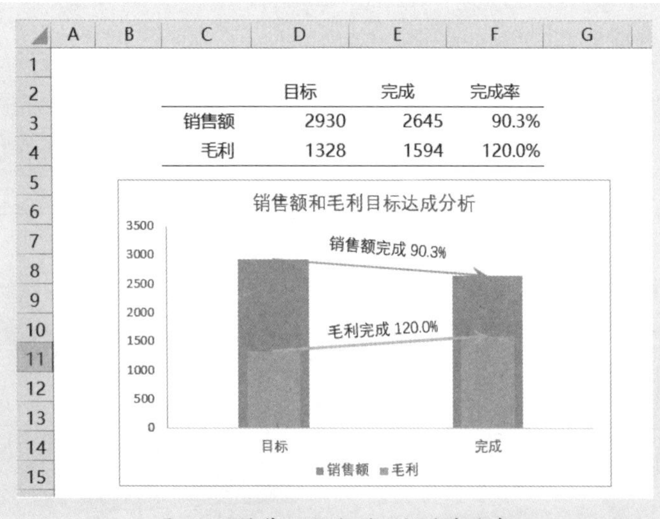

图 7-1　销售额和毛利目标达成分析

例如，今年目标销售量是 620 万吨，目标销售额是 2930 万元，实际完成销售量 679 万吨，完成销售额 2645 万元。那么，如何使用可视化图表，将这个例子直观展示出来？

销售量和销售额是两个不同计量单位的度量，因此不能绘制嵌套柱形图。有人说，可以分主坐标轴和次坐标轴分别绘制销售量和销售额，这种处理方法也不是最好的，甚至有时是不可行的。

在这种情况下，可以绘制两个柱形图，分别表示销售量和销售额的完成情况，并排布局在一起，用形状修饰图表，显示完成率，如图 7-2 所示。

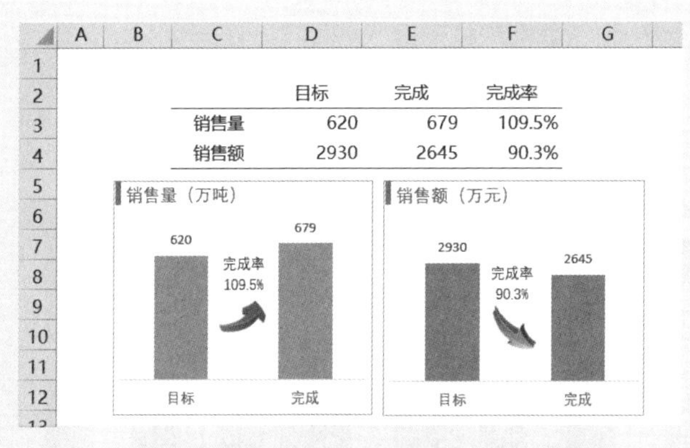

	目标	完成	完成率
销售量	620	679	109.5%
销售额	2930	2645	90.3%

图 7-2　销售量和销售额目标达成分析

7.1.2　预算目标都没有出现超额完成的情况

如果要分析的各项目中均没有出现超计划完成的情况，此时，绘制三维堆积柱形图来醒目表示完成情况，则展示更加清晰，效果更好，如图 7-3 所示。本案例素材是“案例 7-2.xlsx”。

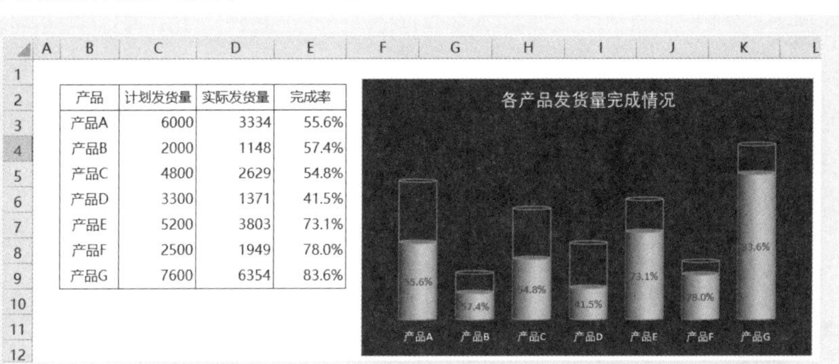

产品	计划发货量	实际发货量	完成率
产品A	6000	3334	55.6%
产品B	2000	1148	57.4%
产品C	4800	2629	54.8%
产品D	3300	1371	41.5%
产品E	5200	3803	73.1%
产品F	2500	1949	78.0%
产品G	7600	6354	83.6%

图 7-3　使用堆积柱形图分析各产品发货完成情况

这个图表是使用辅助区域绘制的，辅助区域为图 7-4 所示的 H 列至 J 列，其中剩余发货量是计划发货量减去实际发货量。

产品	计划发货量	实际发货量	完成率
产品A	6000	3334	55.6%
产品B	2000	1148	57.4%
产品C	4800	2629	54.8%
产品D	3300	1371	41.5%
产品E	5200	3803	73.1%
产品F	2500	1949	78.0%
产品G	7600	6354	83.6%

辅助区域

产品	实际发货量	剩余发货量
产品A	3334	2666
产品B	1148	852
产品C	2629	2171
产品D	1371	1929
产品E	3803	1397
产品F	1949	551
产品G	6354	1246

图 7-4　设计辅助区域

使用辅助区域绘制三维堆积柱形图，如图 7-5 所示。

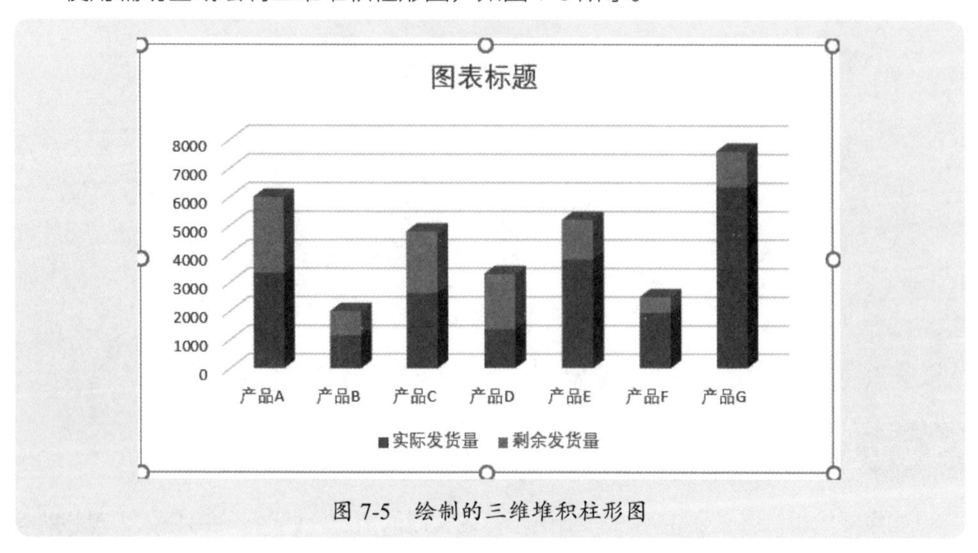

图 7-5　绘制的三维堆积柱形图

然后设置数据系列的间隙宽度，柱体形状选择“圆柱形”选项，如图 7-6 所示。再设置图表区的三维旋转格式，如图 7-7 所示，得到一个基本的三维堆积柱形图，如图 7-8 所示。

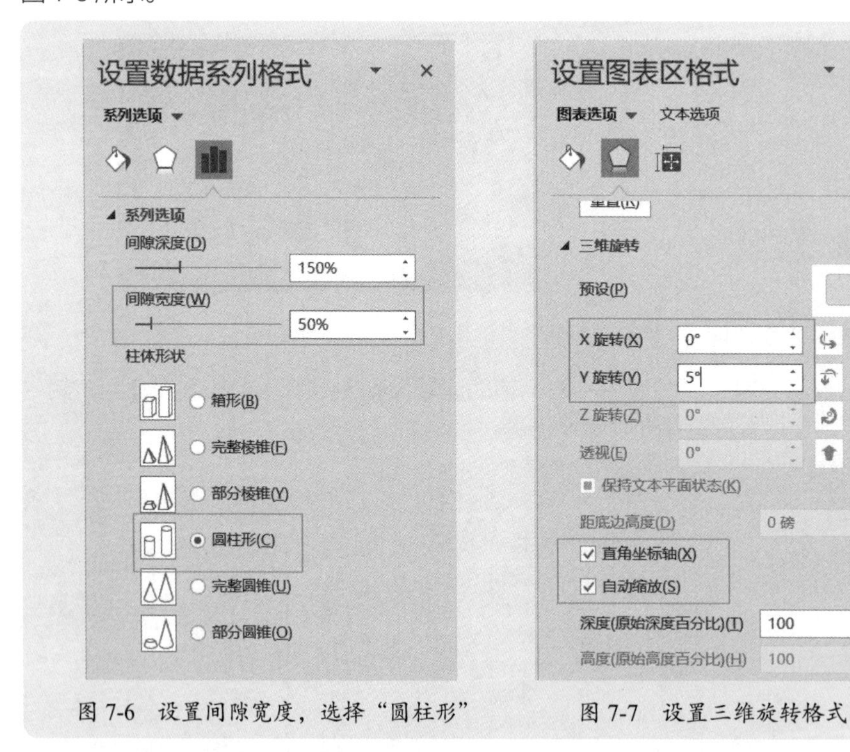

图 7-6　设置间隙宽度，选择“圆柱形”　　图 7-7　设置三维旋转格式

最后将未完成的柱形设置为无填充的空柱形，在已完成的柱形上显示完成率，删除图例，修改标题，等等，得到清晰展示各产品发货完成率的图表。

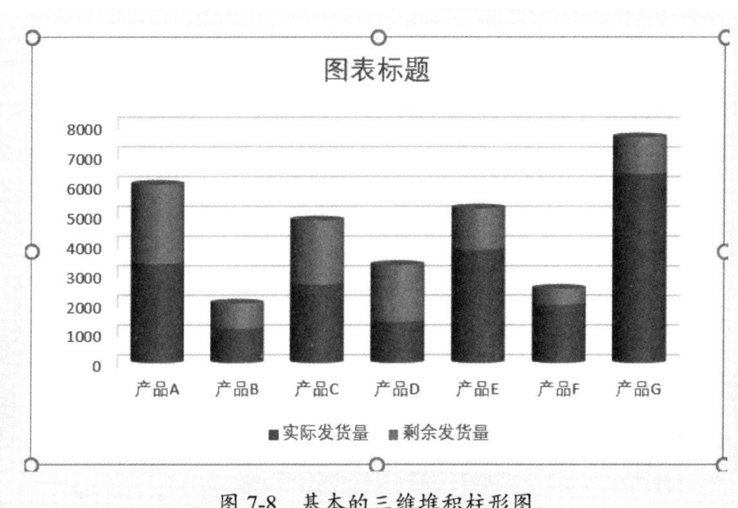

图 7-8　基本的三维堆积柱形图

7.1.3 预算目标未完成和超额完成都存在的情况

如果要分析的各项目中，有的超额完成目标，有的没有完成计划目标，此时，就不能绘制如图 7-3 所示的堆积柱形图。

如图 7-9 所示的示例数据，是各产品销售额的目标完成统计报表。本案例素材是“案例 7-3.xlsx”。

产品	目标销售额	实际销售额	完成率
产品A	6000	3334	55.6%
产品B	2000	2405	120.3%
产品C	4800	2629	54.8%
产品D	1300	1658	127.5%
产品E	8200	9454	115.3%
产品F	2700	1949	72.2%
产品G	7600	6354	83.6%

图 7-9　各产品的销售额统计

这种达成分析，可以使用很多图表分析，例如嵌套柱形图、靶图、圆心图、涨 / 跌柱图，等等。下面介绍几个常用的分析模板。

1. 嵌套柱形图（双轴柱形图）

嵌套柱形图是最简单的柱形图，就是把目标销售额绘制在主坐标轴上，实际销售额绘制在次坐标轴上，然后分别设置其间隙宽度和填充颜色及边框，以形成嵌套效果，然后再显示完成率标签，最终的效果如图 7-10 所示。

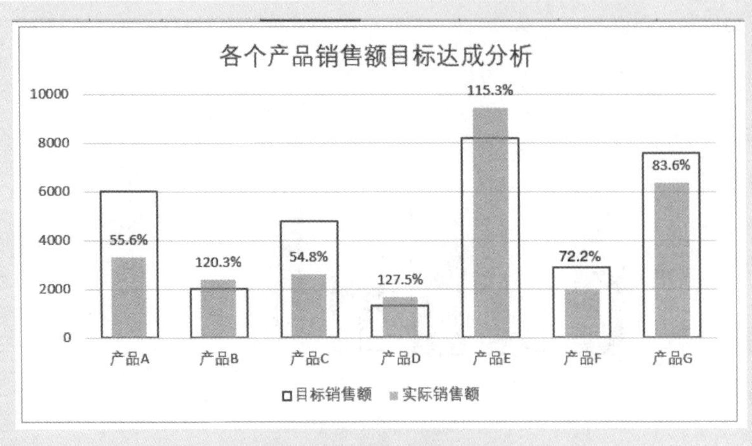

图 7-10 嵌套柱形图

2. 显示超额和未完成箭头的柱形图

显示超额和未完成箭头的柱形图是以上箭头表示超额完成的部分，以下箭头表示未完成的部分，从而突出超额完成和未完成部分，效果如图 7-11 所示。

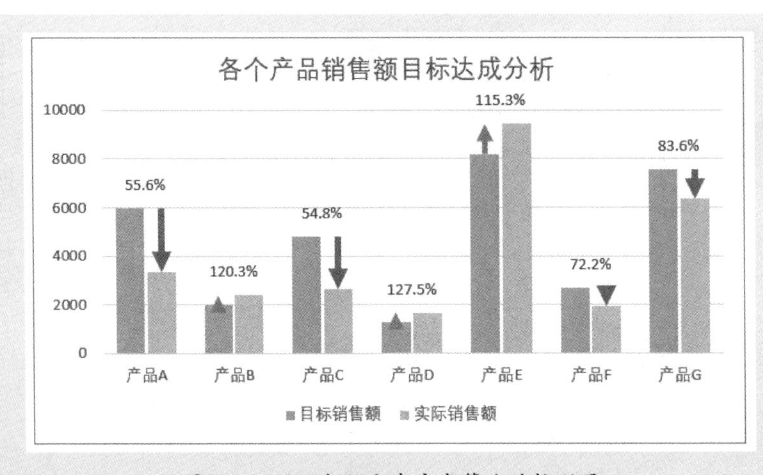

图 7-11 显示超额和未完成箭头的柱形图

这是一个普通的柱形图，但是超额上箭头显示在目标柱形上，未完成下箭头显示在实际柱形上，这两种箭头是使用误差线来制作的。

设计辅助区域，如图 7-12 所示，单元格公式如下。

单元格 H3，正误差：

```
=MAX(D3-C3,0)
```

单元格 I3，负误差：

```
=MIN(D3-C3,0)
```

单元格 J3，最大值：

```
=MAX(C3:D3)
```

产品	目标销售额	实际销售额	完成率
产品A	6000	3334	55.6%
产品B	2000	2405	120.3%
产品C	4800	2629	54.8%
产品D	1300	1658	127.5%
产品E	8200	9454	115.3%
产品F	2700	1949	72.2%
产品G	7600	6354	83.6%

辅助区域

正误差	负误差	最大值
0	-2666	6000
405	0	2405
0	-2171	4800
358	0	1658
1254	0	9454
0	-751	2700
0	-1246	7600

图 7-12 设计辅助区域

首先利用 B 列至 D 列的原始数据绘制普通的柱形图，并对柱形颜色进行简单的设置，如图 7-13 所示。

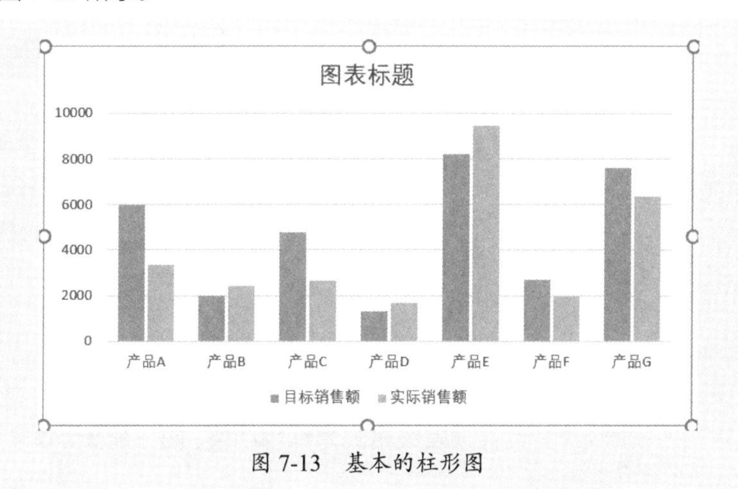

图 7-13 基本的柱形图

选择目标销售额，添加误差线，如图 7-14 所示，这里选择“正偏差”选项，不显示线端，使用自定义值，自定义值引用辅助列“正误差”数据。

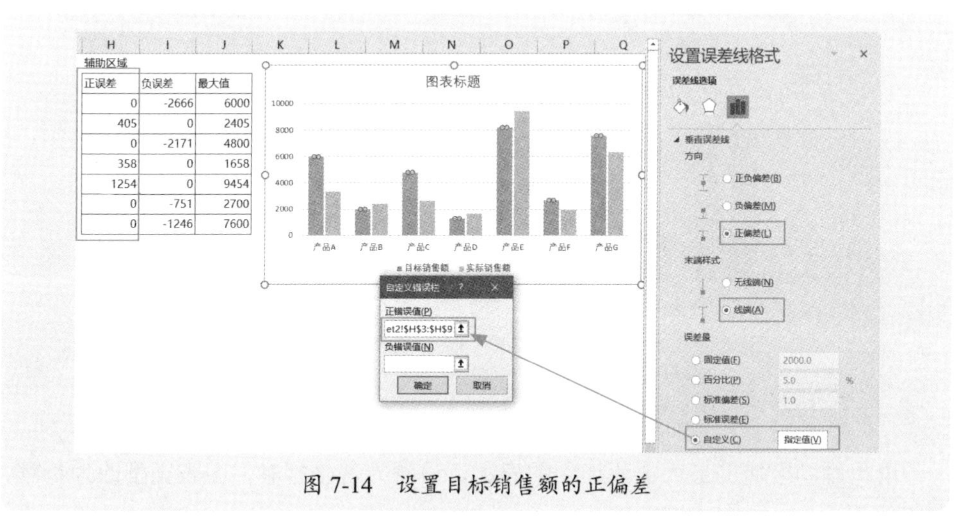

图 7-14 设置目标销售额的正偏差

添加目标销售额的正偏差后，再设置该误差线的格式（线条、颜色、宽度、结尾箭头等），如图 7-15 所示。

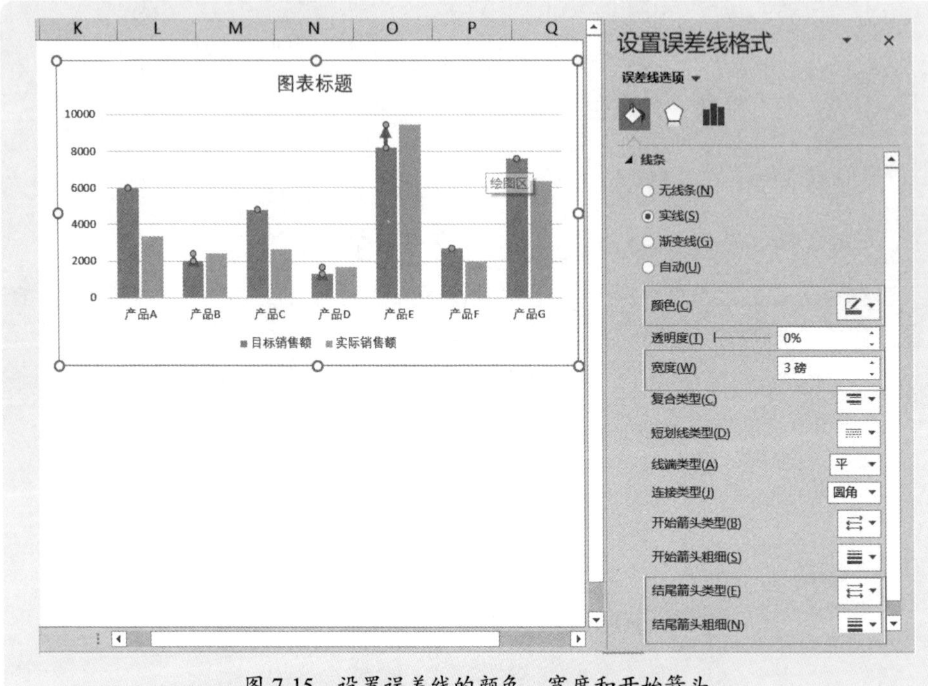

图 7-15　设置误差线的颜色、宽度和开始箭头

以上述介绍的方法，再为实际销售额柱形添加负偏差，负偏差值是辅助区域的“负误差”列数据，最后设置误差线格式为红色线条、向下箭头，效果如图 7-16 所示。

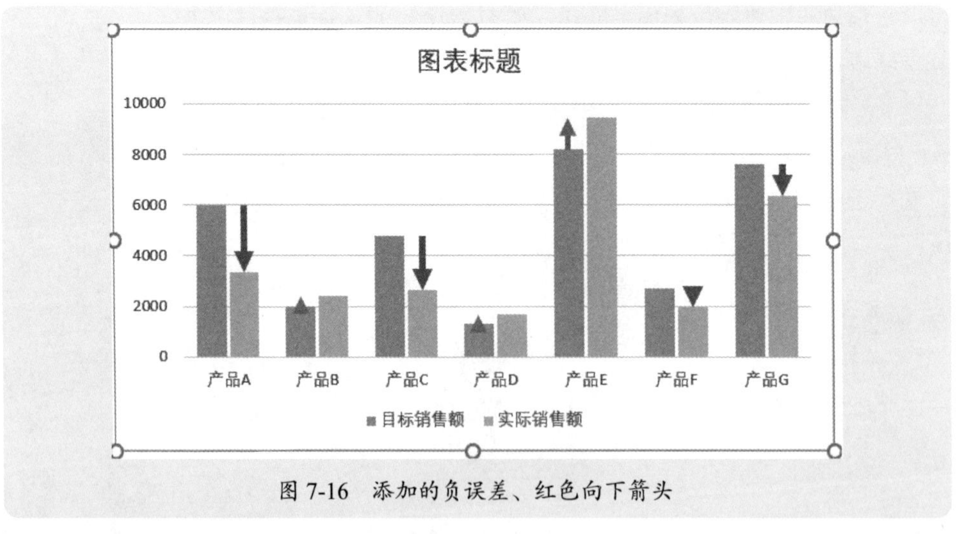

图 7-16　添加的负误差、红色向下箭头

再将辅助区域的最大值添加到图表上，设置为次坐标轴，图表类型改为折线，

不显示线条，添加数据标签值为单元区域完成率数据，那么就在每个产品柱形上方显示完成率数据标签。

最后再对图表相关元素进行设置和格式化，完成用户要求的图表。

3. 目标完成分析的圆心靶图

目标完成分析的圆心靶图的效果如图 7-17 所示，条形表示实际销售额，发光的短竖线是目标销售额，就像一个圆心靶。

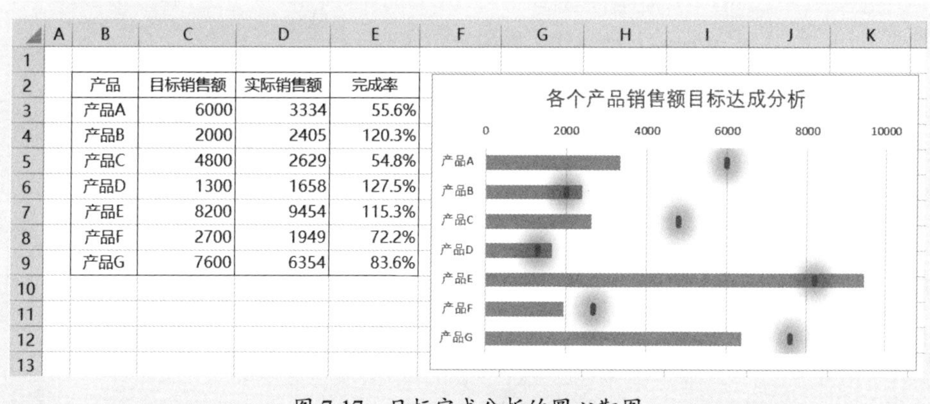

产品	目标销售额	实际销售额	完成率
产品A	6000	3334	55.6%
产品B	2000	2405	120.3%
产品C	4800	2629	54.8%
产品D	1300	1658	127.5%
产品E	8200	9454	115.3%
产品F	2700	1949	72.2%
产品G	7600	6354	83.6%

图 7-17　目标完成分析的圆心靶图

这个图表制作并不复杂，主要核心点是添加误差线并设置误差线的格式。

首先制作条形图，设置系列的重叠比例为 100%，将目标销售额设置为无填充、无边框，并设置坐标轴的逆序类别，初步完成的条形图如图 7-18 所示。

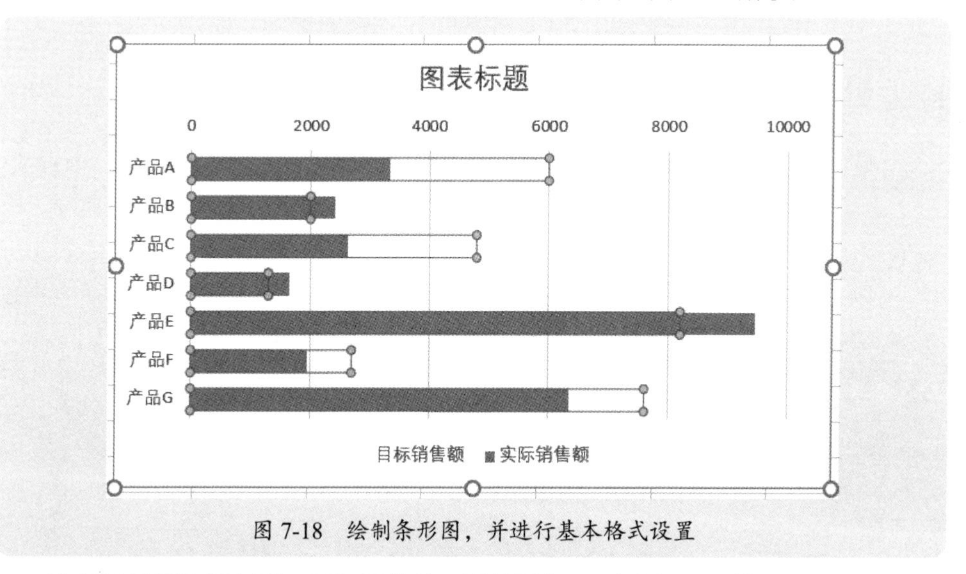

图 7-18　绘制条形图，并进行基本格式设置

选择目标销售额条形，添加正偏差，误差量为 0，如图 7-19 所示。

选择误差线，再设置误差线的格式（线条颜色、线条宽度及发光效果等），得到基本的圆心靶图，如图 7-20 所示。

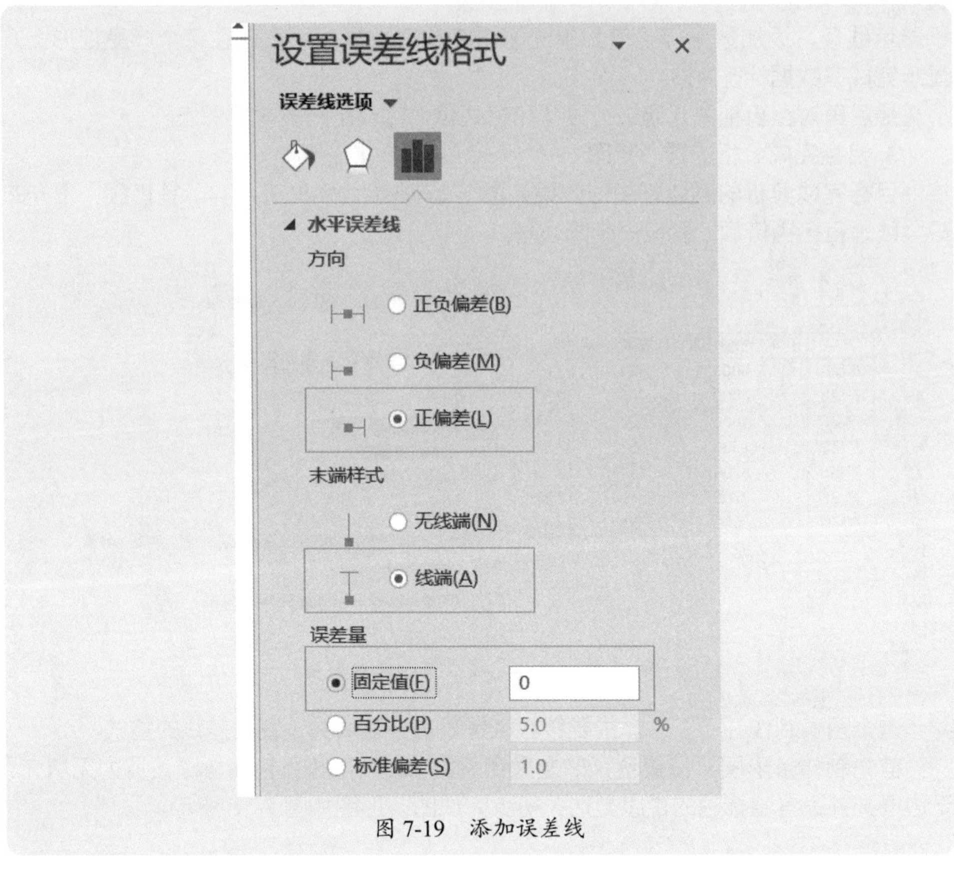

图 7-19 添加误差线

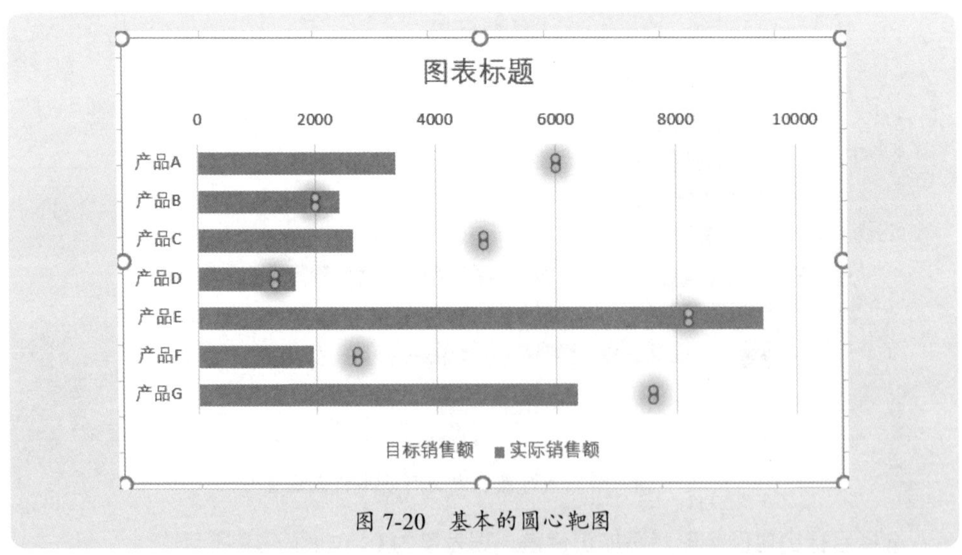

图 7-20 基本的圆心靶图

最后设置实际销售额条形的颜色、间隙宽度等，删除图例，修改图表标题，美化图表，得到需要的图表。

7.1.4 显示差异值的目标达成分析图

目标达成分析，除了直观显示目标完成的基本情况信息外，很多时候需要显示出差异值，即超额完成了多少，距目标还缺多少，此时，可以根据具体情况，绘制不同展示效果的分析图表。

1. 使用涨 / 跌柱线表示超额完成和未完成差异值：箭头

图 7-21 是一个显示各分公司超额完成和未完成的分析图表，使用不同颜色的上下箭头表示超额完成和未完成差值，同时也显示目标和完成的具体数字。本案例素材是“案例 7-4.xlsx”。

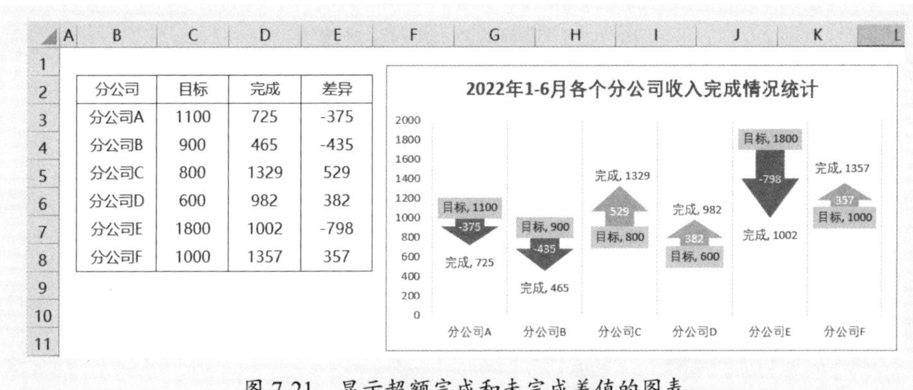

分公司	目标	完成	差异
分公司A	1100	725	-375
分公司B	900	465	-435
分公司C	800	1329	529
分公司D	600	982	382
分公司E	1800	1002	-798
分公司F	1000	1357	357

图 7-21 显示超额完成和未完成差值的图表

这个图表制作是利用折线图的涨 / 跌柱线完成的。下面是这个图表的主要制作方法和步骤。

首先绘制目标和完成数据的折线图，如图 7-22 所示。

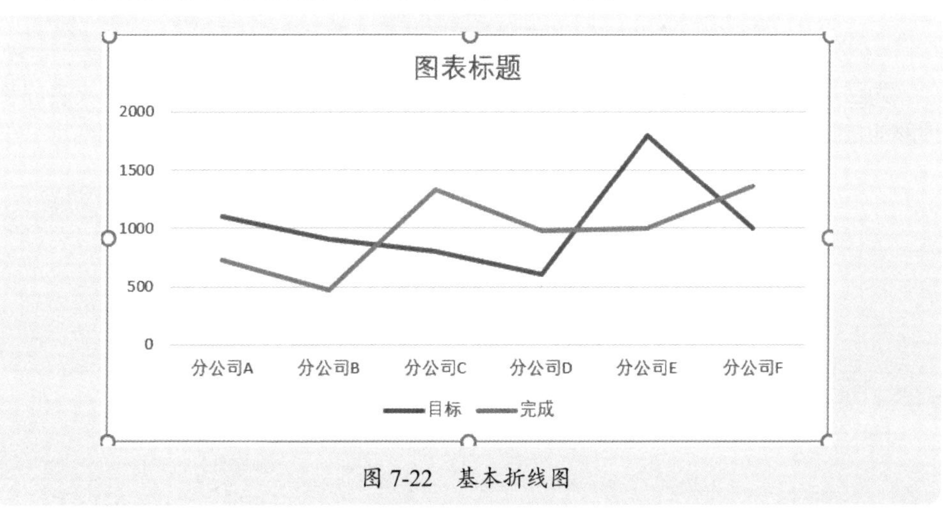

图 7-22 基本折线图

为图表添加涨 / 跌柱线，然后设置两个折线为无轮廓，得到如图 7-23 所示的图表。

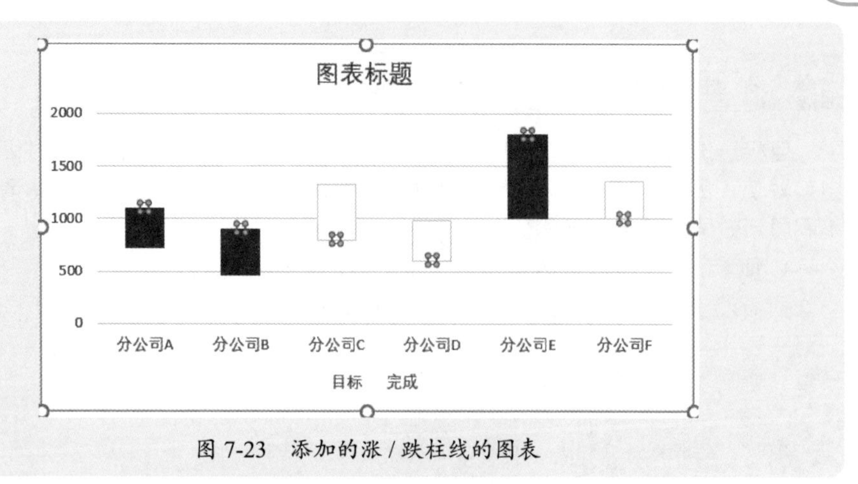

图 7-23 添加的涨 / 跌柱线的图表

分别设置上涨柱线和下跌柱线的填充为图片填充，可以先保存两个上箭头和下箭头的图片文件，然后将图片填充到上涨柱线和下跌柱线。

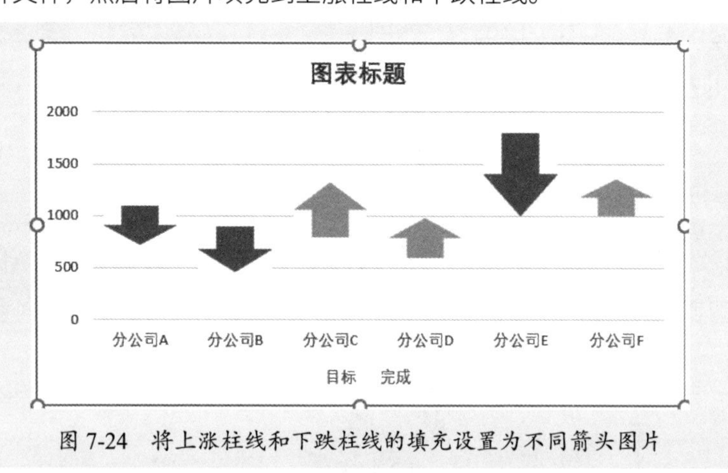

图 7-24 将上涨柱线和下跌柱线的填充设置为不同箭头图片

为目标和完成添加数据标签，先设置居中显示，然后再手动调整距箭头底部和顶部的位置，这是目标标签的填充效果，让数据标签更清晰，如图 7-25 所示。

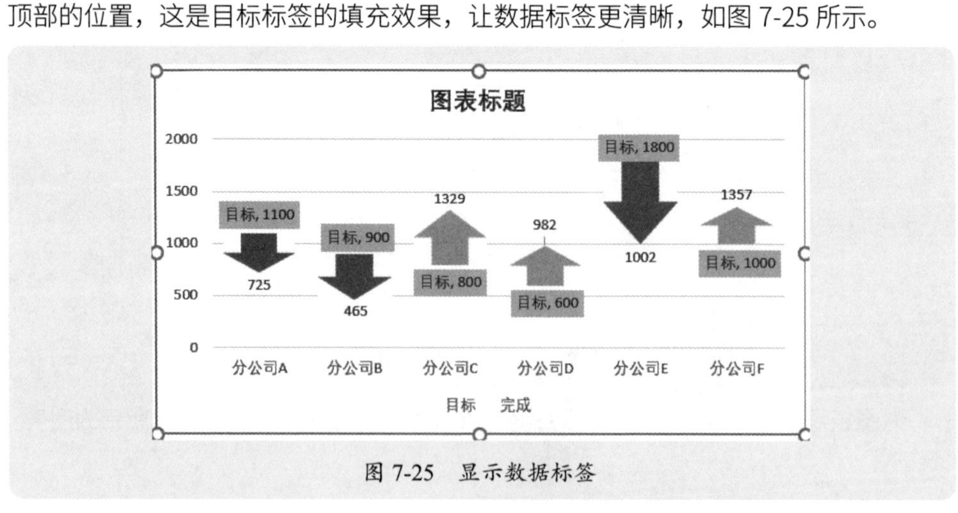

图 7-25 显示数据标签

设计一个辅助列，计算目标和完成的平均值，如图 7-26 所示。

分公司	目标	完成	差异	中点
分公司A	1100	725	-375	913
分公司B	900	465	-435	683
分公司C	800	1329	529	1065
分公司D	600	982	382	791
分公司E	1800	1002	-798	1401
分公司F	1000	1357	357	1179

图 7-26　设计辅助列，计算中点（平均值）

将这个辅助列添加到图表上，设置为次坐标轴，次坐标轴引用区域为差异值列，然后设置不显示线条，添加数据标签为类别名称，居中显示标签，删除次坐标轴，这样在每个涨 / 跌柱线中间显示出差异值，如图 7-27 所示。

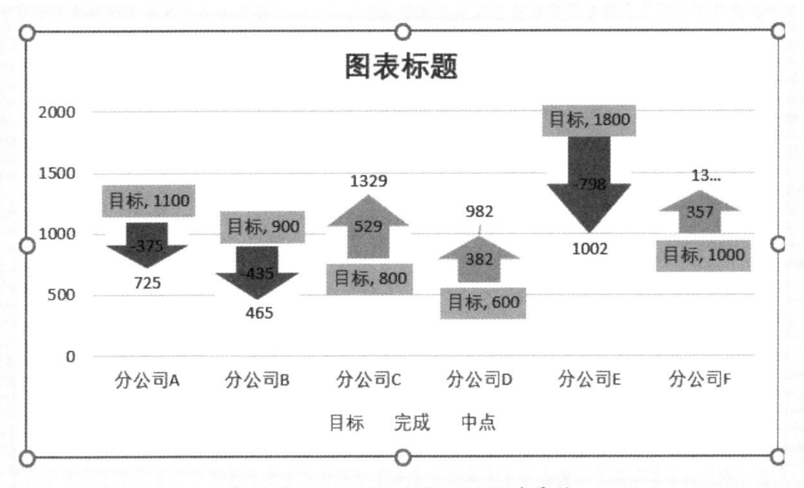

图 7-27　添加辅助列，显示差异值

最后再对图表进行必要的格式化处理，例如修改图表标题、删除图例、删除水平网格线、添加垂直网格线，等等，得到需要的图表。

2. 使用涨 / 跌柱线表示超额完成和未完成差异值：靶图

在前面的例子中，使用上下箭头的涨 / 跌柱线表示超额完成和未完成差异值，但是将目标和完成两条折线设置为无线条、无标记。

可以显示两条折线的数据点标记，并将目标折线的数据点标记设置为横线，将完成折线的数据点标记设置为圆点，然后同样用中点线作为载体来显示差异值（差异值显示在右侧），那么就得到如图 7-28 所示的图表，这个图表，比前面介绍的要更清楚。本案例素材是“案例 7-5.xlsx”。

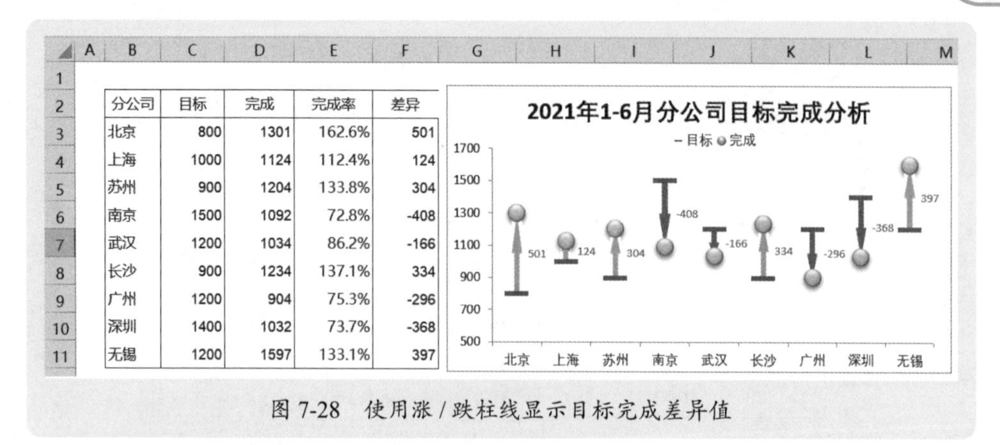

分公司	目标	完成	完成率	差异
北京	800	1301	162.6%	501
上海	1000	1124	112.4%	124
苏州	900	1204	133.8%	304
南京	1500	1092	72.8%	-408
武汉	1200	1034	86.2%	-166
长沙	900	1234	137.1%	334
广州	1200	904	75.3%	-296
深圳	1400	1032	73.7%	-368
无锡	1200	1597	133.1%	397

图 7-28　使用涨/跌柱线显示目标完成差异值

3. 使用堆积条形图（或堆积柱形图）显示超额完成和未完成差异值

在某些情况下，使用堆积条形图或堆积柱形图表示显示超额完成和未完成差异值，效果更好。图 7-29 是一个示例，将未完成显示在完成条形的右侧，将超额完成显示在目标条形右侧。本案例素材是“案例 7-6.xlsx”。

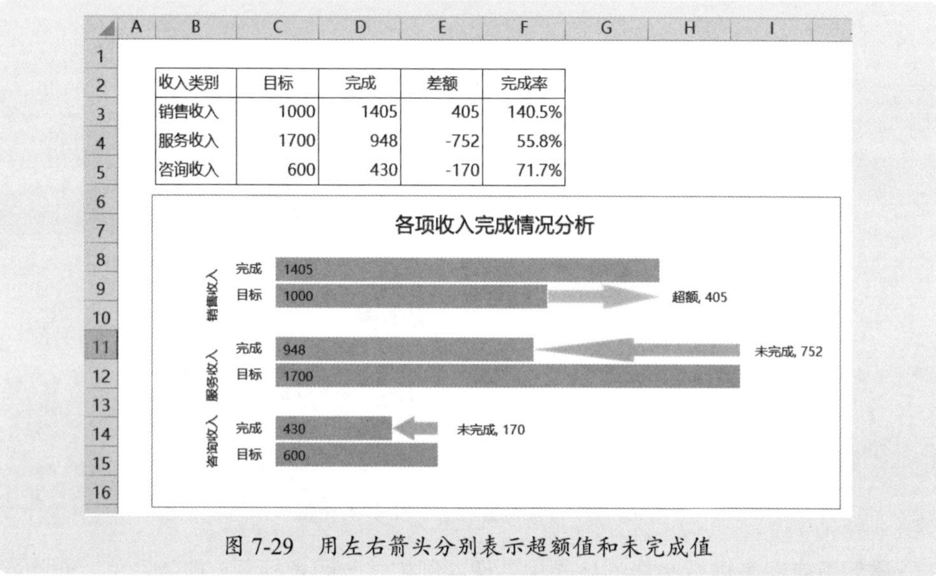

收入类别	目标	完成	差额	完成率
销售收入	1000	1405	405	140.5%
服务收入	1700	948	-752	55.8%
咨询收入	600	430	-170	71.7%

图 7-29　用左右箭头分别表示超额值和未完成值

这是一个典型的堆积柱形图，不过要设计辅助区域，再用辅助区域绘制图表。辅助区域如图 7-30 所示，要特别注意表格的布局。

目标值和完成值直接引用原始表格数据，但是超额和未完成则需要计算出来。

例如，对于销售收入的计算，单元格 M5（超额）公式为：

```
=IF(L4>=K5,L4-K5,"")
```

单元格 N4（未完成）公式为：

```
=IF(K5>L4,K5-L4,"")
```

收入类别	目标	完成	差额	完成率
销售收入	1000	1405	405	140.5%
服务收入	1700	948	-752	55.8%
咨询收入	600	430	-170	71.7%

		目标	完成	超额	未完成
销售收入	完成		1405		
	目标	1000		405	
服务收入	完成		948		752
	目标	1700			
咨询收入	完成		430		170
	目标	600			

图 7-30　设计辅助区域

然后利用这个辅助区域绘制堆积条形图，如图 7-31 所示。

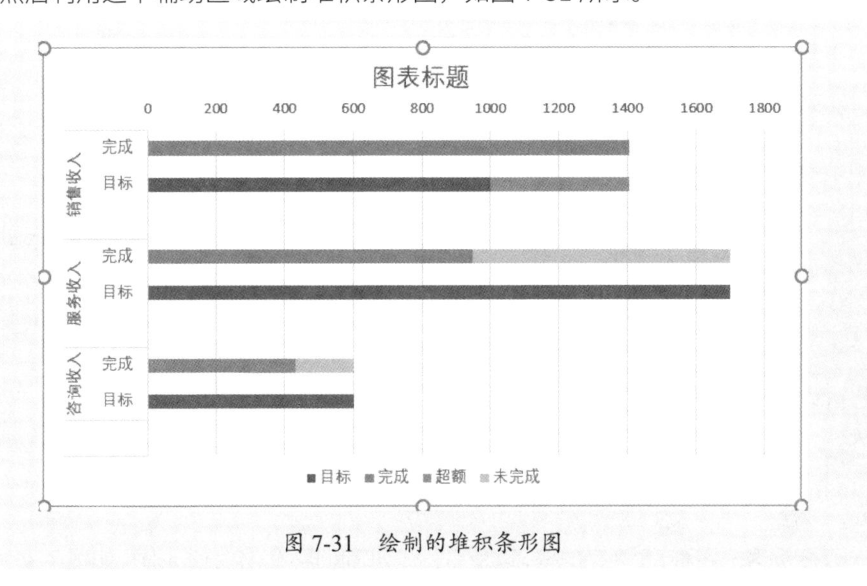

图 7-31　绘制的堆积条形图

调整系列间隙宽度，将超额和未完成的条形分别填充为箭头（方法很简单，在图表上插入一个箭头，设置好填充颜色，按快捷键 Ctrl+C，再选择超额或未完成条形，按快捷键 Ctrl+V），修改标题，删除图例，显示超额和未完成标签，就得到需要的图表。

7.1.5 以参考线监控目标完成进度

如果单纯观察目标完成进度，例如哪些客户发货完成 50%，完成 100%，完成 150% 等，可以使用参考线对目标完成进度进行监控。

图 7-32 就是一个示例，设置了发货 50%、100% 和 150% 3 条参考线。本案例素材是“案例 7-7.xlsx”。

这个图表有很多绘制方法，下面分别介绍在 Excel 中的常规绘制方法和在 Tableau 中的绘制方法。

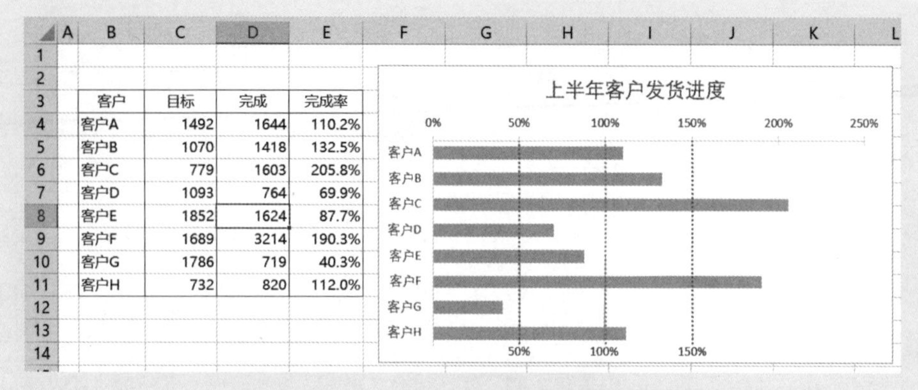

客户	目标	完成	完成率
客户A	1492	1644	110.2%
客户B	1070	1418	132.5%
客户C	779	1603	205.8%
客户D	1093	764	69.9%
客户E	1852	1624	87.7%
客户F	1689	3214	190.3%
客户G	1786	719	40.3%
客户H	732	820	112.0%

图 7-32　带 3 个参考线的目标完成进度跟踪

1. Excel 中的常规绘制方法

设计辅助区域，输入 3 个参考线的百分比数字，如图 7-33 所示。

客户	目标	完成	完成率		A1	A2	A3
客户A	1492	1644	110.2%		50%	100%	150%
客户B	1070	1418	132.5%		50%	100%	150%
客户C	779	1603	205.8%		50%	100%	150%
客户D	1093	764	69.9%		50%	100%	150%
客户E	1852	1624	87.7%		50%	100%	150%
客户F	1689	3214	190.3%		50%	100%	150%
客户G	1786	719	40.3%		50%	100%	150%
客户H	732	820	112.0%		50%	100%	150%

图 7-33　设计辅助区域

以 B 列客户名称、E 列完成率，以及 G ～ I 列辅助区域，绘制条形图，如图 7-34 所示。

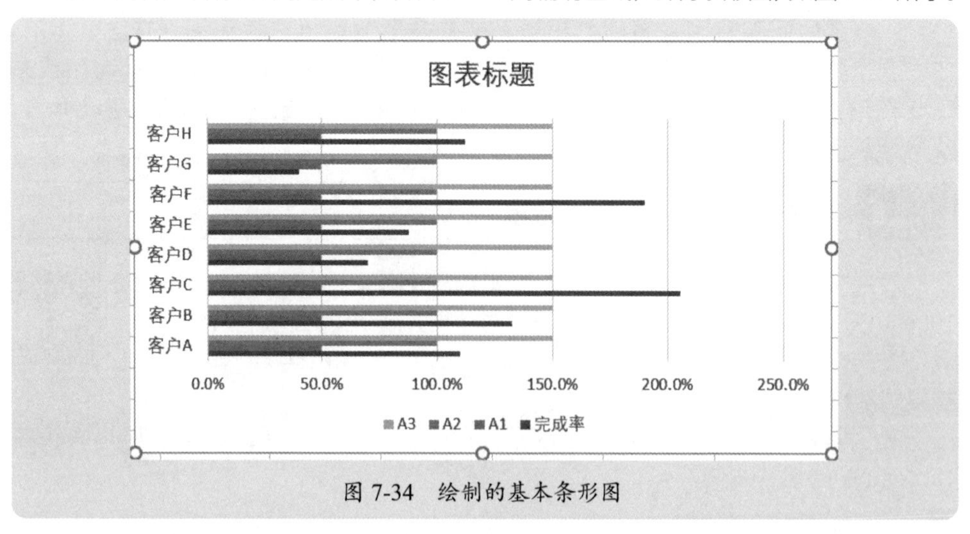

图 7-34　绘制的基本条形图

设置坐标轴的逆序类别，删除图例，删除图表标题，调整数据系列的重叠比例为 100%，分别将 3 个辅助数据系列条形设置为无填充、无轮廓，设置完成率条形的填充颜色，设置数值轴的数字格式，得到如图 7-35 所示的图表。

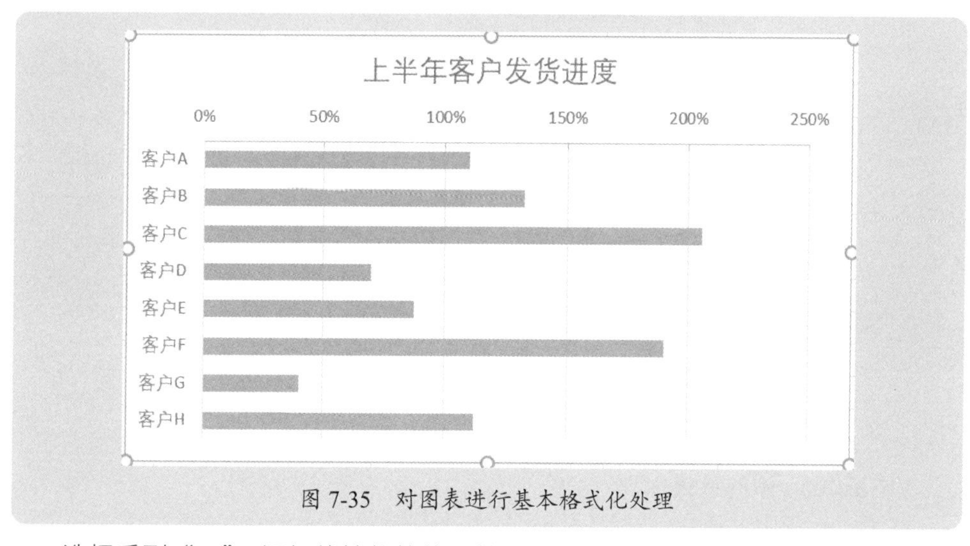

图 7-35　对图表进行基本格式化处理

选择系列“A1”，添加线性趋势线，然后设置前推 0.5 周期和后推 0.5 周期，并设置趋势线颜色和线条，得到 50% 的参考线，如图 7-36 所示。

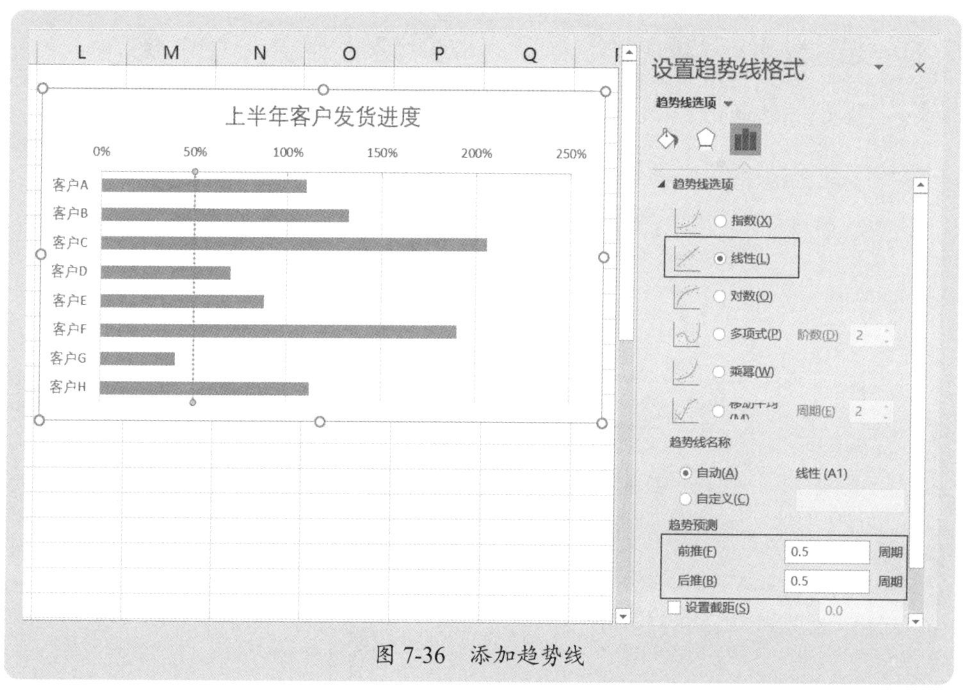

图 7-36　添加趋势线

选择系列“A1”最下面的条形，添加数据标签，然后手动拖放标签到趋势线的下方，如图 7-37 所示。

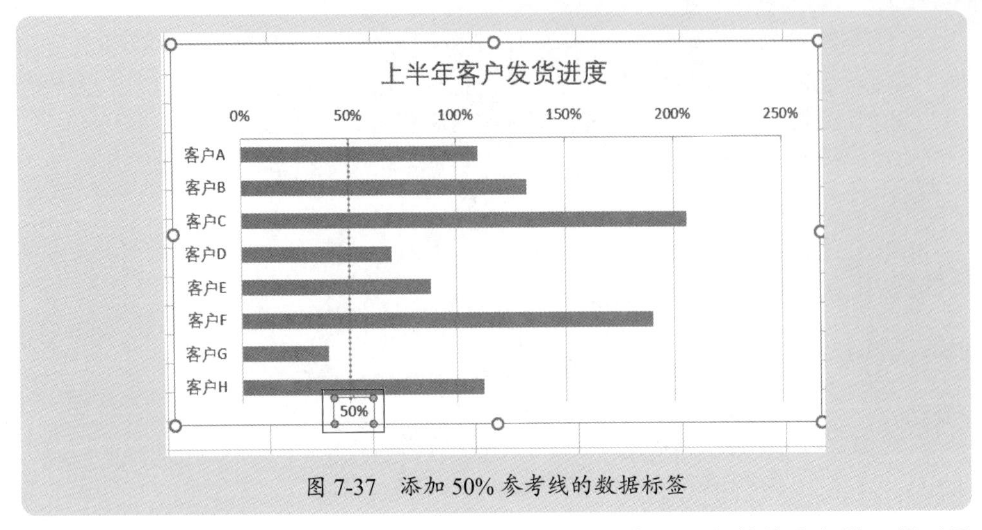

图 7-37　添加 50% 参考线的数据标签

采用前面介绍的方法，分别对系列“A2”和“A3”添加趋势线和标签，得到需要的图表。

2. Tableau 中的绘制方法

在 Tableau 中，不需要设计辅助区域，也不需要做那么多的格式设置，只需拖拉几下鼠标就行。

建立数据连接，制作如图 7-38 所示的基本条形图。

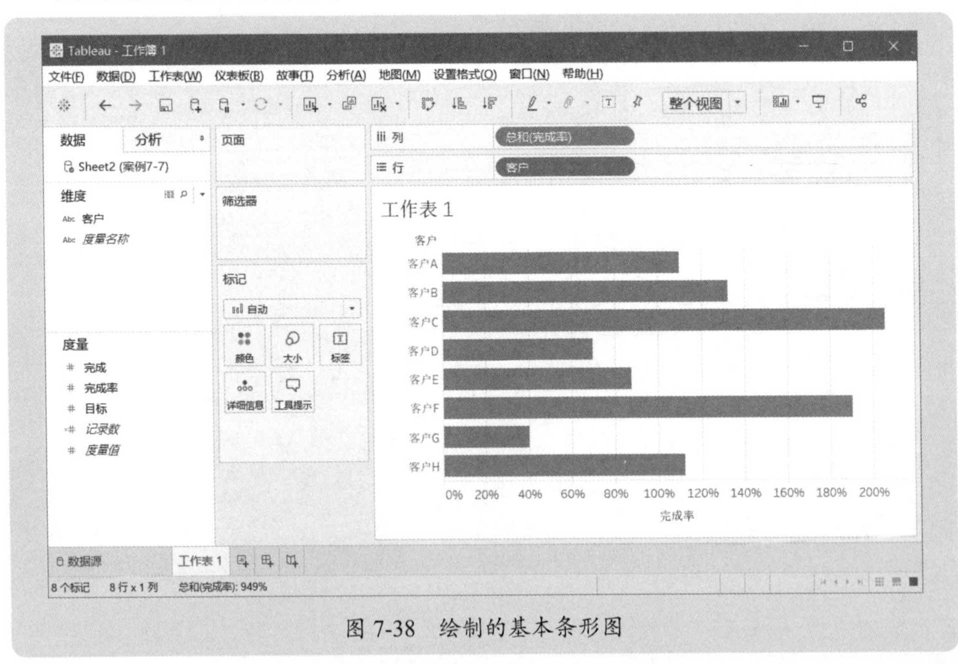

图 7-38　绘制的基本条形图

右击水平数值轴，在弹出的快捷菜单中执行“添加参考线”命令，打开“添加参考线·参考区间或框”对话框，选择“常量”参考线，输入 0.5，标签选择“自定义”选项，显示值，并设置参考线的线形，如图 7-39 所示，得到 50% 的参考线。

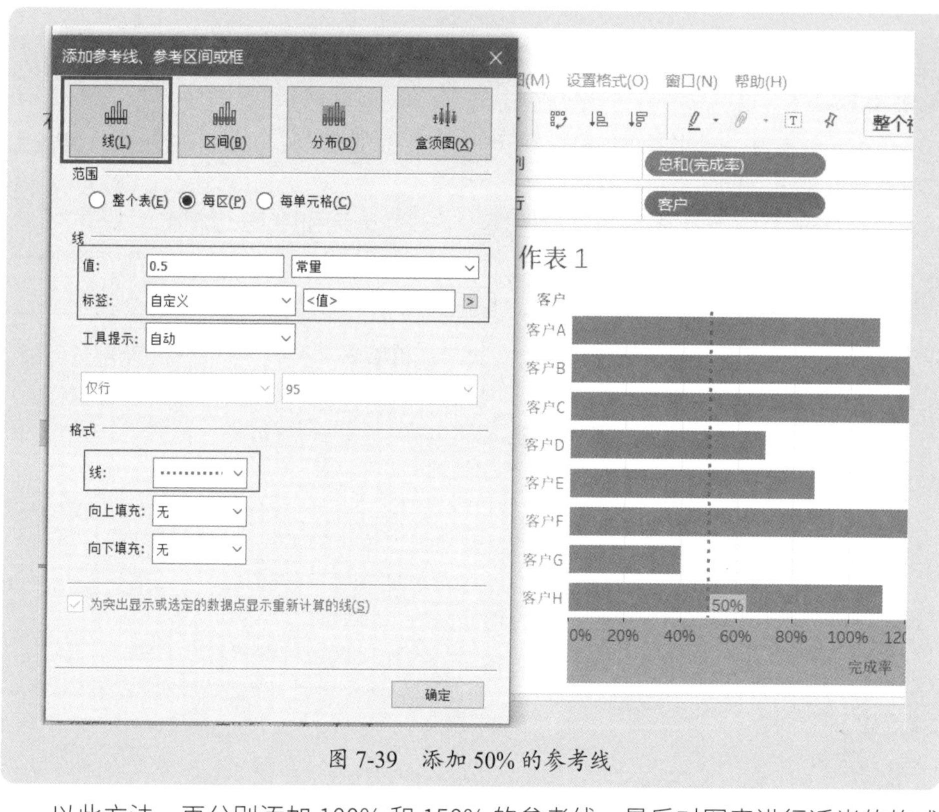

图 7-39　添加 50% 的参考线

以此方法，再分别添加 100% 和 150% 的参考线，最后对图表进行适当的格式化处理，得到具有 3 个参考线的图表，如图 7-40 所示。

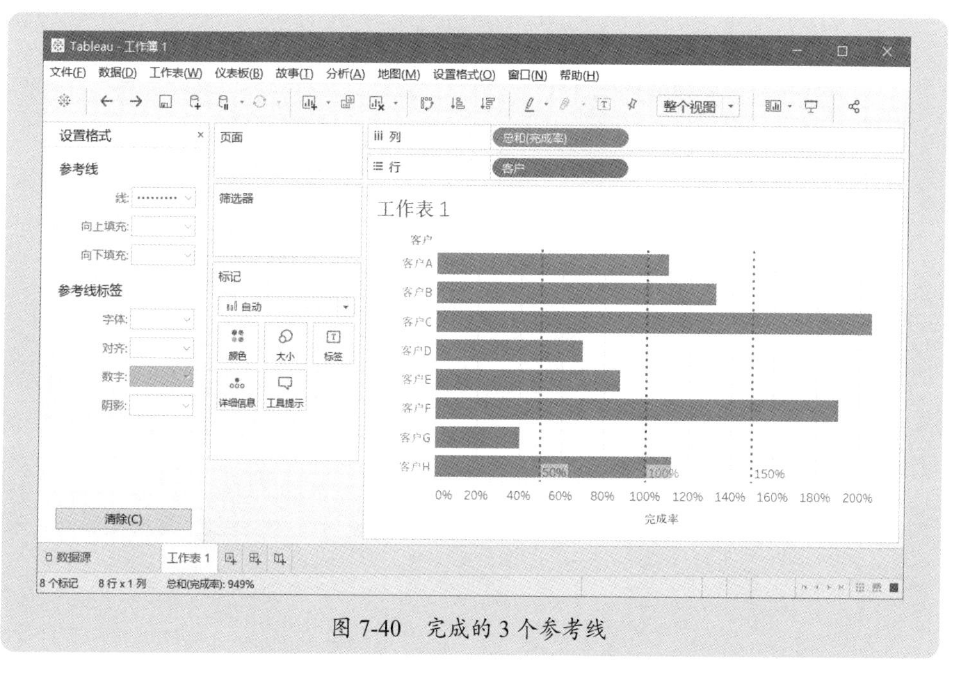

图 7-40　完成的 3 个参考线

7.2 用仪表盘展示完成率

仪表盘，使用一个指针或者多个指针表示完成的情况，这种图形在表示目标完成方面是非常直观的。

仪表盘的绘制方法有很多，下面介绍两个比较简单实用的仪表盘制作方法和技巧。

7.2.1 通过嵌套饼图制作仪表盘

仪表盘由表盘（显示刻度及数字）和指针（显示完成情况）两部分组成，其效果如图 7-41 所示，这是一个最基本的仪表盘，假设完成率不超过 100%。

本案例素材是“案例 7-8.xlsx”。

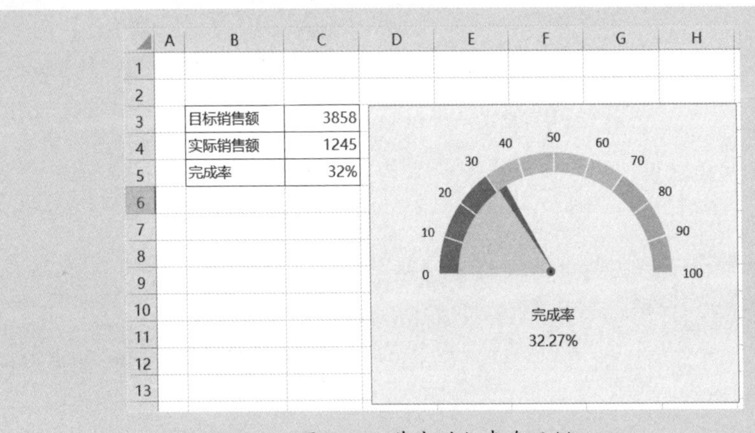

图 7-41 基本的仪表盘示例

这个仪表盘的主要制作方法和步骤如下。

首先设计表盘辅助区域和指针辅助区域，如图 7-42 所示。

	L	M	N	O	P	Q
1		1、表盘区域			2、指针区域	
2		X	Y		完成度数	55.58709
3		0	0		指针度数	5
4			18		剩余度数	299.4129
5		10	0		完成率32.27%	
6			18			
7		20	0			
8			18			
9		30	0			
10			18			
11		40	0			
12			18			
13		50	0			
14			18			
15		60	0			
16			18			
17		70	0			
18			18			
19		80	0			
20			18			
21		90	0			
22			18			
23		100	0			
24		AAA	180			

图 7-42 表盘辅助区域和指针辅助区域

这里，制作最基本的仪表盘，因此使用半圆（180°）做仪表板，分成 10 等份，每份是 18°，因此完成度数的计算公式就是“=180*C5-Q3/2”，注意这里 Q3/2 是为了让指针居中显示，而不是偏左或偏右。

选择 M 列和 N 列的表盘区域，绘制饼图，如图 7-43 所示。

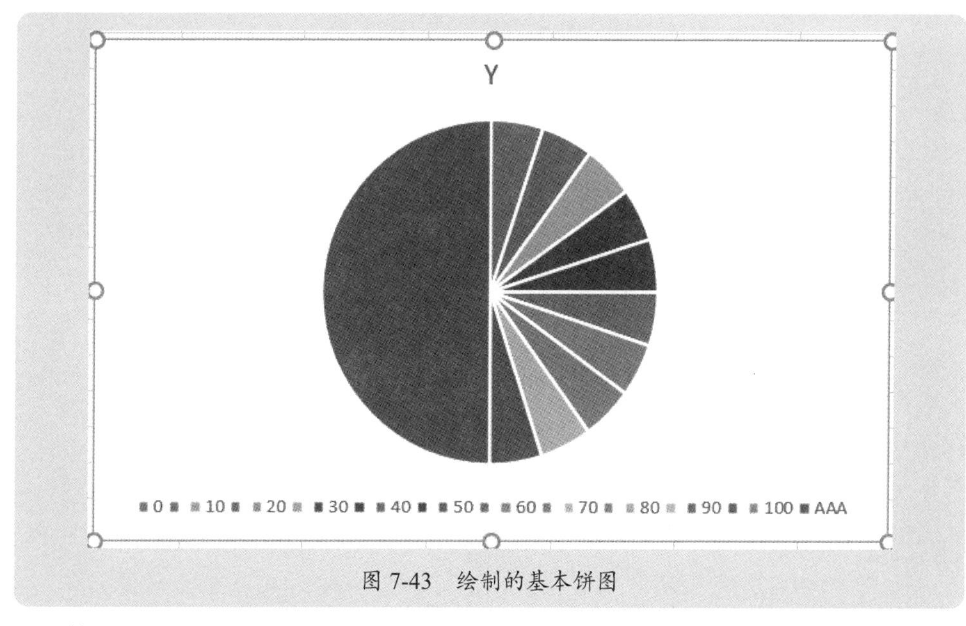

图 7-43　绘制的基本饼图

将饼图的第一扇区起始角度设置为 270°，从而将不是表盘的另一半圆旋转到正下方，如图 7-44 所示。

设置底部半圆为无填充、无边框，再设置 10 等份扇形的填充颜色，以及显示标签（要显示为类别名称，因为类别名称才是表盘刻度），删除图例和图表标题，如图 7-45 所示。

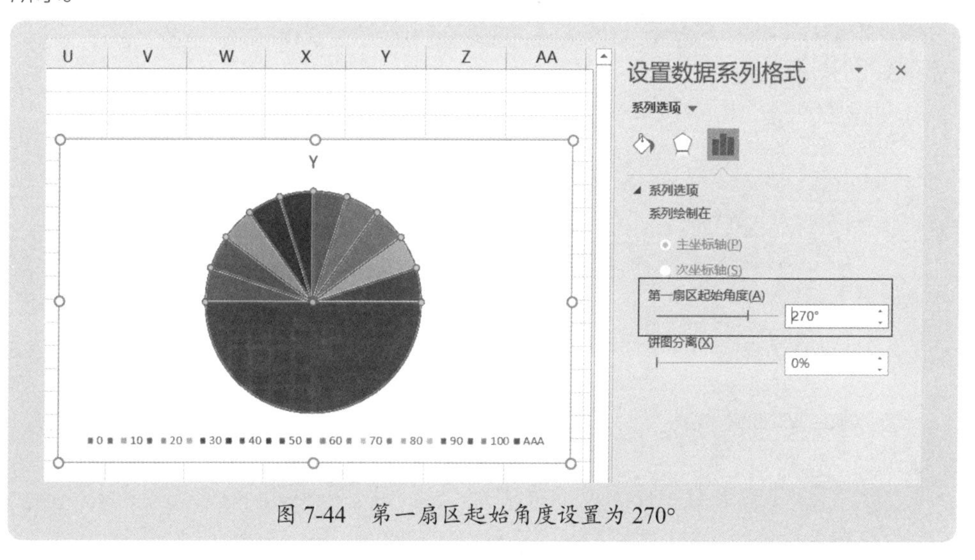

图 7-44　第一扇区起始角度设置为 270°

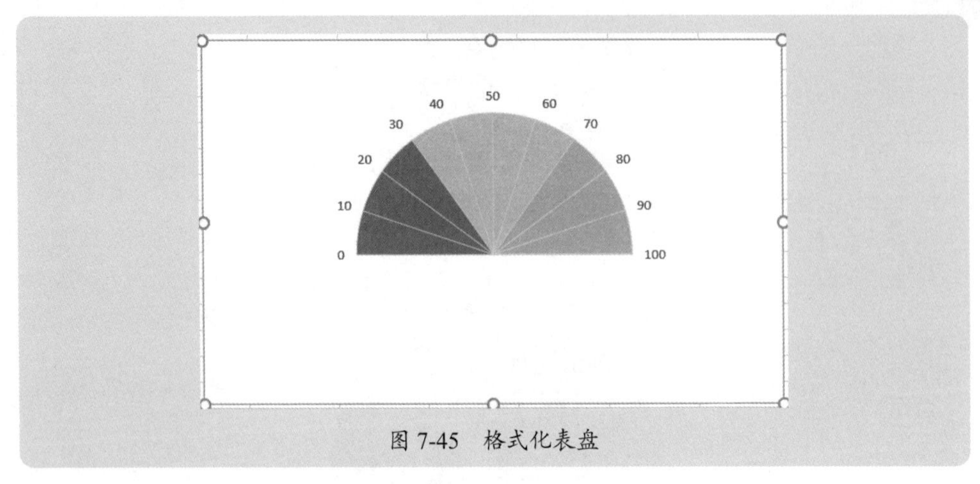

图 7-45　格式化表盘

为图表添加一个系列“指针”，如图 7-46 所示。

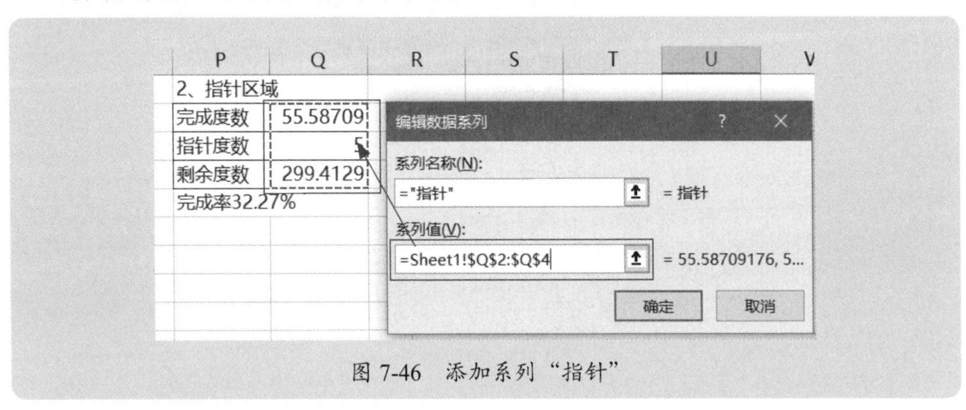

图 7-46　添加系列“指针”

然后再调整“指针”次序为第一个，如图 7-47 所示。

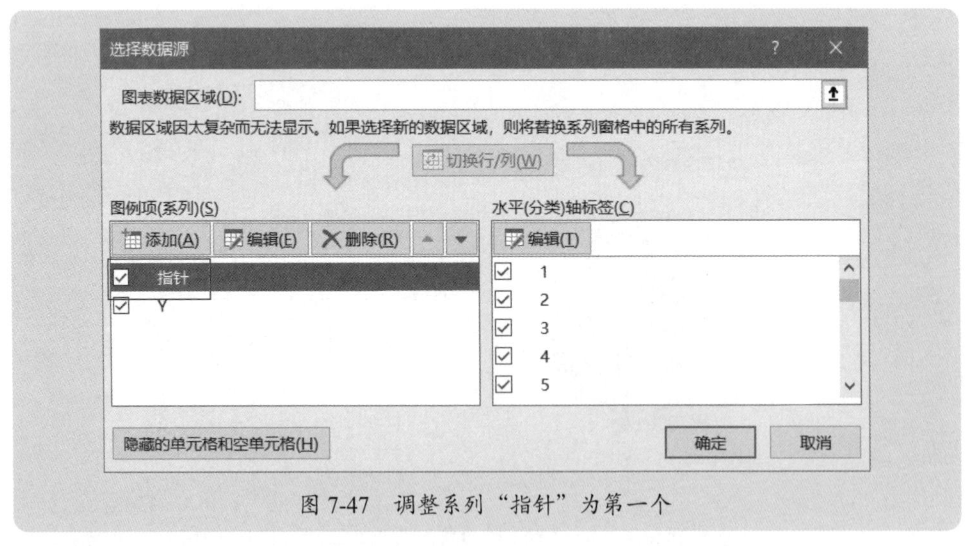

图 7-47　调整系列“指针”为第一个

选择系列“指针”，将其绘制在次坐标轴，设置第一扇区起始角度为 270°，同时

设置饼图分离（指定一个合适的比例即可，这里设置为 25%），如图 7-48 所示。

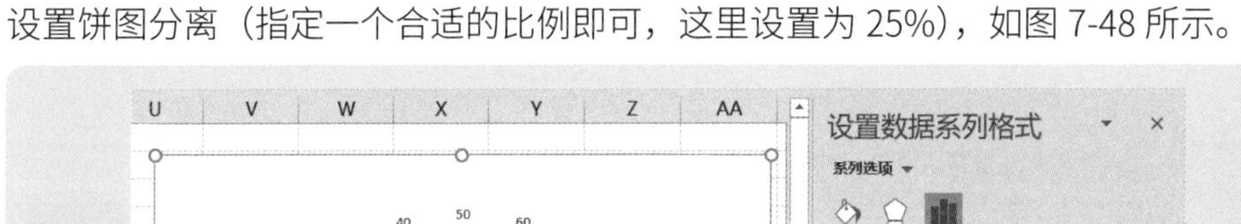

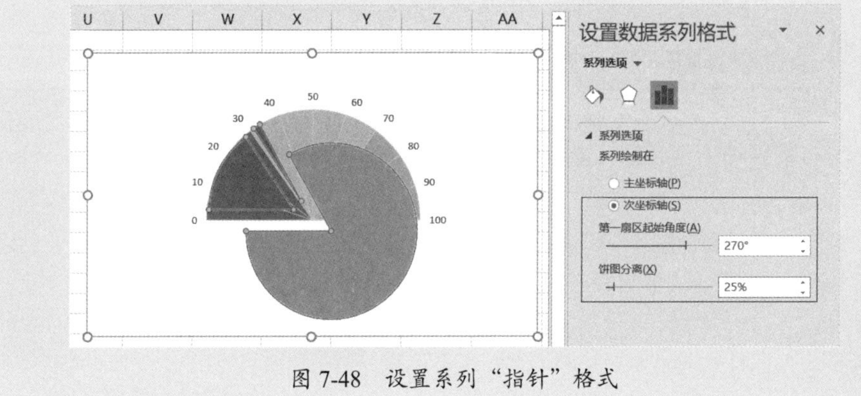

图 7-48　设置系列“指针”格式

将系列“指针”的 3 个扇形，分别手动拖至饼图中心，得到如图 7-49 所示的效果。

分别设置系列“指针”的 3 块扇形的颜色，得到一个指针显示效果，如图 7-50 所示。

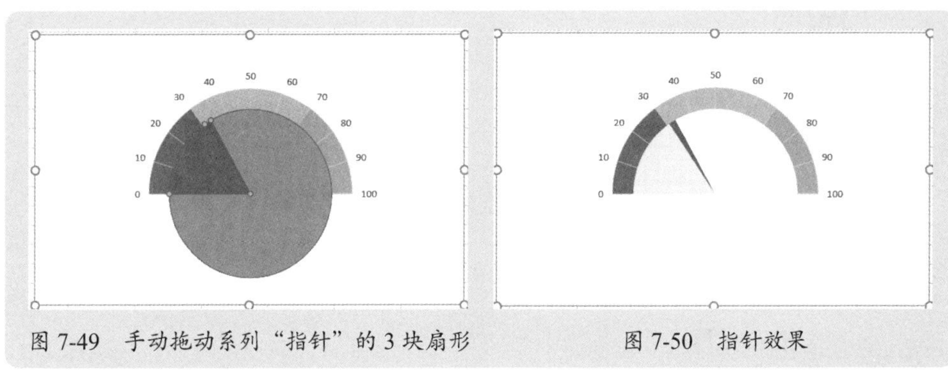

图 7-49　手动拖动系列“指针”的 3 块扇形　　　　图 7-50　指针效果

在饼图中心插入一个圆点形状，形成一个螺丝固定的效果，然后再在图表上插入一个文本框，建立与单元格 P5 的链接，设置文本框的对齐格式，在仪表盘底部显示完成率说明信息，如图 7-51 所示。

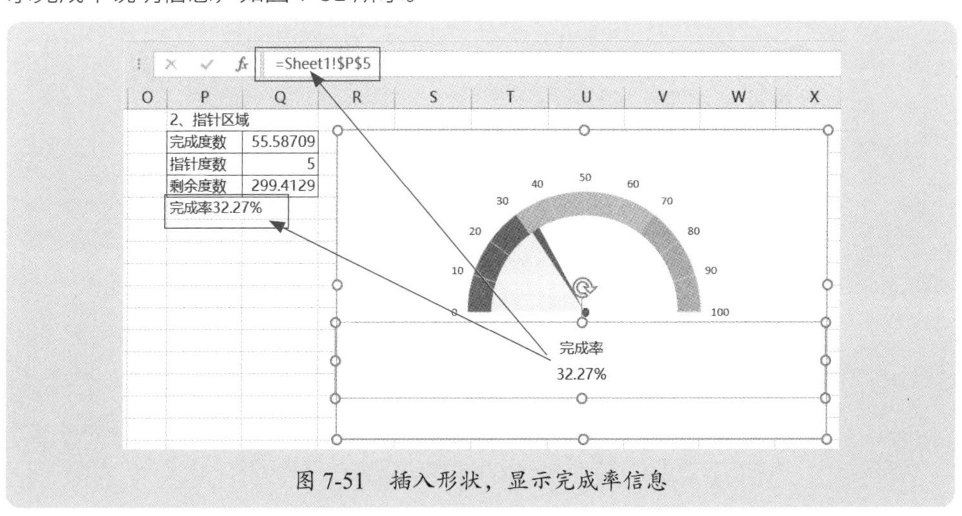

图 7-51　插入形状，显示完成率信息

最后，根据实际情况，对整个仪表盘进行适当的格式化和美化，就是需要的仪表盘。

7.2.2 通过嵌套圆环图 + 饼图制作仪表盘

7.2.1 节介绍的是通过嵌套饼图来制作仪表盘，表盘刻度数字可以自动显示在表盘的外侧。有人可能觉得这个不好看，希望表盘刻度数字显示在表盘内侧，其实有两种方法可以实现这个目的：一个方法是手动拖动每个刻度标签到内部，这种方法比较麻烦；另一个方法是通过嵌套圆环图 + 饼图制作仪表盘，可以自动将表盘刻度数字显示在内侧。下面介绍通过嵌套圆环图 + 饼图的方法来制作仪表盘。

辅助区域设计与 7.2.1 节介绍的相同，然后利用这个辅助区域绘制两个系列的圆环图，如图 7-52 所示。

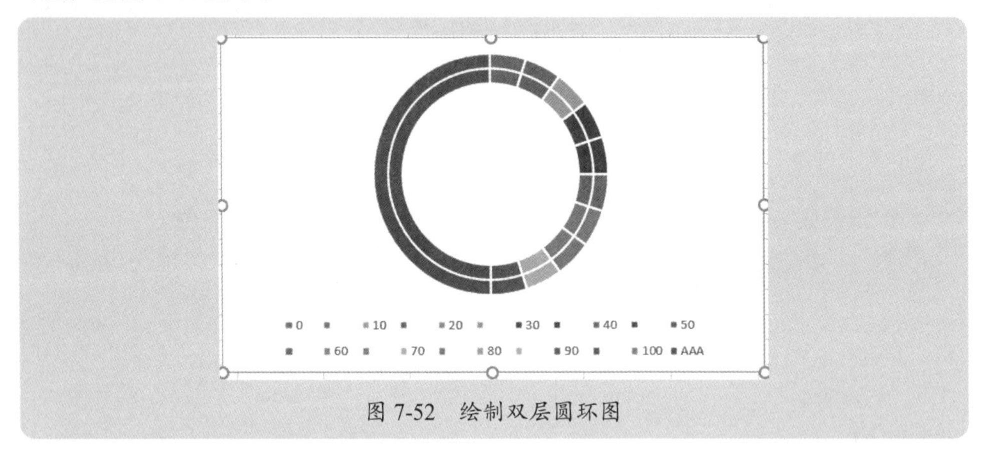

图 7-52　绘制双层圆环图

删除图例，将两个系列都旋转 270°，不显示半圆部分，外层圆环设置需要的颜色，内层圆环设置无填充颜色，但要显示标签（显示类别名称），得到表盘刻度值显示在内侧的表盘，如图 7-53 所示。

最后采用 7.2.1 节介绍的方法，添加系列“指针”，将其绘制在次坐标轴上，图表类型改为饼图，再设置饼图分离，调整扇形，插入形状，显示完成率信息，得到如图 7-54 所示的仪表盘。

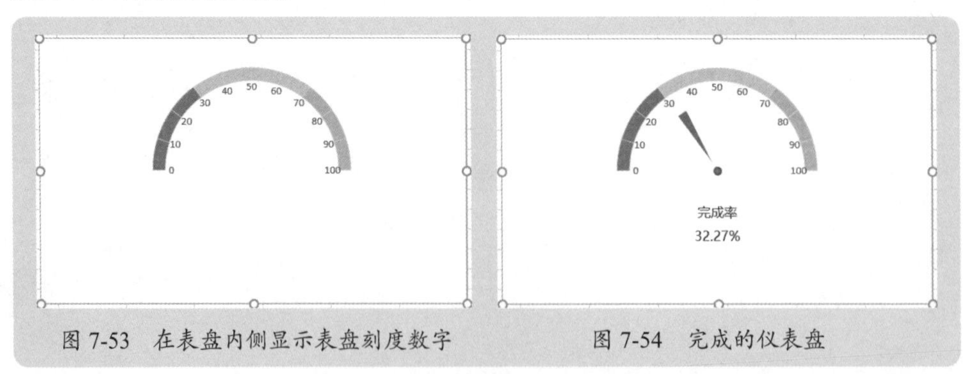

图 7-53　在表盘内侧显示表盘刻度数字

图 7-54　完成的仪表盘

7.2.3 超过百分百完成的仪表盘

7.2.1 节介绍的是完成率不超过 100%，因此将 180°的半圆分成了 10 等份。实际数据分析中，大部分情况都是超过 100% 的，那么，如何绘制仪表盘?

此时，需要对表盘辅助区域进行重新设计，按照刻度进行等比例反向计算，例如，如果要设计最大刻度为 160%，那么就需要分隔成 16 等份，每等份度数是 180/16；如果要设计最大刻度为 200%，那么就需要分隔成 20 等份，每等份度数是 180/20，以此类推。

同时，指针饼图的完成度数计算公式变为“=180/1.6*C5-Q3/2”，这里，计算规则与表盘是一样的，也就是，如果最大刻度为 160%，完成度数基本计算是“=180/1.6*完成率”；如果最大刻度为 200%，完成度数基本计算是“=180/2* 完成率”，以此类推。

图 7-55 是最大刻度是 160% 的表盘辅助区域和指针辅助区域的设计。

	L	M	N	O	P	Q	R	S
1		1、表盘区域			2、指针区域			
2		X	Y		完成度数	31.30443		
3		0	0		指针度数	10		
4			11.25		剩余度数	318.6956		
5		10	0		完成率32.27%			
6			11.25					
7		20	0					
8			11.25					
9		30	0					
10			11.25					
11		40	0					
12			11.25					
13		50	0					
14			11.25					
15		60	0					
16			11.25					
17		70	0					
18			11.25					
19		80	0					
20			11.25					
21		90	0					
22			11.25					
23		100	0					
24			11.25					
25		110	0					
26			11.25					
27		120	0					
28			11.25					
29		130	0					
30			11.25					
31		140	0					
32			11.25					
33		150	0					
34			11.25					
35		160	0					

Sheet1 | Sheet2 | Sheet3

图 7-55　最大刻度为 160% 的辅助区域设计

具体表盘和指针的绘制方法，与前面介绍的完全相同，此处不再赘述，图 7-56 是一个示例效果图。这里，为了使表盘刻度数字不太拥挤，在辅助区域清除了刻度值为奇数的单元格。

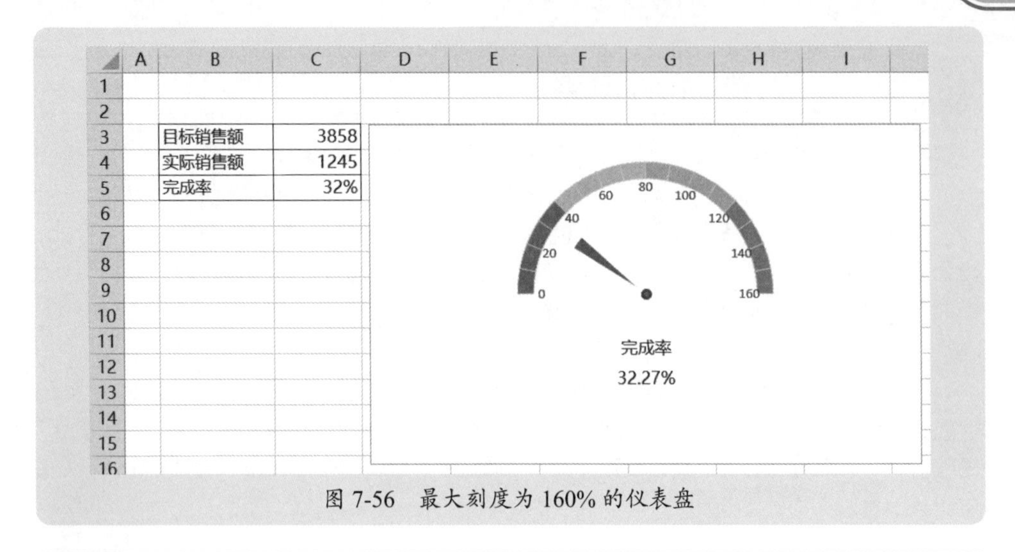

图 7-56　最大刻度为 160% 的仪表盘

7.2.4 可以调节最大刻度的仪表盘

实际数据分析中，设计好一个固定最大刻度值仪表盘后，由于实际数据的变化，往往也会爆表，以至于指针跑到了区域之外，此时，可以设计最大刻度可以调节的仪表盘，这样可以更加灵活地展示数据：如果完成率较低，就将最大刻度设置为 100%；如果完成率很高，就将最大刻度设置为 150%、200%，甚至更高。

这种可调节最大刻度仪表盘，刻度调节是通过一个数值调节钮实现的，仪表盘效果如图 7-57 所示。本案例素材是"案例 7-9.xlsx"。

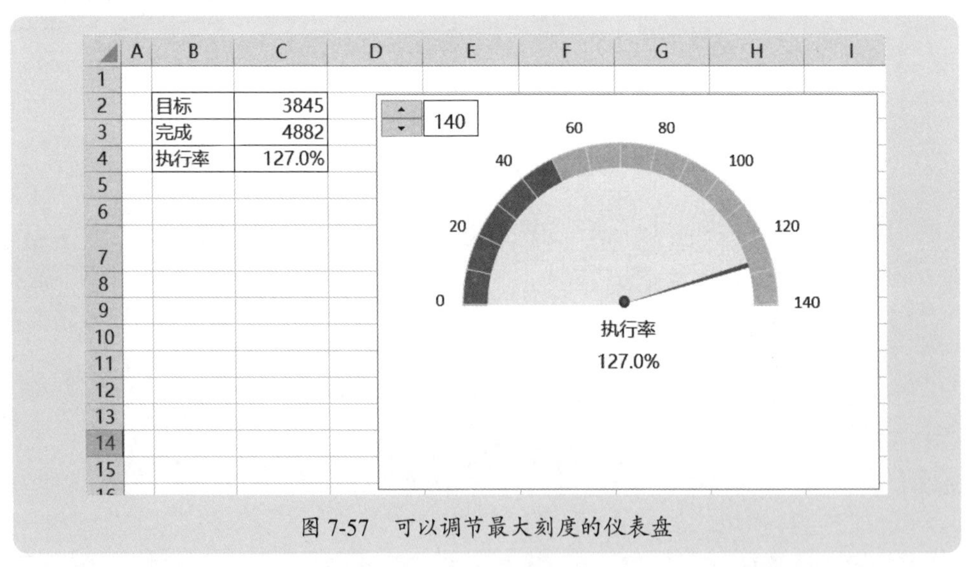

图 7-57　可以调节最大刻度的仪表盘

这个图表制作的要点是定义动态名称，使用动态名称引用的区域制作仪表盘。

插入一个数值调节钮，建立与单元格 W8 的链接，如图 7-58 所示。单元格 W8 是数值调节钮的返回值，用于设置仪表盘的最大刻度。

图 7-58　插入数值调节钮，设置控制属性

设计表盘辅助区域（S 列和 T 列），在 S 列输入表盘数字，T 列的计算公式如下，然后往下复制，如图 7-59 所示：

=IF(S3="",IF(S2<$W$8,180/$W$8*10,180),0)

图 7-59　设计辅助区域

指针辅助区域中，完成度数（单元格 W2）计算公式为：

=180/(W8/100)*C4−W3/2

可见，不论是表盘的刻度扇形，还是指针的已完成度数，都是跟单元格 W8（最大刻度）有关联。

定义两个动态名称，如下所示。

名称“分类轴”：

=OFFSET($S$2,,,MATCH($W$8,$S$2:$S$202,0)+1,1)

名称“扇形”：

=OFFSET($T$2,,,MATCH($W$8,$S$2:$S$202,0)+1,1)

采用 7.2.4 节介绍的方法绘制仪表板，要特别注意，这里绘制的数据区域不是一个固定区域，而是由定义的名称引用的动态区域。绘制完毕的仪表板如图 7-60 所示。

由于绘制图表的数据区域是变化的，无法对底部半圆设置无填充，不过可以使用文本框来遮挡，同时也显示完成率信息，一举两得，如图 7-61 所示。

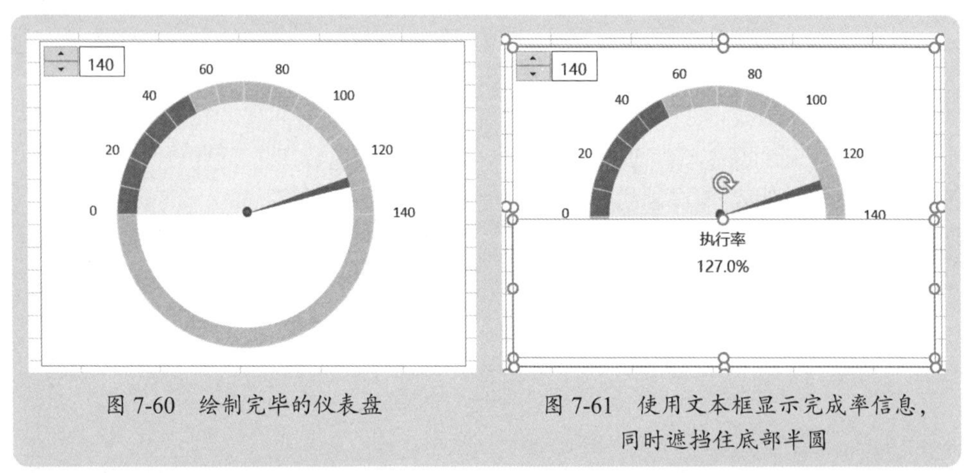

图 7-60　绘制完毕的仪表盘

图 7-61　使用文本框显示完成率信息，同时遮挡住底部半圆

通过仪表板左上角数值调节钮，可以得到任意指定最大刻度的仪表盘，如图 7-62 所示。

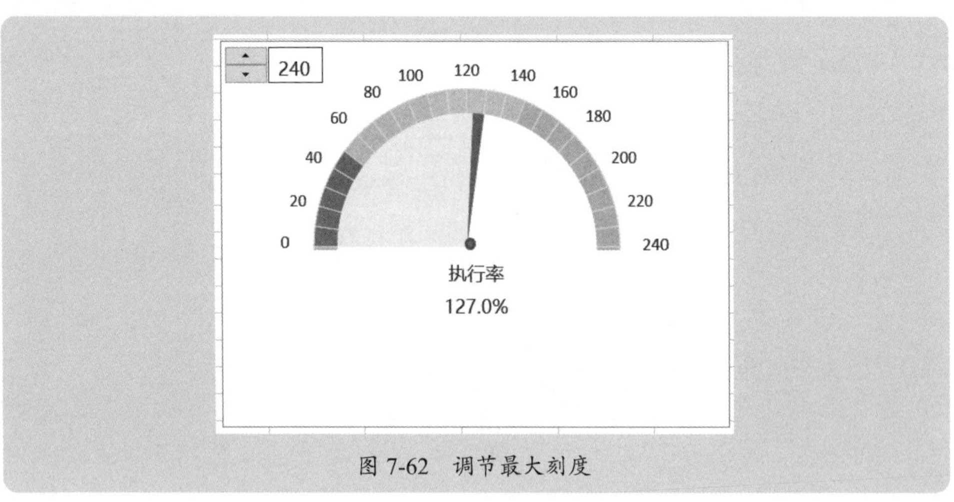

图 7-62　调节最大刻度

7.2.5 有负数情况下的仪表盘

在财务经营分析中，如果要分析净利润的完成情况，当净利润为负（亏损）时，如何通过仪表盘来展示净利润的亏损情况？此时，可以绘制能够表示负数的仪表盘。

图 7-63 是一个可以显示负数的仪表盘，当出现亏损时，指针往左侧负数区域摆动，越往左摆动，表示亏损越多，如图 7-64 所示。

本案例素材是“案例 7-10.xlsx”。

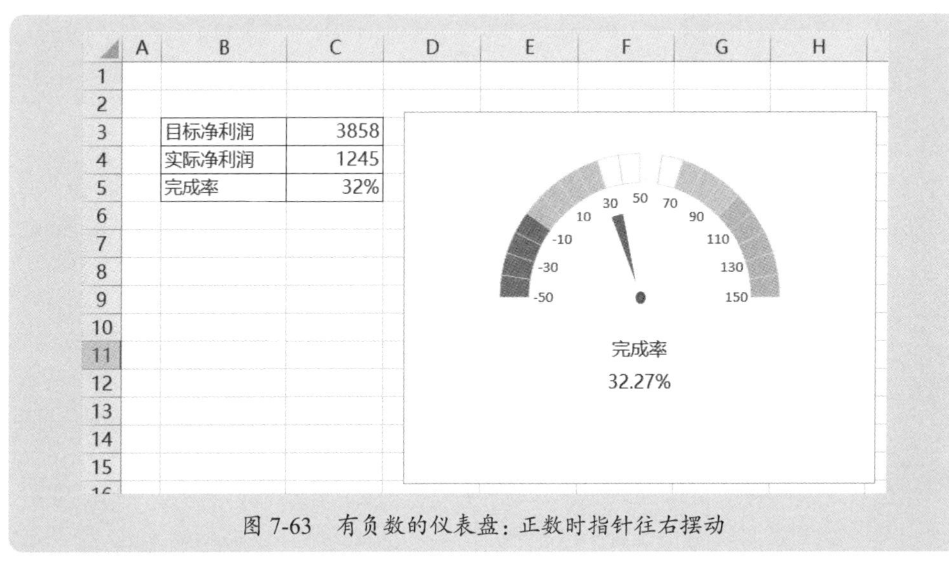

图 7-63　有负数的仪表盘：正数时指针往右摆动

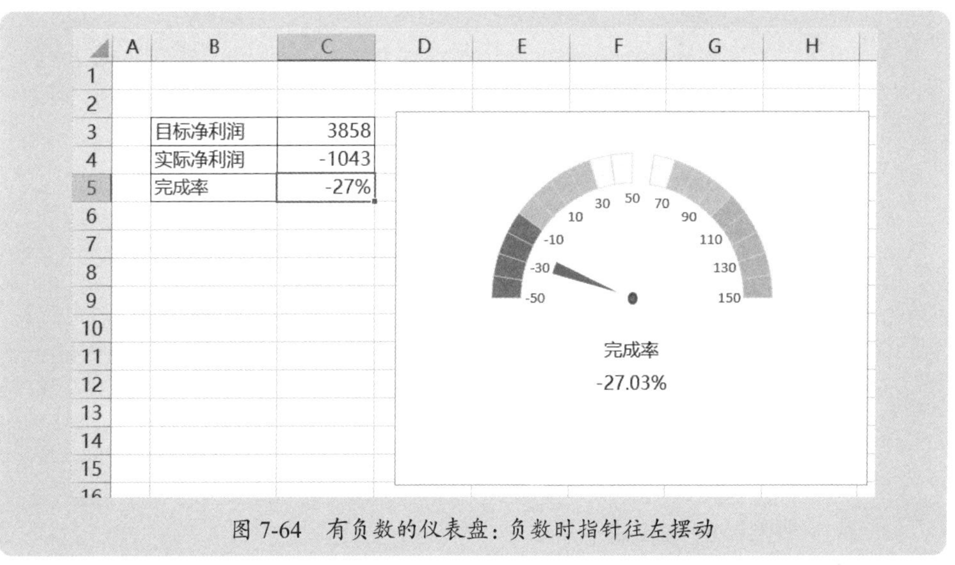

图 7-64　有负数的仪表盘：负数时指针往左摆动

这个仪表板设计的重点是辅助区域的设计，如图 7-65 所示。

	L	M	N	O	P	Q
1		1、表盘区域			2、指针区域	
2		X	Y		完成度数	15.6687
3		-50	0		指针度数	10
4			9		剩余度数	334.331
5			0		完成率-27.03%	
6			9			
7		-30	0			
8			9			
9			0			
10			9			
11		-10	0			
12			9			
13			0			
14			9			
15		10	0			
16			9			
17			0			
18			9			
19		30	0			
20			9			
21			0			
22			9			
23		50	0			
24			9			
25			0			
26			9			
27		70	0			
28			9			
29			0			
30			9			
31		90	0			
32			9			
33			0			
34			9			
35		110	0			
36			9			
37			0			
38			9			
39		130	0			
40			9			
41			0			
42			9			
43		150	0			
44		AAA	180			
45						

Sheet3

图 7-65　设计辅助区域

在表盘区域中，将最小刻度设置为 –50，最大刻度设置为 150，因此半圆（180°）被分成了 20 等份，每等份 9°。

在指针区域中，完成度数计算很重要，计算公式如下：

```
=180/2*(C5+50%)–Q3/2
```

这里的核心是要把负数最小刻度加到完成率中（实际上是完成率减去最小刻度 –50%）。

仪表盘的具体制作步骤可以参阅前面介绍的各种方法，绘制过程完全一样，这里不再介绍。

7.2.6 多个指针的仪表盘

假如需要在仪表盘上同时用 3 个指针来分别观察销售额、毛利和净利润的完成情况，那么可以绘制具有 3 个指针的仪表盘，效果如图 7-66 所示。本案例素材是“案例 7-11.xlsx”。

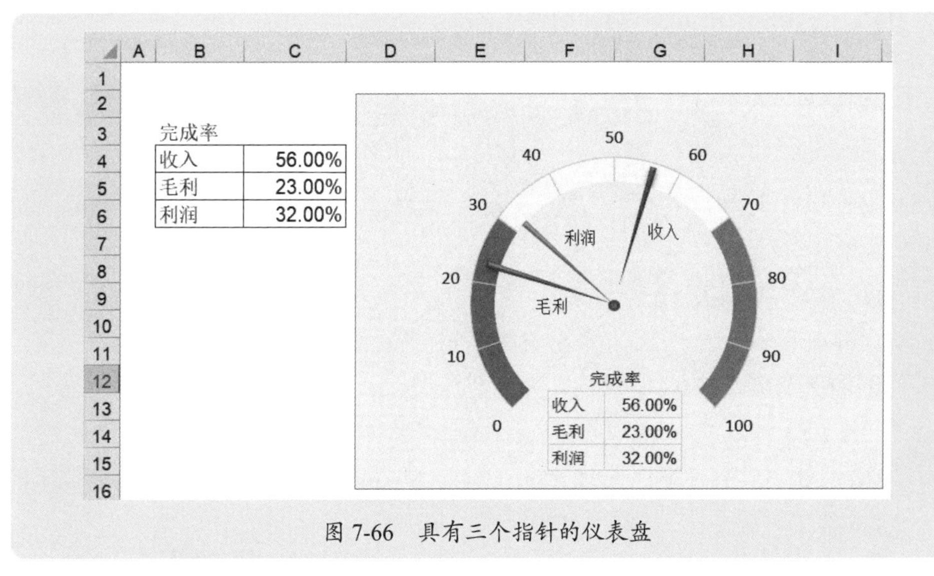

图 7-66　具有三个指针的仪表盘

这个仪表盘使用的是 270° 圆来做表盘，90° 缺口显示 3 个完成率。绘制设计辅助区域，如图 7-67 所示。

	AM	AN	AO	AP	AQ	AR	AS	AT
1								
2		刻度标签	内圈标签			完成率		
3						收入	56.00%	
4		0	0			毛利	23.00%	
5			27			利润	32.00%	
6		10	0					
7			27					
8		20	0			毛利	23.00%	
9			27			利润	32.00%	
10		30	0			收入	56.00%	
11			27					
12		40	0					
13			27			指针		
14		50	0			完成1	61	
15			27			毛利	3	
16		60	0			完成2	21	
17			27			利润	3	
18		70	0			完成3	62	
19			27			收入	3	
20		80	0			剩余	207	
21			27					
22		90	0					
23			27					
24		100	0					
25			0					
26		AAA	90					

图 7-67　设计辅助区域

表盘区域比较简单，但是指针区域设计稍微复杂点。

单元格区域 AR8:AS10 是计算 3 个指标排序区域，使用 SMALL 函数进行排序，使用 MATCH 函数和 INDEX 函数匹配指标名称，单元格公式如下。

单元格 AS8：

```
=SMALL(C4:C6,1)
```

单元格 AS9：

```
=SMALL(C4:C6,2)
```

单元格 AS10：

```
=SMALL(C4:C6,3)
```

单元格 AR8：

```
=INDEX($B$4:$B$6,MATCH(AS8,$C$4:$C$6,0))
```

单元格 AR9：

```
=INDEX($B$4:$B$6,MATCH(AS9,$C$4:$C$6,0))
```

单元格 AR10：

```
=INDEX($B$4:$B$6,MATCH(AS10,$C$4:$C$6,0))
```

指针区域中，3 个完成度数的计算公式分别如下。

单元格 AS14，完成度数 1：

```
=AS8*270-1.5
```

单元格 AS16，完成度数 2：

```
=AS9*270-AS14-AS15-1.5
```

单元格 AS18，完成度数 3：

```
=AS10*270-AS14-AS15-AS16-AS17-1.5
```

单元格 AS20，剩余度数：

```
=360-SUM(AS14:AS19)
```

仪表盘的具体制作过程并不复杂，用饼图或圆环图作为表盘，用饼图作为指针，并分离饼图，手动为各扇形设置颜色，等等。

单元格区域 AR2:AS5 是直接引用的原始数据，设置好单元格字体、边框和填充颜色，然后使用照相机工具将该区域拍照，放到仪表盘底部的缺口上。

7.2.7 宽度不同的圆环仪表盘表示完成进度

图 7-68 是一个很简洁的进度跟踪仪表盘，灰色的圆条类似于一个戒指环，棕色区域是完成进度条，这个进度条是从顶部中间顺时针开始的。本案例素材是“案例 7-12.xlsx”。

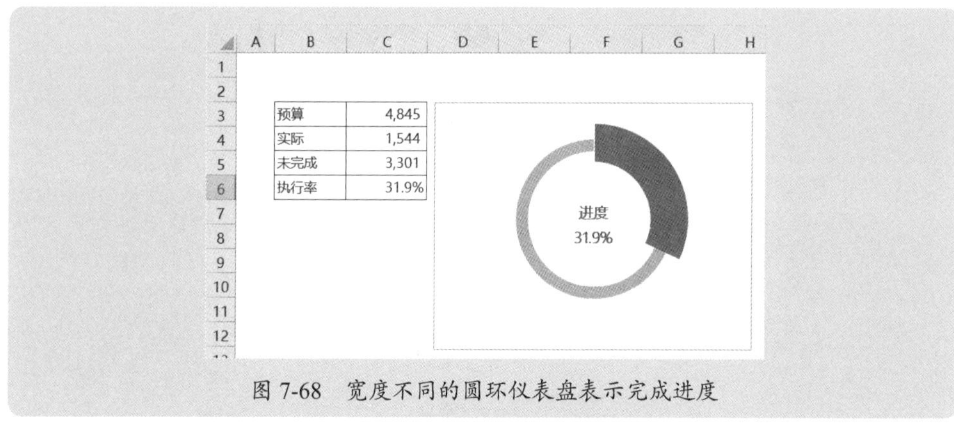

图 7-68　宽度不同的圆环仪表盘表示完成进度

这是一个多层圆环图进行一系列设置后得到的图表,制作过程不难。下面是主要步骤。

首先绘制包含 3 个预算值的圆环图（即 3 层圆环图），如图 7-69 所示。

将最内层和最外层的圆环设置为无填充、无轮廓，并设置中间一层圆环的填充颜色和轮廓，再设置圆环大小为合适的比例，得到如图 7-70 所示的图表。

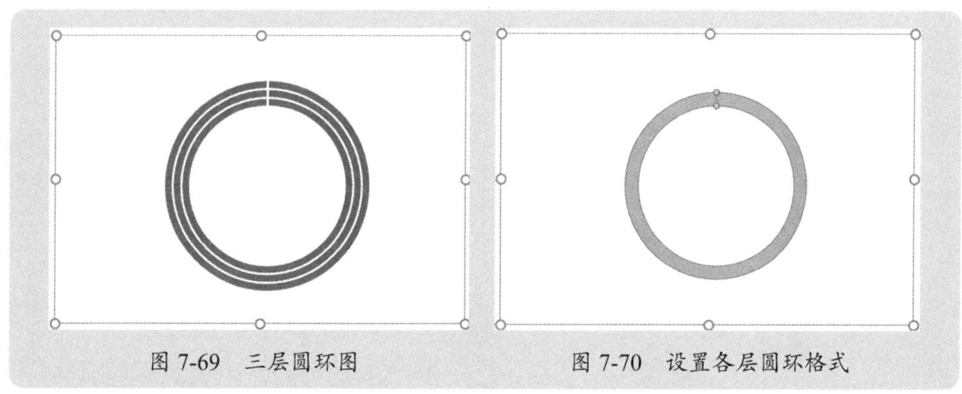
图 7-69　三层圆环图　　图 7-70　设置各层圆环格式

再为图表添加一个系列“完成与未完成”，系列值区域是 C4:C5，如图 7-71 所示。

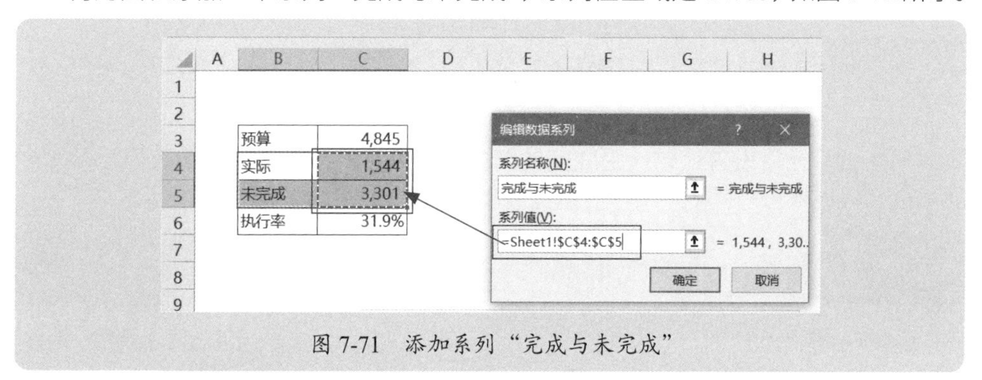

图 7-71　添加系列“完成与未完成”

打开“更改图表类型”对话框，将这个系列绘制在次坐标轴上，如图 7-72 所示，得到如图 7-73 所示的图表。

设置系列“完成与未完成”的未完成扇形为无填充、无轮廓，再设置完成扇形的颜色，得到如图 7-74 所示的图表。

图 7-72　设置系列“完成与未完成”为次坐标轴

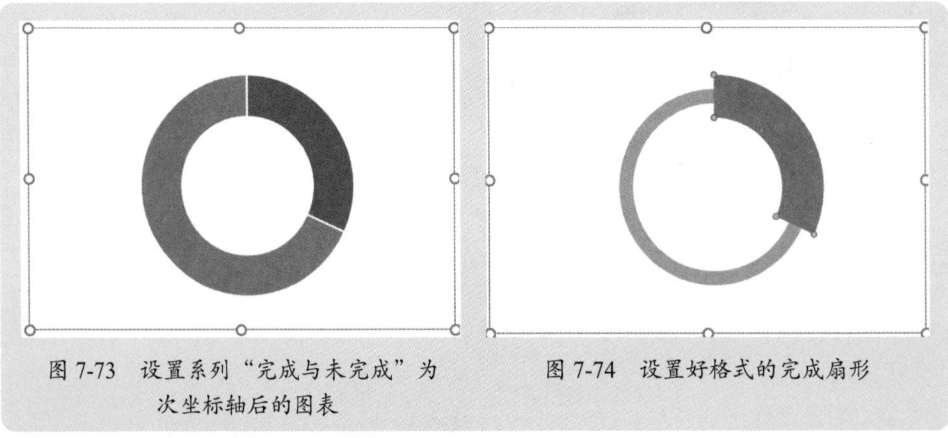

图 7-73　设置系列“完成与未完成”为次坐标轴后的图表

图 7-74　设置好格式的完成扇形

最后在单元格设置公式，生成完成情况说明信息字符串，再在图表上插入一个文本框，与该单元格链接起来，显示完成率说明信息，得到需要的图表。

7.3 仪表盘与其他图形结合

7.2 节介绍的仪表盘，仅仅显示了指针和完成率信息，仪表盘底部显得空荡荡的。可以在仪表盘底部的空区域中，放置很多重要信息，使仪表盘信息更加丰富。

7.3.1 仪表盘与条形图结合使用

例如，将原始的目标和完成数据绘制成条形图，设置完格式后，放到仪表盘底部，并将两个图表组合起来，便于拖放移动，得到一个同时显示完成率指针效果和实际值大小比较的完整仪表盘，如图 7-75 所示。

本案例素材是“案例 7-13.xlsx”。

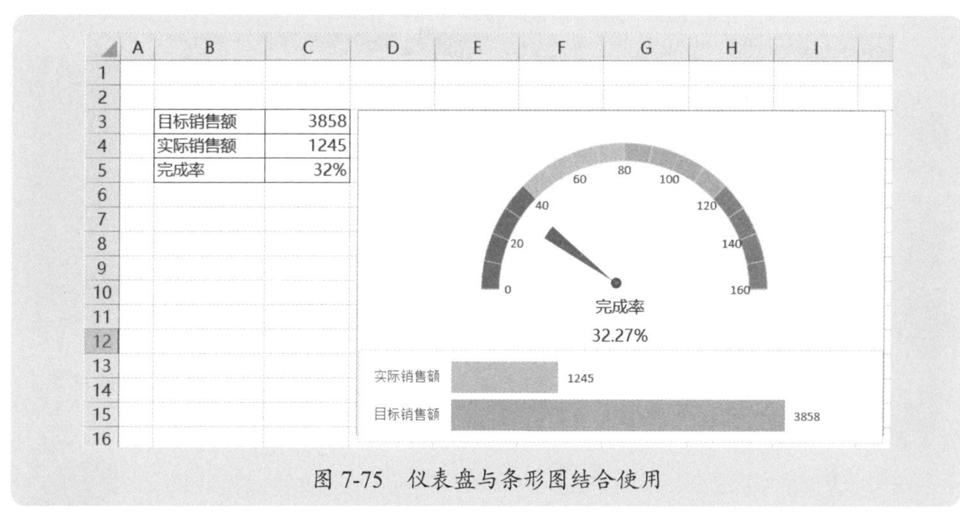

目标销售额	3858
实际销售额	1245
完成率	32%

图 7-75 仪表盘与条形图结合使用

7.3.2 仪表盘与柱形图结合使用

图 7-76 是仪表盘与柱形图的结合，同时显示所有产品的完成情况，其中柱形图完成和未完成的上下箭头是误差线设置出来的，制作方法详见 7.1.3 节的介绍，每绘制一个仪表盘，就放到柱形图下方。

本案例素材是“案例 7-14.xlsx”。

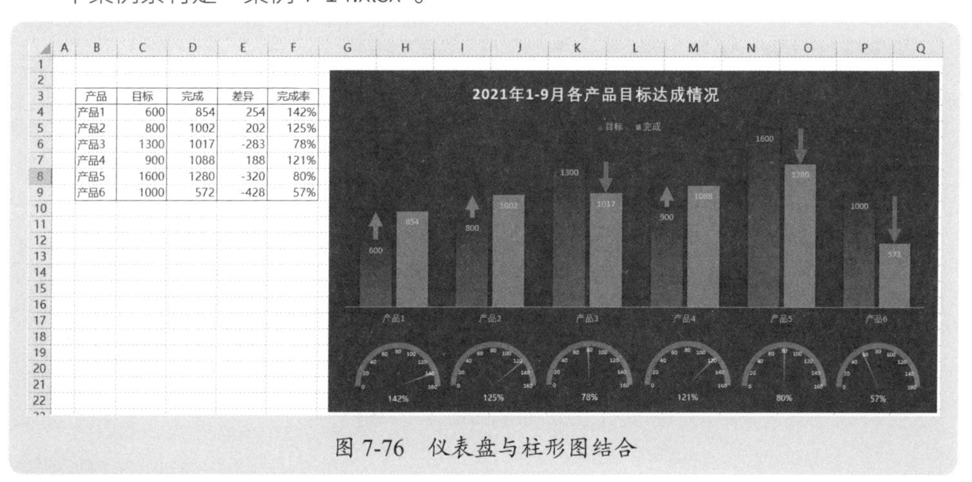

产品	目标	完成	差异	完成率
产品1	600	854	254	142%
产品2	800	1002	202	125%
产品3	1300	1017	-283	78%
产品4	900	1088	188	121%
产品5	1600	1280	-320	80%
产品6	1000	572	-428	57%

图 7-76 仪表盘与柱形图结合

7.3.3 仪表盘与数字显示结合使用

也可以不使用条形图，而是使用具体的表格数字来显示目标和实际数据，效果如图 7-77 所示。本案例素材是“案例 7-15.xlsx”。

目标 3858
完成 1245
完成率 32%
0
10
20
30
40
50
60
70
80
90
100
完成率 32.27%
目标 3 8 5 8
完成 1 2 4 5

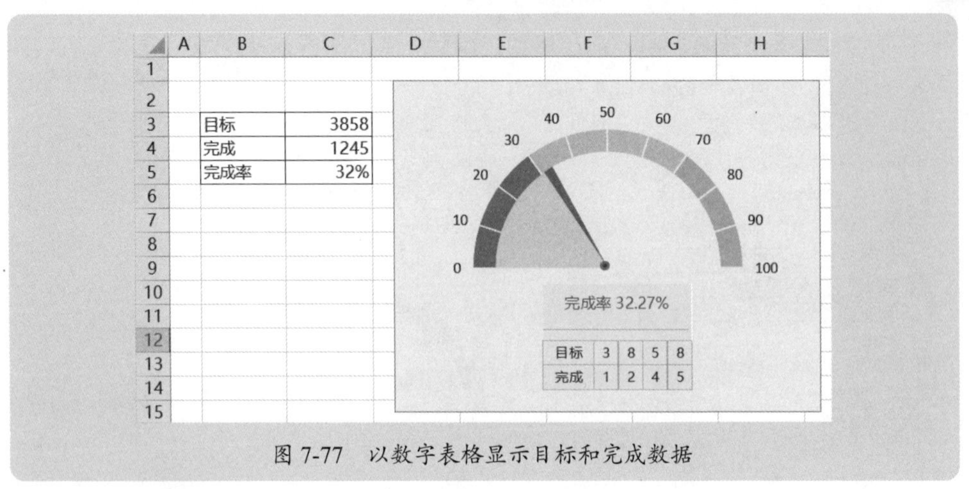

图 7-77　以数字表格显示目标和完成数据

这个显示很简单，先在表格设计要显示数据的表格，设置完单元格格式，如图 7-78 所示。然后利用照相机工具对这个区域进行拍照处理，再将照相机拍照的结果拖放到仪表盘底部。

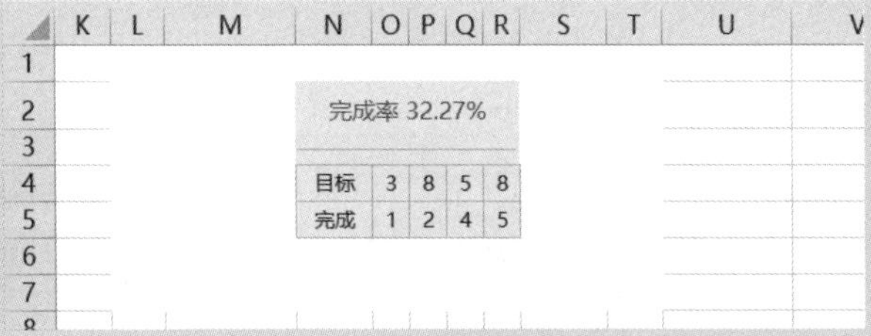

完成率 32.27%
目标 3 8 5 8
完成 1 2 4 5

图 7-78　设计显示数据的辅助区域

这样仪表盘底部的数字部分就实时显示数据的变化，如图 7-79 所示。

目标 3858
完成 2357
完成率 61%
0
10
20
30
40
50
60
70
80
90
100
完成率 61.09%
目标 3 8 5 8
完成 2 3 5 7

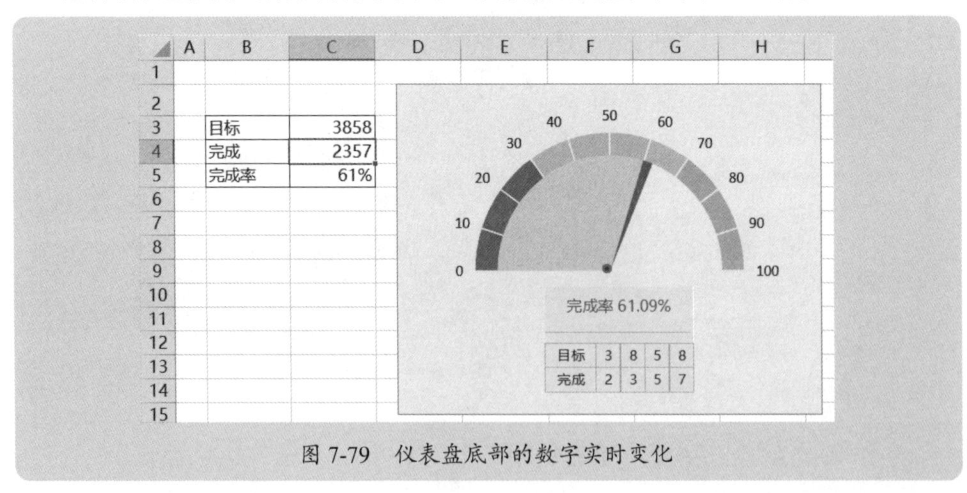

图 7-79　仪表盘底部的数字实时变化

照相机是 Excel 的一个隐藏工具，需要将这个工具按钮添加到自定义快速访问工具栏上，如图 7-80 所示。

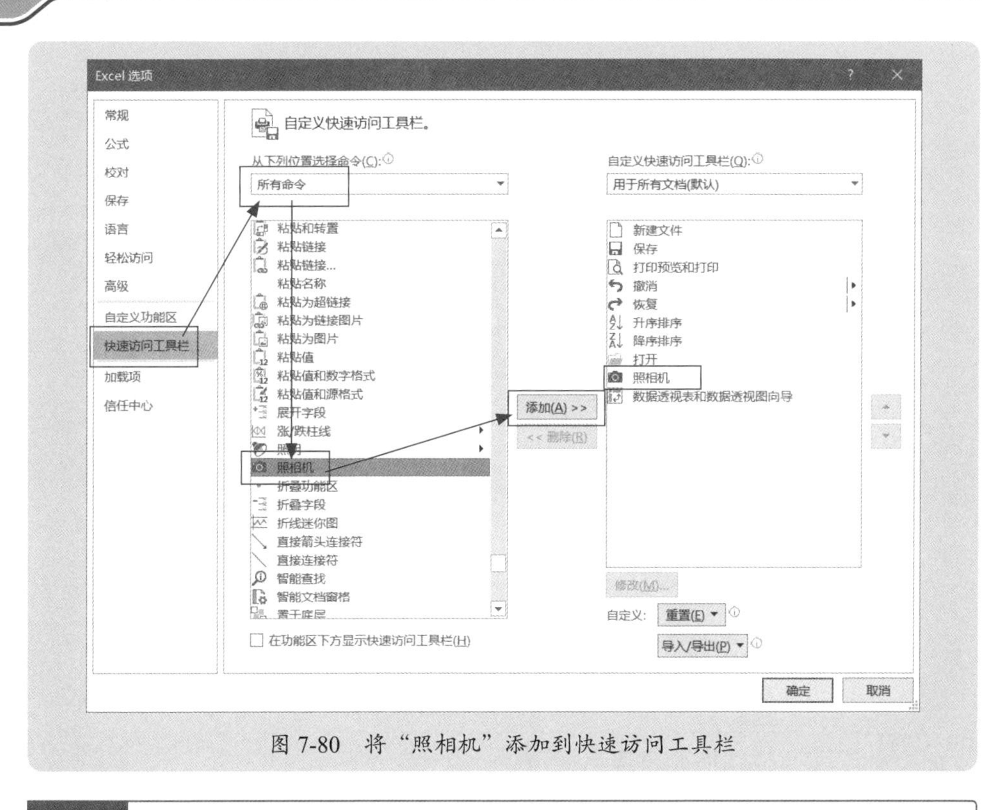

图 7-80　将“照相机”添加到快速访问工具栏

7.3.4 多个仪表盘的组合使用

一个仪表盘一般显示一个项目的完成情况，而在需要将几个项目同时用仪表盘显示出来时，可以将这几个项目都绘制成仪表盘，然后再布局组合在一起，同时观察这几个项目的完成情况。

使用如图 7-81 所示的表格，可以绘制如图 7-82 所示的仪表板，即分别对所有产品总计和两个产品绘制 3 个仪表盘，然后再布局到一起。

本案例素材是“案例 7-16.xlsx”。

2022年1-6月发货完成情况统计

产品	区域	发货指标	实际发货数	达成率
TPX	北一区	359	137	38.2%
	北二区	469	212	45.2%
	北三区	377	446	118.3%
	南一区	184	102	55.4%
	南二区	465	573	123.2%
	南三区	650	568	87.4%
	合计	2504	2038	81.4%
产品	区域	发货指标	实际发货数	达成率
UYQ	北一区	98	14	14.3%
	北二区	165	38	23.0%
	北三区	284	93	32.7%
	南一区	159	47	29.6%
	南二区	110	12	10.9%
	南三区	48	69	143.8%
	合计	864	273	31.6%
总计		3368	2311	68.6%

图 7-81　目标完成统计表

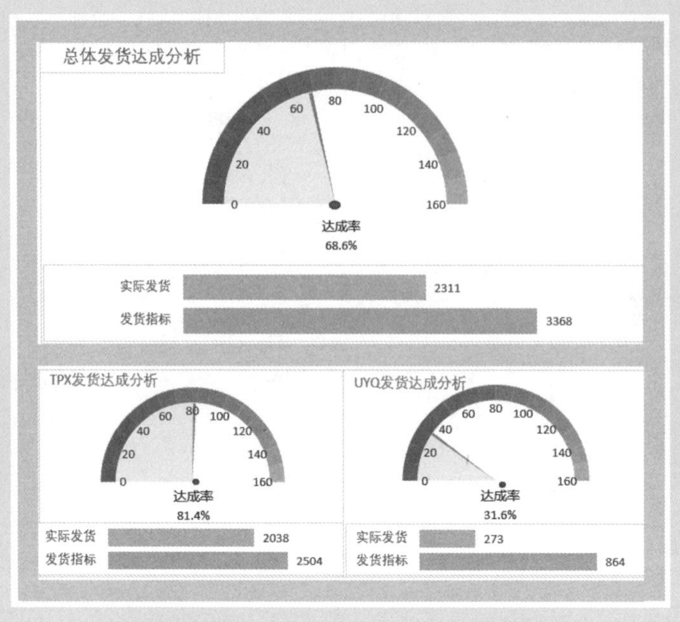

图 7-82　三个仪表板表示各产品完成情况

7.3.5 仪表盘与其他图表组合使用

7.3.4 节的例子中，仅仅是分析产品的完成情况，但是在各产品下，还有每个区域的完成情况需要分析。此时，对每个区域的目标完成分析，可以绘制嵌套条形图，然后再与 3 个仪表板布局组合在一起，如图 7-83 所示。本案例素材是“案例 7-17.xlsx”。

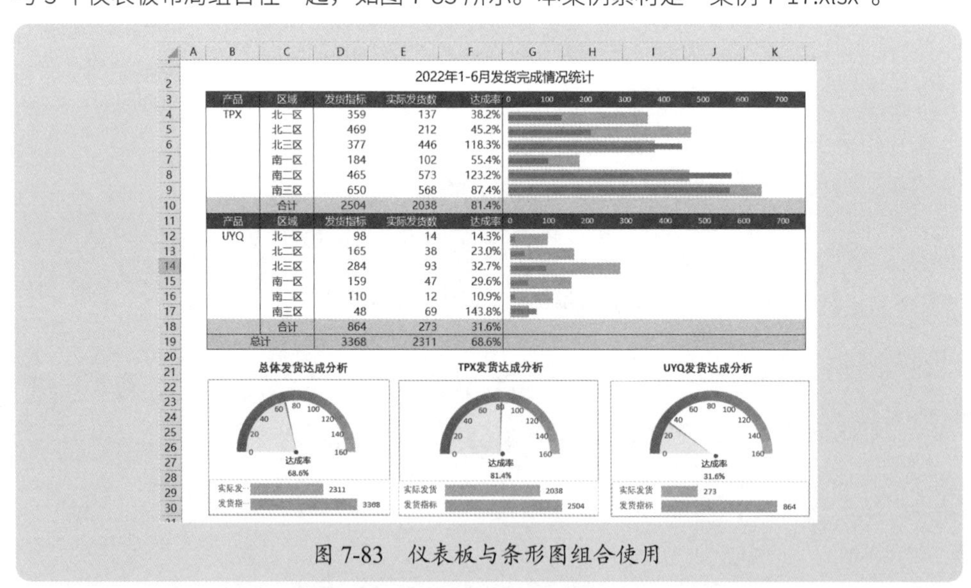

2022年1-6月发货完成情况统计

产品	区域	发货指标	实际发货数	达成率
TPX	北一区	359	137	38.2%
	北二区	469	212	45.2%
	北三区	377	446	118.3%
	南一区	184	102	55.4%
	南二区	465	573	123.2%
	南三区	650	568	87.4%
	合计	2504	2038	81.4%
UYQ	北一区	98	14	14.3%
	北二区	165	38	23.0%
	北三区	284	93	32.7%
	南一区	159	47	29.6%
	南二区	110	12	10.9%
	南三区	48	69	143.8%
	合计	864	273	31.6%
总计		3368	2311	68.6%

图 7-83　仪表板与条形图组合使用

条形图绘制并不难，是两轴条形图（嵌套条形图），每个产品绘制一个，并且与工作表行进行适当的布局放置，与左侧的表格形成一个整体分析视觉效果。

第 8 章

因素分析

在企业管理中，数据分析的核心是找出差异，进而分析造成差异的原因，这就是因素分析。例如，销售额同比出现大幅上升，是哪些产品带来的？哪些产品反而出现了反向影响？等等。

进行因素分析时常常使用步行图（瀑布图、桥图），而步行图的制作方法和表达方式也有很多种，可以根据实际情况，选择一个合适的表达方式。

8.1 因素分析的重要图表：步行图及其制作方法

步行图是由一系列柱形构成，第一个柱形是起始的值，最后一个柱形是最终的结果，中间的柱形是各影响因素，如果是正影响，就是上行柱形，如果是负影响，就是下行柱形。

步行图制作方法主要包括直接使用瀑布图；通过折线图变换；通过堆积柱形图设置。下面分别进行介绍。

8.1.1 直接使用瀑布图

在 Excel 2016 以上版本中，可以直接使用瀑布图进行因素分析，绘制瀑布图也很简单。

图 8-1 是各产品两年销售额，合计销售额同比下降了 1333，如何进行可视化处理，清晰展示出哪些产品的同比增减影响最大？

	A	B	C	D	E
1					
2		产品	去年	今年	同比增减
3		产品A	2,105	966	-1,139
4		产品B	1,023	1,532	509
5		产品C	1,753	2,627	874
6		产品D	1,685	907	-778
7		产品E	1,437	1,202	-235
8		产品G	739	2,222	1,483
9		产品K	2,966	919	-2,047
10		合计	11,708	10,375	-1,333
11					

图 8-1 各产品两年销售额

所谓步行图，在本例中，就是以去年销售额合计为基数，各产品同比增减额为影响因素，今年销售额合计为最终结果。因此，为了绘制瀑布图，需要按照这个逻辑重新组织数据，如图 8-2 所示的单元格区域（H2:I10）。

	A	B	C	D	E	F	G	H	I
1									
2		产品	去年	今年	同比增减			去年销售额	11,708
3		产品A	2,105	966	-1,139			产品A	-1,139
4		产品B	1,023	1,532	509			产品B	509
5		产品C	1,753	2,627	874			产品C	874
6		产品D	1,685	907	-778			产品D	-778
7		产品E	1,437	1,202	-235			产品E	-235
8		产品G	739	2,222	1,483			产品G	1,483
9		产品K	2,966	919	-2,047			产品K	-2,047
10		合计	11,708	10,375	-1,333			今年销售额	10,375
11									

图 8-2 重新组织数据

以 H ～ I 列重新组织后的数据绘制瀑布图，如图 8-3 和图 8-4 所示。

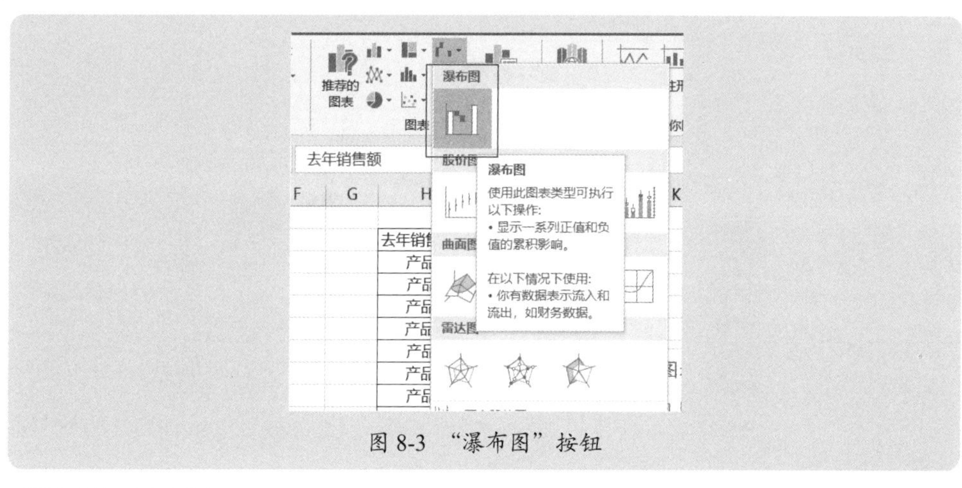

图 8-3 “瀑布图”按钮

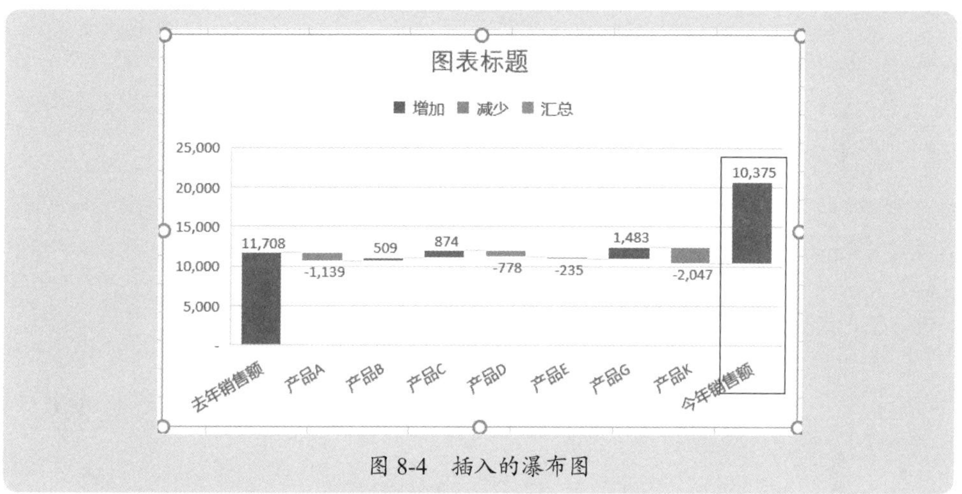

图 8-4 插入的瀑布图

直接绘制的瀑布图并不是最终需要的图表，因为最后一个数据（今年销售额）并不是从坐标轴 0 值开始的，因此需要选择最后一个柱形，右击，在弹出的快捷菜单中执行“设置为汇总”命令，如图 8-5 所示，才能得到真正的瀑布图，如图 8-6 所示。

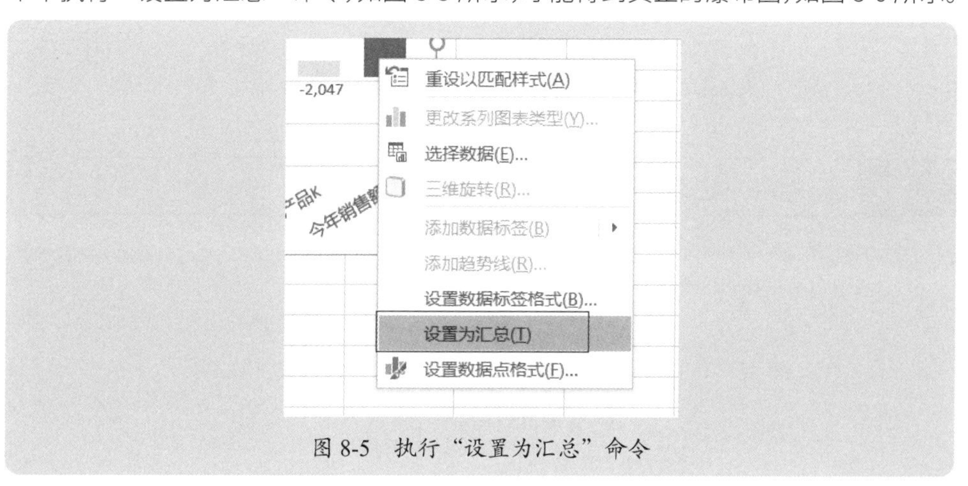

图 8-5 执行“设置为汇总”命令

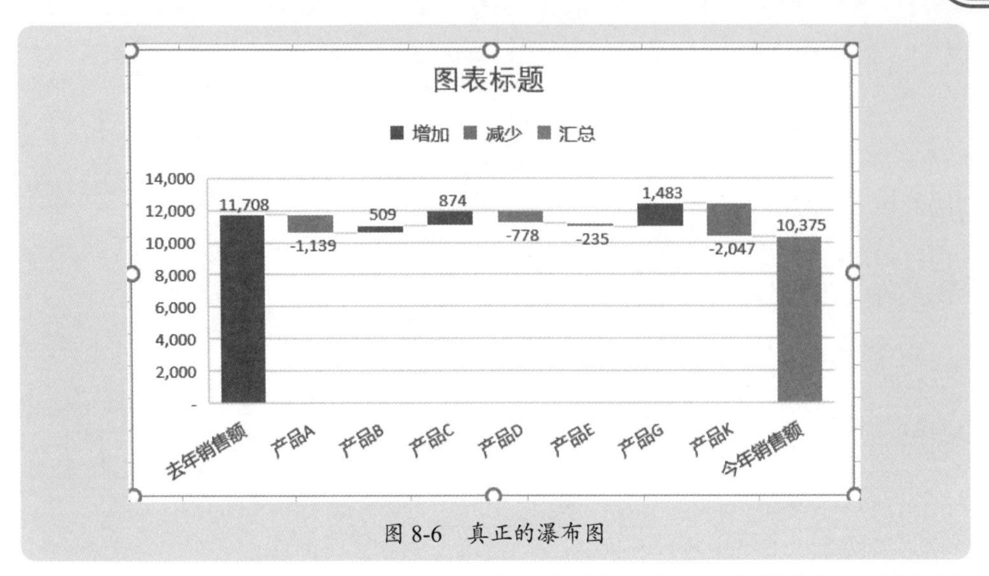

图 8-6 真正的瀑布图

最后修改图表标题、删除图例、设置柱形格式等，得到两年销售额同比增减产品影响分析的步行图，如图 8-7 所示。

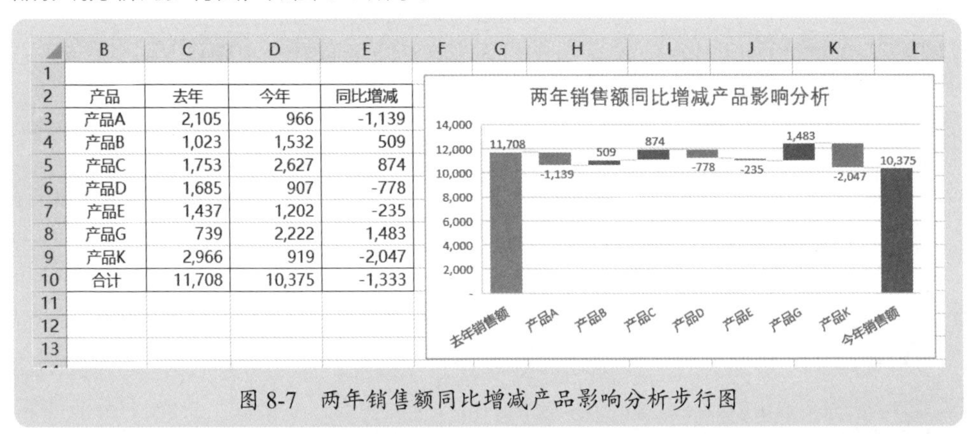

产品	去年	今年	同比增减
产品A	2,105	966	-1,139
产品B	1,023	1,532	509
产品C	1,753	2,627	874
产品D	1,685	907	-778
产品E	1,437	1,202	-235
产品G	739	2,222	1,483
产品K	2,966	919	-2,047
合计	11,708	10,375	-1,333

图 8-7 两年销售额同比增减产品影响分析步行图

直接绘制的瀑布图，尽管操作简单，但在图表的修饰美化方面并不方便。例如，需要在图表上使用形状来标注重要信息，形状是无法真正插入到图表上的。另外，如果要设置所有增加柱形或减少柱形的格式（填充和轮廓），也不方便。

8.1.2 通过折线图变换

在折线图中，可以通过添加涨 / 跌柱线来完成步行图的制作，但是需要根据步行图的逻辑设计辅助区域：数据的起点和终点。

以“案例 8-1.xlsx”数据为例，设计辅助区域如图 8-8 所示。辅助区域内容如下。

I 列是原始数据，直接引用原始数据。

J 列是起点，第一个单元格（去年销售额）是 0，其他各单元格是引用上一行 K

列单元格，例如，单元格 J4 的公式为“=K3”。

K 列是终点，等于起点加实际金额，例如，单元格 K3 公式为“=J3+I3”。

L 列是为了在步行图上每个柱形上显示金额数字，为了能够使金额正确显示在上涨柱形的顶部和下跌柱形的底部，计算公式如下：

```
=IF(I3>0,K3+MAX($I$3:$I$11)/10,K3-MAX($I$3:$I$11)/10)
```

产品	去年	今年	同比增减
产品A	2,105	966	-1,139
产品B	1,023	1,532	509
产品C	1,753	2,627	874
产品D	1,685	907	-778
产品E	1,437	1,202	-235
产品G	739	2,222	1,483
产品K	2,966	919	-2,047
合计	11,708	10,375	-1,333

辅助区域

	金额	起点	终点	标签
去年销售额	11,708	0	11,708	12684
产品A	-1,139	11,708	10,569	9593
产品B	509	10,569	11,078	12054
产品C	874	11,078	11,952	12928
产品D	-778	11,952	11,174	10198
产品E	-235	11,174	10,939	9963
产品G	1,483	10,939	12,422	13398
产品K	-2,047	12,422	10,375	9399
今年销售额	10,375	0	10,375	11351

图 8-8　设计辅助区域

设计完成辅助区域后，以这个辅助区域的 H 列作为分类区域，以 J 列和 K 列为数值区域，绘制普通的折线图，如图 8-9 所示。

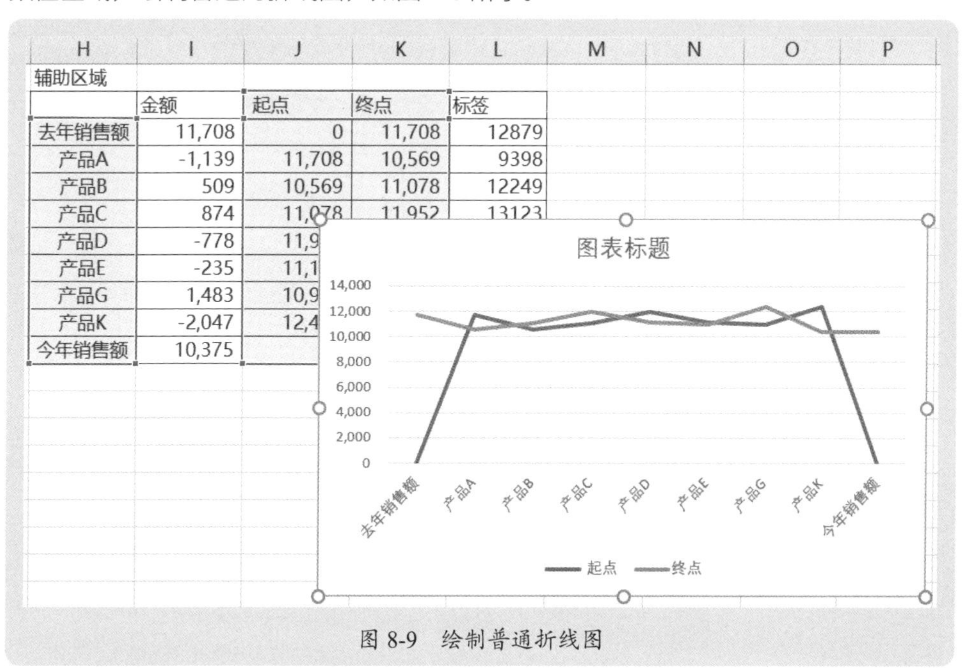

图 8-9　绘制普通折线图

先为图表添加涨 / 跌柱线，然后将两条折线设置为无轮廓，并将系列的间隙宽度设置为一个合适的比例，得到如图 8-10 所示的涨 / 跌柱线图。

再分别设置涨柱线和跌柱线的填充颜色，如图 8-11 所示。

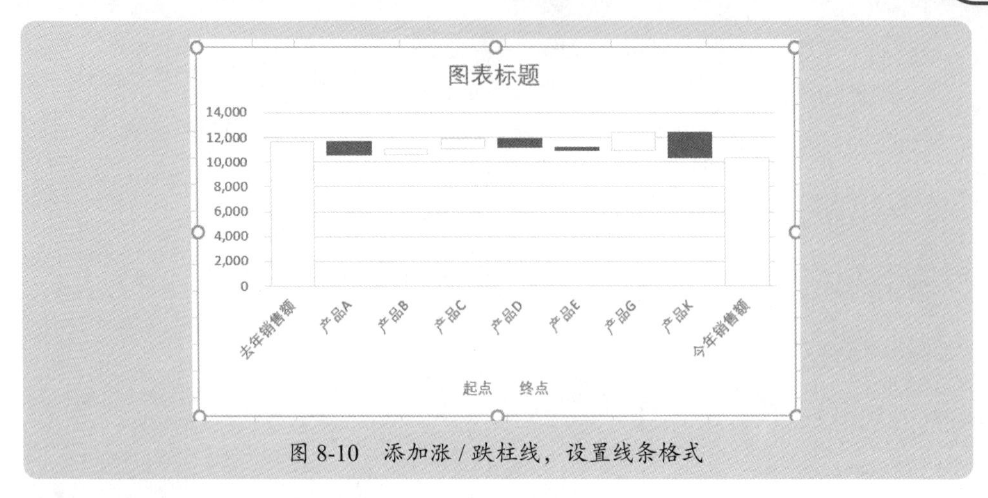

图 8-10　添加涨 / 跌柱线，设置线条格式

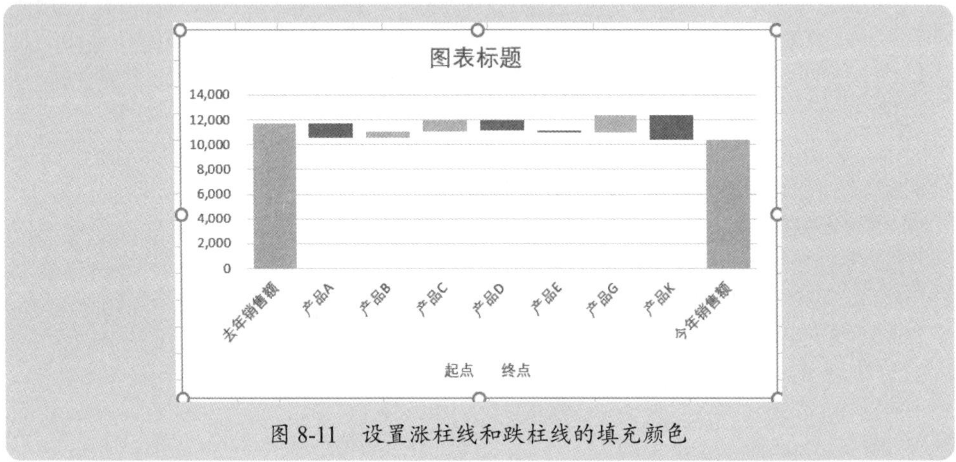

图 8-11　设置涨柱线和跌柱线的填充颜色

将 L 列的“标签”数据添加到图表中，设置为次坐标轴，并将分类轴区域改为 I 列的金额，然后显示数据标签为类别名称，删除次坐标轴，将实际金额显示到涨跌柱的顶部和底部，如图 8-12 所示。

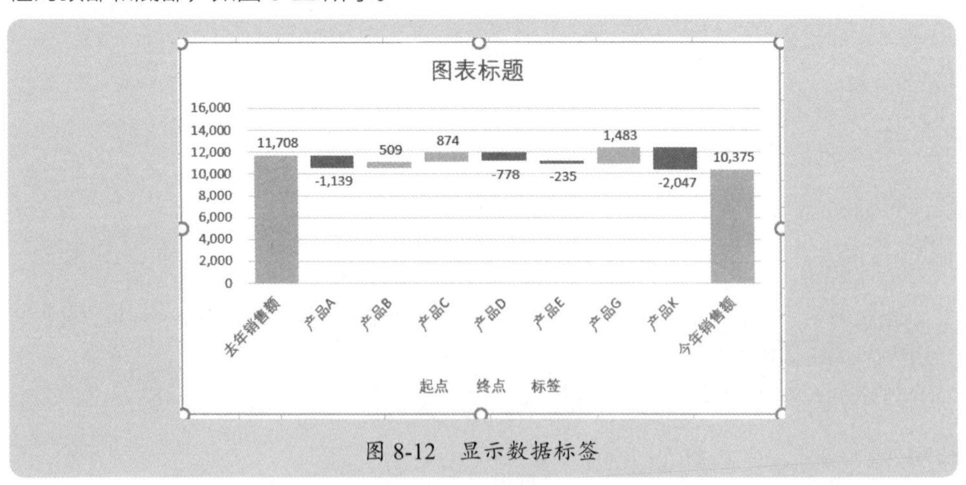

图 8-12　显示数据标签

最后修改图表标题，删除图例，再根据需要对图表格式进行设置，得到一个两年销售额同比增减的产品影响分析步行图，如图 8-13 所示。

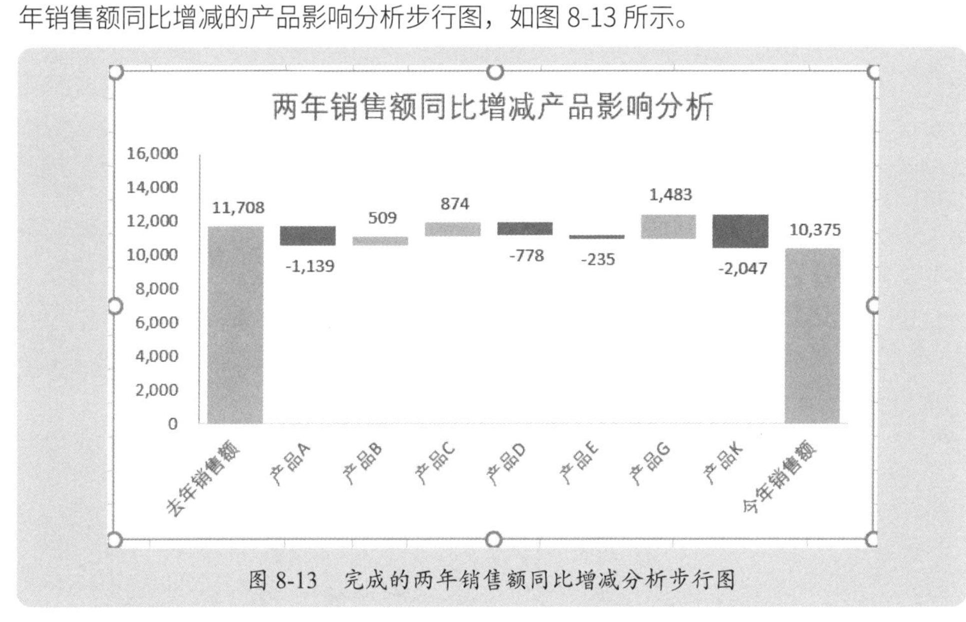

图 8-13 完成的两年销售额同比增减分析步行图

尽管使用折线图变形处理来绘制步行图有些烦琐，但这个图表是一个常规图表，因此可以在图表上添加一些重要的注释信息，对图表的各元素分别设置，因此在图表的后期格式化和修饰美化方面，还是非常方便的。

8.1.3 通过堆积柱形图设置

使用堆积柱形图制作步行图比较麻烦，需要设计的辅助区域的逻辑也更复杂，基本逻辑是：每个上行柱形和下行柱形都有一个底座，把底座设置为无填充、无轮廓，就形成了最终的步行图。

以“案例 8-1.xlsx”数据为例，利用堆积柱形图制作步行图的主要方法和步骤如下。

首先设计辅助区域，如图 8-14 所示。单元格公式如下。

单元格 J3 和 J11 均输入 0。

单元格 J4 公式如下，然后往下复制：

```
=IF(I4>0,SUM($I$3:I3),"")
```

单元格 K3 公式如下，然后往下复制：

```
=IF(I3>=0,I3,"")
```

单元格 L3 公式如下，然后往下复制：

```
=IF(I3<0,SUM($I$3:I3),"")
```

单元格 M3 公式如下，然后往下复制：

```
=IF(I3<0,-I3,"")
```

产品	去年	今年	同比增减
产品A	2,105	966	-1,139
产品B	1,023	1,532	509
产品C	1,753	2,627	874
产品D	1,685	907	-778
产品E	1,437	1,202	-235
产品G	739	2,222	1,483
产品K	2,966	919	-2,047
合计	11,708	10,375	-1,333

辅助区域

	金额	上行底座	上行柱体	下行底座	下行柱体
去年销售额	11,708	0	11,708		
产品A	-1,139			10569	1139
产品B	509	10,569	509		
产品C	874	11,078	874		
产品D	-778			11174	778
产品E	-235			10939	235
产品G	1,483	10,939	1,483		
产品K	-2,047			10375	2047
今年销售额	10,375	0	10,375		

图 8-14 设计辅助区域

以辅助区域的 H 列和 J ～ M 列绘制堆积柱形图，如图 8-15 所示。

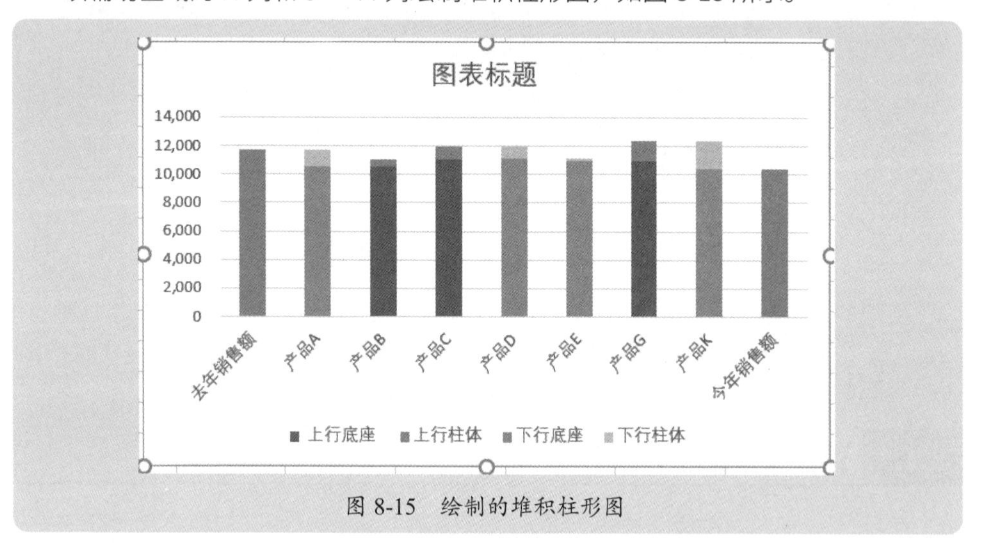

图 8-15 绘制的堆积柱形图

先将数据系列的间隙宽度调整为一个合适的比例，然后将系列“上行底座”和“下行底座”的柱形设置为无填充、无轮廓，得到如图 8-16 所示的图表。

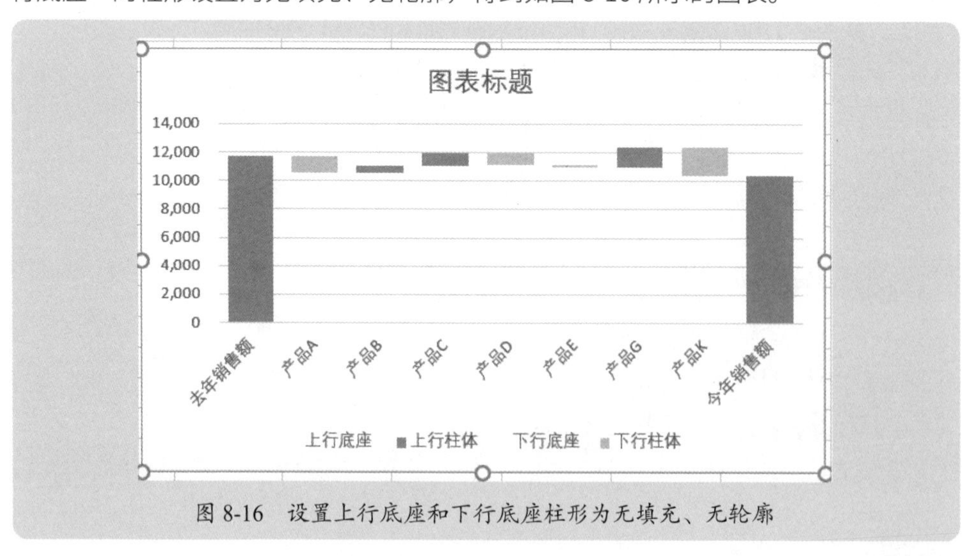

图 8-16 设置上行底座和下行底座柱形为无填充、无轮廓

分别设置正值柱形和负值柱形的填充颜色，再单独设置第一个柱形和最后一个柱形的填充颜色，得到如图 8-17 所示的图表。

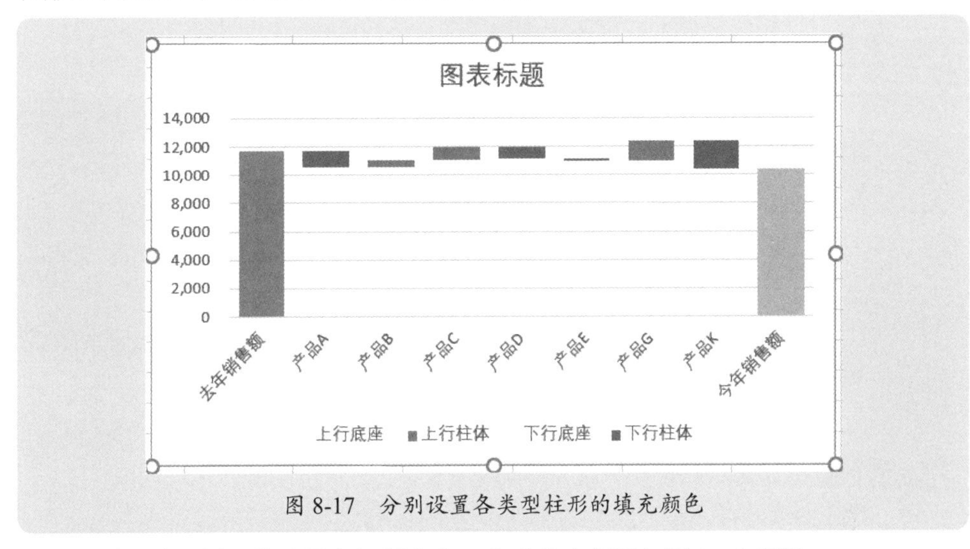

图 8-17 分别设置各类型柱形的填充颜色

最后删除图例，修改图表标题文字，完成的步行图如图 8-18 所示。

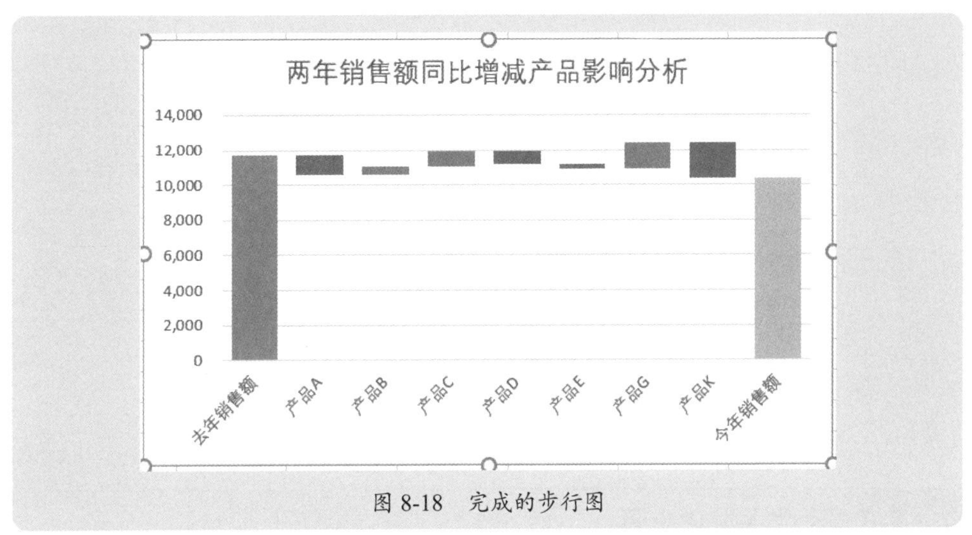

图 8-18 完成的步行图

不过，这种通过堆积柱形图得到的步行图，显示金额的数据标签比较麻烦，无法自动显示在上行柱形的顶端和下行柱形的底端，需要手动调整位置。

8.1.4 水平布局显示的步行图

前面几节们介绍的步行图都是垂直布局的，在实际数据分析中，有时需要绘制水平布局的步行图。

水平步行图，可以使用堆积条形图来制作，其原理是 8.1.3 节介绍的堆积柱形图方法，先设计辅助区域，再绘制堆积条形图，如图 8-19 所示。

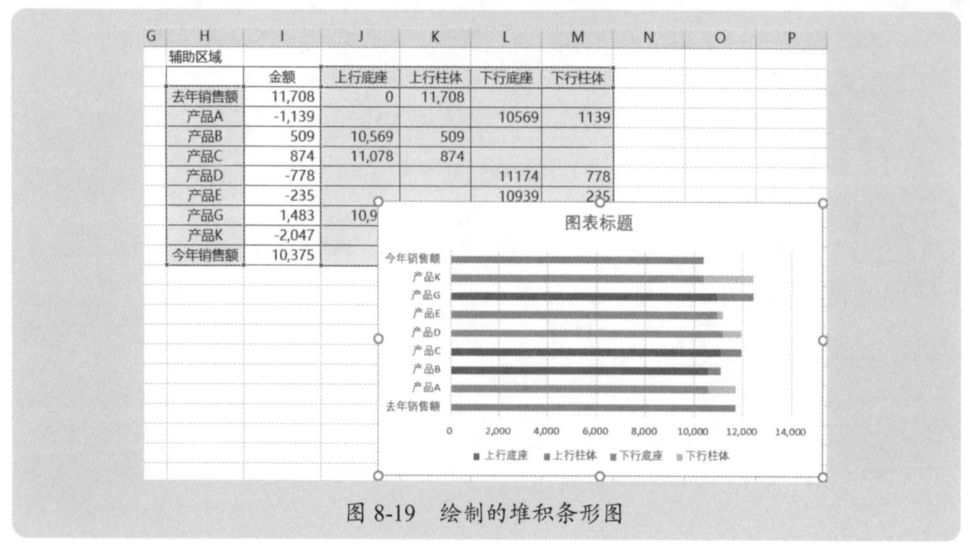

辅助区域

	金额	上行底座	上行柱体	下行底座	下行柱体
去年销售额	11,708	0	11,708		
产品A	-1,139			10569	1139
产品B	509	10,569	509		
产品C	874	11,078	874		
产品D	-778			11174	778
产品E	-235			10939	235
产品G	1,483	10,9			
产品K	-2,047				
今年销售额	10,375				

图 8-19 绘制的堆积条形图

格式化图表设置条形格式，方法和步骤与 8.1.3 节介绍的堆积柱形图相同，得到的水平布局的步行图如图 8-20 所示。

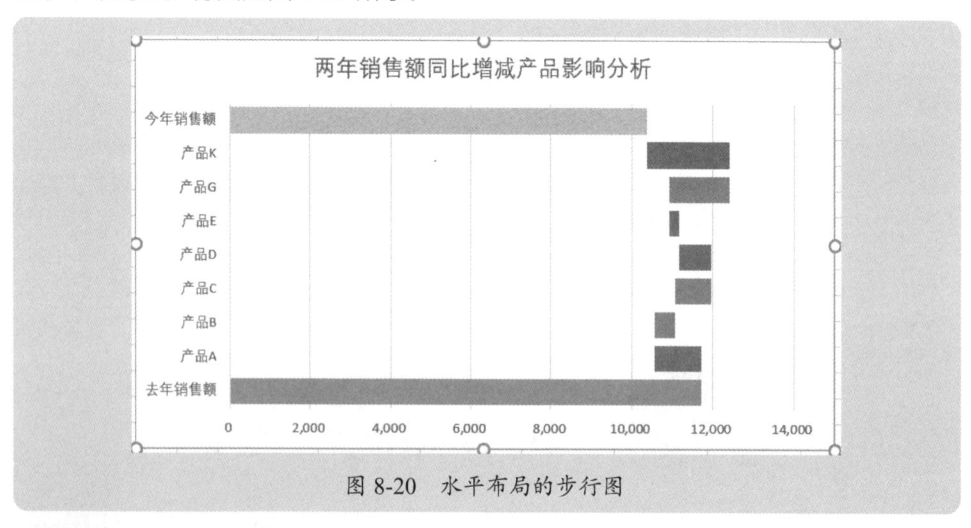

图 8-20 水平布局的步行图

8.1.5 步行图实际应用要点

根据实际情况可以灵活地选择步行图，对数据变化的原因进行分析，找出影响变化的最大因素，从而提出改进建议。下节开始，介绍几个因素分析的实际应用模板，供用户参考。

8.2 实际应用模板：利润表分析

利润表是会计三大报表之一，是一个高度浓缩的报表，从营业收入开始，一步一步计算，得到最终的净利润。影响净利润的因素是哪些？如何评估这些影响因素？

本节案例素材是“案例 8-2.xlsx”。

8.2.1 以净利润为目标的最原始因素分析

图 8-21 是一个典型的利润表，制作的净利润影响因素分析步行图如图 8-22 所示。

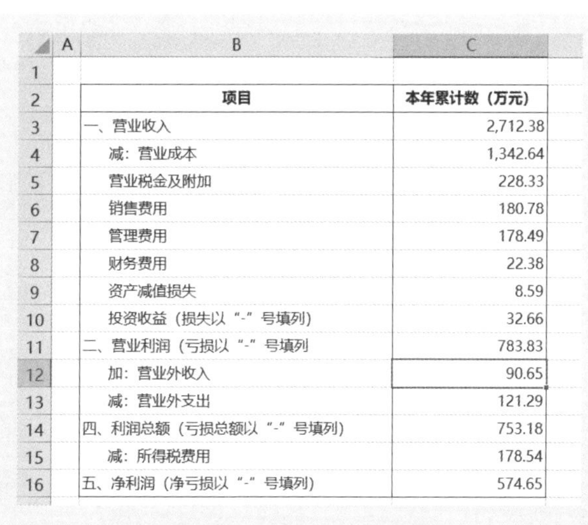

项目	本年累计数（万元）
一、营业收入	2,712.38
减：营业成本	1,342.64
营业税金及附加	228.33
销售费用	180.78
管理费用	178.49
财务费用	22.38
资产减值损失	8.59
投资收益（损失以“-”号填列）	32.66
二、营业利润（亏损以“-”号填列	783.83
加：营业外收入	90.65
减：营业外支出	121.29
四、利润总额（亏损总额以“-”号填列）	753.18
减：所得税费用	178.54
五、净利润（净亏损以“-”号填列）	574.65

图 8-21 利润表示例数据

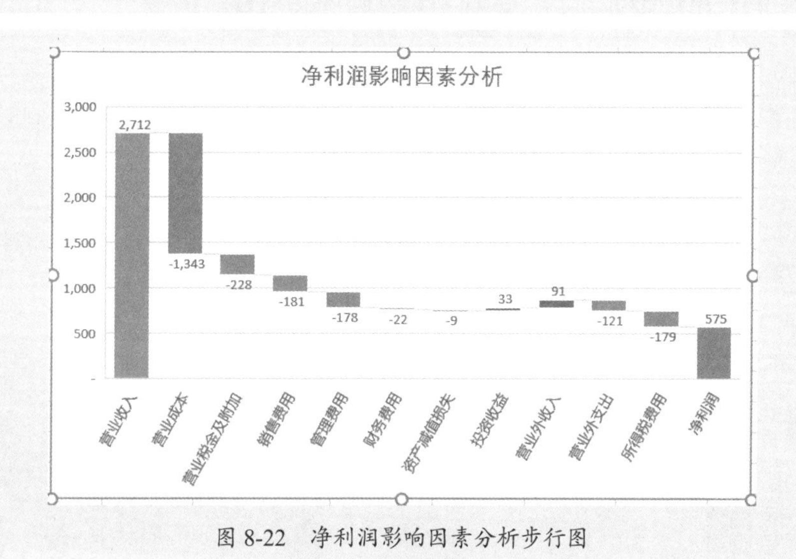

图 8-22 净利润影响因素分析步行图

这个步行图制作很简单，首先设计辅助区域，列示所有基础项目（不要其中的计算项目，例如营业利润、总利润），收入项目（营业收入、投资收益、营业外收入）以正数列示，支出项目（成本、费用）以负数列示，如图 8-23 所示。

使用 VLOOKUP 函数可以快速从利润表里取数，例如，单元格 G3 公式为：

```
=VLOOKUP("*"&F3&"*",$B$3:$C$16,2,0)
```

单元格 G4 公式为：

```
=-VLOOKUP("*"&F4&"*",$B$3:$C$16,2,0)
```

	A	B	C	D	E	F	G
1							
2		项目	本年累计数（万元）			辅助区域	
3		一、营业收入	2,712.38			营业收入	2,712
4		减：营业成本	1,342.64			营业成本	-1,343
5		营业税金及附加	228.33			营业税金及附加	-228
6		销售费用	180.78			销售费用	-181
7		管理费用	178.49			管理费用	-178
8		财务费用	22.38			财务费用	-22
9		资产减值损失	8.59			资产减值损失	-9
10		投资收益（损失以“-”号填列）	32.66			投资收益	33
11		二、营业利润（亏损以“-”号填列	783.83			营业外收入	91
12		加：营业外收入	90.65			营业外支出	-121
13		减：营业外支出	121.29			所得税费用	-179
14		四、利润总额（亏损总额以“-”号填列）	753.18			净利润	575
15		减：所得税费用	178.54				
16		五、净利润（净亏损以“-”号填列）	574.65				

图 8-23 设计辅助区域

然后以辅助区域绘制瀑布图，对图表进行适当格式化处理，得到需要的图表。

8.2.2 同时呈现营业利润、总利润和净利润的因素分析

如果按照利润表所有项目的流程进行因素分析，例如，分别分析营业利润的影响因素、总利润的影响因素和净利润的影响因素，这里营业利润、总利润和净利润是结果，均是从坐标轴 0 点开始的柱形，效果如图 8-24 所示。

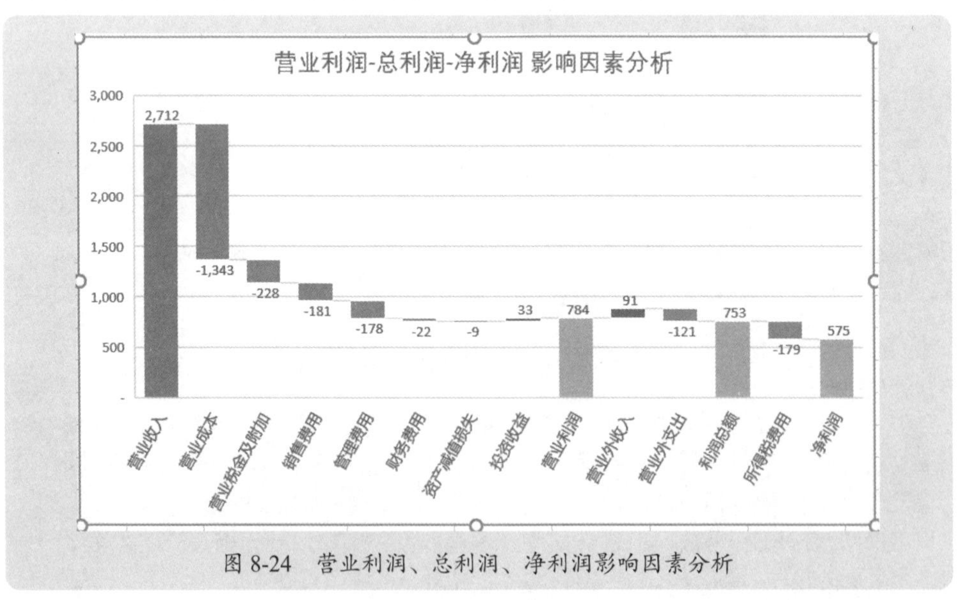

图 8-24 营业利润、总利润、净利润影响因素分析

这个图表绘制也很简单，先设计辅助区域，如图 8-25 所示。

项目	本年累计数（万元）
一、营业收入	2,712.38
减：营业成本	1,342.64
营业税金及附加	228.33
销售费用	180.78
管理费用	178.49
财务费用	22.38
资产减值损失	8.59
投资收益（损失以“-”号填列）	32.66
二、营业利润（亏损以“-”号填列	783.83
加：营业外收入	90.65
减：营业外支出	121.29
四、利润总额（亏损总额以“-”号填列）	753.18
减：所得税费用	178.54
五、净利润（净亏损以“-”号填列）	574.65

辅助区域	
营业收入	2,712
营业成本	-1,343
营业税金及附加	-228
销售费用	-181
管理费用	-178
财务费用	-22
资产减值损失	-9
投资收益	33
营业利润	784
营业外收入	91
营业外支出	-121
利润总额	753
所得税费用	-179
净利润	575

图 8-25　设计辅助区域

以辅助区域绘制基本瀑布图，如图 8-26 所示。

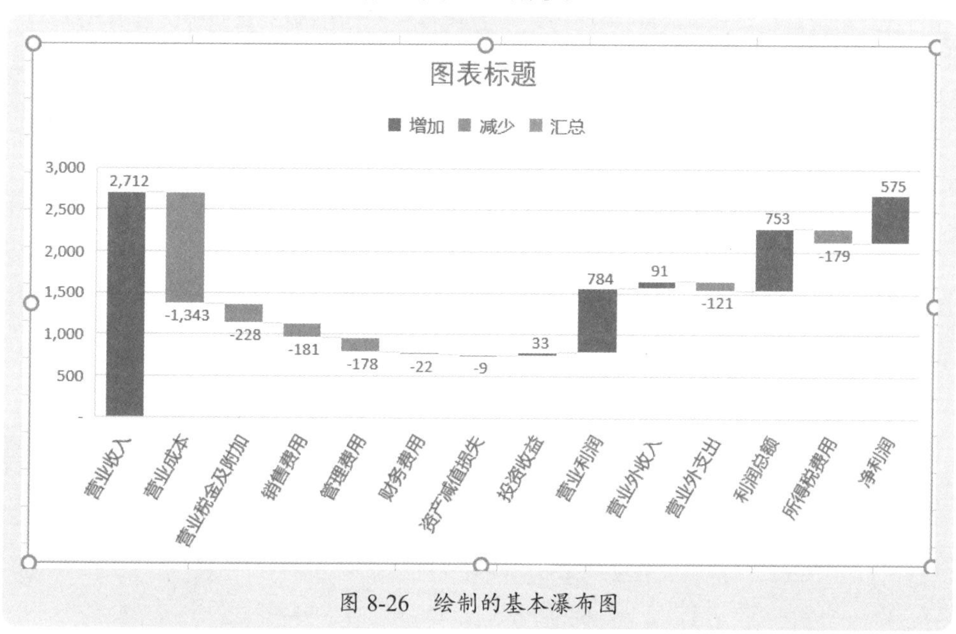

图 8-26　绘制的基本瀑布图

分别选择营业利润柱形、总利润柱形和净利润柱形，将其设置为汇总，如图 8-27 所示，即将营业利润设置为汇总，总利润和净利润设置为汇总的方法与此相同。

最后将图表进行适当格式化处理，得到需要的图表。

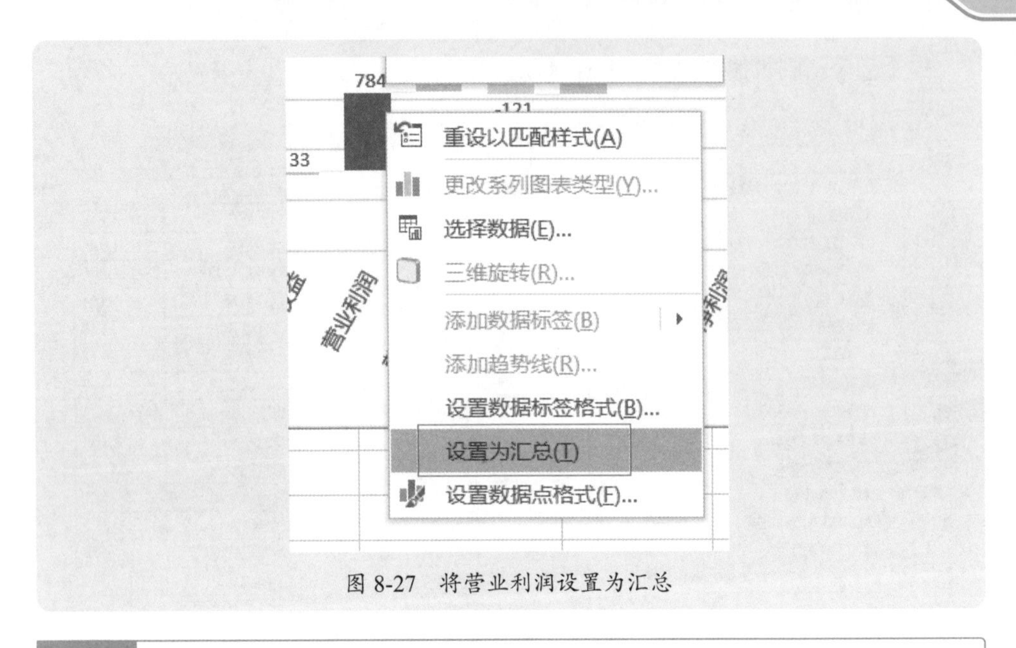

图 8-27　将营业利润设置为汇总

8.2.3 堆积结构呈现的净利润因素分析

有时希望把相同类别的一些项目堆积合计在一起，例如，营业收入有几个产品，那么希望营业收入的柱形是这几个产品收入的堆积；其费用是营业费用、管理费用和财务费用，希望把这 3 个费用合计堆积成一个柱形。

图 8-28 是一个简单的示例，下面绘制如图 8-29 所示的步行图。

	A	B	C
1			
2		项目	本年累计数（万元）
3		营业收入	2,712.38
4		产品A	869.46
5		产品B	1,348.17
6		产品C	494.75
7		减：营业成本	1,342.64
8		产品A	306.89
9		产品B	487.11
10		产品C	548.64
11		减：营业税金及附加	228.33
12		减：期间费用	781.65
13		销售费用	280.78
14		管理费用	378.49
15		财务费用	122.38
16		减：所得税费用	178.54
17		净利润	181.22

图 8-28　利润表示例数据

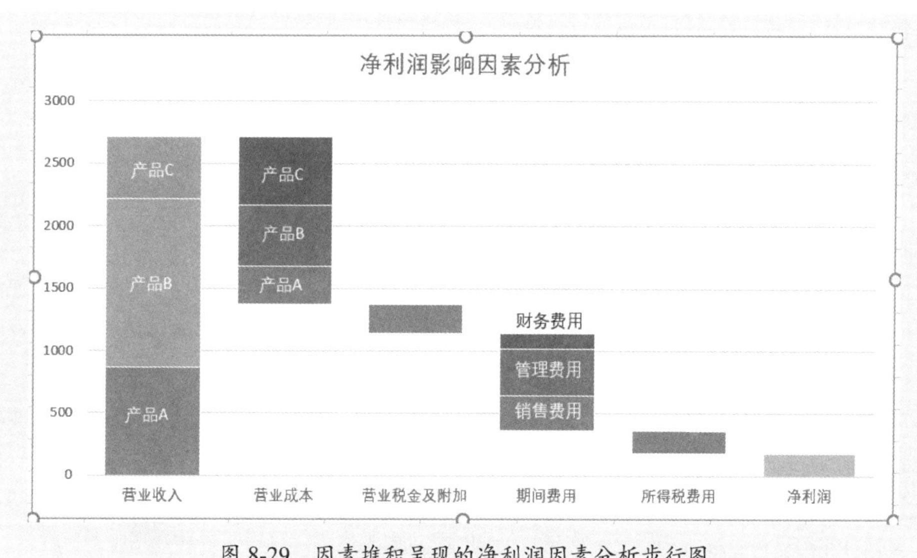

图 8-29　因素堆积呈现的净利润因素分析步行图

这个步行图，需要使用堆积柱形图的方法制作，因此首先要按照堆积图的逻辑设计辅助区域，如图 8-30 所示。

辅助区域的 3 个加项代表 3 个产品的营业收入，3 个减项是 3 个产品的营业成本，而营业税金及附加和所得税费用是单独的项目，可以直接引入到减项 1 中，不妨碍画图。

这里 J 列的下行底座需要使用公式计算，单元格 J5 公式为：

=SUM(G4:I4)–SUM(K5:M5)

单元格 J6 公式为：

=J5–SUM(K6:M6)

项目	本年累计数（万元）
营业收入	2,712.38
产品A	869.46
产品B	1,348.17
产品C	494.75
减：营业成本	1,342.64
产品A	306.89
产品B	487.11
产品C	548.64
减：营业税金及附加	228.33
减：期间费用	781.65
销售费用	280.78
管理费用	378.49
财务费用	122.38
减：所得税费用	178.54
净利润	181.22

	上行柱体			下行底座	下行柱体		
	加项1	加项2	加项3		减项1	减项2	减项3
营业收入	869.46	1,348.17	494.75				
营业成本				1,369.74	306.89	487.11	548.64
营业税金及附加				1,141.41	228.33		
期间费用				359.76	280.78	378.49	122.38
所得税费用				181.22	178.54		
净利润	181.22						

图 8-30　设计辅助区域

设计完成辅助区域后，利用辅助区域绘制图表，注意要按行绘制，得到基本的堆积柱形图，如图 8-31 所示。

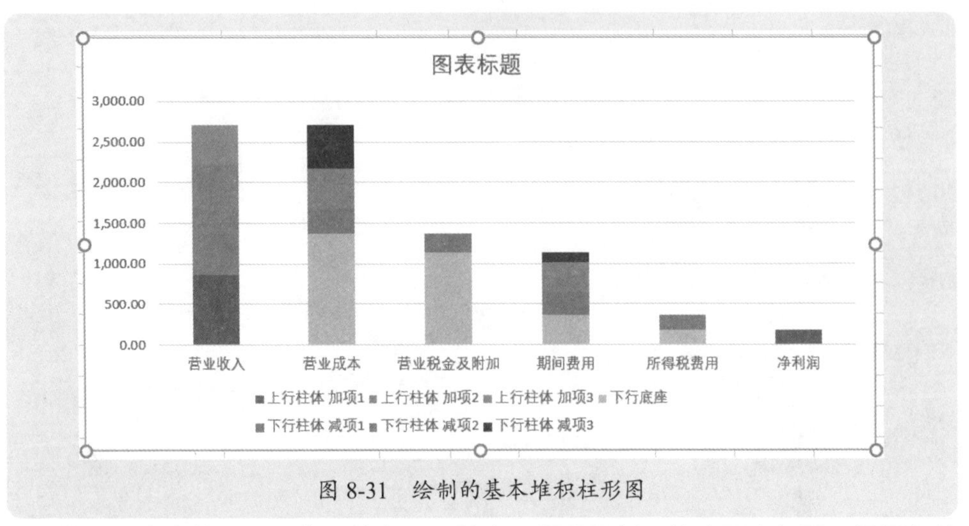

图 8-31　绘制的基本堆积柱形图

将下行底座柱形设置为无填充、无轮廓，删除图例，修改图表标题，设置各柱形填充颜色，再在图表上插入文本框，分别标注 3 个产品名称和 3 个期间费用名称，得到需要的图表。

8.3　实际应用模板：同比增长分析

老板问，今年跟去年相比，销售收入增长情况如何？你说，增长了 25%。老板又问，怎么才增长了 25%？为什么不能再高点？你说，是某某产品销售同比大幅下滑造成的。老板也会问，为什么出现这么大的下降？原因在哪里？

这就是同比分析：不仅仅要展示同比增长的结果，还要分析同比增减的原因。不论什么业务，什么指标，都需要进行同比增长分析。

8.3.1　按产品分析销售额同比增长

企业的收入来源于产品销售，产品销售的两年增长情况如何，可以通过统计报表的自定义数字格式和步行图，一目了然地发现问题。

1. 销售额同比分析

图 8-32 是一个示例，本案例素材是“案例 8-3.xlsx”。

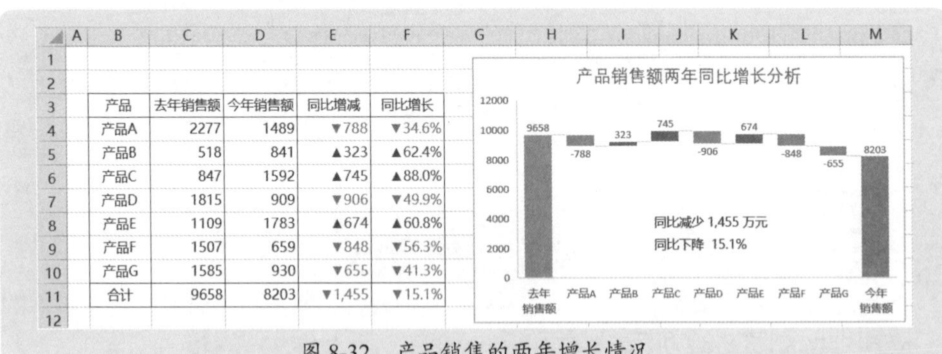

产品	去年销售额	今年销售额	同比增减	同比增长
产品A	2277	1489	▼788	▼34.6%
产品B	518	841	▲323	▲62.4%
产品C	847	1592	▲745	▲88.0%
产品D	1815	909	▼906	▼49.9%
产品E	1109	1783	▲674	▲60.8%
产品F	1507	659	▼848	▼56.3%
产品G	1585	930	▼655	▼41.3%
合计	9658	8203	▼1,455	▼15.1%

图 8-32　产品销售的两年增长情况

这个模板有两个特点，一是使用自定义数字格式对表格数据进行格式化处理，增强表格阅读性，其中，E 列同比增减的自定义数字格式为：

```
[ 蓝色 ] ▲ #,##0;[ 红色 ] ▼ #,##0;0
```

F 列同比增长的自定义数字格式为：

```
[ 蓝色 ] ▲ 0.0%;[ 红色 ] ▼ #,##0.0%;0.0%
```

另一个特点是在瀑布图上插入一个文本框，显示两年增长的具体说明信息，而两年情况的具体说明信息文本，是在单元格里通过公式自动判断的：

```
=IF(D11>=C11," 同比增加 "," 同比减少 ")&TEXT(ABS(E11),"#,##0 万元 ")
&CHAR(10)&IF(D11>=C11," 同比增长 "," 同比下降 ")&TEXT(ABS(F11),"
0.0%")
```

一般单独使用一个步行图来分析两年同比增长情况有些简单，应该是先分析销售总额两年增长情况，再通览各产品两年的实际销售额情况，最后分析各产品销售额增减对销售总额的影响。因此，实际分析中，需要先绘制销售总额同比增长情况，绘制各产品两年实际销售额对比分析图，再配合各产品同比增减对销售总额影响的步行图，将 3 个图表与表格布局在一起，如图 8-33 所示。

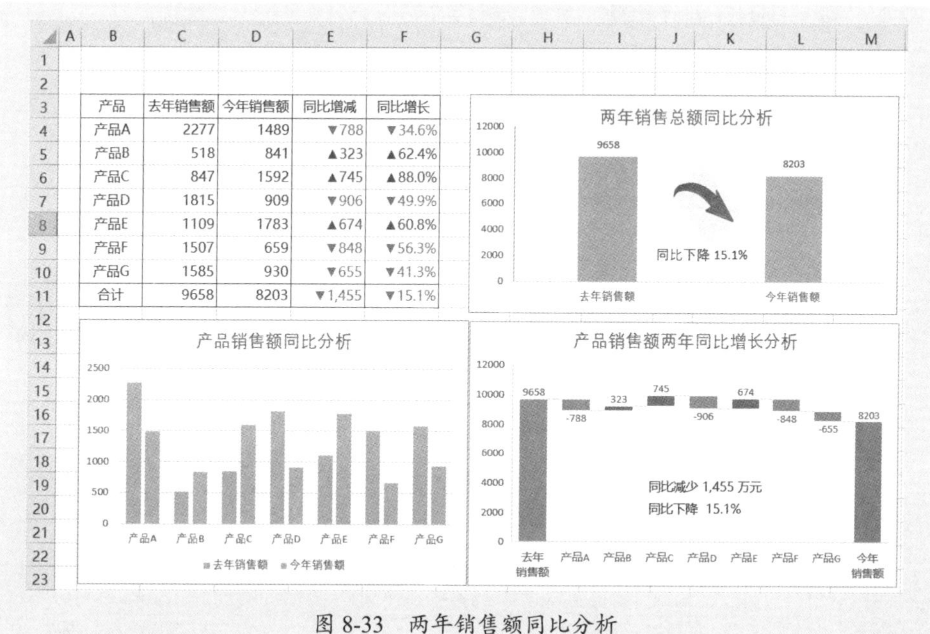

产品	去年销售额	今年销售额	同比增减	同比增长
产品A	2277	1489	▼788	▼34.6%
产品B	518	841	▲323	▲62.4%
产品C	847	1592	▲745	▲88.0%
产品D	1815	909	▼906	▼49.9%
产品E	1109	1783	▲674	▲60.8%
产品F	1507	659	▼848	▼56.3%
产品G	1585	930	▼655	▼41.3%
合计	9658	8203	▼1,455	▼15.1%

图 8-33　两年销售额同比分析

2. 销售额量价影响分析

可以看到，产品 A 销售额同比出现大幅下降，究竟是销量引起的，还是价格引起的？产品 C 销售额同比出现大幅上升，究竟是销量引起的，还是价格引起的？这就需要分析量价对销售额的影响，即销量和单价的影响如何。

设计各产品两年销量、单价和销售额的综合统计表，如图 8-34 所示。

产品	去年			今年		
	销量	单价	销售额	销量	单价	销售额
产品A	459	4.96	2277	338	4.41	1491
产品B	276	1.88	519	536	1.57	842
产品C	125	6.78	848	326	4.88	1591
产品D	181	10.03	1815	103	8.83	909
产品E	337	3.29	1109	686	2.6	1784
产品F	580	2.60	1508	364	1.81	659
产品G	345	4.59	1584	876	1.06	929
合计			9660			8205

图 8-34　各产品两年销量、价格和销售额

如果产品很多，最好的方法是制作动态图表，灵活查看每个产品的量价因素分析结果。本案例中只有 7 个产品，可以分别绘制 7 个产品的量价因素分析图。

以产品 A 为例，分析其两年销售额同比增减的量价影响。首先要设计量价分析的辅助区域，如图 8-35 所示。

这个辅助区域可以设置为通用模式，根据单元格 L3 的产品名称，自动从原始数据区域中查询数据并进行计算。各单元格公式如下。

单元格 M4：

```
=VLOOKUP(L3,$B$5:$H$11,4,0)
```

单元格 M5:

```
=(VLOOKUP(L3,$B$5:$H$11,5,0)-VLOOKUP(L3,$B$5:$H$11,2,0))
*VLOOKUP(L3,$B$5:$H$11,3,0)
```

单元格 M6：

```
=(VLOOKUP(L3,$B$5:$H$11,6,0)-VLOOKUP(L3,$B$5:$H$11,3,0))
*VLOOKUP(L3,$B$5:$H$11,5,0)
```

单元格 M7：

```
=VLOOKUP(L3,$B$5:$H$11,7,0)
```

产品	去年			今年		
	销量	单价	销售额	销量	单价	销售额
产品A	459	4.96	2277	338	4.41	1491
产品B	276	1.88	519	536	1.57	842
产品C	125	6.78	848	326	4.88	1591
产品D	181	10.03	1815	103	8.83	909
产品E	337	3.29	1109	686	2.6	1784
产品F	580	2.60	1508	364	1.81	659
产品G	345	4.59	1584	876	1.06	929
合计			9660			8205

产品A	
去年销售额	2277
销量影响	-600
价格影响	-186
今年销售额	1491

图 8-35　设计量价分析的辅助区域

以这个辅助区域为模板，可以快速得到各产品量价分析的辅助区域，如图 8-36 所示。

	K	L	M	N	O	P	Q	R	S	T	U	V
1												
2												
3		产品A			产品B			产品C			产品D	
4		去年销售额	2277		去年销售额	519		去年销售额	848		去年销售额	1815
5		销量影响	-600		销量影响	489		销量影响	1363		销量影响	-782
6		价格影响	-186		价格影响	-166		价格影响	-619		价格影响	-124
7		今年销售额	1491		今年销售额	842		今年销售额	1591		今年销售额	909
8												
9		产品E			产品F			产品G				
10		去年销售额	1109		去年销售额	1508		去年销售额	1584			
11		销量影响	1148		销量影响	-562		销量影响	2437			
12		价格影响	-473		价格影响	-288		价格影响	-3092			
13		今年销售额	1784		今年销售额	659		今年销售额	929			

图 8-36　各产品的量价分析辅助区域

以各产品的辅助区域绘制瀑布图，然后进行适当的格式化和布局，得到每个产品的量价分析图，如图 8-37 所示。

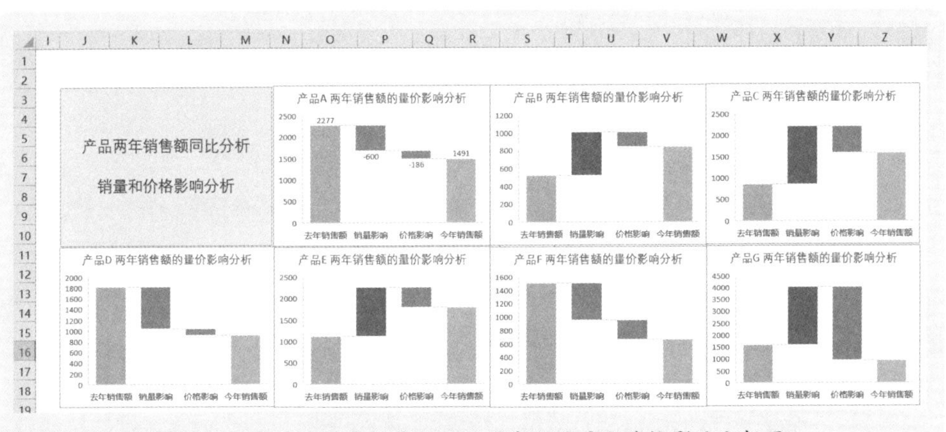

图 8-37　各产品两年销售额同比增减之销量和价格影响分析图

8.3.2 按产品分析毛利同比增长

其实更应该分析各产品的盈利能力，即各产品的毛利，今年各产品的毛利与去年相比如何？是同比上升了还是下降了？上升的原因是销量引起的，还是价格引起的，还是成本引起的？

图 8-38 是各产品两年销售毛利的统计表，现在如何制作可视化报告，全面分析总毛利和各产品毛利的同比增长情况？本案例素材是“案例 8-4.xlsx”。

产品	去年				今年				毛利同比	
	销量	单价	单位成本	毛利	销量	单价	单位成本	毛利	增减	增长
产品A	459	4.96	2.53	1,115	338	4.41	2.17	757	-358	-32.1%
产品B	276	1.88	1.25	174	536	1.57	1.14	230	57	32.6%
产品C	125	6.78	4.21	321	326	4.88	3.42	476	155	48.2%
产品D	181	10.03	8.76	230	103	8.83	7.18	170	-60	-26.1%
产品E	337	3.29	1.67	546	686	2.6	1.25	926	380	69.6%
产品F	580	2.60	2.13	273	364	1.81	2.69	-320	-593	-217.5%
产品G	345	4.59	3.17	490	876	1.06	1.24	-158	-648	-132.2%
合计				3,149				2,082	-1,067	-33.9%

图 8-38　各产品两年销售统计表

这个毛利同比分析，与销售额同比分析基本相同，唯一的区别是，在分析各产品毛利同比增减时，还需要考虑单位成本这个因素。

以产品 A 为例，毛利同比增减分析，需要先设计如图 8-39 所示的辅助区域。各单元格的计算公式如下。

单元格 P5，去年毛利：

```
=VLOOKUP(O4,$B$5:$J$11,5,0)
```

单元格 P6，销量影响：

```
=(VLOOKUP(O4,$B$5:$J$11,6,0)–VLOOKUP(O4,$B$5:$J$11,2,0))
*(VLOOKUP(O4,$B$5:$J$11,3,0)–VLOOKUP(O4,$B$5:$J$11,4,0))
```

单元格 P7，单价影响：

```
=VLOOKUP(O4,$B$5:$J$11,6,0)
*(VLOOKUP(O4,$B$5:$J$11,7,0)–VLOOKUP(O4,$B$5:$J$11,3,0))
```

单元格 P8，成本影响：

```
=VLOOKUP(O4,$B$5:$J$11,6,0)
*(VLOOKUP(O4,$B$5:$J$11,4,0)–VLOOKUP(O4,$B$5:$J$11,8,0))
```

单元格 P9，今年毛利：

```
=VLOOKUP(O4,$B$5:$J$11,9,0)
```

产品	去年				今年				毛利同比	
	销量	单价	单位成本	毛利	销量	单价	单位成本	毛利	增减	增长
产品A	459	4.96	2.53	1,115	338	4.41	2.17	757	-358	-32.1%
产品B	276	1.88	1.25	174	536	1.57	1.14	230	57	32.6%
产品C	125	6.78	4.21	321	326	4.88	3.42	476	155	48.2%
产品D	181	10.03	8.76	230	103	8.83	7.18	170	-60	-26.1%
产品E	337	3.29	1.67	546	686	2.6	1.25	926	380	69.6%
产品F	580	2.60	2.13	273	364	1.81	2.19	-138	-411	-150.7%
产品G	345	4.59	3.17	490	876	1.06	1.24	-158	-648	-132.2%
合计				3,149				2,264	-885	-28.1%

产品A	
去年毛利	1115
销量影响	-294
单价影响	-186
成本影响	122
今年毛利	757

图 8-39　产品毛利同比影响因素分析辅助区域

以这个辅助区域绘制瀑布图，得到产品 A 的毛利同比增长分析图表，如图 8-40 所示。

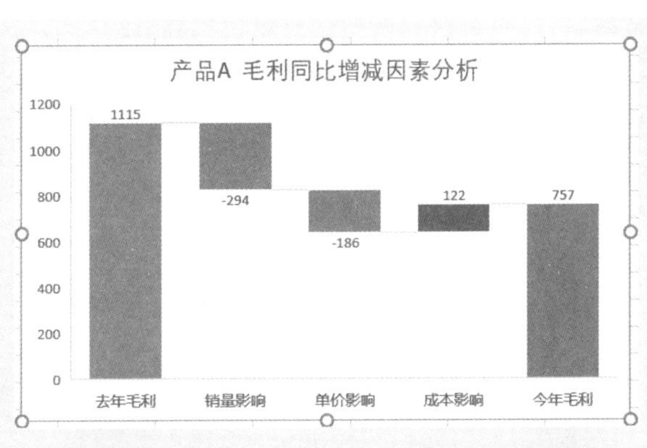

图 8-40 产品 A 毛利同比增减因素分析图表

其他产品分析以此类推，请用户自行练习。

8.3.3 产品销售额和毛利的嵌套对比分析

销售额高的产品，不一定毛利也高，因此，将这些产品的销售额和毛利增减放在一起进行分析，可以更加清楚地看出，哪些产品的盈利能力在下降（价格下滑或者成本上升）。

图 8-41 是一个各产品销售额和毛利的嵌套步行图。

从这个图表中可以看出，产品 2 销售额同比增长了，但销售毛利却同比下降；产品 6 销售额同比增加的幅度要远高于毛利同比增加的幅度。

本案例素材是“案例 8-5.xlsx”。

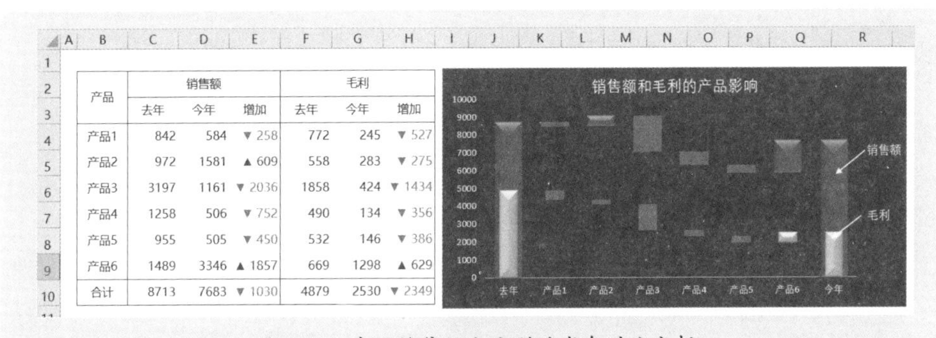

产品	销售额			毛利		
	去年	今年	增加	去年	今年	增加
产品1	842	584	▼ 258	772	245	▼ 527
产品2	972	1581	▲ 609	558	283	▼ 275
产品3	3197	1161	▼ 2036	1858	424	▼ 1434
产品4	1258	506	▼ 752	490	134	▼ 356
产品5	955	505	▼ 450	532	146	▼ 386
产品6	1489	3346	▲ 1857	669	1298	▲ 629
合计	8713	7683	▼ 1030	4879	2530	▼ 2349

图 8-41 产品销售额和毛利的嵌套对比分析

这个图表的绘制，需要设计如图 8-42 所示的辅助区域。这个辅助区域的设计逻辑是使用折线图涨 / 跌柱线的方法来绘制步行图。这个辅助区域中，有关单元格公式如下。

销售额分析的起点和终点。

单元格 L3：

```
=C10
```

单元格 L4：

```
=K4+VLOOKUP(J4,$B$4:$H$9,4,0)
```

单元格 L10：

```
=D10
```

单元格 K4

```
=L3
```

毛利分析的起点和终点。

单元格 N3：

```
=C10
```

单元格 N4：

```
=M4+VLOOKUP(J4,$B$4:$H$9,7,0)
```

单元格 N10：

```
=G10
```

单元格 M4

```
=N3
```

产品	销售额			毛利		
	去年	今年	增加	去年	今年	增加
产品1	842	584	▼ 258	772	245	▼ 527
产品2	972	1581	▲ 609	558	283	▼ 275
产品3	3197	1161	▼ 2036	1858	424	▼ 1434
产品4	1258	506	▼ 752	490	134	▼ 356
产品5	955	505	▼ 450	532	146	▼ 386
产品6	1489	3346	▲ 1857	669	1298	▲ 629
合计	8713	7683	▼ 1030	4879	2530	▼ 2349

	起点1	终点1	起点2	终点2
去年	0	8713	0	4879
产品1	8713	8455	4879	4352
产品2	8455	9064	4352	4077
产品3	9064	7028	4077	2643
产品4	7028	6276	2643	2287
产品5	6276	5826	2287	1901
产品6	5826	7683	1901	2530
今年	0	7683	0	2530

图 8-42　设计辅助区域

以辅助区域绘制折线图，并将系列“起点 2”和“终点 2”绘制在次坐标轴上，删除次数值轴，删除图例，得到如图 8-43 所示的图表。

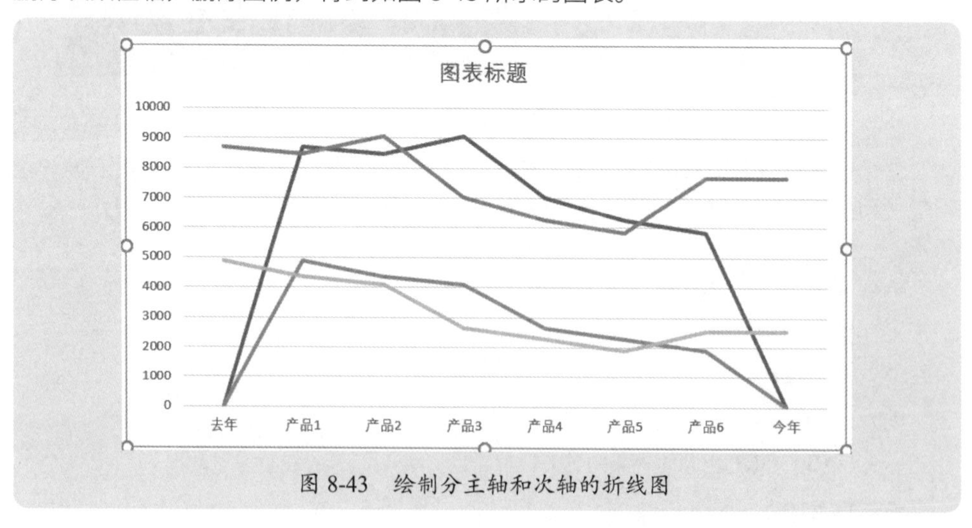

图 8-43　绘制分主轴和次轴的折线图

分别为"起点 1"和"起点 2"添加涨 / 跌柱线，如图 8-44 所示，并先简单设置涨 / 跌柱线的格式。

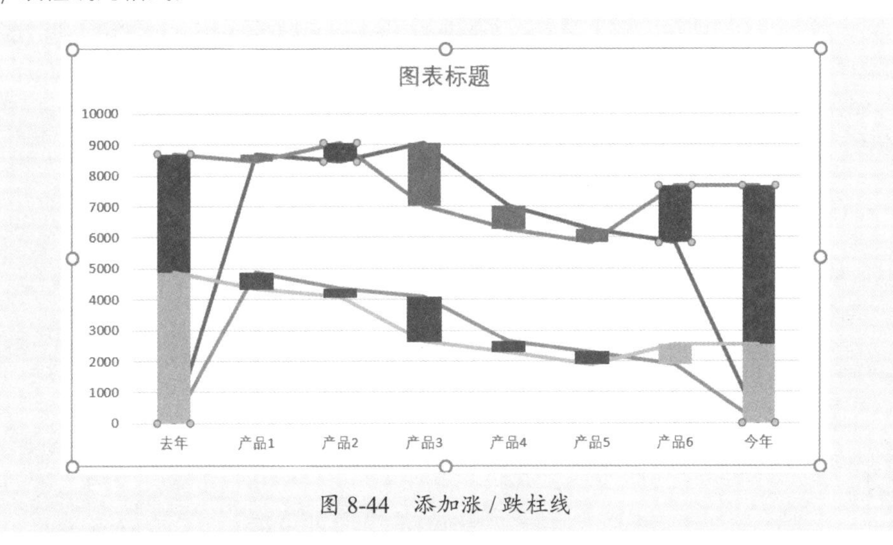

图 8-44　添加涨 / 跌柱线

设置 4 个线条无轮廓，然后再分别设置主轴系列的间隙宽度和次轴系列的间隙宽度，让销售额的涨 / 跌柱与毛利的涨 / 跌柱宽度不同，形成嵌套效果，如图 8-45 所示。

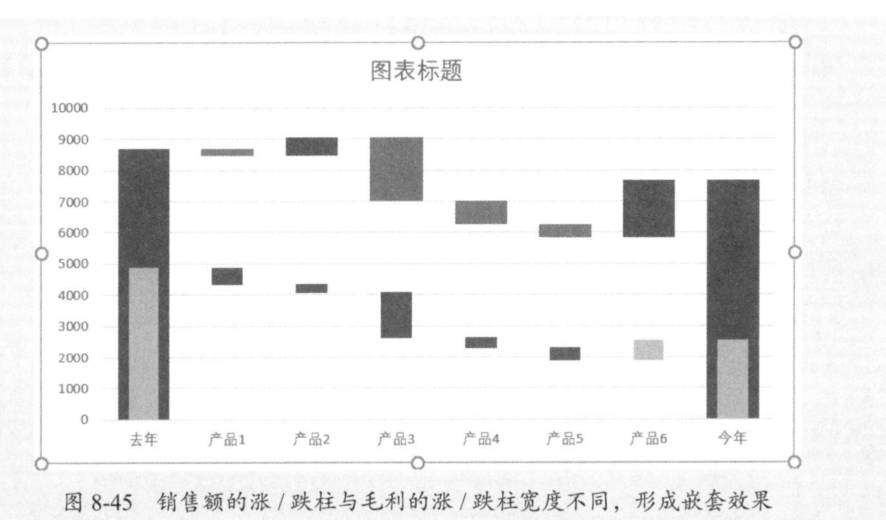

图 8-45　销售额的涨 / 跌柱与毛利的涨 / 跌柱宽度不同，形成嵌套效果

最后再对图表进行适当的格式化处理，修改图表标题，删除网格线，添加注释信息，得到需要的图表。

8.4 实际应用模板：预算执行分析

预算分析就是把实际数据与预算数据进行对比，分析预算执行的差异大小及原

因。预算分析的基本原理和方法与同比分析基本相同，把作为比较基数的去年数据换成预算数据，就是预算分析。

本节介绍几个预算分析的实用经典图表，具体的制作过程可以参阅前面介绍的同比分析模板，自行模拟练习。

8.4.1 销售额预算执行分析

销售额预算执行分析重点是分析销售总额的预算执行情况，以及各产品的预算执行情况，这个可以联合使用仪表盘和步行图来展示。图 8-46 是一个示例，分析各业务模块目标达成情况对总销售额的影响。

案例素材是“案例 8-6.xlsx”。

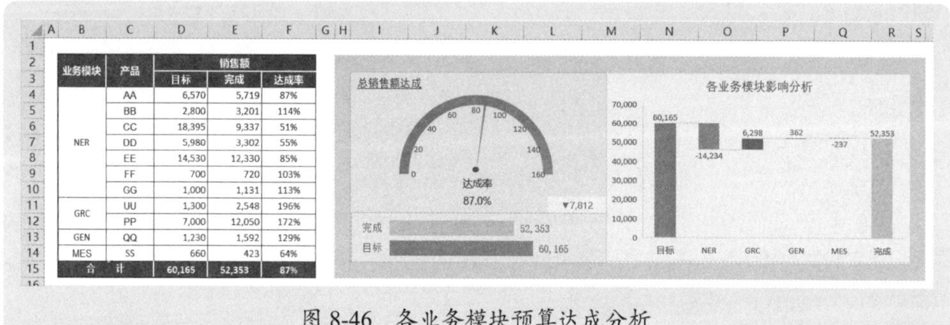

业务模块	产品	销售额		
		目标	完成	达成率
NER	AA	6,570	5,719	87%
	BB	2,800	3,201	114%
	CC	18,395	9,337	51%
	DD	5,980	3,302	55%
	EE	14,530	12,330	85%
	FF	700	720	103%
	GG	1,000	1,131	113%
GRC	UU	1,300	2,548	196%
	PP	7,000	12,050	172%
GEN	QQ	1,230	1,592	129%
MES	SS	660	423	64%
合计		60,165	52,353	87%

图 8-46　各业务模块预算达成分析

在很多情况下，需要对步行图与表格进行合理设置，以醒目标识完成情况及影响程度，此时，在表格中可以使用自定义格式，对差异值进行排序；在图表中，可以使用形状来标注需要特别关注的项目。

图 8-47 是一个示例，本案例素材是“案例 8-7.xlsx”。

在本案例中，F 列的差异值自定义数字格式代码为：

```
[蓝色]▲ #,##0;[红色]▼ #,##0;0
```

G 列的执行率自定义数字格式代码为：

```
[蓝色][>=1]▲ 0.0%;[红色][<1]▼ 0.0%;0.0%
```

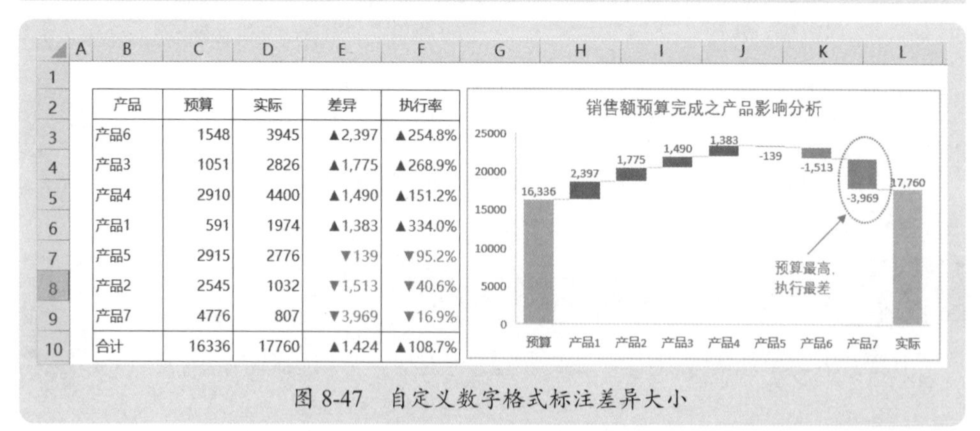

产品	预算	实际	差异	执行率
产品6	1548	3945	▲2,397	▲254.8%
产品3	1051	2826	▲1,775	▲268.9%
产品4	2910	4400	▲1,490	▲151.2%
产品1	591	1974	▲1,383	▲334.0%
产品5	2915	2776	▼139	▼95.2%
产品2	2545	1032	▼1,513	▼40.6%
产品7	4776	807	▼3,969	▼16.9%
合计	16336	17760	▲1,424	▲108.7%

图 8-47　自定义数字格式标注差异大小

为什么产品 7 销售额远远没有达标？是销量引起的，还是价格引起的？此时，需要进一步对各产品的销售额差异进行销量和价格的影响分析，这种分析与同比分析方法一样，图 8-48 是一个模拟数据的示例效果。

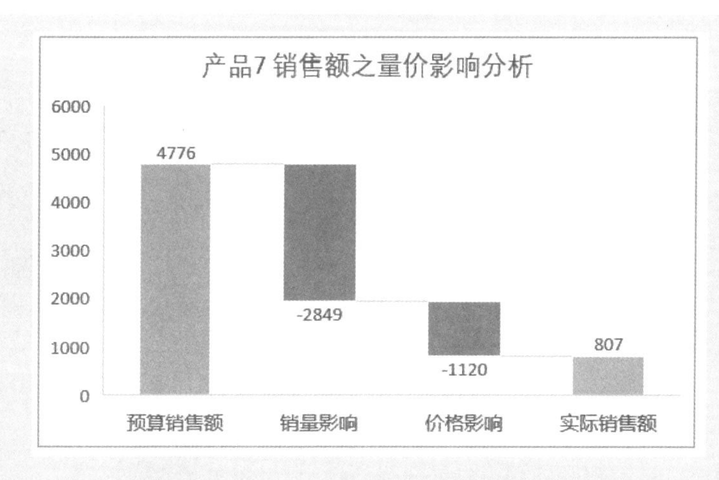

图 8-48　产品 7 销售额预算完成的量价影响分析

8.4.2 毛利预算执行分析

当分析毛利预算执行情况时，重点是分析影响毛利的销量、价格和成本，这个与毛利同比分析一样。

如图 8-49 所示的各产品销售毛利的预算执行统计表，可以绘制各产品预算执行差异对总毛利的影响，如图 8-50 所示，这里对 K 列执行情况的差异值进行了降序排序。本案例素材是“案例 8-9.xlsx”。

2022年上半年各产品毛利预算执行情况统计（万元）

产品	预算				实际				执行情况	
	销量	单价	单位成本	毛利	销量	单价	单位成本	毛利	差异	执行率
产品B	714.84	4.87	3.24	1,166	1168.5	5.42	2.49	3,432	▲2,266	▲294.3%
产品E	872.83	8.52	4.33	3,662	1495.5	5.67	2.73	4,401	▲739	▲120.2%
产品C	323.75	17.56	10.90	2,155	710.68	10.64	7.46	2,262	▲107	▲105.0%
产品D	468.79	25.98	22.69	1,542	224.54	19.25	15.65	808	▼734	▼52.4%
产品A	1188.8	12.85	6.55	7,482	1436.8	8.61	4.13	6,442	▼1,040	▼86.1%
产品F	1502.2	6.73	5.52	1,829	793.52	3.95	4.77	-657	▼2,486	-▼35.9%
产品G	893.55	11.89	8.21	3,286	1909.7	2.31	2.70	-749	▼4,036	-▼22.8%
合计				21,123				15,938	▼5,184	▼75.5%

图 8-49　各产品销售毛利的预算执行统计表

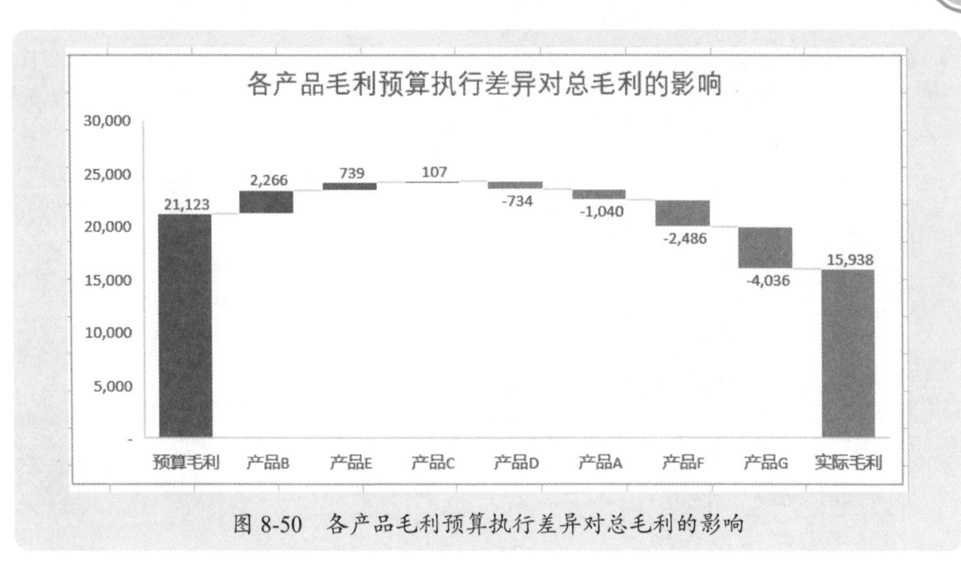

图 8-50　各产品毛利预算执行差异对总毛利的影响

如果要分析某个产品的销量、价格和成本对毛利的影响，可以绘制该产品的因素分析图，图 8-51 是产品 B 的分析图表。

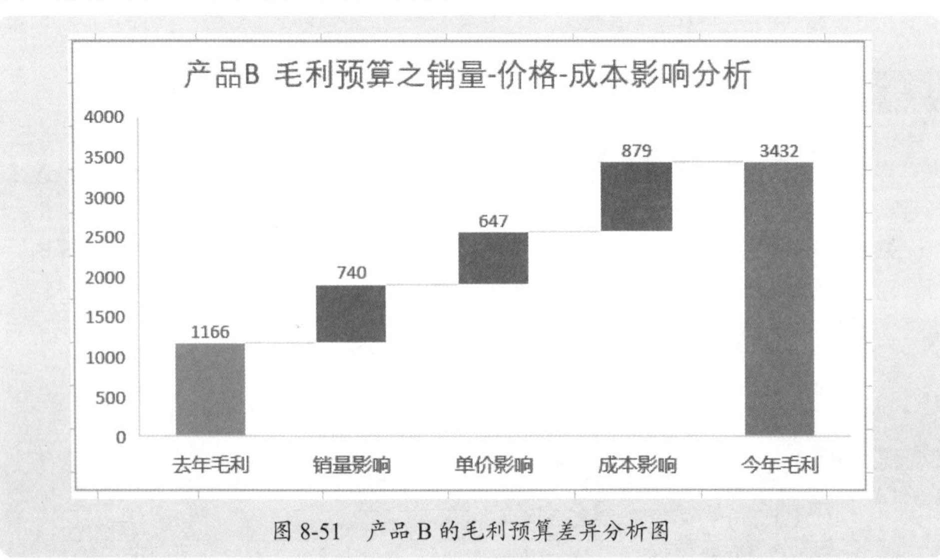

图 8-51　产品 B 的毛利预算差异分析图

8.4.3 产品成本预算执行分析

产品成本从大类来分，主要是由直接材料、直接人工、制造费用构成，对成本预算分析，也是主要分析成本差异。

图 8-52 是成本统计表，如何绘制可视化图表，分析成本预算差异之原因。本案例素材是“案例 8-9.xlsx”。

注意，这里将成本差异为正数（超支）的数据标注为红色字体，成本差异为负数的（节省）数据标注为蓝色字体。

	A	B	C	D	E	F
1						
2		成本项目	预算	实际	差异	执行率
3		直接材料	2,858.58	3,668.41	▲809.83	▲128.3%
4		其中：主要材料	1,406.37	2,135.68	▲729.31	▲151.9%
5		辅助材料	833.13	639.91	▼193.22	▼76.8%
6		包装材料	619.08	892.82	▲273.74	▲144.2%
7		直接人工	969.91	1,218.43	▲248.52	▲125.6%
8		制造费用	1,873.20	2,564.33	▲691.13	▲136.9%
9		其中：折旧	686.43	714.49	▲28.06	▲104.1%
10		机物料消耗	199.76	431.66	▲231.90	▲216.1%
11		能源动力	368.55	578.93	▲210.38	▲157.1%
12		维修费	147.21	627.82	▲480.61	▲426.5%
13		其他	471.25	211.43	▼259.82	▼44.9%
14		成本合计	5,701.69	7,451.17	▲1,749.48	▲130.7%

图 8-52　成本预算执行统计表

首先分析直接材料、直接人工和制造费用这三个大项对总成本的影响，如图 8-53 所示。

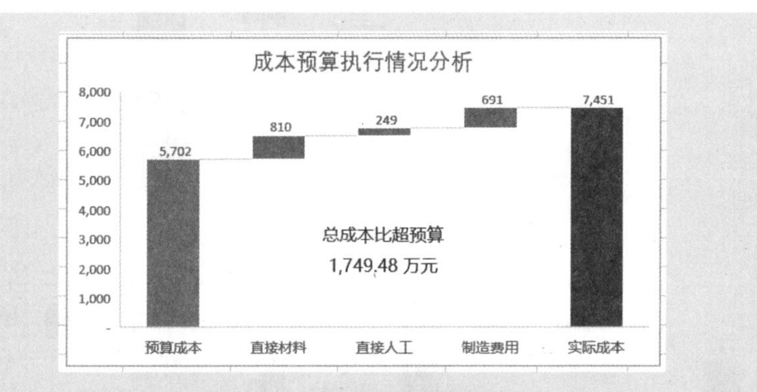

图 8-53　成本预算执行情况分析

再分别分析直接材料和制造费用下的各子项预算执行情况，如图 8-54 和图 8-55 所示。

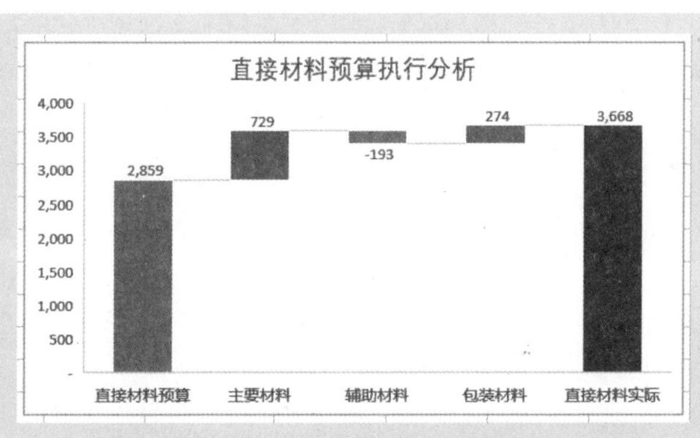

图 8-54　直接材料预算执行分析

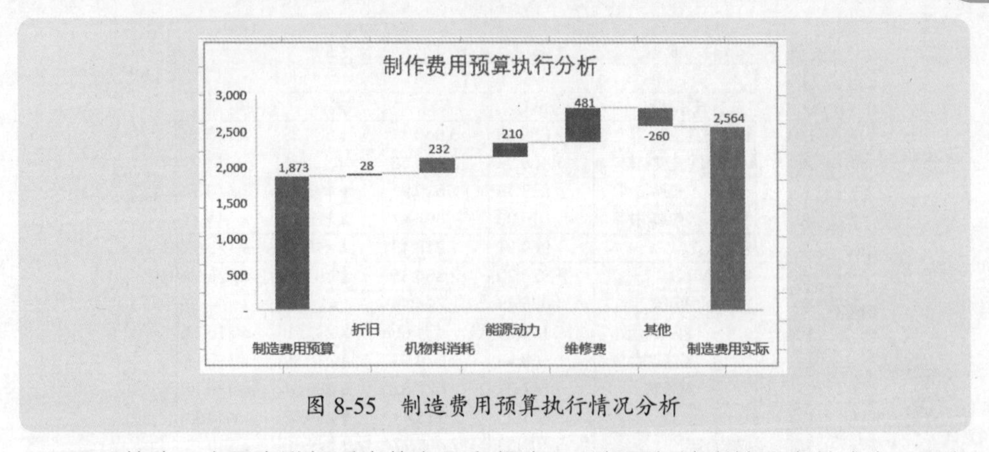

图 8-55　制造费用预算执行情况分析

可以将这 3 个图表进行适当的布局和组合，以便更加清晰地观察总成本以及各子项的预算执行情况，如图 8-56 所示。

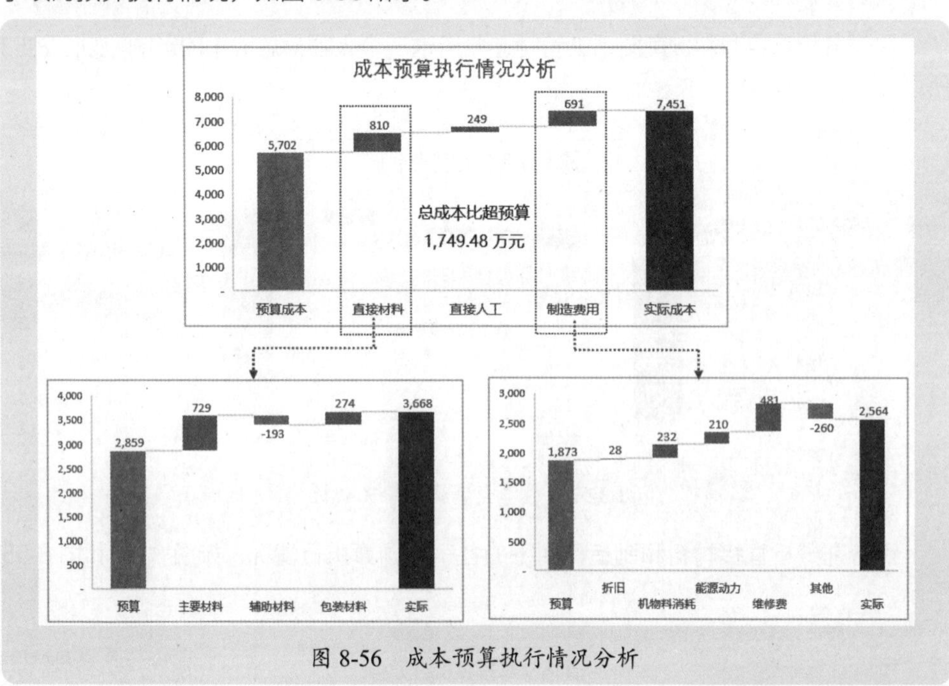

图 8-56　成本预算执行情况分析

第 9 章

数据动态分析

当需要对多个项目进行灵活选择分析时，或者需要对任意某个维度做分析时，则要制作动态图表，以便对数据进行更加灵活的动态分析。

制作动态图表的方法有很多，例如，使用 Excel 数据透视图，使用 Excel 函数和控件制作个性化的动态图，使用 Power BI 制作仪表板，使用 Tableau 制作仪表板和故事等。

9.1 使用 Excel 数据透视图进行动态分析

利用 Excel 数据透视图动态分析数据是非常方便的，创建数据透视表和数据透视图，再插入切片器，就可以实现对数据的灵活分析。

使用 Excel 数据透视图进行动态分析的核心技能是切片器。

9.1.1 使用数据透视图的几个注意事项

创建数据透视图很简单，可以在创建数据透视表时创建数据透视图，也可以在创建透视表后，在适当时候再创建数据透视图。

图 9-1 是一个销售记录示例数据。现在要使用数据透视图对销售数据进行分析。

本案例素材是“案例 9-1.xlsx”。

	A	B	C	D	E	F	G
1	月份	客户名称	地区	产品名称	销量	销售额	毛利
2	1月	客户03	东北	产品1	15185	691,976	438,367
3	1月	客户05	华中	产品2	26131	315,264	193,697
4	1月	客户05	华中	产品3	6137	232,355	121,878
5	1月	客户07	华北	产品2	13920	65,819	22,133
6	1月	客户07	华北	产品3	759	21,853	13,042
7	1月	客户07	华北	产品4	4492	91,259	69,509
8	1月	客户09	华南	产品2	1392	11,350	4,819
9	1月	客户32	西北	产品2	4239	31,442	7,473
10	1月	客户32	西北	产品1	4556	546,249	496,463
11	1月	客户32	西北	产品3	1898	54,794	24,603
12	1月	客户32	西北	产品4	16957	452,185	344,543
13	1月	客户15	华南	产品2	12971	98,630	36,337
14	1月	客户15	华南	产品1	506	39,008	31,861
15	1月	客户18	华北	产品3	380	27,854	22,493
16	1月	客户25	华南	产品2	38912	155,186	20,680
17	1月	客户25	华南	产品1	759	81,539	66,320
18	1月	客户25	华南	产品4	823	18,721	15,579
19	1月	客户26	华东	产品5	127	25,114	24,498
20	1月	客户01	华中	产品2	21386	107,762	34,502
21	1月	客户01	华中	产品1	9428	859,099	628,658
22	1月	客户01	华中	产品3	380	8,611	3,620

销售记录

图 9-1　示例数据

创建一个简单的数据透视表和数据透视图，按地区和产品统计销售额，如图 9-2 所示。

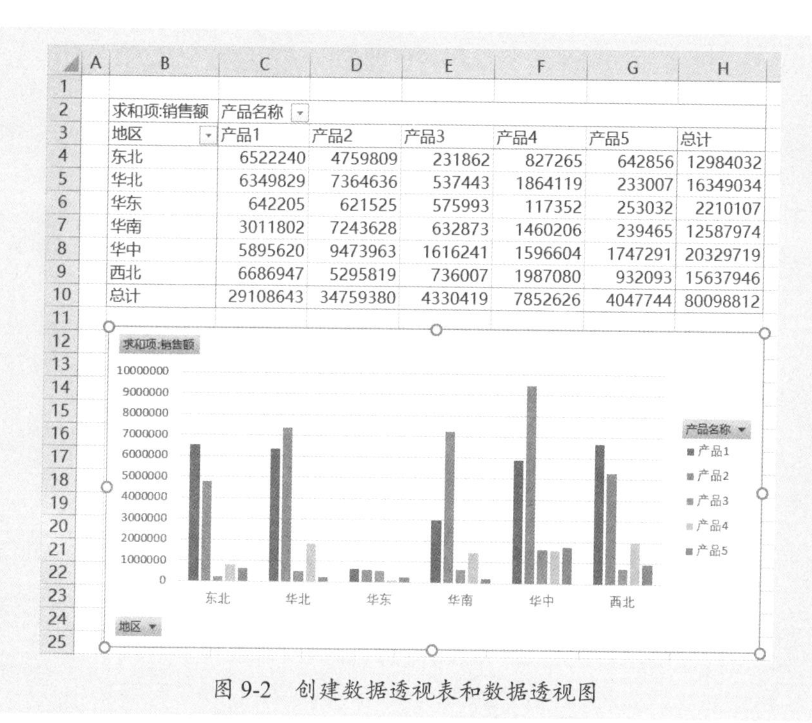

求和项:销售额	产品名称					
地区	产品1	产品2	产品3	产品4	产品5	总计
东北	6522240	4759809	231862	827265	642856	12984032
华北	6349829	7364636	537443	1864119	233007	16349034
华东	642205	621525	575993	117352	253032	2210107
华南	3011802	7243628	632873	1460206	239465	12587974
华中	5895620	9473963	1616241	1596604	1747291	20329719
西北	6686947	5295819	736007	1987080	932093	15637946
总计	29108643	34759380	4330419	7852626	4047744	80098812

图 9-2　创建数据透视表和数据透视图

1. 透视图只能按列绘制

从图 9-2 中可以看出，在透视图中，图表是以列绘制的，即行字段作为分类轴，列字段作为数据系列，每列数据是一个系列。

如果将字段“地区”拖至“列”区域，字段“产品”拖至“行”区域，就得到如图 9-3 所示的透视图，此时，产品是分类轴，地区是数据系列。

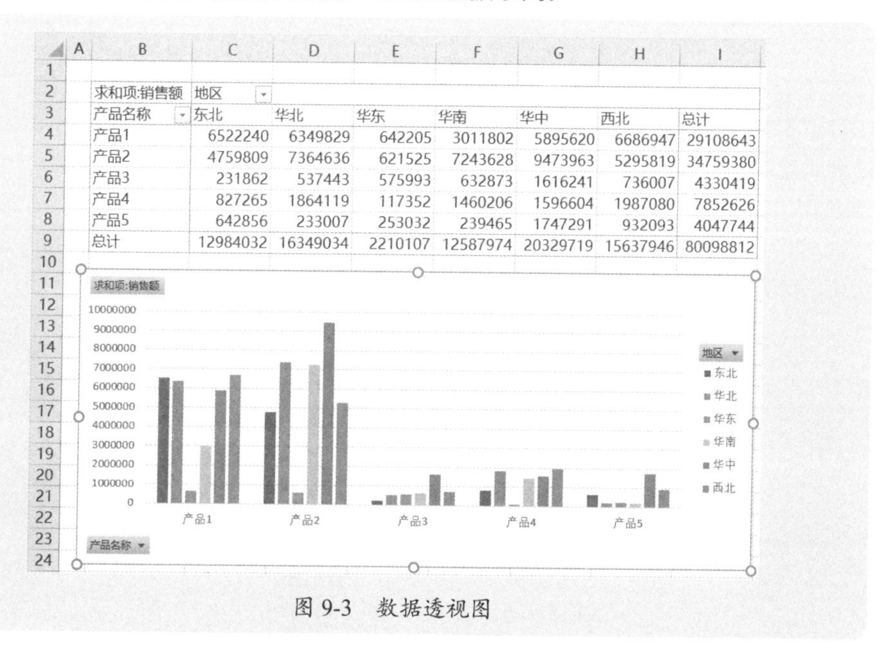

求和项:销售额	地区						
产品名称	东北	华北	华东	华南	华中	西北	总计
产品1	6522240	6349829	642205	3011802	5895620	6686947	29108643
产品2	4759809	7364636	621525	7243628	9473963	5295819	34759380
产品3	231862	537443	575993	632873	1616241	736007	4330419
产品4	827265	1864119	117352	1460206	1596604	1987080	7852626
产品5	642856	233007	253032	239465	1747291	932093	4047744
总计	12984032	16349034	2210107	12587974	20329719	15637946	80098812

图 9-3　数据透视图

因此，在使用数据透视图分析数据时，要特别注意字段放置的位置不同，会得到不同布局的透视图，从而分析的角度也不一样。

例如，图 9-2 是分析每个地区各产品的销售额大小；而图 9-3 则是分析每个产品在各地区的销售额大小。

2. 不显示透视图上的筛选按钮

默认情况下，透视图上有字段按钮，这些按钮方便在图表上直接对字段进行筛选，如图 9-4 所示。

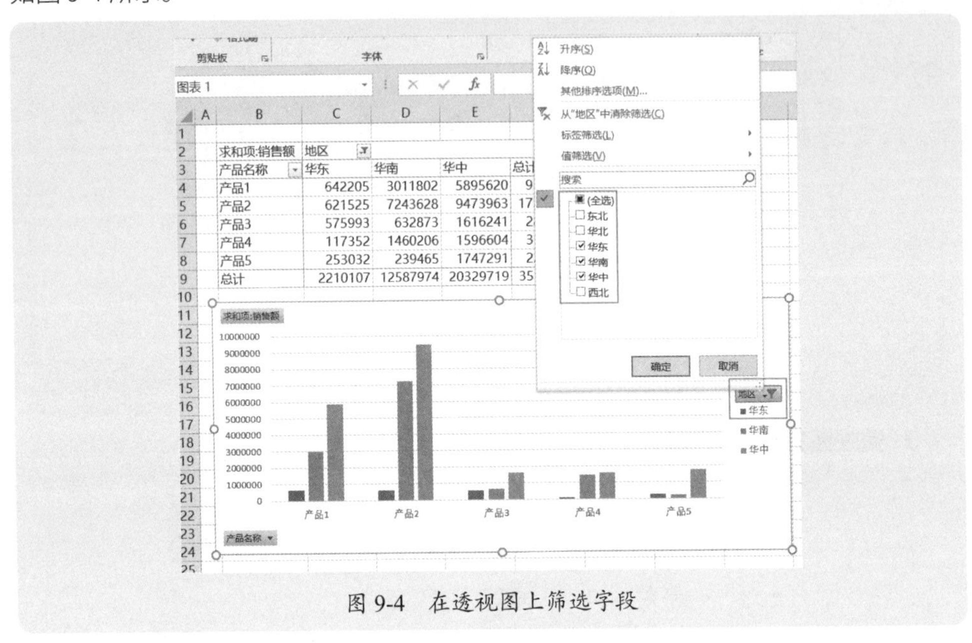

图 9-4 在透视图上筛选字段

这种在透视图上对字段进行筛选，其实也是动态图表的一种，但这种操作实用性并不强，不如使用切片器方便。因此，一般情况下，可以将透视图上的字段按钮不显示，方法很简单，右击数据透视图上的任一字段，在弹出的快捷菜单中执行“隐藏图表上的所有字段按钮”命令，如图 9-5 所示。

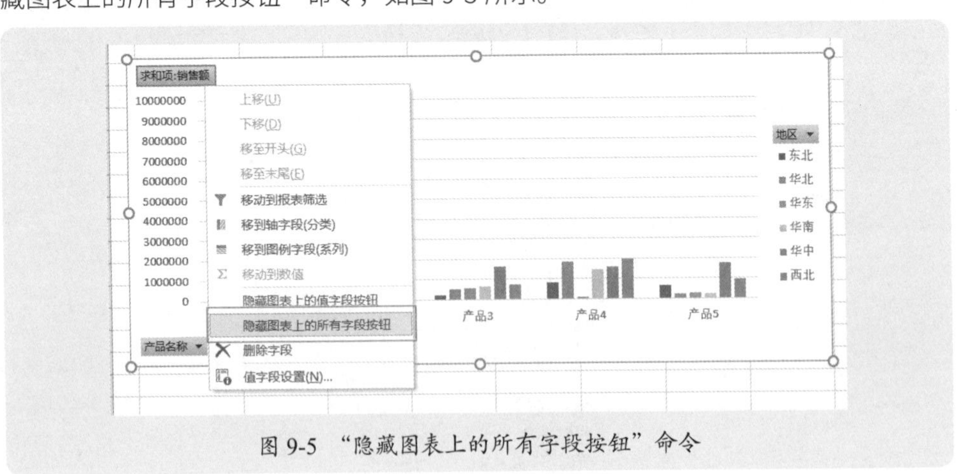

图 9-5 “隐藏图表上的所有字段按钮”命令

这样就得到一个干净的透视图，如图 9-6 所示。

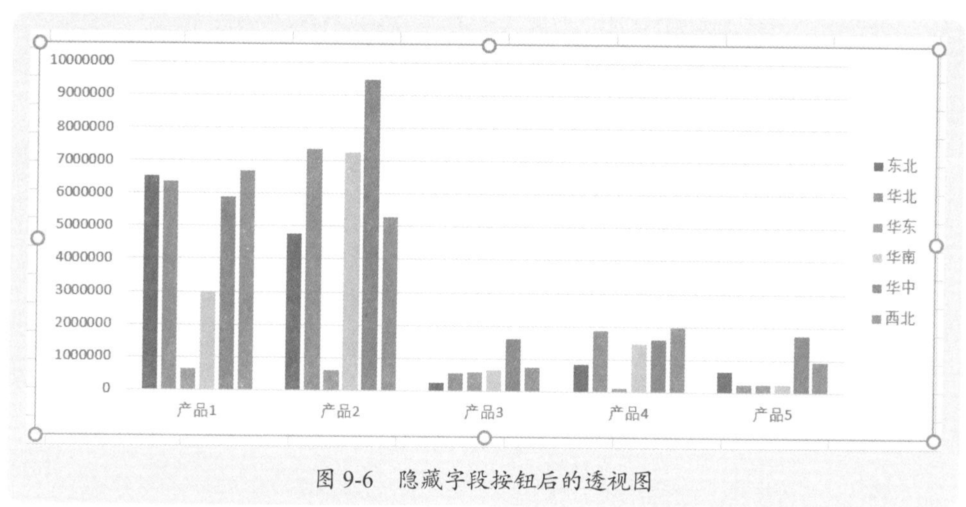

图 9-6 隐藏字段按钮后的透视图

3. 透视图与透视表的合理布局

如果仅仅是要以图表的形式展示统计分析结果，可以将透视表拖到工作表的其他地方，远离透视图。如果要将透视表和透视图布局在一起观看，可以将透视表放置在左侧，透视图放置在右侧，如图 9-7 所示。

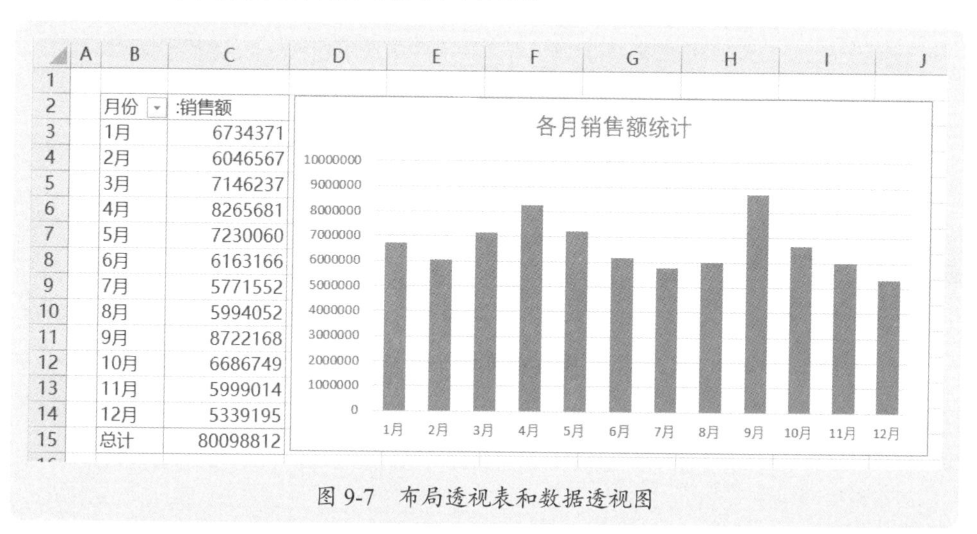

月份	:销售额
1月	6734371
2月	6046567
3月	7146237
4月	8265681
5月	7230060
6月	6163166
7月	5771552
8月	5994052
9月	8722168
10月	6686749
11月	5999014
12月	5339195
总计	80098812

图 9-7 布局透视表和数据透视图

但要注意，默认情况下，刷新透视表时会引起列宽调整，因此需要设置数据透视表选项，在刷新透视表时，不自动调整列宽，如图 9-8 所示，这样可以保证透视表和透视图位置不会发生变化。

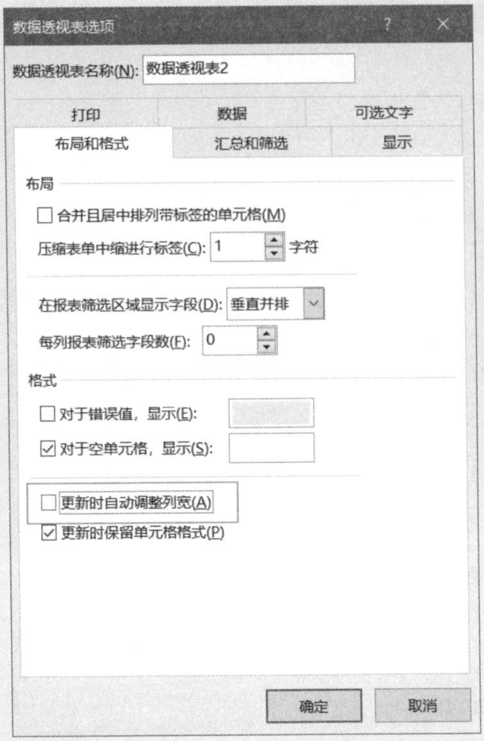

数据透视表选项

数据透视表名称(N): 数据透视表2

打印 数据 可选文字

布局和格式 汇总和筛选 显示

布局

☐ 合并且居中排列带标签的单元格(M)

压缩表单中缩进行标签(C): 1 字符

在报表筛选区域显示字段(D): 垂直并排

每列报表筛选字段数(F): 0

格式

☐ 对于错误值，显示(E):

☑ 对于空单元格，显示(S):

☐ 更新时自动调整列宽(A)

☑ 更新时保留单元格格式(P)

确定 取消

图 9-8 取消更新时不自动调整列宽

4. 关于透视图的格式化

数据透视图格式化与普通图表完全一样，这里不再介绍。要注意，针对不同类型的图表，需要做不同的格式化处理。

9.1.2 使用一个切片器控制一个透视图

如果想要了解某个产品在各月的销售情况，可以插入一个产品切片器，并对切片器、透视表和透视图进行布局，如图 9-9 所示。

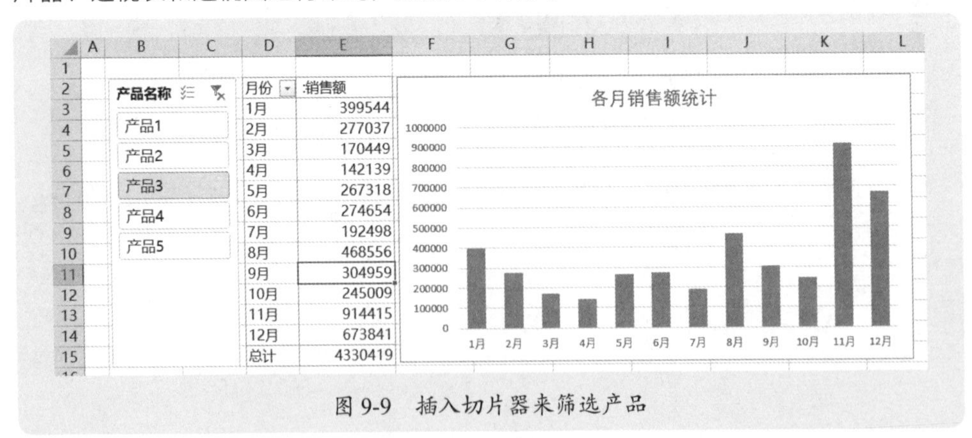

图 9-9 插入切片器来筛选产品

图 9-9 是一个使用切片器控制图表显示的动态图表，可以在切片器上选择某个产品，查看该产品的各月销售情况；也可以取消切片器筛选，显示全部产品在各月的销售总额，如图 9-10 所示。

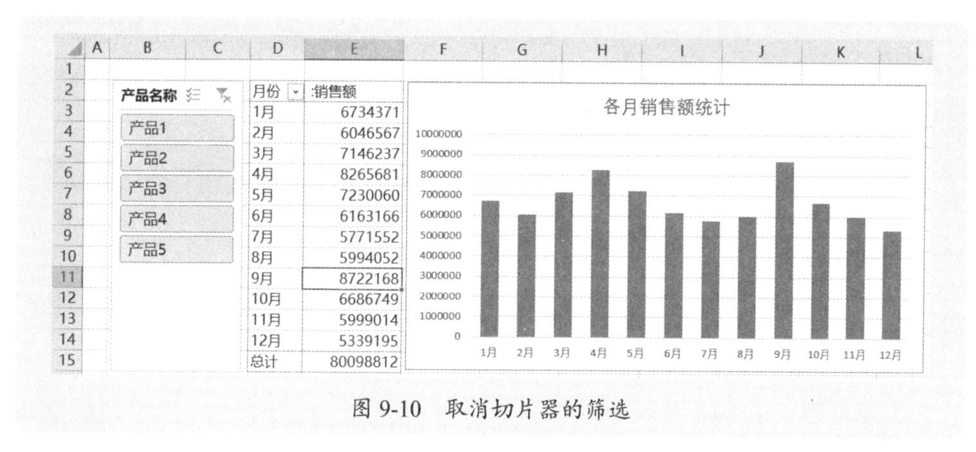

图 9-10　取消切片器的筛选

9.1.3 使用一个切片器控制多个透视图

如果要使用一个切片器控制多个透视图，需要先将透视表复制几个，进行不同的布局，得到不同的透视图，然后插入切片器，设置报表连接，就可以实现这个目的。

例如，要分析指定月份中各地区销售额和各产品销售额，先制作如图 9-11 所示的两个透视表和两个透视图。注意，第二个透视表由第一个透视表复制而来的。

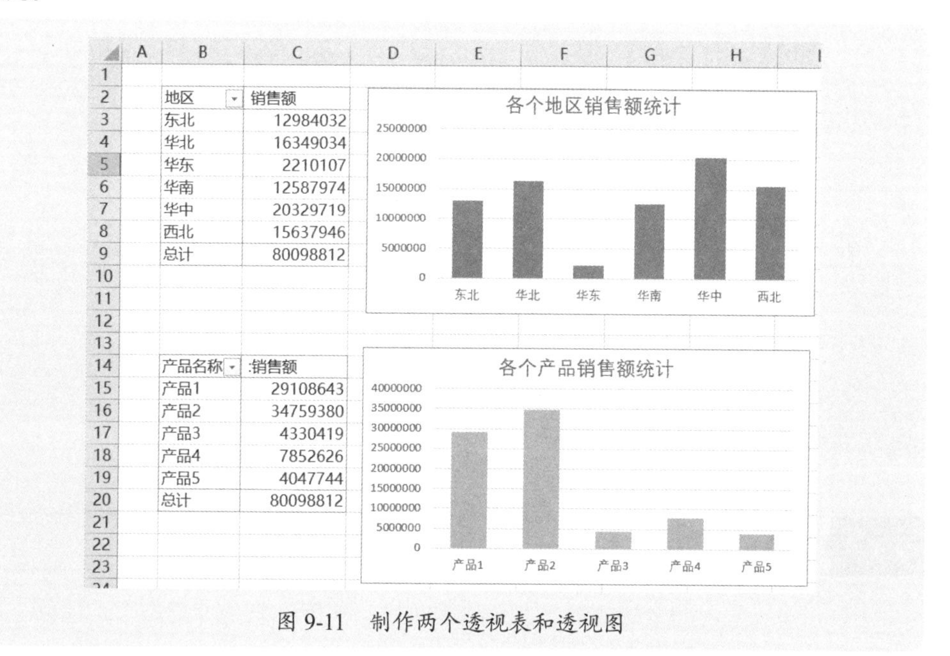

图 9-11　制作两个透视表和透视图

然后插入月份切片器，右击切片器，在弹出的快捷菜单中执行“报表连接”命令，如图 9-12 所示，打开“数据透视表连接”对话框，选择这两个透视表，如图 9-13 所示。

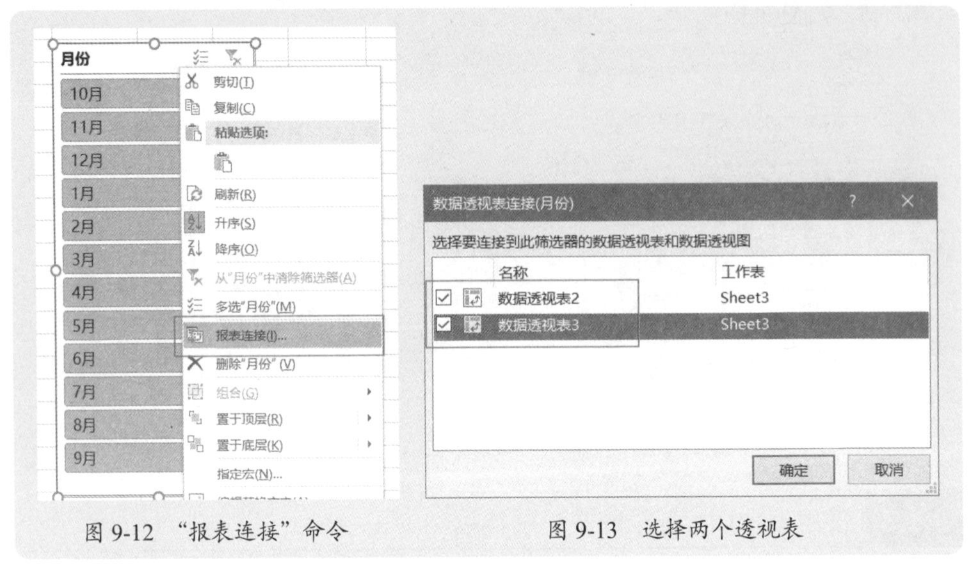

图 9-12 “报表连接”命令　　图 9-13 选择两个透视表

这样就可以使用一个切片器来控制两个透视表和透视图，如图 9-14 所示。为了使报告简洁、整齐、美观，可以将两个透视表拖放到透视图下方，让透视图遮挡住透视表。

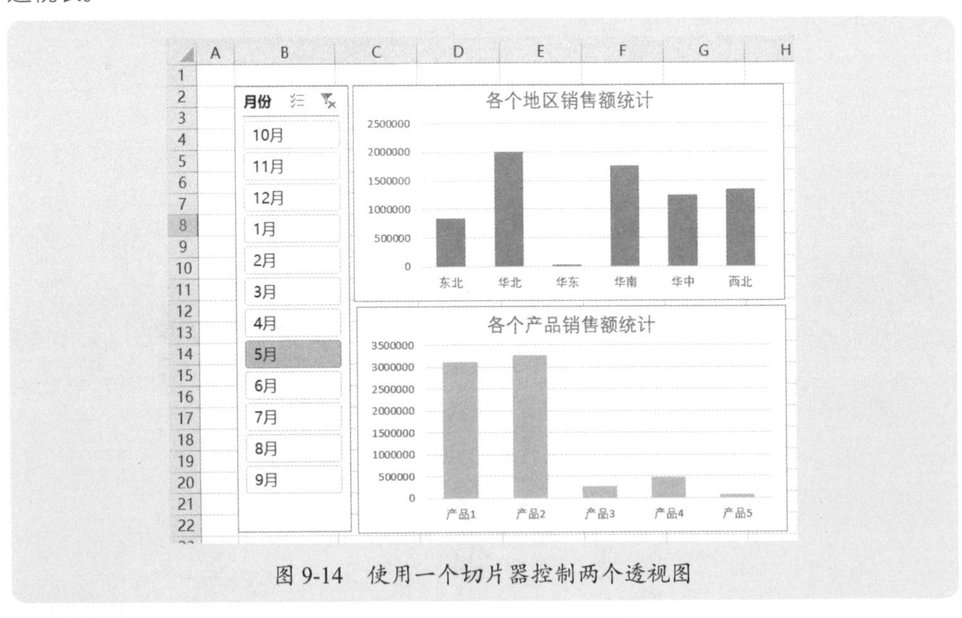

图 9-14 使用一个切片器控制两个透视图

9.1.4 使用多个切片器控制一个透视图

当然也可以使用多个切片器控制一个透视图，实际上就是使用多个字段筛选来

控制图表显示。

例如，要分析指定地区、指定产品在各月的销售情况，可以插入两个切片器，对切片器和透视表及透视图进行布局，得到如图 9-15 所示的报告。

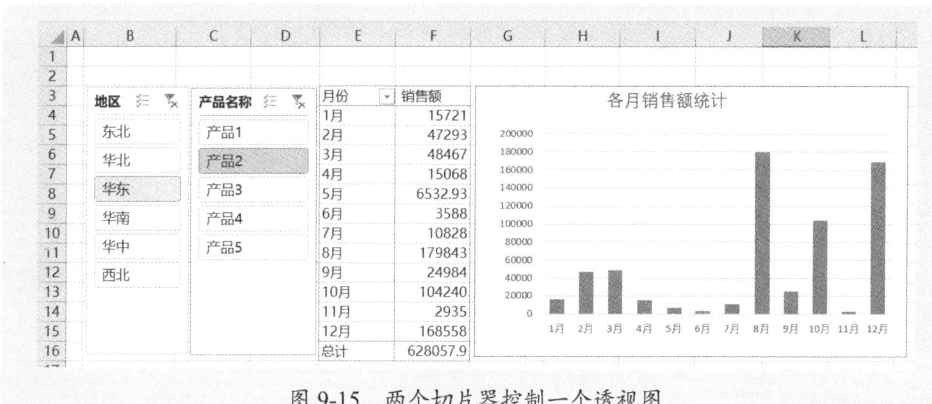

图 9-15　两个切片器控制一个透视图

9.1.5 使用多个切片器控制多个透视图

同样可以使用多个切片器控制多个透视图，只需要设置这些切片器与这些透视表建立连接即可。

图 9-16 是一个例子，使用两个切片器分别筛选产品和地区，同时查看各月的销售额和销量。

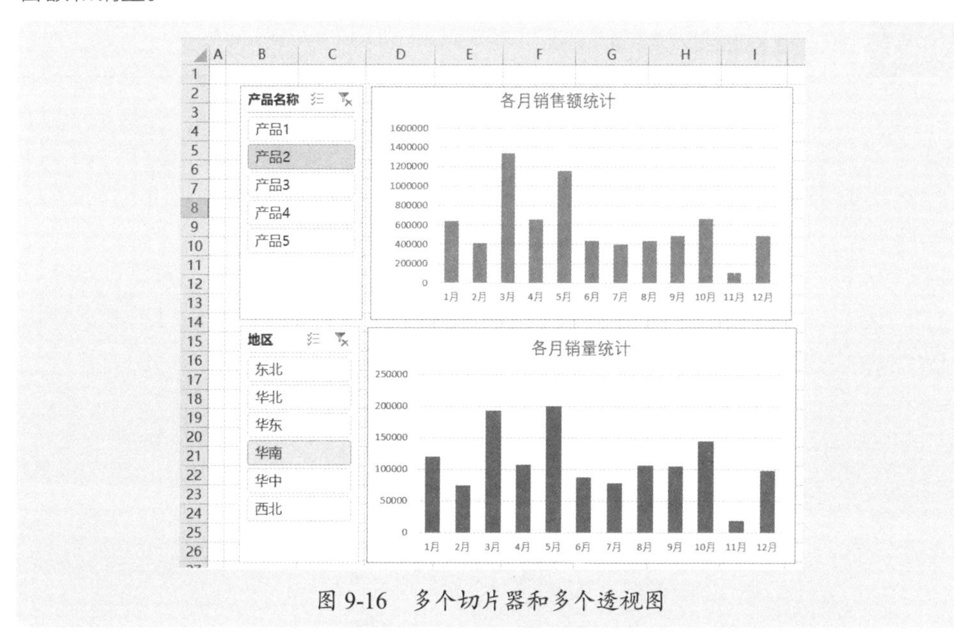

图 9-16　多个切片器和多个透视图

在使用多个切片器和多个透视图时，要合理布局切片器和透视图，如图 9-17 是将两个透视图左右排列，将切片器水平布局（先设置好切片器的列数）。

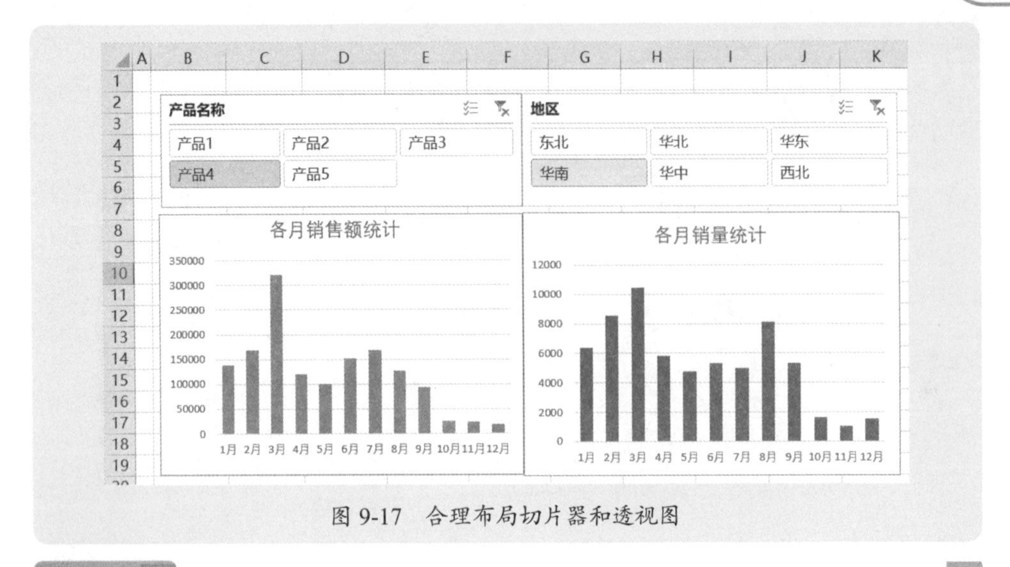

图 9-17　合理布局切片器和透视图

9.2　使用 Excel 表单控件制作个性化的动态图表

当需要制作更加复杂或者更加个性化的动态图表时，可以联合使用表单控件和函数来制作动态图表，这种图表外观更加简洁和美观，操作也更加方便和灵活，不过，逻辑也更加复杂，制作过程也更加烦琐，而且要灵活使用函数来查找数据。

常用的表单控件有组合框、列表框、选项按钮、复选框、数值调节钮、滚动条，根据具体情况，可以单独使用一种控件，也可以同时使用多种控件。

9.2.1　使用组合框控制图表

组合框用于每次选择一个项目，且只能选择一个项目，当项目不多时，可以使用组合框来制作动态图表，实现查看任一项目的数据。

图 9-18 是各个产品在各个月的销售额统计报表，现在要制作一个能够查看任一产品在各个月销售额变化的动态图表。本案例素材是“案例 9-2.xlsx”。

月份	产品1	产品2	产品3	产品4	产品5	总计
1月	2919	2286	400	1070	60	6735
2月	1406	3436	277	820	139	6078
3月	1946	4007	170	752	270	7145
4月	4030	3200	142	804	90	8266
5月	3123	3280	227	480	86	7196
6月	2433	2730	275	635	91	6164
7月	1588	2762	192	862	367	5771
8月	2655	1992	469	451	427	5994
9月	2778	4024	305	1055	560	8722
10月	2906	2474	245	450	612	6687
11月	1516	2090	914	315	864	5699
12月	1810	2376	674	159	321	5340
总计	29110	34657	4290	7853	3887	79797

图 9-18　示例数据

组合框的项目，必须是工作表上的列数据，这里要使用组合框来选择产品，但产品是在一行里，因此需要设计辅助区域，为组合框提供数据源，如图 9-19 和图 9-20 所示，组合框需要设置以下两个选项。

数据源区域就是产品列表，是列示在组合框里的内容。

单元格链接是组合框的返回值，即选中产品的顺序号，第一个产品是 1，第二个产品是 2，以此类推。

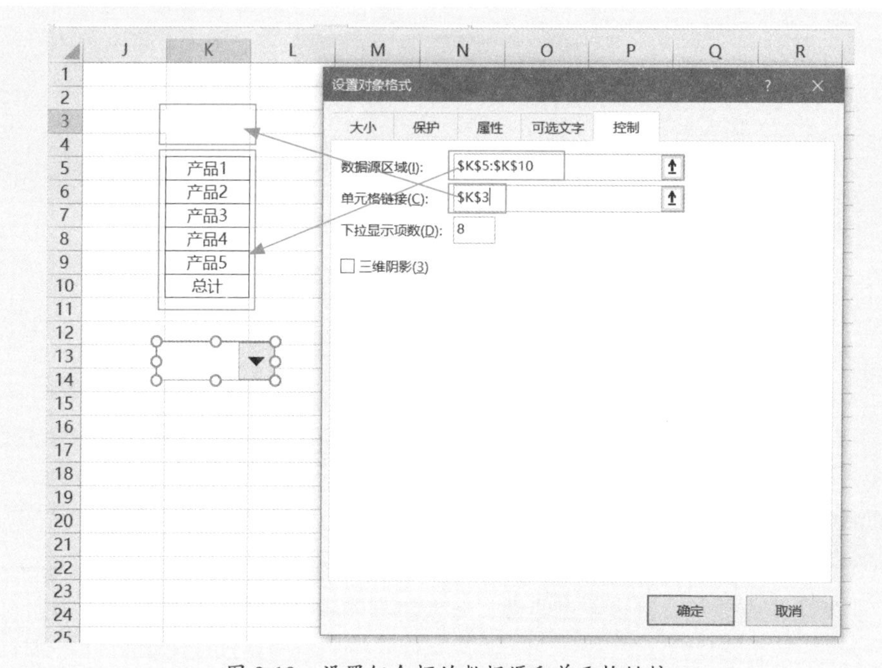

图 9-19　设置组合框的数据源和单元格链接

月份	产品1	产品2	产品3	产品4	产品5	总计
1月	2919	2286	400	1070	60	6735
2月	1406	3436	277	820	139	6078
3月	1946	4007	170	752	270	7145
4月	4030	3200	142	804	90	8266
5月	3123	3280	227	480	86	7196
6月	2433	2730	275	635	91	6164
7月	1588	2762	192	862	367	5771
8月	2655	1992	469	451	427	5994
9月	2778	4024	305	1055	560	8722
10月	2906	2474	245	450	612	6687
11月	1516	2090	914	315	864	5699
12月	1810	2376	674	159	321	5340
总计	29110	34657	4290	7853	3887	79797

3

产品1
产品2
产品3
产品4
产品5
总计

产品3

月份	产品3
1月	400
2月	277
3月	170
4月	142
5月	227
6月	275
7月	192
8月	469
9月	305
10月	245
11月	914
12月	674

图 9-20　设计辅助区域，查找数据

根据辅助区域数据绘制图表，并进行格式化处理，再将组合框拖放到图表的上方（注意：由于是先插入的组合框，后绘制的图表，组合框在底层，图表在上层，因此需要把图表置于底层，才能把组合框显示出来，否则图表会把组合框盖住），得到可以查看任一产品的动态图表，如图 9-21 和图 9-22 所示。

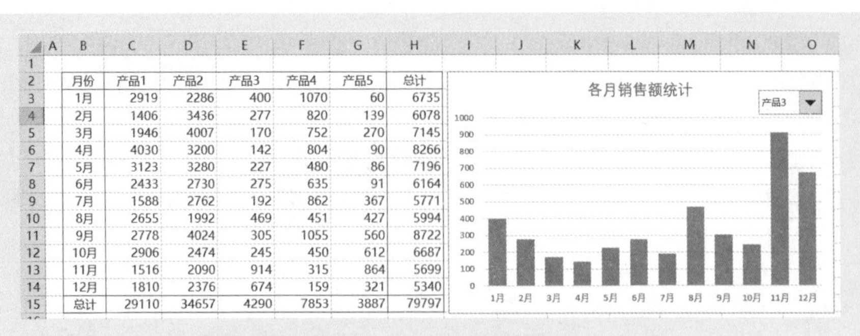

月份	产品1	产品2	产品3	产品4	产品5	总计
1月	2919	2286	400	1070	60	6735
2月	1406	3436	277	820	139	6078
3月	1946	4007	170	752	270	7145
4月	4030	3200	142	804	90	8266
5月	3123	3280	227	480	86	7196
6月	2433	2730	275	635	91	6164
7月	1588	2762	192	862	367	5771
8月	2655	1992	469	451	427	5994
9月	2778	4024	305	1055	560	8722
10月	2906	2474	245	450	612	6687
11月	1516	2090	914	315	864	5699
12月	1810	2376	674	159	321	5340
总计	29110	34657	4290	7853	3887	79797

图 9-21　查看指定产品各月销售额的动态图表

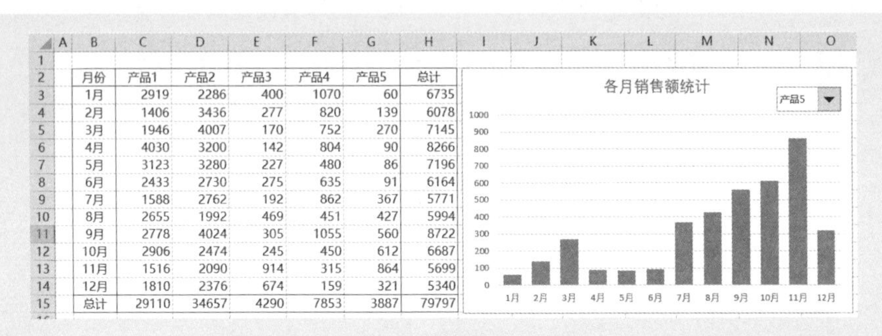

月份	产品1	产品2	产品3	产品4	产品5	总计
1月	2919	2286	400	1070	60	6735
2月	1406	3436	277	820	139	6078
3月	1946	4007	170	752	270	7145
4月	4030	3200	142	804	90	8266
5月	3123	3280	227	480	86	7196
6月	2433	2730	275	635	91	6164
7月	1588	2762	192	862	367	5771
8月	2655	1992	469	451	427	5994
9月	2778	4024	305	1055	560	8722
10月	2906	2474	245	450	612	6687
11月	1516	2090	914	315	864	5699
12月	1810	2376	674	159	321	5340
总计	29110	34657	4290	7853	3887	79797

图 9-22　从组合框中选择产品，得到该产品的图表

9.2.2 使用列表框控制图表

列表框是将所有项目以列表的形式显示在控件中，选择起来非常方便。列表框适合项目比较多的场合。

图 9-23 是一个各客户在各月的销售额，现在要制作一个可以查看指定客户在各月销售情况的动态图表。本案例素材是“案例 9-3.xlxs”。

客户名称	1月	2月	3月	4月	5月	6月	7月	8月	9月	10月	11月	12月	总计
客户01	1047		628	174	1009	24	195	503		446	208		4234
客户02	29	120	42	155	39	23	175	377	25	303	43	66	1397
客户03	1106	592	562	1170	787	1727	106	377			198	54	6679
客户04			16		46	398	579	1470	3137	2303	981	2274	11204
客户05	112		31		39		122	378	16	55	151	11	915
客户07	893	237	1385	646	522	587	30	110	1827	407	60	9	6713
客户08	87	90				43		126	408	472	65	103	1394
客户09	11	15	75	34	68		56	22	124	66		323	794
客户10				385		55	274	108		112	6		940
客户14	375	205	448	660		476	492	238	329	402	229	145	3999
客户15	138	211	181	196	125	99	255	200	276	136	124	135	2076
客户17		32		240	356	49	108		18	17		34	854
客户20	578		1485	641	700	565	625	253	519	307	207	65	5945
客户21	66		3		50	123	130		9	26		9	416
客户25	255		754	600	70	427	254	485	353	174	43	405	3820
客户26	25	799	350	346	206	584	144	144	126	98	139	170	3131
客户28		3512	20	1760	1935		1208	953	1175	563	915	534	12575
客户29	279	185	277	530	307	88	289	52	22	85	176	40	2330
客户30	78	67	126	102	134	254	157	79	102	71	164	77	1411
客户31			17	29	18	116	134	47	113	151	117	119	861
客户32	1085		820	612	280	333	436	325	215	428	688	209	5431
总计	6164	6065	7220	8280	6691	5971	5769	6247	8794	6622	4514	4782	77119

图 9-23　示例数据

列表框的使用方法与组合框一样，其项目来源必须是工作表的列数据。本案例中，客户名称正好是按列保存的，因此可以直接使用。设置列表框如图 9-24 所示。

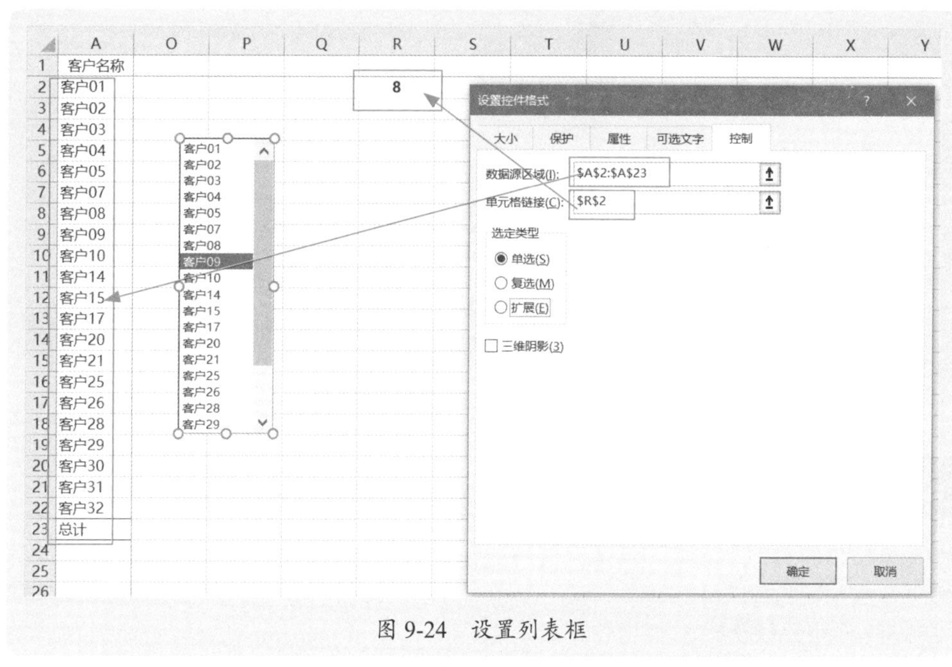

图 9-24 设置列表框

设计辅助区域，查找数据，如图 9-25 所示，单元格 S5 公式如下：

```
=HLOOKUP(R5,$B$1:$M$23,$R$2+1,0)
```

	A	B	C	D	E	F	G	H	I	J	K	L	M	N
1	客户名称	1月	2月	3月	4月	5月	6月	7月	8月	9月	10月	11月	12月	总计
2	客户01	1047		628	174	1009	24	195	503		446	208		4234
3	客户02	29	120	42	155	39	23	175	377	25	303	43	66	1397
4	客户03	1106	592	562	1170	787	1727	106	377			198	54	6679
5	客户04			16		46	398	579	1470	3137	2303	981	2274	11204
6	客户05	112		31		39		122	378	16	55	151	11	915
7	客户07	893	237	1385	646	522	587	30	110	1827	407	60	9	6713
8	客户08	87	90				43		126	408	472	65	103	1394
9	客户09	11	15	75	34	68		56	22	124	66		323	794
10	客户10				385		55	274	108		112	6		940
11	客户14	375	205	448	660		476	492	238	329	402	229	145	3999
12	客户15	138	211	181	196	125	99	255	200	276	136	124	135	2076
13	客户17		32		240	356	49	108		18	17		34	854
14	客户20	578		1485	641	700	565	625	253	519	307	207	65	5945
15	客户21	66		3		50	123	130		9	26		9	416
16	客户25	255		754	600	70	427	254	485	353	174	43	405	3820
17	客户26	25	799	350	346	206	584	144	144	126	98	139	170	3131
18	客户28		3512	20	1760	1935		1208	953	1175	563	915	534	12575
19	客户29	279	185	277	530	307	88	289	52	22	85	176	40	2330
20	客户30	78	67	126	102	134	254	157	79	102	71	164	77	1411
21	客户31			17	29	18	116	134	47	113	151	117	119	861
22	客户32	1085		820	612	280	333	436	325	215	428	688	209	5431
23	总计	6164	6065	7220	8280	6691	5971	5769	6247	8794	6622	4514	4782	77119

列表框：客户01、客户02、客户03、客户04、客户05、客户07、客户08、客户09、客户10、客户14、客户15、客户17、客户20、客户21、客户25、客户26、客户28、客户29

R2：8

R	S
1月	11
2月	15
3月	75
4月	34
5月	68
6月	0
7月	56
8月	22
9月	124
10月	66
11月	0
12月	323

图 9-25 设计辅助区域

以辅助区域绘制图表，并进行格式化处理，布局列表框和图表，得到如图 9-26 所示的可以查看任一客户在各月销售的动态图表。

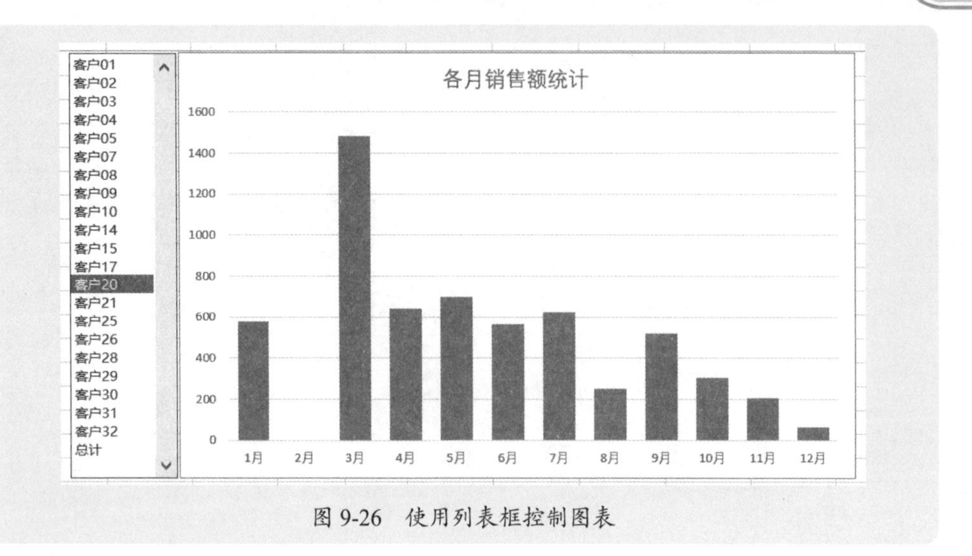

图 9-26　使用列表框控制图表

9.2.3 使用选项按钮控制图表

选项按钮又称单选按钮，就是在一组按钮中每次只能选一个。单选按钮的返回值是选择按钮的顺序号，其中，第一个插入选项的按钮序号是 1，第二个插入选项的按钮序号是 2，以此类推。

选项按钮多用于项目较少、便于操作的场合。

如果要实现选项按钮的多选，需要使用分组框将选项按钮进行分组，如图 9-27 所示。

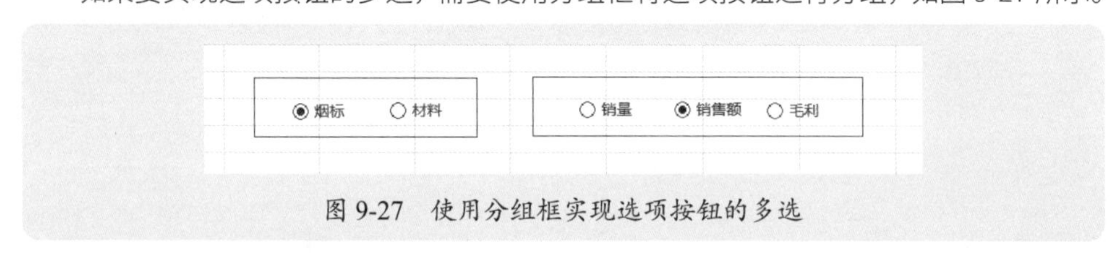

图 9-27　使用分组框实现选项按钮的多选

图 9-28 是一个示例数据及动态分析图效果，是一个可以选择排序方式，对选择项目进行排序的动态图表。本案例素材是“案例 9-4.xlsx”。

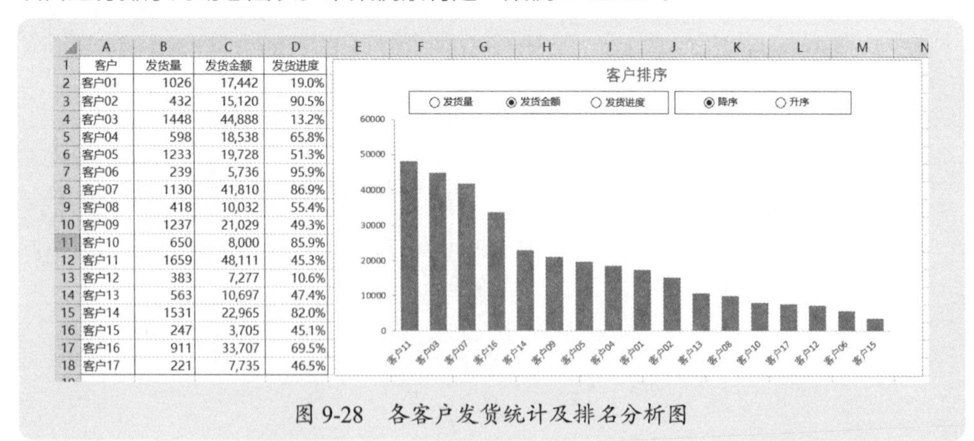

客户	发货量	发货金额	发货进度
客户01	1026	17,442	19.0%
客户02	432	15,120	90.5%
客户03	1448	44,888	13.2%
客户04	598	18,538	65.8%
客户05	1233	19,728	51.3%
客户06	239	5,736	95.9%
客户07	1130	41,810	86.9%
客户08	418	10,032	55.4%
客户09	1237	21,029	49.3%
客户10	650	8,000	85.9%
客户11	1659	48,111	45.3%
客户12	383	7,277	10.6%
客户13	563	10,697	47.4%
客户14	1531	22,965	82.0%
客户15	247	3,705	45.1%
客户16	911	33,707	69.5%
客户17	221	7,735	46.5%

图 9-28　各客户发货统计及排名分析图

首先插入 5 个选项按钮，使用分组框进行分组，修改选项按钮标题，然后对两组选项按钮分别设置单元格链接，如图 9-29 和图 9-30 所示。

图 9-29　设置第 1 组选项按钮的单元格链接

图 9-30　设置第 2 组选项按钮的单元格链接

设计辅助区域，如图 9-31 所示。

首先根据第 1 组选项按钮返回值，从原始数据查找对应数据，保存在 R 列，单元格 R2 公式为：

```
=CHOOSE($P$2,B2,C2,D2)
```

再根据第 2 组选项按钮返回值，对查找出来的数据进行排序，并匹配排序后的客户名称，单元格 V2 公式为：

```
=IF($P$3=1,LARGE($R$2:$R$18,T2),SMALL($R$2:$R$18,T2))
```

单元格 U2 公式为：

```
=INDEX($A$2:$A$18,MATCH(V2,$R$2:$R$18,0))
```

	N	O	P	Q	R	S	T	U	V
1					提取数据		序号	客户	排序
2		第1组选项按钮	2		17442		1	客户11	48111
3		第2组选项按钮	1		15120		2	客户03	44888
4					44888		3	客户07	41810
5					18538		4	客户16	33707
6					19728		5	客户14	22965
7					5736		6	客户09	21029
8					41810		7	客户05	19728
9					10032		8	客户04	18538
10					21029		9	客户01	17442
11					8000		10	客户02	15120
12					48111		11	客户13	10697
13					7277		12	客户08	10032
14					10697		13	客户10	8000
15					22965		14	客户17	7735
16					3705		15	客户12	7277
17					33707		16	客户06	5736
18					7735		17	客户15	3705

图 9-31 设计辅助区域

利用排序后的数据制作柱形图，得到排序后的图表，如图 9-32 所示。

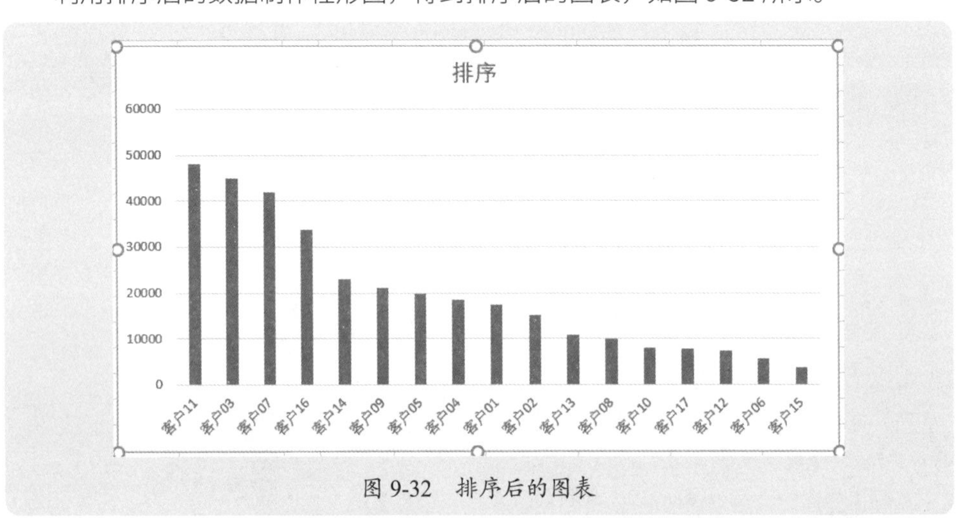

图 9-32 排序后的图表

最后对图表进行必要的格式化处理，将控件拖至图表顶部，做好布局，就是需要的动态图表。

9.2.4 使用复选框控制图表

复选框就是在几个按钮中，可以选一个，可以选多个，可以不选，外形上就是打钩或者取消打钩。复选框多用于对任意选定的几个项目进行对比分析的场合。

图 9-33 是一个多年的销售数据，如果将这些年份数据都绘制在一起，图表就显得非常凌乱，如图 9-34 所示。本案例素材是“案例 9-5.xlsx”。

	A	B	C	D	E	F	G
1							
2		月份	2018年	2019年	2020年	2021年	2022年
3		1月	697	1679	897	695	1261
4		2月	1157	1512	624	1459	1783
5		3月	1618	1942	1437	1635	2539
6		4月	1160	2390	992	478	1736
7		5月	973	1373	1459	574	1203
8		6月	587	1239	1801	568	2617
9		7月	783	1427	1118	1524	1350
10		8月	1215	1915	1260	1710	1410
11		9月	885	1339	878	2211	704
12		10月	1763	2314	1055	1625	654
13		11月	741	1732	1654	1803	914
14		12月	1393	1451	1508	1730	1353

图 9-33 各年数据统计

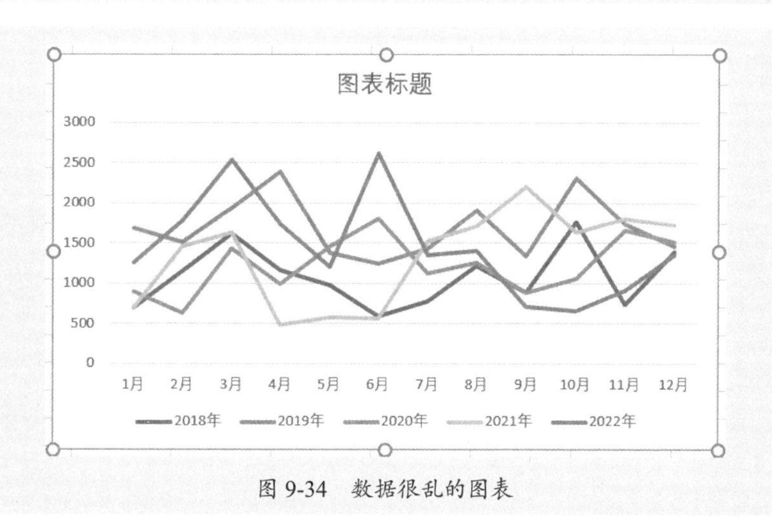

图 9-34 数据很乱的图表

能不能实现任选某几个年份做对比？例如，把 2022 年与 2018 年的数据一起对比？把 2022 年与 2021 年的数据一起对比？把 2020 年、2021 年和 2022 年的数据一起对比？效果如图 9-35 所示。

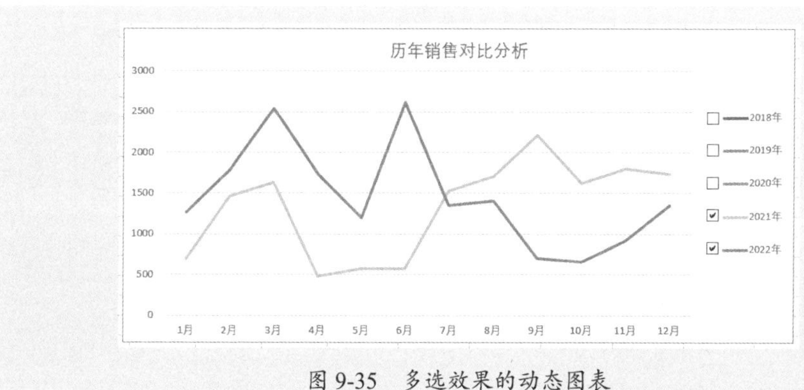

图 9-35 多选效果的动态图表

这个图表制作并不难，但稍微烦琐。需要注意的是，每个复选框需要单独设置单元格链接，因为复选框的返回值是逻辑值 TRUE 和 FALSE，选中是 TRUE，取消选中是 FALSE。

设计辅助区域，插入 5 个复选框，清除默认的标题，便于后面与图表的图例放在一起，用图例来标识每个复选框的控制项目。然后分别设置单元格链接到相应的单元格，如图 9-36 所示。

图 9-36　设置复选框的单元格链接

图中从上到下 5 个复选框分别表示 2018 年、2019 年、2020 年、2021 年和 2022 年，单元格链接依次是单元格 K1、L1、M1、N1 和 O1。

根据每个复选框返回值，设计查找公式来查找数据，如图 9-37 所示，其中单元格 K3 的公式如下：

```
=IF(K$1,C3,NA())
```

	I	J	K	L	M	N	O	P	Q
1			TRUE	TRUE	TRUE	TRUE	TRUE		
2		月份	2018年	2019年	2020年	2021年	2022年		
3		1月	697	1679	897	695	1261		
4		2月	1157	1512	624	1459	1783		☑
5		3月	1618	1942	1437	1635	2539		
6		4月	1160	2390	992	478	1736		☑
7		5月	973	1373	1459	574	1203		☑
8		6月	587	1239	1801	568	2617		
9		7月	783	1427	1118	1524	1350		☑
10		8月	1215	1915	1260	1710	1410		☑
11		9月	885	1339	878	2211	704		
12		10月	1763	2314	1055	1625	654		
13		11月	741	1732	1654	1803	914		
14		12月	1393	1451	1508	1730	1353		
15									

图 9-37　设计辅助区域的查找公式

然后用辅助区域绘制折线图，对图表进行必要的格式化处理，将图例显示在图表的右侧，再将 5 个复选框拖至图例的左侧，调整好布局，完成图表的制作。

9.2.5 使用数值调节钮控制图表

数值调节钮可以实现连续变量调节，以便分析当变量连续变化时对数据的影响。在实际数据分析中，数值调节钮可以用于很多场合，例如，查看前 N 大客户，查看前 N 大库存材料等。

图 9-38 是一个各门店销售额统计报表，有数十家甚至数百家之多的门店，现在要求制作一个可以查看净利润最大的前 N 个门店。本案例素材是“案例 9-6.xlsx”。

	A	B	C
1	门店名称	净销售额	净利润
2	门店01	94,088.44	-792.05
3	门店02	136,796.51	12,698.74
4	门店03	153,929.69	16,483.47
5	门店04	85,501.94	-5,809.72
6	门店05	97,239.71	1,226.39
7	门店06	97,293.77	1,201.23
8	门店07	170,963.52	6,817.80
9	门店08	102,600.03	5,657.13
10	门店09	136,788.47	4,117.39
11	门店10	171,024.10	21,040.64
12	门店11	153,942.91	19,578.76
13	门店12	359,009.56	-20,538.94
14	门店13	102,729.68	4,361.00
15	门店14	94,117.89	1,230.78
16	门店15	159,851.91	9,150.63
17	门店16	145,381.73	23,383.17
18	门店17	85,570.81	-4,530.91
19	门店18	273,582.36	5,922.64
20	门店19	119,720.76	12,473.06
21	门店20	205,218.15	29,884.44
22	门店21	205,147.76	29,809.14

Sheet1

图 9-38 各门店销售统计报表

首先设计辅助区域，对各门店进行从大到小的排序，如图 9-39 所示。相关单元格公式如下。

单元格 I2，净利润排序：

```
=LARGE($C$2:$C$65,G2)
```

单元格 H2，匹配门店名称：

```
=INDEX($A$2:$A$65,MATCH(I2,$C$2:$C$65,0))
```

	A	B	C	D	E	F	G	H	I
1	门店名称	净销售额	净利润				序号	门店	排序
2	门店01	94,088.44	-792.05				1	门店54	81,818
3	门店02	136,796.51	12,698.74				2	门店30	59,665
4	门店03	153,929.69	16,483.47				3	门店64	33,373
5	门店04	85,501.94	-5,809.72				4	门店20	29,884
6	门店05	97,239.71	1,226.39				5	门店50	29,829
7	门店06	97,293.77	1,201.23				6	门店21	29,809
8	门店07	170,963.52	6,817.80				7	门店52	29,385
9	门店08	102,600.03	5,657.13				8	门店37	25,678
10	门店09	136,788.47	4,117.39				9	门店41	25,407
11	门店10	171,024.10	21,040.64				10	门店16	23,383
12	门店11	153,942.91	19,578.76				11	门店25	22,657
13	门店12	359,009.56	-20,538.94				12	门店43	21,841
14	门店13	102,729.68	4,361.00				13	门店47	21,238
15	门店14	94,117.89	1,230.78				14	门店10	21,041
16	门店15	159,851.91	9,150.63				15	门店44	19,731
17	门店16	145,381.73	23,383.17				16	门店11	19,579
18	门店17	85,570.81	-4,530.91				17	门店24	18,032
19	门店18	273,582.36	5,922.64				18	门店48	17,482
20	门店19	119,720.76	12,473.06				19	门店03	16,483
21	门店20	205,218.15	29,884.44				20	门店23	15,880
22	门店21	205,147.76	29,809.14				21	门店46	15,755

Sheet1

图 9-39 设计辅助区域

插入一个数值调节钮，设置其格式，如图 9-40 所示，这里设置了在图表上最少显示 5 个数据，最多显示 20 个数据，单击调节箭头就改变 1 个。

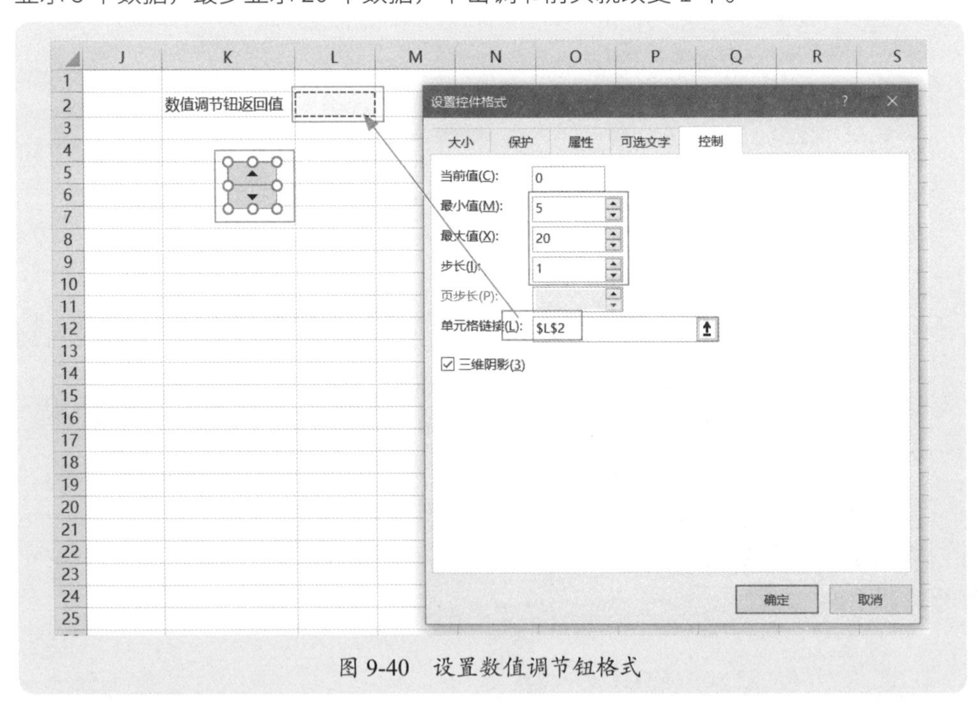

图 9-40 设置数值调节钮格式

根据数据调节钮返回值（这里是单元格 L2），使用 OFFSET 函数引用动态区域，因此定义下面的两个动态名称，如图 9-41 所示。

名称“门店”公式如下：

=OFFSET($H$2,,,$L$2,1)

名称“净利润”公式如下：

=OFFSET($I$2,,,$L$2,1)

图 9-41　定义名称“门店”和“净利润”

用这两个名称绘制柱形图，将数值调节钮放在图表的适当位置，如图 9-42 所示。

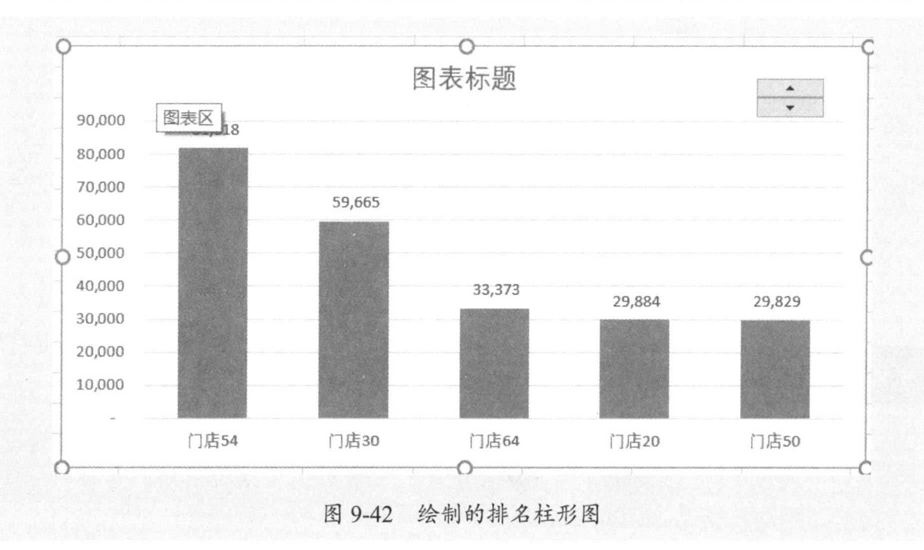

图 9-42　绘制的排名柱形图

在某个空白单元格输入下面的公式，构建一个字符串，然后将图表标题与这个单元格链接起来，就是一个动态的标题，如图 9-43 所示。

=" 净利润最大的前 "&L2&" 大门店 "

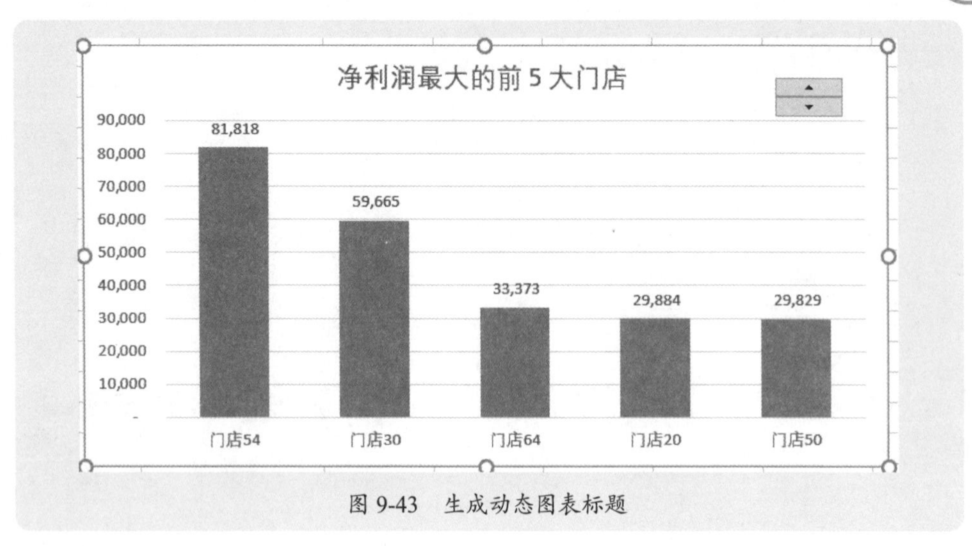

图 9-43　生成动态图表标题

这样，可以通过单击数值调节钮查看净利润最大的前 N 个门店排名，如图 9-44 所示。

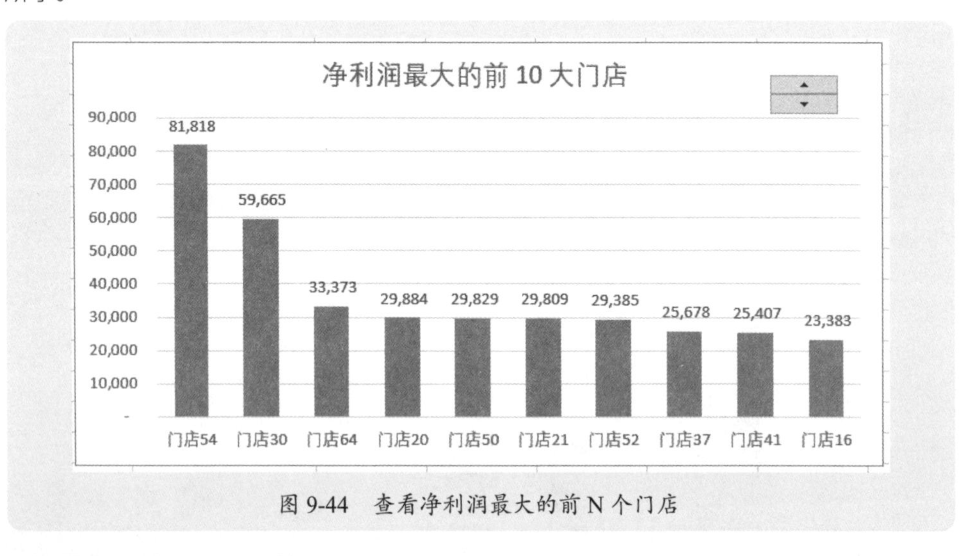

图 9-44　查看净利润最大的前 N 个门店

9.2.6 使用滚动条控制图表

滚动条的功能与数值调节钮一样，通过连续的数值变化来观察数据。不过，数值调节钮只有两个增加数值和减少数值的箭头，而滚动条还有中间的滑块，这样，滚动条使用起来比数值调节钮更加方便，可以使用滚动条设计数据拉杆，快速改变数值大小。

例如，对于“案例 9-6.xlsx”的数据，插入滚动条，设置格式，如图 9-45 所示。这里，除了指定单元格链接外，还需要设置最小值、最大值、步长和页步长。页步长是单击滑块与两端箭头按钮之间的空白区域时，改变数值的大小。

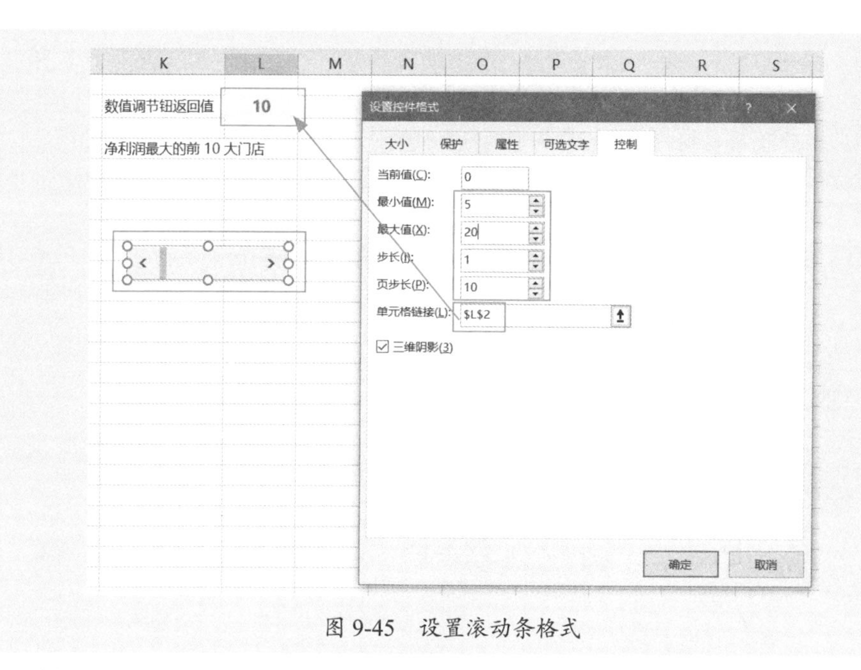

图 9-45　设置滚动条格式

这样，得到如图 9-46 所示的动态图表。

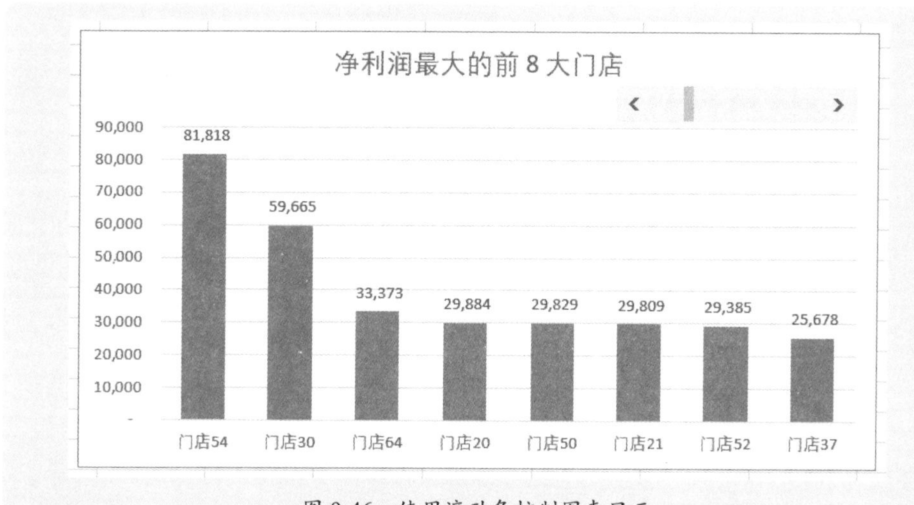

图 9-46　使用滚动条控制图表显示

9.2.7 多种控件组合控制图表

前面介绍的是单一控件的使用，主要是介绍这些控件的基本使用方法。在实际数据分析中，往往需要将多个控件组合起来使用，实现多角度的灵活分析。

例如，要分析指定销售额或净利润最大的前 N 个门店，销售额或净利润最小的后 N 个门店，此时，需要使用以下几个控件来控制图表。

（1）选择销售额或净利润，可以使用选项按钮（因为就两个分析项目）。

（2）销售额、净利润最大或最小，需要做降序或升序排序，可以使用选项按钮。

（3）前 N 个或后 N 个，可以使用数值调节钮。

本案例素材是“案例 9-7.xlsx”，示例数据与“案例 9-6.xlsx”一样。

设计控件返回值辅助区域，插入 4 个选项按钮，修改标题，用分组框进行分组，分别用于选择分析项目和排序方式；插入一个数值调节钮用于设置显示数据的个数。

这 3 组控件的格式设置分别如图 9-47 ～图 9-49 所示。

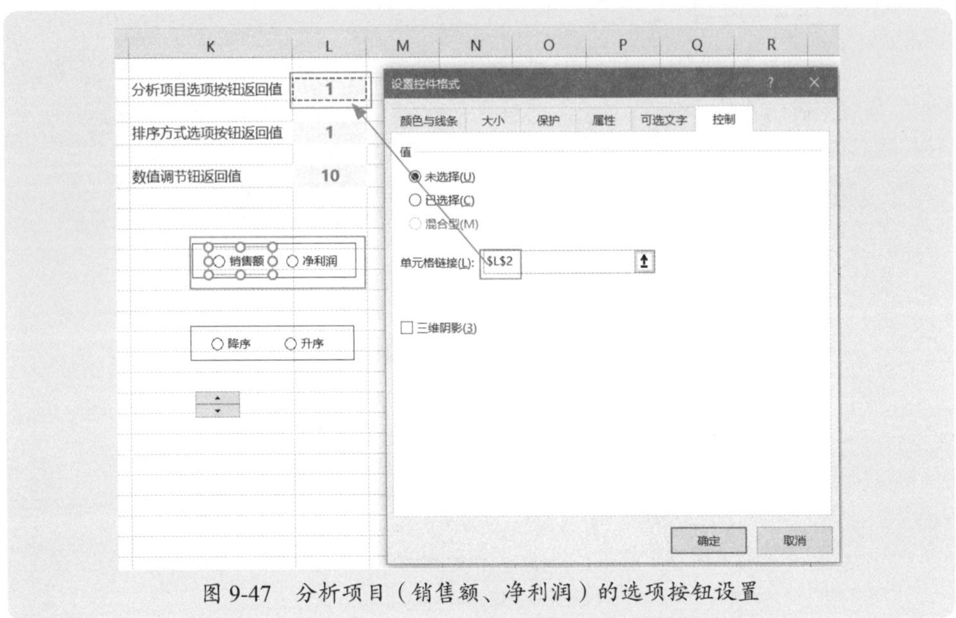

图 9-47　分析项目（销售额、净利润）的选项按钮设置

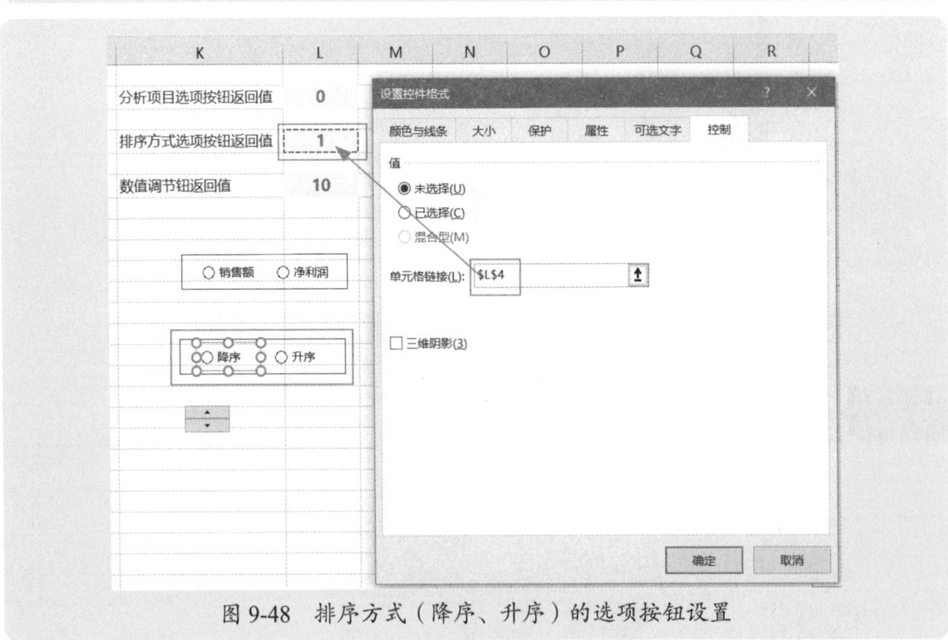

图 9-48　排序方式（降序、升序）的选项按钮设置

图 9-49　设置显示数据个数的数值调节钮设置

然后再设计数据查找及排序辅助区域，如图 9-50 所示，各单元格公式如下。

单元格 I2：

```
=IF($L$4=1,LARGE(IF($L$2=1,$B$2:$B$65,$C$2:$C$65),G2),
        SMALL(IF($L$2=1,$B$2:$B$65,$C$2:$C$65),G2))
```

单元格 H2：

```
=INDEX($A$2:$A$65,MATCH(I2,IF($L$2=1,$B$2:$B$65,$C$2:$C$65),0))
```

	A	B	C	D	E	F	G	H	I	J
1	门店名称	净销售额	净利润				序号	门店	排序	
2	门店01	94,088.44	-792.05				1	门店54	470,145	
3	门店02	136,796.51	12,698.74				2	门店12	359,010	
4	门店03	153,929.69	16,483.47				3	门店30	341,969	
5	门店04	85,501.94	-5,809.72				4	门店48	324,856	
6	门店05	97,239.71	1,226.39				5	门店64	316,264	
7	门店06	97,293.77	1,201.23				6	门店18	273,582	
8	门店07	170,963.52	6,817.80				7	门店46	273,526	
9	门店08	102,600.03	5,657.13				8	门店33	264,984	
10	门店09	136,788.47	4,117.39				9	门店47	256,504	
11	门店10	171,024.10	21,040.64				10	门店29	239,373	
12	门店11	153,942.91	19,578.76				11	门店37	230,798	
13	门店12	359,009.56	-20,538.94				12	门店35	222,248	
14	门店13	102,729.68	4,361.00				13	门店34	213,743	
15	门店14	94,117.89	1,230.78				14	门店52	213,691	
16	门店15	159,851.91	9,150.63				15	门店20	205,218	
17	门店16	145,381.73	23,383.17				16	门店43	205,216	
18	门店17	85,570.81	-4,530.91				17	门店44	205,189	
19	门店18	273,582.36	5,922.64				18	门店28	205,159	
20	门店19	119,720.76	12,473.06				19	门店21	205,148	
21	门店20	205,218.15	29,884.44				20	门店25	196,651	
22	门店21	205,147.76	29,809.14				21	门店10	171,024	
23	门店22	136,792.74	12,222.58				22	门店50	171,013	

Sheet1

图 9-50　设计数据查找及排序辅助区域

定义两个动态名称“门店”和“项目”，分别如下。

名称“门店”公式如下：

```
=OFFSET($H$2,,,$L$6,1)
```

名称“项目”公式如下：

```
=OFFSET($I$2,,,$L$6,1)
```

利用这两个名称绘制柱形图，如图 9-51 所示。

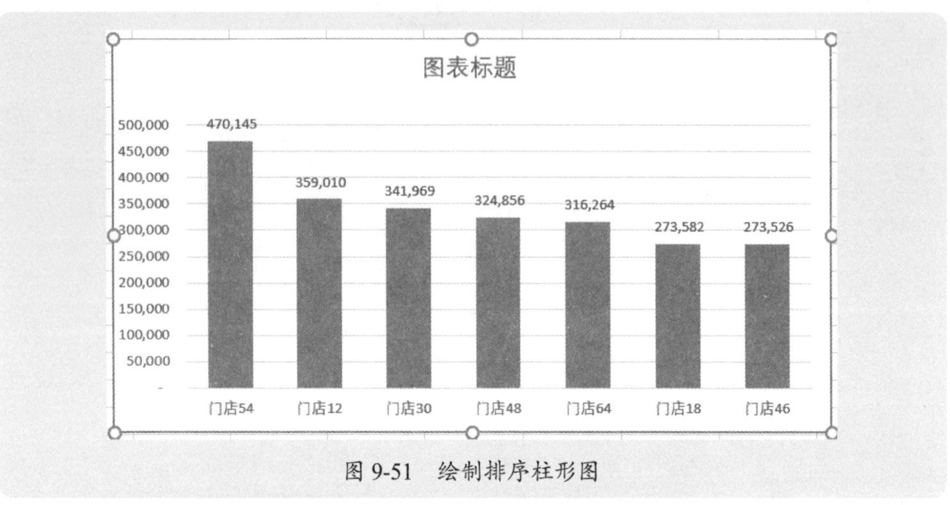

图 9-51　绘制排序柱形图

在一个空白单元格设置如下的公式，生成图表标题字符串：

```
=IF(L2=1," 销售额 "," 净利润 ")&IF(L4=1," 最大 "," 最小 ")&" 的 " &L6&" 个门店排名 "
```

再将这个单元格与图表标题链接起来，将图表标题显示为这个单元格的字符串，生成一个动态的图表标题。

插入一个标签控件，将其与数值调节钮返回值单元格链接起来，在标签中显示数值调节钮的返回值，如图 9-52 所示。

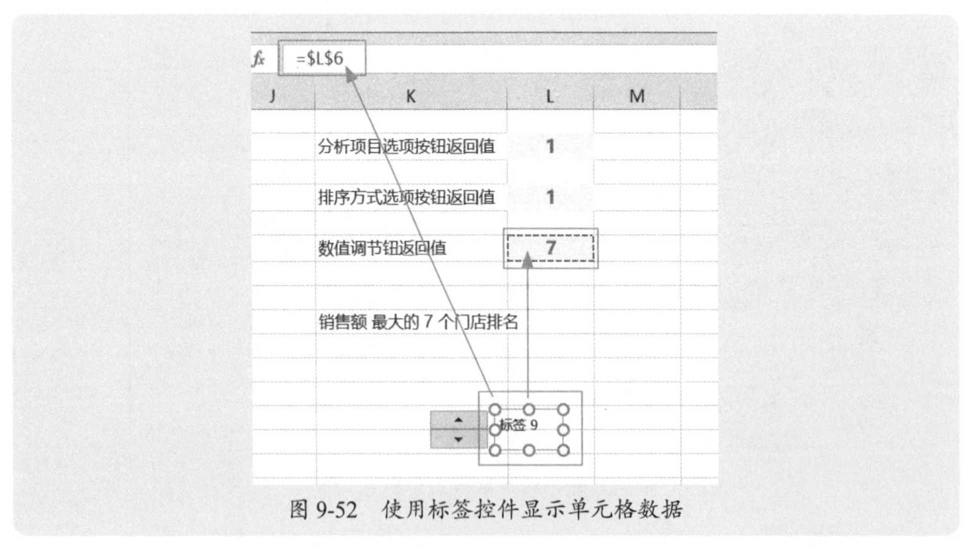

图 9-52　使用标签控件显示单元格数据

最后将各控件的位置进行布局，并组合起来，拖放至图表的适当位置，完成一个可以选择分析项目、排序方式、查看前 N 个数据的动态图表，如图 9-53 和图 9-54 所示。

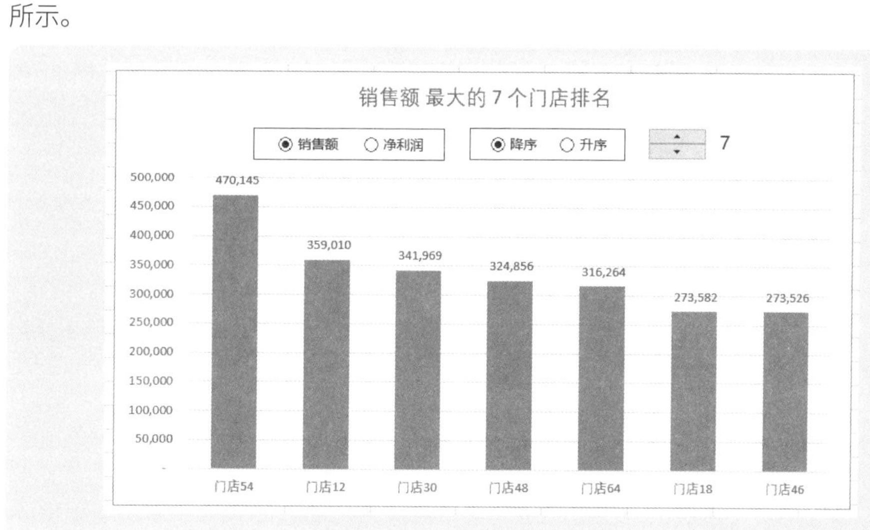

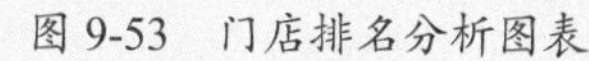
图 9-53　门店排名分析图表

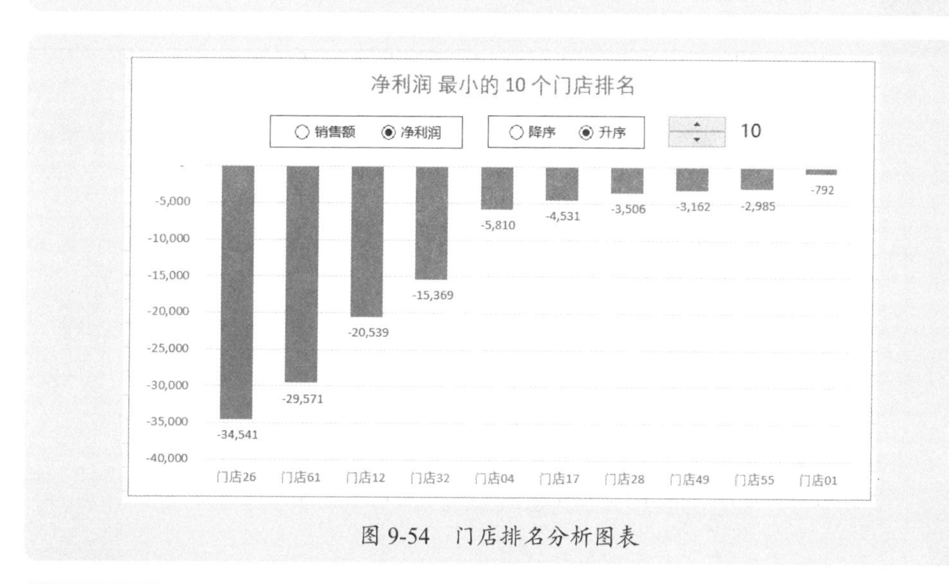

图 9-54　门店排名分析图表

9.3 使用 Tableau 制作动态分析仪表板

在数据可视化方面，Tableau 无疑是一款操作简便的可视化工具之一，只需要会拖曳，就能快速得到需要的图表，并且还可以创建仪表板，创建故事，一步一步展示数据分析逻辑和结果。

本节以图 9-55 所示的数据为例，介绍如何使用 Tableau 制作动态分析图表，实现数据的各种动态分析。本案例素材是“案例 9-8.xlsx”。

	A	B	C	D	E	F	G
1	日期	客户	城区	商品	订货数量	定价	金额
2	2022-1-1	A019	皇城	内蒙奶酪	3	8.7	26.1
3	2022-1-1	A015	皇城	张飞牛肉干	8	109.5	876
4	2022-1-1	A017	皇城	三顿半咖啡	7	44.3	310.1
5	2022-1-1	A016	西城	三顿半咖啡	12	44.3	531.6
6	2022-1-1	A021	皇城	热干面	24	15.0	360
7	2022-1-1	A026	西城	内蒙奶酪	20	8.7	174
8	2022-1-1	A009	皇城	三顿半咖啡	45	44.3	1993.5
9	2022-1-1	A024	南城	蔬菜汤	6	14.9	89.4
10	2022-1-1	A026	皇城	内蒙奶酪	4	8.7	34.8
11	2022-1-1	A003	南城	内蒙奶贝	20	18.5	370
12	2022-1-1	A024	皇城	热干面	20	15.0	300
13	2022-1-1	A006	皇城	内蒙奶贝	10	18.5	185
14	2022-1-1	A009	皇城	内蒙奶酪	14	8.7	121.8
15	2022-1-1	A013	皇城	三顿半咖啡	40	44.3	1772
16	2022-1-1	A025	皇城	三顿半咖啡	2	44.3	88.6
17	2022-1-1	A024	皇城	三顿半咖啡	3	44.3	132.9
18	2022-1-1	A018	南城	扬州干丝	8	32.5	260
19	2022-1-1	A011	南城	法国红酒	20	5.7	114
20	2022-1-1	A016	南城	内蒙奶酪	9	8.7	78.3
21	2022-1-1	A017	南城	内蒙奶贝	35	18.5	647.5
22	2022-1-1	A024	皇城	三顿半咖啡	250	44.3	11075
23	2022-1-1	A011	南城	法国红酒	16	5.7	91.2
24	2022-1-1	A018	西城	三顿半咖啡	16	44.3	708.8

订单记录 | Sheet1 | Sheet2

图 9-55　订单记录数据

9.3.1 通过筛选器制作动态分析图表

例如，想要了解各地区商品销售订单的排名情况，可以制作如图 9-56 所示的商品排名图表，在右侧单击筛选器字段的滑块（类似于 Excel 的滚动条），实现各地区的快速查看。

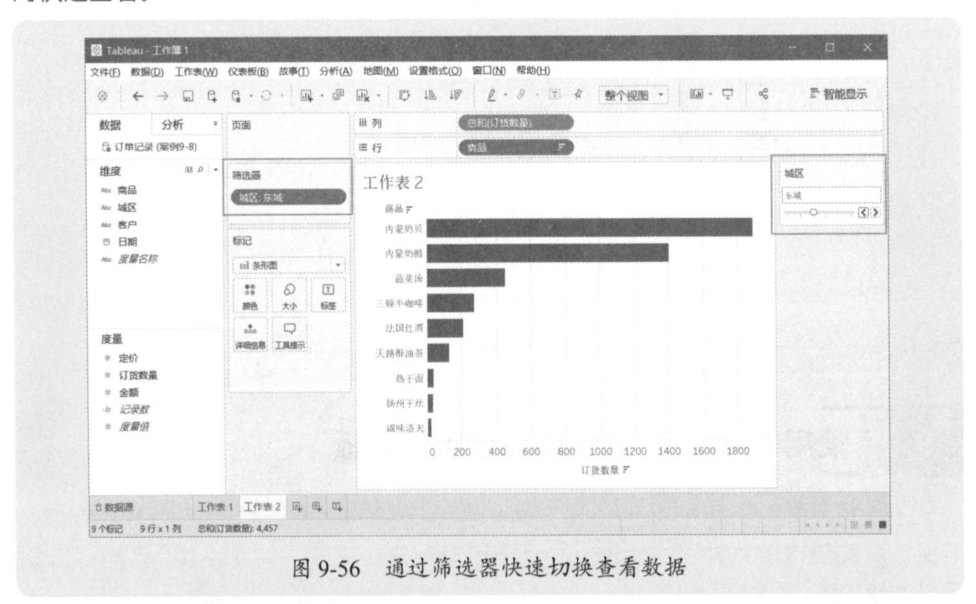

图 9-56　通过筛选器快速切换查看数据

下面是这个图表的主要制作过程。

建立与 Excel 文件的数据连接，将“销售记录”表拖至工作区，如图 9-57 所示。

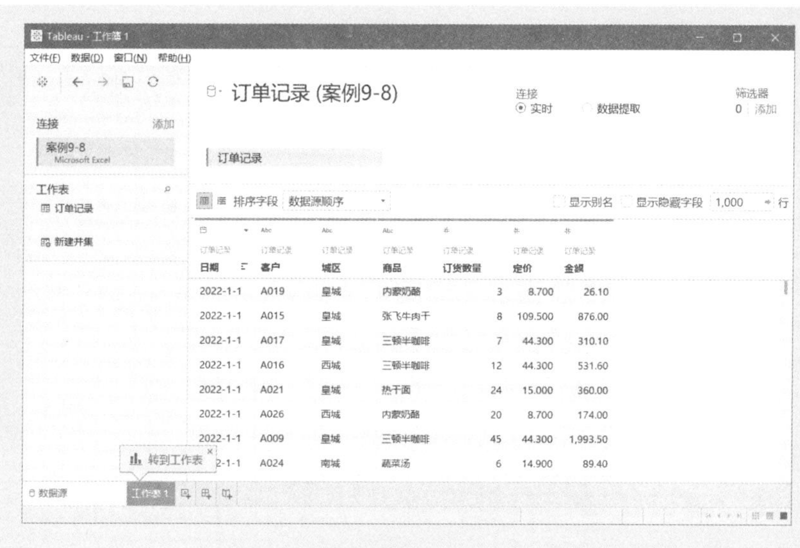

日期	客户	城区	商品	订货数量	定价	金额
2022-1-1	A019	皇城	内蒙奶酪	3	8.700	26.10
2022-1-1	A015	皇城	张飞牛肉干	8	109.500	876.00
2022-1-1	A017	皇城	三顿半咖啡	7	44.300	310.10
2022-1-1	A016	西城	三顿半咖啡	12	44.300	531.60
2022-1-1	A021	皇城	热干面	24	15.000	360.00
2022-1-1	A026	西城	内蒙奶酪	20	8.700	174.00
2022-1-1	A009	皇城	三顿半咖啡	45	44.300	1,993.50
2-1-1	A024	南城	蔬菜汤	6	14.900	89.40

图 9-57　建立数据连接

将默认的一个“工作表 1”重命名为“地区下商品排名”，然后将字段“商品”拖至“行”区域，“订单数量”拖至“列”区域，得到如图 9-58 所示的条形图。

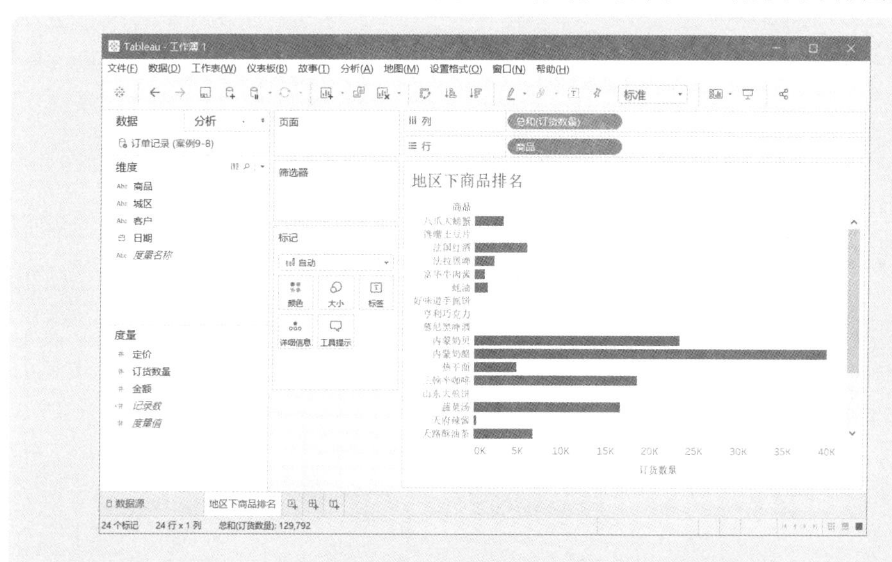

图 9-58　基本条形图

单击工具栏上的“降序”排序按钮，如图 9-59 所示，将销售数量从大到小排序，得到商品订单数量排序后的条形图，如图 9-60 所示。

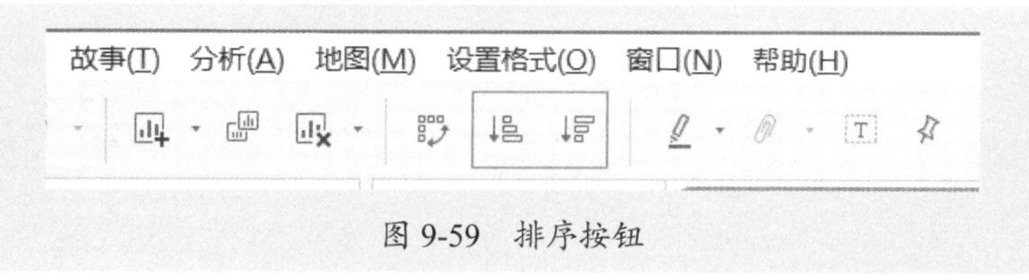

图 9-59　排序按钮

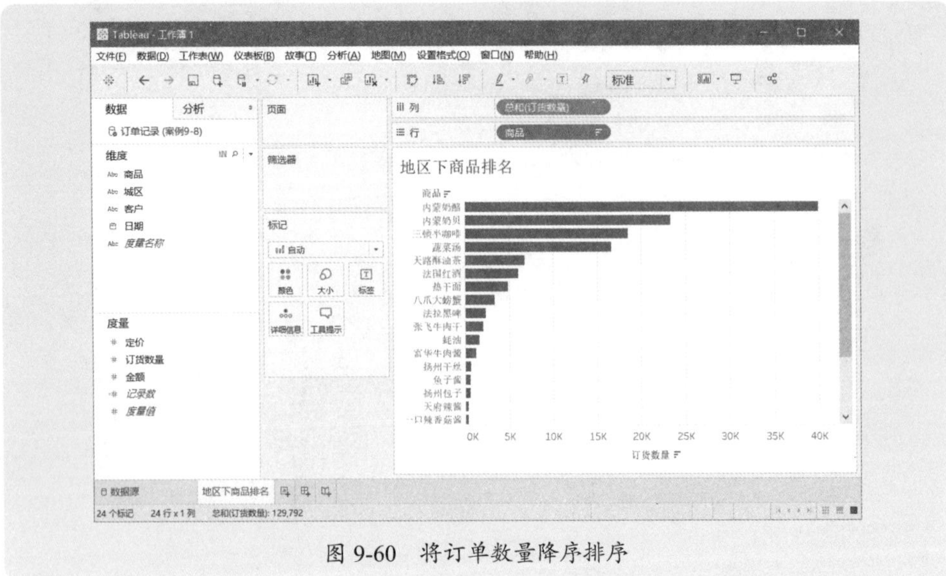

图 9-60　将订单数量降序排序

将字段“地区”拖至“筛选器”卡，弹出一个“筛选器”对话框，单击“全部”按钮，选择全部地区，如图 9-61 所示，然后单击“确定”按钮，关闭对话框，会在筛选器卡中出现一个字段“地区”。

右击筛选器卡中的地区，在弹出的快捷菜单中执行“显示筛选器”命令，如图 9-62 所示。

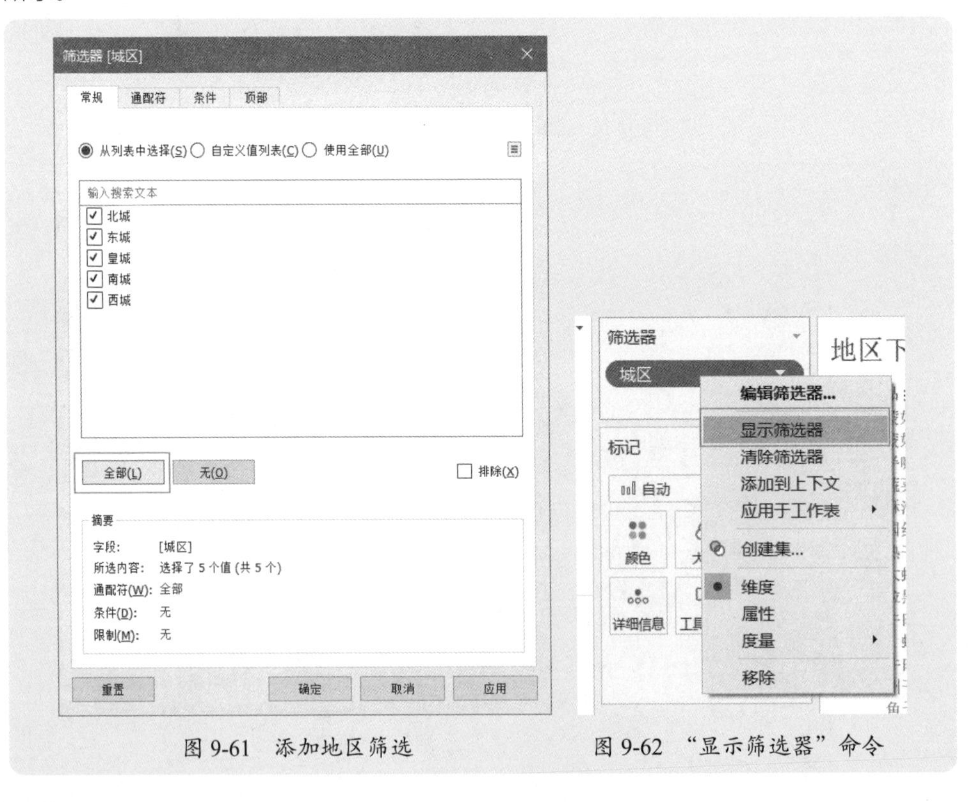

图 9-61　添加地区筛选　　图 9-62　“显示筛选器”命令

图表右侧显示出了地区的筛选，如图 9-63 所示。

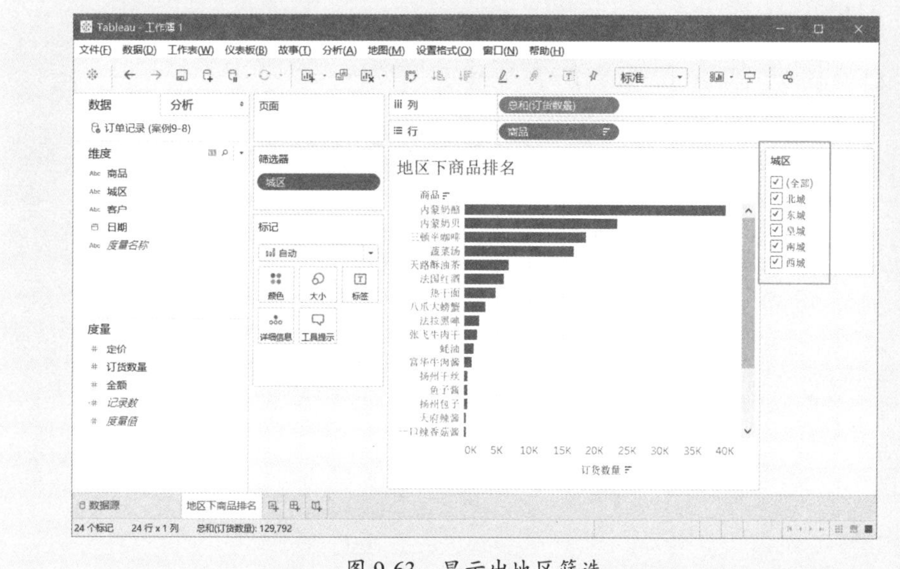

图 9-63　显示出地区筛选

单击地区右侧的下拉箭头，展开命令列表，如图 9-64 所示，可以根据实际情况选择一个合适的筛选方式，这里选择“单值 (滑块)”选项。

在图表右侧会出现单值滑块筛选器，如图 9-65 所示。

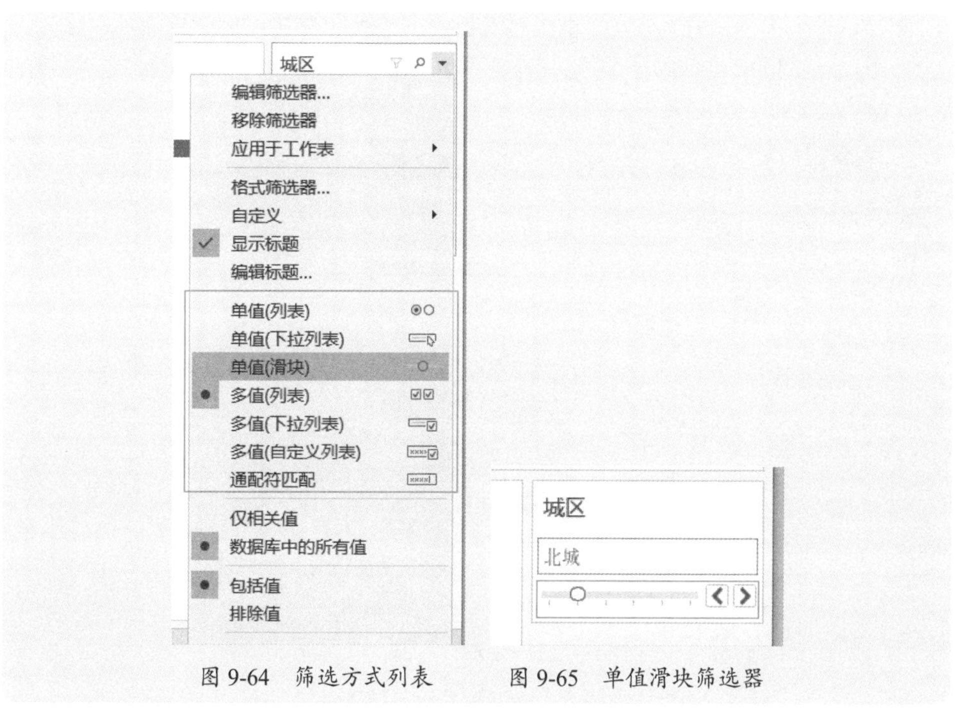

图 9-64　筛选方式列表　　　图 9-65　单值滑块筛选器

单击左右箭头按钮，或者直接拖动中间的圆点滑块，可以快速查看各地区的商品销售订单排名，如图 9-66 所示。

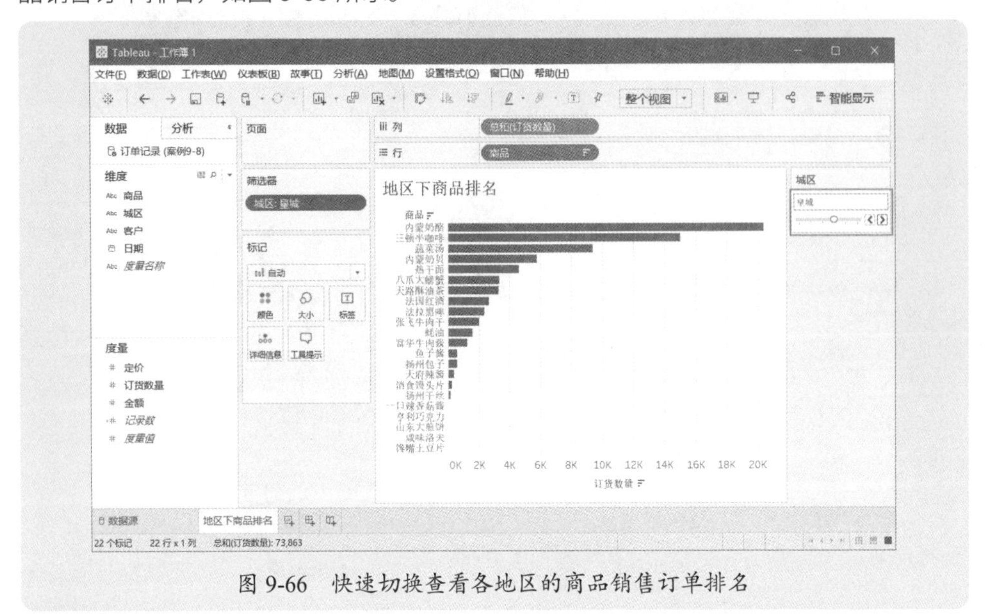

图 9-66 快速切换查看各地区的商品销售订单排名

9.3.2 制作仪表板，将某个图表当作筛选器控制其他图表显示

除了 9.1.3 节介绍的地区商品销售订单排名图表外，还可以制作其他从不同角度分析销售订单的图表，例如，各地区销售订单排名。每个月销售订单变化，分别如图 9-67 和图 9-68 所示。

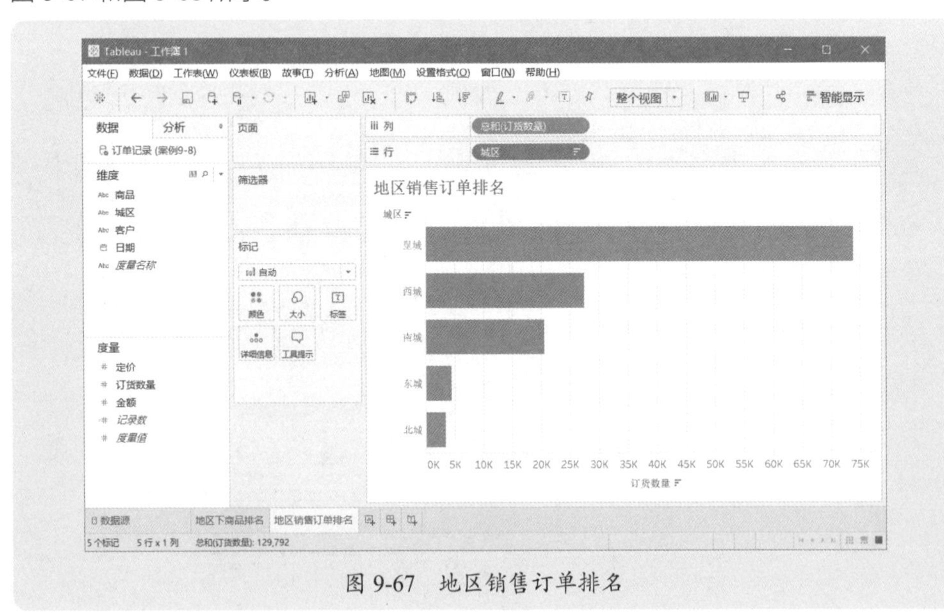

图 9-67 地区销售订单排名

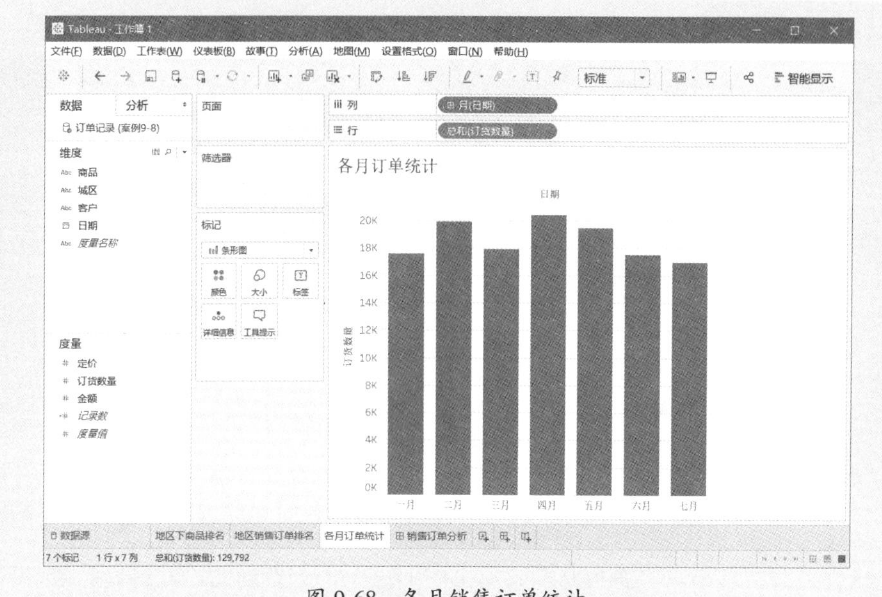

图 9-68 各月销售订单统计

现在需要将这三个图表布局在一起，将地区图表作为筛选器，通过单击该图表上的某个地区的条形图，将其他两个图表变为该地区的数据（该地区的各月订单及商品排名），此时，可以制作仪表板。

插入一个仪表板，重命名为“销售订单分析”，然后将 3 个图表工作表拖放布局，如图 9-69 所示。

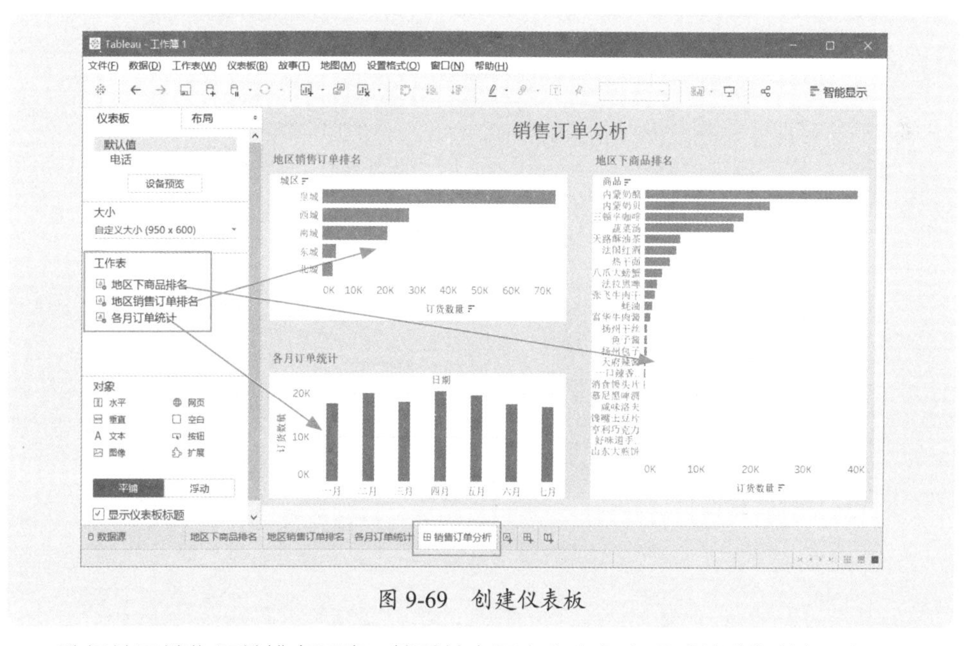

图 9-69 创建仪表板

选择地区销售订单排名图表，然后单击图表右上角出现“筛选”按钮，如图 9-70

所示，将该图表用作筛选器。如果想取消筛选器的角色，再单击该按钮即可。

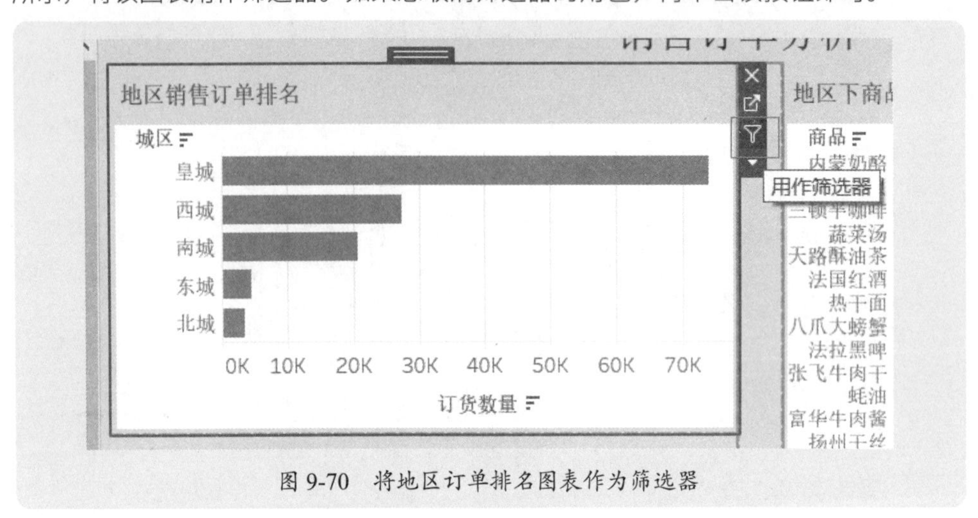

图 9-70　将地区订单排名图表作为筛选器

这样，只要单击地区销售订单排名图表的某个地区条形图，就将其他两个图表刷新为该地区的各月销售订单统计和商品销售订单排名，如图 9-71 所示。

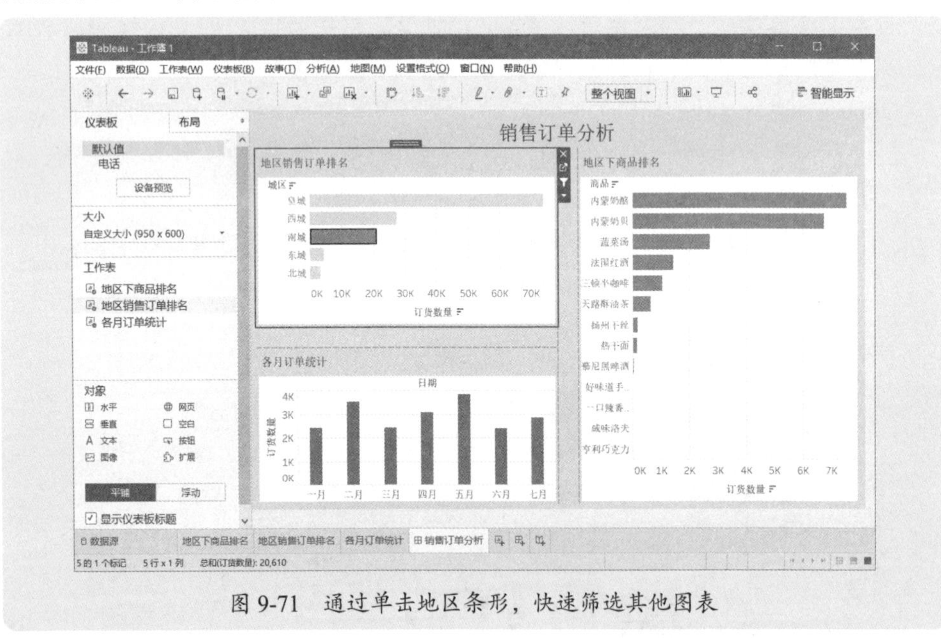

图 9-71　通过单击地区条形，快速筛选其他图表